토목기사 · 산업기사 필기 완벽 대비

측량학

송낙원 · 송용희 지음

핵심 시리즈 **2**

Civil Engineering Series

BM (주)도서출판 성안당

3회독 플래너

SMART
스스로 마스터하는 트렌디한 수험서

핵심 토목시리즈 2. 측량학

" 수험생 여러분을 성안당이 응원합니다! "

30일 완성! **15일 완성!** **10일 완성!**

SMART

스스로 체크하는 **3회독 플래너**

SMART 스스로 마스터하는 트렌디한 수험서

CHAPTER	Section	1회독	2회독	3회독
제1장 총론	1. 측량의 개요~3. 지구의 형상			
	4. 측량의 원점~5. 좌표계, 예상 및 기출문제			
제2장 거리측량	1. 거리측량의 의의~3. 거리측량의 분류			
	4. 거리측량의 방법~7. 실제 거리, 도상거리, 축척, 면적과의 관계			
	8. 장애물이 있는 경우의 측정방법~9. 오차론, 예상 및 기출문제			
제3장 수준측량	1. 수준측량의 개요~4. 레벨의 조정			
	5. 수준측량방법~7. 수준측량의 오차, 예상 및 기출문제			
제4장 각측량	1. 각측량의 정의~4. 각관측 시 주의사항			
	5. 수평각측정법~7. 각관측의 최확값, 예상 및 기출문제			
제5장 트래버스측량	1. 트래버스측량의 개요~3. 트래버스측량의 수평각측정법			
	4. 측각오차의 조정~7. 폐합오차와 폐합비			
	8. 트래버스의 조정~10. 면적계산, 예상 및 기출문제			
제6장 삼각측량	1. 삼각측량의 개요~5. 삼각측량의 오차			
	6. 삼각수준측량~8. 삼각측량의 성과표 내용, 예상 및 기출문제			
제7장 지형측량	1. 지형측량의 개요~4. 등고선의 성질			
	5. 등고선의 측정법~7. 등고선의 이용, 예상 및 기출문제			
제8장 노선측량	1. 노선측량의 개요~3. 단곡선의 설치방법			
	4. 완화곡선~6. 종단곡선, 예상 및 기출문제			
제9장 면적측량 및 체적측량	1. 면적측량~4. 구적기(플래니미터)법			
	5. 면적분할~7. 체적측량, 예상 및 기출문제			
제10장 하천측량	1. 하천측량의 개요~4. 평균유속을 구하는 방법, 예상 및 기출문제			
제11장 위성측위시스템	1. GPS의 개요~4. GPS의 활용, 예상 및 기출문제			
제12장 지형공간정보체계(GSIS)	1. 총론~2. 자료처리체계, 예상 및 기출문제			
부록 I 과년도 출제문제	2018~2020년 토목기사·토목산업기사			
	2021~2022년 토목기사			
부록 II CBT 대비 실전 모의고사	토목기사 실전 모의고사 1~9회			
	토목산업기사 실전 모의고사 1~9회			

" 수험생 여러분을 성안당이 응원합니다! "

일완성　일완성　일완성

머리말

토목기사·산업기사 시험은 20년 전 처음 시행되기 시작하였는데 1995년부터는 상하수도공학이 새롭게 시험과목으로 추가되는 등의 과정을 거치면서 오늘날 토목분야의 중추적인 자격시험으로 자리잡게 되었다.

이 책은 단순 공식에 의존하거나 지나친 고정관념적인 학습방법을 탈피하고 보다 근본적인 이해 및 적응능력의 함양을 중요시하여 단답형 암기보다는 논리의 이해를 높이기 위한 방식으로 구성되었다.

즉 독자들은 문제의 답안작성에 지나치게 집착하지 말고 문제에서 출제자가 요구하는 의도와 그 답안창출과정을 보다 심도 있게 추구함으로써 동일 개념 및 이와 유사한 응용문제에 대비해야 할 것이다.

또한 이 책은 출제경향을 알고 싶어하는 독자, 단기간에 시험과목 전반을 복습하고 싶어하는 독자, 시험을 대비해 최종으로 마무리하고 싶어하는 독자들을 염두에 두고 독자들 각자의 목적에 따라 수월하게 읽으면서 문제의 중복을 피하고 상세한 해설을 통해 논리의 반복적 사고를 할 수 있도록 집필한 것이 특징이라 할 수 있다.

덧붙여 이 책을 보면서 이론서나 기타 관련 서적을 참고한다면 더 좋은 결실을 맺을 수 있을 것이다.

그러나 저자의 노력에도 불구하고 부족한 점들이 많이 독자들의 눈에 뜨일 것이라 생각된다. 그래서 앞으로 독자들의 욕구를 만족시키지 못한 미흡한 사항은 계속적인 수정과 개선을 통해 보상하려 한다.

이 책을 기술하면서 참고한 많은 저서와 논문 저자들에게 지면으로나마 감사드리며 항상 좋은 책 편찬에 애쓰시는 성안당출판사 여러분께 진심으로 감사드린다.

저자 씀

출제기준

• **토목기사** (적용기간 : 2022. 1. 1. ~ 2025. 12. 31.) : 20문제

시험과목	주요 항목	세부항목	세세항목
측량학	1. 측량학일반	(1) 측량기준 및 오차	① 측지학의 개요 ② 좌표계와 측량원점 ③ 측량의 오차와 정밀도
		(2) 국가기준점	① 국가기준점의 개요 ② 국가기준점의 현황
	2. 평면기준점측량	(1) 위성측위시스템(GNSS)	① 위성측위시스템(GNSS)의 개요 ② 위성측위시스템(GNSS)의 활용
		(2) 삼각측량	① 삼각측량의 개요 ② 삼각측량의 방법 ③ 수평각측정 및 조정 ④ 변장계산 및 좌표계산 ⑤ 삼각수준측량 ⑥ 삼변측량
		(3) 다각측량	① 다각측량의 개요 ② 다각측량의 외업 ③ 다각측량의 내업 ④ 측점전개 및 도면작성
	3. 수준점측량	(1) 수준측량	① 정의, 분류, 용어 ② 야장기입법 ③ 종·횡단측량 ④ 수준망 조정 ⑤ 교호수준측량
	4. 응용측량	(1) 지형측량	① 지형도 표시법 ② 등고선의 일반개요 ③ 등고선의 측정 및 작성 ④ 공간정보의 활용
		(2) 면적 및 체적측량	① 면적계산 ② 체적계산
		(3) 노선측량	① 중심선 및 종횡단측량 ② 단곡선의 설치와 계산 및 이용방법 ③ 완화곡선의 종류별 설치와 계산 및 이용 　방법 ④ 종곡선의 설치와 계산 및 이용방법
		(4) 하천측량	① 하천측량의 개요 ② 하천의 종횡단측량

• **토목산업기사** (적용기간 : 2023. 1. 1. ~ 2025. 12. 31.) : 10문제

시험과목	주요 항목	세부항목	세세항목
측량 및 토질	1. 측량학일반	(1) 측량기준 및 오차	① 측지학의 개요 ② 좌표계와 측량원점 ③ 국가기준점 ④ 측량의 오차와 정밀도
	2. 기준점측량	(1) 위성측위시스템(GNSS)	① 위성측위시스템(GNSS)의 개요 ② 위성측위시스템(GNSS)의 활용
		(2) 삼각측량	① 삼각측량의 개요 ② 삼각측량의 방법 ③ 수평각측정 및 조정
		(3) 다각측량	① 다각측량의 개요 ② 다각측량의 외업 ③ 다각측량의 내업
		(4) 수준측량	① 정의, 분류, 용어 ② 야장기입법 ③ 교호수준측량
	3. 응용측량	(1) 지형측량	① 지형도 표시법 ② 등고선의 일반개요 ③ 등고선의 측정 및 작성 ④ 공간정보의 활용
		(2) 면적 및 체적측량	① 면적계산 ② 체적계산
		(3) 노선측량	① 노선측량의 개요 및 방법 ② 중심선 및 종횡단측량 ③ 단곡선의 계산 및 이용방법 ④ 완화곡선의 종류 및 특성 ⑤ 종곡선의 종류 및 특성
		(4) 하천측량	① 하천측량의 개요 ② 하천의 종횡단측량

출제빈도표

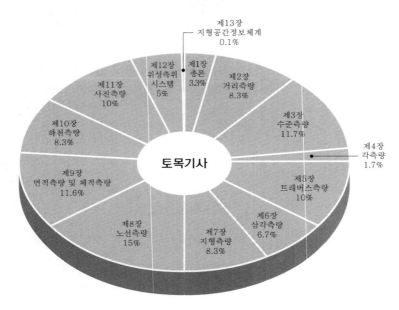

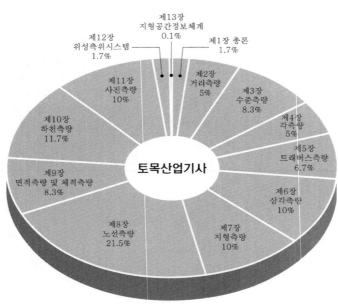

※ 제11장 "사진측량"은 2022년부터 '토목기사'와 '토목산업기사'에서 출제되지 않습니다.

차 례

제 **12** 장 **지형공간정보체계(GSIS)**

부 록 I **과년도 출제문제**

• 과년도 토목기사·산업기사

부 록 II **CBT 대비 실전 모의고사**

• 토목기사 실전 모의고사
• 토목산업기사 실전 모의고사

총 론

01 | 측량면적에 따른 분류

① 대지측량(측지측량) : 지구의 곡률을 고려한 측량으로 정밀도 1/1,000,000일 경우 거리로 반경 11km 이상 또는 면적 400km² 이상의 넓은 지역측량이다.
② 소지측량(평면측량) : 지구의 곡률을 고려하지 않은 측량으로 정밀도 1/1,000,000일 경우 거리로 반경 11km 이하 또는 면적 400km² 이하의 작은 지역측량이다(측량하는 지역을 평면으로 간주).
③ 대지측량 및 소지측량의 범위

$$\frac{\Delta l}{l} = \frac{L-l}{l} = \frac{l^2}{12R^2} = \frac{1}{M}$$

여기서, L : 지평선
l : 수평선
R : 지구의 곡률반경
$\frac{1}{M}$: 정밀도

02 | 기하학적 측지학과 물리학적 측지학의 비교

기하학적 측지학	물리학적 측지학
• 길이 및 시간의 결정	• 지구의 형상 해석
• 수평위치의 결정	• 중력측정
• 높이의 결정	• 지자기의 측정
• 측지학의 3차원 위치결정	• 탄성파의 측정
• 천문측량	• 지구의 극운동 및 자전운동
• 위성측지	• 지각변동 및 균형
• 하해측지	• 지구의 열측정
• 면적 및 체적의 산정	• 대륙의 부동
• 지도제작(지도학)	• 해양의 조류
• 사진측량	• 지구의 조석측량

03 | 타원체

① 회전타원체 : 한 타원의 지축을 중심으로 회전하여 생기는 입체타원체
② 지구타원체 : 부피와 모양이 실제의 지구와 가장 가까운 회전타원체를 지구의 형으로 규정한 타원체
③ 준거타원체 : 어느 지역의 대지측량계의 기준이 되는 타원체
④ 국제타원체 : 전세계적으로 대지측량계의 통일을 위해 제정한 지구타원체

04 | 위도

① 측지위도(φ_g) : 지구상의 한 점에서 회전타원체의 법선이 적도면과 이루는 각
② 천문위도(φ_a) : 지구상의 한 점에서 연직선이 적도면과 이루는 각
③ 지심위도(φ_c) : 지구상의 한 점과 지구 중심을 맺는 직선이 적도면과 이루는 각
④ 화성위도(φ_r) : 지구 중심으로부터 장반경(a)을 반경으로 하는 원과 지구상의 한 점을 지나는 종선의 연장선과 지구 중심을 연결한 직선이 적도면과 이루는 각

05 | 지오이드

정지된 평균해수면을 육지까지 연장하여 지구 전체를 둘러쌌다고 가상한 곡면을 지오이드라 한다.
① 지오이드면은 평균해수면과 일치하는 등퍼텐셜면으로 일종의 수면이다.
② 지오이드는 어느 점에서나 중력방향에 수직이다.
③ 주변 지형의 영향이나 국부적인 지각밀도의 불균일로 인하여 타원체면에 대하여 다소의 기복이 있는 불규칙한 면이다.

④ 고저측량은 지오이드면을 표고 Zero로 하여 측량한다.

⑤ 지오이드면은 높이가 0m이므로 위치에너지($E=mgh$)가 Zero이다.

⑥ 지구상 어느 한 점에서 타원체의 법선과 지오이드법선은 일치하지 않게 되며 두 법선의 차, 즉 연직선편차가 생긴다.

⑦ 지오이드면은 대륙에서는 지오이드면 위에 있는 지각의 인력 때문에 지구타원체보다 높으며, 해양에서는 지구타원체보다 낮다.

06 | 구과량

① 구과량은 구면삼각형의 면적 F에 비례하고, 구의 반경 R의 제곱에 반비례한다.

② 구면삼각형의 한 정점을 지나는 변은 대원이다.

③ 일반측량에서 구과량은 미소하므로 구면삼각형의 면적 대신에 평면삼각형의 면적을 사용해도 크게 지장 없다.

④ 소규모 지역에서는 르장드르정리를, 대규모 지역에서는 슈라이버정리를 이용한다.

07 | 평면직각좌표원점

명칭	경도	위도
동해원점	동경 131°00′00″	북위 38°
동부원점	동경 129°00′00″	북위 38°
중부원점	동경 127°00′00″	북위 38°
서부원점	동경 125°00′00″	북위 38°

08 | UTM좌표

좌표계의 간격은 경도 6°마다 60지대(1~60번 180°W 자오선부터 동쪽으로 시작), 위도 8°마다 20지대(c~x까지 20개 알파벳으로 표시. 단, I, O 제외)로 나누고 각 지대의 중앙자오선에 대하여 횡메르카토르도법으로 투영하였다.

02 CHAPTER 거리측량

01 | 광파거리측정기와 전파거리측정기의 비교

구분	광파거리측정기	전파거리측정기
최소 조작인원	1명 (목표물에 반사경 설치)	2명 (주국, 종국 각각 1명)
기상조건	안개, 비, 눈 등 기후에 영향을 받는다.	기후의 영향을 받지 않는다.
방해물	두 지점 간의 시준만 되면 가능하다.	장애물(송전소, 자동차, 고압선)의 영향을 받는다.
관측가능거리	단거리용(1m~2km)	장거리용 100m~80km
한 변 조작시간	10~20분	20~30분
정밀도	$\pm(5mm+5ppmD)$ 높다.	$\pm(15mm+5ppmD)$ 낮다.

02 | 거리측량의 오차보정(정오차)

① 표준테이프에 대한 보정 : $L_0 = L\left(1\pm\dfrac{\Delta l}{l}\right)$

② 온도에 대한 보정 : $C_t = \alpha L(t-t_0)$

③ 경사에 대한 보정 : $C_h = -\dfrac{h^2}{2L}$

④ 표고에 대한 보정 : $C = -\dfrac{LH}{R}$

⑤ 장력에 대한 보정 : $C_p = \left(\dfrac{P-P_0}{AE}\right)L$

⑥ 처짐에 대한 보정 : $C_s = -\dfrac{L}{24}\left(\dfrac{wl}{P}\right)^2$

03 | 실제 거리, 도상거리, 축척, 면적과의 관계

① 축척과 거리와의 관계 : $\dfrac{1}{m} = \dfrac{도상거리}{실제\ 거리}$ 또는

$\dfrac{1}{m} = \dfrac{l}{L}$

② 축척과 면적과의 관계 : $\left(\dfrac{1}{m}\right)^2 = \dfrac{도상면적}{실제\ 면적}$ 또는

$\left(\dfrac{1}{m}\right)^2 = \dfrac{a}{A}$

04 | 오차의 전파법칙

① 구간거리가 다르고 평균제곱근오차가 다를 때

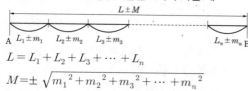

$$L = L_1 + L_2 + L_3 + \cdots + L_n$$

$$M = \pm \sqrt{m_1^2 + m_2^2 + m_3^2 + \cdots + m_n^2}$$

② 평균제곱근오차를 같다고 가정할 때

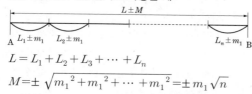

$$L = L_1 + L_2 + L_3 + \cdots + L_n$$

$$M = \pm \sqrt{m_1^2 + m_1^2 + \cdots + m_1^2} = \pm m_1 \sqrt{n}$$

③ 면적관측 시 최확값 및 평균제곱근오차의 합

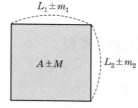

$$A = L_1 L_2$$

$$M = \pm \sqrt{(L_2 m_1)^2 + (L_1 m_2)^2}$$

05 | 정밀도

① 경중률을 고려하지 않은 경우 최확치

$$L_0 = \frac{[l]}{n} = \frac{l_1 + l_2 + l_3 + \cdots + l_n}{n}$$

② 경중률을 고려한 경우 최확치

$$L_0 = \frac{[Pl]}{P} = \frac{P_1 l_1 + P_2 l_2 + P_3 l_3 + \cdots + P_n l_n}{P_1 + P_2 + P_3 + \cdots + P_n}$$

03 CHAPTER 수준측량

01 | 교호수준측량

① 기계오차(시준축오차) : 기포관축과 시준선이 나란하지 않기 때문에 생기는 오차

② 구차(지구의 곡률에 의한 오차)

③ 기차(광선의 굴절에 의한 오차)

02 | 기포관의 감도

$$\theta'' = 206,265'' \frac{l}{nD} = \frac{l}{nD} \rho''$$

03 | 수준측량방법

① 후시(B.S : Back Sight) : 알고 있는 점(기지점)에 표척을 세워 읽는 값

② 전시(F.S : Fore Sight) : 구하고자 하는 점(미지점)에 표척을 세워 읽는 값

- 중간점(I.P : Intermediate Point) : 그 점에 표고만 구하기 위해 전시만 취한 점
- 이기점(T.P : Turning Point) : 기계를 옮기기 위한 점으로 전시와 후시를 동시에 취하는 점

③ 기계고(I.H : Hight of Instrument) : 기준면에서부터 망원경 시준선까지의 높이

④ 지반고(G.H : Hight of Grovne) : 지점의 표고

⑤ 전시와 후시의 거리를 같게 하는 이유(기계오차 소거)

- 레벨조정의 불안정으로 생기는 오차(시준축오차) 소거
- 구차(지구의 곡률에 의한 오차) 소거
- 기차(광선의 굴절에 의한 오차) 소거

※ 시준축오차 : 기포관축≠시준선

04 | 야장기입법

① 고차식 : 2점의 높이를 구하는 것이 목적이고 도중에 있는 측점의 지반고를 구할 필요가 없을 때 사용하는 방법이다.

② 기고식 : 중간점이 많을 경우에 사용하는 방법으로 완전한 검산을 할 수 없다는 게 단점이다.

③ 승강식 : 완전한 검산을 할 수 있어 정밀한 측량에 적합하나, 중간점이 많을 때에는 불편한 단점이 있다.

04 CHAPTER 각측량

01 | 배각법(반복법)

① 1각에 생기는 배각법의 오차

$$M = \pm \sqrt{m_1{}^2 + m_2{}^2} = \pm \sqrt{\frac{2}{n}\left(\alpha^2 + \frac{\beta^2}{n}\right)}$$

② 특징
- 눈금을 계산할 수 없는 미량값은 계적하여 반복횟수로 나누면 구할 수 있다.
- 시준오차가 많이 발생한다.
- 눈금의 부정에 의한 오차를 최소로 하기 위해 n 회의 반복결과가 360°에 가까워야 한다.
- 방향수가 많은 삼각측량과 같은 경우 적합하지 않다.
- 읽음오차의 영향을 적게 받는다(방향각법에 의해).

02 | 각관측법

① 측각총수 $= \frac{1}{2}N(N-1)$

② 조건식총수 $= \frac{1}{2}(N-1)(N-2)$

03 | 기계오차(정오차)

① 조정이 완전하지 않기 때문에 생긴 오차
- 연직축오차 : 연직축이 연직하지 않기 때문에 생기는 오차는 소거가 불가능하나, 시준고저차가 연직각으로 5° 이하일 때에는 큰 오차가 생기지 않는다.
- 시준축오차 : 시준선이 수평축과 직각이 아니기 때문에 생기는 오차로, 이것은 망원경을 정위와 반위로 관측한 값의 평균을 구하면 소거 가능하다.
- 수평축오차 : 수평축이 수평이 아니기 때문에 생기는 오차로 망원경을 정위와 반위로 관측한 값의 평균값을 사용하면 소거 가능하다.

② 기계의 구조상의 결점에 따른 오차
- 분도원의 눈금오차 : 눈금의 간격이 균일하지 않기 때문에 생기는 오차이며, 이것을 없애려면 버니어의 0의 위치를 $\frac{180°}{n}$ 씩 옮겨가면서 대회관측을 하여 분도원 전체를 이용하도록 한다.
- 회전축의 편심오차(내심오차) : 분도원의 중심 및 내외측이 일치하지 않기 때문에 생기는 오차로 A·B 두 버니어의 평균값을 취하면 소거 가능하다.
- 시준선의 편심오차(외심오차) : 시준선이 기계의 중심을 통과하지 않기 때문에 생기는 오차로 망원경을 정위와 반위로 관측한 다음 평균값을 취하면 소거 가능하다.

05 CHAPTER 트래버스측량

01 | 교각법

① 서로 이웃하는 측선이 이루는 각을 교각이라 한다.
② 각 측선이 그 전측선과 이루는 각이다.
③ 내각, 외각, 우회각, 좌회각, 우측각, 좌측각이 있다.
④ 각각 독립적으로 관측하므로 오차 발생 시 다른 각에 영향을 주지 않는다.
⑤ 반복법에 의해서 정밀도를 높일 수 있다.
⑥ 계산이 복잡한 단점이 있다.
⑦ 우측각($-$), 좌측각($+$)

02 | 위거 및 경거

① 위거 : 측선에서 NS선의 차이
$$L_{AB} = \overline{AB}\cos\theta$$
② 경거 : 측선에서 EW선의 차이
$$D_{AB} = \overline{AB}\sin\theta$$
③ 위거와 경거를 알 경우 거리와 방위각
- AB의 거리
$$\overline{AB} = \sqrt{(X_B - X_A)^2 + (Y_B - Y_A)^2}$$

• AB의 방위각 : $\tan\theta = \dfrac{Y}{X} = \dfrac{Y_B - Y_A}{X_B - X_A}$

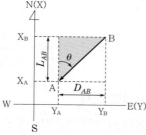

03 | 폐합오차, 폐합비

① 폐합오차 : $E = \sqrt{(\sum L)^2 + (\sum D)^2}$

② 폐합비(정도)

$$\dfrac{1}{M} = \dfrac{\text{폐합오차}}{\text{총길이}}$$
$$= \dfrac{\sqrt{(\sum L)^2 + (\sum D)^2}}{\sum l}$$

여기서, $\sum L$: 위거오차
$\sum D$: 경거오차

04 | 폐합오차의 조정

① 컴퍼스법칙 : 각관측과 거리관측의 정밀도가 같을 때 조정하는 방법으로 각측선길이에 비례하여 폐합오차를 배분한다.

② 트랜싯법칙 : 각관측의 정밀도가 거리관측의 정밀도 보다 높을 때 조정하는 방법으로 위거, 경거의 크기에 비례하여 폐합오차를 배분한다.

05 | 좌표법에 의한 면적계산

$$A = \dfrac{1}{2}\{y_n(x_{n-1} - x_{n+1})\}$$
$$\text{또는 } A = \dfrac{1}{2}\{x_n(y_{n-1} - y_{n+1})\}$$

06 CHAPTER 삼각측량

01 | 삼각망의 종류

① 단열삼각망
- 폭이 좁고 길이가 긴 지역에 적합하다.
- 노선·하천·터널측량 등에 이용한다.
- 거리에 비해 관측수가 적다.
- 측량이 신속하고 경비가 적게 든다.
- 조건식이 적어 정도가 낮다.

② 유심삼각망
- 동일 측점에 비해 포함면적이 가장 넓다.
- 넓은 지역에 적합하다.
- 농지측량 및 평탄한 지역에 사용된다.
- 정도는 단열삼각망보다 좋으나 사변형보다 적다.

③ 사변형삼각망
- 조정이 복잡하고 시간과 비용이 많이 든다.
- 조건식의 수가 가장 많아 정도가 가장 높다.
- 기선삼각망에 이용된다.

02 | 삼각측량의 오차

① 구차 : 지구의 곡률에 의한 오차이며, 이 오차만큼 높게 조정을 한다.

$$h_1 = +\dfrac{D^2}{2R}$$

② 기차 : 지표면에 가까울수록 대기의 밀도가 커지므로 생기는 오차(굴절오차)를 말하며, 이 오차만큼 낮게 조정한다.

$$h_2 = -\dfrac{KD^2}{2R}$$

③ 양차 : 구차와 기차의 합을 말하며 연직각관측값에서 이 양차를 보정하여 연직각을 구한다.

양차 $= h_1 + h_2$
  $=$ 구차$+$기차
  $= \dfrac{D^2}{2R} + \left(-\dfrac{KD^2}{2R}\right) = \dfrac{D^2}{2R}(1-K)$

07 CHAPTER 지형측량

01 | 등고선의 간격 및 종류

구분	표시	등고선의 간격(m)			
		1 : 5,000, 1 : 10,000	1 : 25,000	1 : 50,000	1 : 250,000
주곡선	가는 실선	5	10	20	100
계곡선	굵은 실선	25	50	100	500
간곡선	가는 파선	2.5	5	10	50
조곡선	가는 짧은 파선	1.25	2.5	5	25

02 | 등고선의 성질

① 동일 등고선상에 있는 모든 점은 같은 높이이다.
② 등고선은 도면 안이나 밖에서 폐합하는 폐합곡선이다.
③ 도면 내에서 등고선이 폐합하는 경우 폐합된 등고선 내부에는 산꼭대기(산정) 또는 분지가 있다.
④ 두 쌍의 등고선 볼록부가 마주하고 다른 한 쌍의 등고선이 바깥쪽으로 향할 때 그곳은 고개(안부)이다.
⑤ 높이가 다른 두 등고선은 동굴이나 절벽의 지형이 아닌 곳에서는 교차하지 않는다. 동굴이나 절벽은 반드시 두 점에서 교차한다.
⑥ 동등한 경사의 지표에서 양 등고선의 수평거리는 같다.
⑦ 최대 경사의 방향은 등고선과 직각으로 교차한다.
⑧ 등고선은 경사가 급한 곳에서는 간격이 좁고, 완만한 경사에서는 넓다.

03 | 좌표점고법

① 측량하는 지역을 종횡으로 나누어 각 점의 표고를 기입해서 등고선을 삽입하는 방법이다.
② 토지의 정지작업, 정밀한 등고선이 필요할 때 많이 쓴다.

04 | 등고선을 그리는 방법

$$D : H = x : h$$
$$\therefore x = \frac{D}{H} h$$

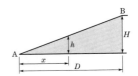

05 | 등고선의 이용

① 종단면도의 이용 및 횡단면도 만들기
② 노선의 도면상 선정
③ 터널의 도상 선정
④ 용지경계의 측정
⑤ 토공량 산정
⑥ 유역면적의 결정
⑦ 배수면적 및 정수량 산정

08 CHAPTER 노선측량

01 | 단곡선의 공식

① 접선길이 : $T.L = R \tan \frac{I}{2}$

② 곡선길이 : $C.L = \frac{\pi}{180°} R I$

③ 외할 : $E = R \left(\sec \frac{I}{2} - 1 \right)$

④ 중앙종거 : $M = R \left(1 - \cos \frac{I}{2} \right)$

⑤ 장현 : $C = 2R \sin \frac{I}{2}$

⑥ 편각 : $\delta = \frac{l}{2R} \left(\frac{180°}{\pi} \right) = \frac{l}{R} \left(\frac{90°}{\pi} \right)$

⑦ 곡선시점 : $B.C = I.P - T.L$

⑧ 곡선종점 : $E.C = B.C + C.L$

⑨ 시단현 : $l_1 =$ B.C부터 B.C 다음 말뚝까지의 거리

⑩ 종단현 : $l_2 =$ E.C부터 E.C 바로 앞말뚝까지의 거리

02 | 편각

① 시단편각 : $\delta_1 = \dfrac{l_1}{R}\left(\dfrac{90°}{\pi}\right)$

② 종단편각 : $\delta_2 = \dfrac{l_2}{R}\left(\dfrac{90°}{\pi}\right)$

③ 20m 편각 : $\delta = \dfrac{l}{R}\left(\dfrac{90°}{\pi}\right)$

03 | 완화곡선

① 정의 : 차량을 안전하게 통과시키기 위하여 직선부와 원곡선 사이에 반지름이 무한대로부터 차차 작아져서 원곡선의 반지름이 R이 되는 곡선을 넣고, 이 곡선 중의 캔트 및 슬랙이 0에서 차차 커져 원곡선에서 정해진 값이 되도록 곡선부와 원곡선 사이에 넣는 특수곡선을 말한다.

② 캔트(Cant) : 곡선부를 통과하는 열차가 원심력으로 인한 낙차를 고려하여 바깥레일을 안쪽보다 높이는 것을 말한다.

$$C = \dfrac{SV^2}{Rg}$$

③ 완화곡선의 성질
  • 곡선반경은 완화곡선의 시점에서 무한대, 종점에서 원곡선 R로 된다.
  • 완화곡선의 접선은 시점에서 직선에, 종점에서 원호에 접한다.
  • 완화곡선에 연한 곡선반경의 감소율은 캔트의 증가율과 같다.

04 | 종단곡선

① 원곡선에 의한 종단곡선 설치(철도)
  • 접선길이$(l) = \dfrac{R}{2}(m-n)$

    여기서, m, n : 종단경사(‰)(상향경사($+$), 하향경사($-$))

  • 종거$(y) = \dfrac{x^2}{2R}$

② 2차 포물선에 의한 종단곡선 설치(도로)
  • 종곡선길이$(L) = \left(\dfrac{m-n}{3.6}\right)V^2$

    여기서, V : 속도(km/h)

  • 종거$(y) = \left(\dfrac{m-n}{2L}\right)x^2$

    여기서, x : 횡거

③ 계획고$(H) = H' - y(H' = H_0 + mx)$

    여기서, H' : 제1경사선 $\overline{AF}$ 위의 점 P'의 표고
    H_0 : 종단곡선시점 A의 표고
    H : 점 A에서 x만큼 떨어져 있는 종단곡선 위의 점 P의 계획고

CHAPTER 09 면적측량 및 체적측량

01 | 삼변법(헤론의 공식)

세 변의 길이를 알 때
$$A = \sqrt{S(S-a)(S-b)(S-c)}$$

    여기서, $S = \dfrac{1}{2}(a+b+c)$

02 | 심프슨(Simpson)의 제1법칙(1/3법칙)

지거간격(d)을 일정하게 나눈다.
$$A = \dfrac{d}{3}\left(y_1 + y_n + 4\sum y_{\text{짝수}} + 2\sum y_{\text{홀수}}\right)$$

    여기서, n : 지거의 수이며 홀수이어야 한다(만일 마지막 지거(n)의 수가 짝수일 때는 따로 사다리꼴공식으로 계산하여 합산한다).

03 | 삼각형의 분할

① 한 변에 평행한 직선에 따른 분할 : △ABC를 $m:n$으로 BC∥DE로 분할할 때

$$\dfrac{\triangle ADE}{\triangle ABC} = \dfrac{m}{m+n} = \left(\dfrac{DE}{BC}\right)^2 = \left(\dfrac{AD}{AB}\right)^2 = \left(\dfrac{AE}{AC}\right)^2$$

$$\therefore AD = AB\sqrt{\dfrac{m}{m+n}}$$

② 한 변의 임의의 정점을 통하는 분할 : △ABC를 $m:n$으로 정점 D를 통하여 분할할 때

$$\dfrac{\triangle ADE}{\triangle ABC} = \dfrac{m}{m+n} = \dfrac{AD \cdot AE}{AB \cdot AC}$$

$$\therefore AD = \dfrac{AB \cdot AC}{AE}\left(\dfrac{m}{m+n}\right)$$

③ 삼각형의 꼭짓점(정점)을 통하는 분할 : △ABC를 $m:n$으로 정점 A를 통하여 분할할 때

$$\frac{\triangle ABD}{\triangle ABC} = \frac{m}{m+n} = \frac{BD}{BC}$$

$$\left(\frac{\triangle ABD}{\triangle ABC} = \frac{\dfrac{BD \times h}{2}}{\dfrac{BC \times h}{2}}\right)$$

$$\therefore \overline{BD} = \overline{BC}\left(\frac{m}{m+n}\right)$$

04 | 체적측량

① 단면법

- 양단면평균법 : $V = \dfrac{1}{2}(A_1 + A_2)l$

  여기서, A_1, A_2 : 양끝 단면적

  A_m : 중앙 단면적

  l : A_1에서 A_2까지의 길이

- 중앙 단면법 : $V = A_m l$

- 각주공식 : $V = \dfrac{l}{6}(A_1 + 4A_m + A_2)$

② 점고법

- 직사각형으로 분할하는 경우

  - 토량

    $$V_o = \frac{A}{4}\left(\sum h_1 + 2\sum h_2 + 3\sum h_3 + 4\sum h_4\right)$$

    단, $A = ab$

  - 계획고 : $h = \dfrac{V_o}{nA}$

    단, n : 사각형의 분할개수

- 삼각형으로 분할하는 경우

  - 토량

    $$V_o = \frac{A}{3}\left(\sum h_1 + 2\sum h_2 + 3\sum h_3 + 4\sum h_4\right.$$
    $$\left. + 5\sum h_5 + 6\sum h_6 + 7\sum h_7 + 8\sum h_8\right)$$

    단, $A = \dfrac{1}{2}ab$

  - 계획고 : $h = \dfrac{V_o}{nA}$

③ 등고선법 : 토량, 댐과 저수지의 저수량 산정

$$V_0 = \frac{h}{3}\{A_0 + A_n + 4(A_1 + A_3 + \cdots)$$
$$+ 2(A_2 + A_4 + \cdots)\}$$

여기서, $A_0, A_1, A_2, \cdots$: 각 등고선의 높이에 따른 면적

n : 등고선의 간격

10 CHAPTER 하천측량

01 | 평면측량

① 유제부에서는 제외지 전부와 제내지 300m 이내
② 무제부에서는 물이 흐르는 곳 전부와 홍수 시 도달하는 물가선으로부터 100m 정도

02 | 유량측정장소

① 하저의 변화가 없는 곳
② 상·하류 수면구배가 일정한 곳
③ 잠류, 역류되지 않고 지천에 불규칙한 변화가 없는 곳
④ 부근에 급류가 없고 유수의 상태가 균일하며 장애물이 없는 곳
⑤ 윤변의 성질이 균일하고 상·하류를 통하여 횡단면의 형상이 급변하지 않는 곳
⑥ 가능한 폭이 좁고 충분한 수심과 적당한 유속을 가질 것이며 유속계를 사용할 때에 유속이 0.3~2.0m/s 되는 곳

03 | 평균유속을 구하는 방법

① 1점법 : 수면에서 $0.6H$ 되는 곳의 유속으로 평균유속을 구하는 방법

$$V_m = V_{0.6}$$

② 2점법 : 수면에서 $0.2H$, $0.8H$ 되는 곳의 유속을 측정하여 평균유속을 구하는 방법

$$V = \frac{1}{2}(V_{0.2} + V_{0.8})$$

③ 3점법 : 수면에서 $0.2H$, $0.6H$, $0.8H$ 되는 곳의 유속을 측정하여 평균유속을 구하는 방법

$$V_m = \frac{1}{4}(V_{0.2} + 2V_{0.6} + V_{0.8})$$

11 CHAPTER 위성측위시스템

01 | GPS의 장단점

① 장점
- 고정밀측량이 가능하다.
- 장거리를 신속하게 측량할 수 있다.
- 관측점 간의 시통이 필요하지 않다.
- 기상조건에 영향을 받지 않으며 야간관측도 가능하다.
- x, y, z(3차원) 측정이 가능하며 움직이는 대상물도 측정이 가능하다.

② 단점
- 위성의 궤도정보가 필요하다.
- 전리층 및 대류권에 관한 정보를 필요로 한다.
- 우리나라 좌표계에 맞도록 변환하여야 한다.

02 | GPS의 특징

구분	내용
위치측정원리	전파의 도달시간, 3차원 후방교회법
고도 및 주기	• 고도 : 20,183km • 주기 : 12시간(0.5항성일) 주기
신호	• L_1파 : 1,575.422MHz • L_2파 : 1,227.60MHz
궤도경사각	55°
궤도방식	위도 60°의 6개 궤도면을 도는 34개 위성이 운행 중에 있으며, 궤도방식은 원궤도이다.
사용좌표계	WGS84

03 | DOP의 종류 및 특징

① 종류
- GDOP : 기하학적 정밀도 저하율
- PDOP : 위치정밀도 저하율
- HDOP : 수평정밀도 저하율
- VDOP : 수직정밀도 저하율
- RDOP : 상대정밀도 저하율
- TDOP : 시간정밀도 저하율

② 특징
- DOP는 위성의 기하학적 배치상태가 정확도에 어떻게 영향을 주는가를 추정할 수 있는 척도이다.
- 정확도를 나타내는 계수로서 수치로 표시된다.
- 수치가 작을수록 정밀하다.
- 지표에서 가장 배치상태가 좋을 때의 DOP수치는 1이다.
- 위성의 위치, 높이, 시간에 대한 함수관계가 있다.

12 CHAPTER 지형공간정보체계(GSIS)

01 | 스캐너와 디지타이저의 비교

구분	스캐너	디지타이저
입력방식	자동방식	수동방식
결과물	래스터	벡터
비용	고가	저렴
시간	신속	시간이 많이 소요
도면상태	영향을 받음	영향을 적게 받음

02 | 데이터베이스의 장단점

① 장점
- 중앙제어 가능
- 효율적인 자료호환
- 데이터의 독립성
- 새로운 응용프로그램 개발의 용이성
- 반복성의 제거
- 많은 사용자의 자료공유
- 다양한 응용프로그램에서 다른 목적으로 편집 및 저장

② 단점
- 초기 구축비용과 유지비용이 고가
- 초기 구축 시 관련 전문가 필요
- 시스템의 복잡성
- 자료의 공유로 인해 자료의 분실이나 잘못된 자료가 사용될 가능성이 있어 보완조치 마련
- 통제의 집중화에 따른 위험성 존재

chapter 1

총론

3.3%
토목기사 출제빈도표

1.7%
토목산업기사 출제빈도표

1 | 총론

01 측량의 개요

① 정의

측량학은 지구 및 우주공간에 존재하는 제점간의 상호위치 관계와 그 특성을 해석하는 학문이다. 그 대상은 인간의 활동이 미치는 모든 영역을 말하며, 점 상호간의 거리, 방향, 높이, 시를 관측하여 지도제작 및 모든 구조물의 위치를 정량화시키는 것 뿐만 아니라 환경 및 자원에 대한 정보를 수집하고 이를 정성적으로 해석하는 제반방법을 다루는 학문이다.

② 분류

(1) 측량기계에 따른 분류

거리측량, 평판측량, 컴퍼스측량, 트랜싯측량, 레벨측량, 사진측량 등

(2) 측량목적에 따른 분류

토지측량, 지형측량, 노선측량, 하해측량, 지적측량, 터널측량, 건축측량, 천체측량 등

(3) 측량법규에 따른 분류

① **기본측량** : 모든 측량의 기초가 되는 측량이며, 국토교통부장관의 명령을 받아 국립지리원장이 실시한다.
② **공공측량** : 기본측량 이외의 측량 중 국가, 지방자치단체, 정부투자단체와 대통령이 정한 기관이 실시하는 측량이다.
③ **일반측량** : 기본측량 및 공공측량 이외의 측량이다.

(4) 측량면적에 따른 분류

① **대지측량**(측지측량) : 지구의 곡률을 고려한 측량으로 정밀도

알·아·두·기·

▶ **측량의 3요소**
거리, 방향, 높이

▶ **점의 위치 결정**
① 수평위치 결정방법 : 삼각측량, 삼변측량, 다각측량 등
② 수직위치 결정방법 : 수준측량
③ 3차원 위치 결정방법 : 항공삼각측량, 관성측량, 위성측량(GPS측량)

▶ **기준점측량(골격측량)**
천문측량, 위성측량, 삼각측량, 삼변측량, 다각측량, 수준측량 등

▶ **세부측량**
평판측량, 시거측량, 나반측량, 음파측량

1/1,000,000일 경우 거리로 반경 11km 이상 또는 면적 400km² 이상의 넓은 지역측량이다.

② 소지측량(평면측량) : 지구의 곡률을 고려하지 않은 측량으로 정밀도 1/1,000,000일 경우 거리로 반경 11km 이하 또는 면적 400km² 이하의 작은 지역측량이다(측량하는 지역을 평면으로 간주).

③ 대지측량 및 소지측량의 범위

$$\frac{\Delta l}{l} = \frac{L-l}{l} = \frac{l^2}{12R^2} = \frac{1}{M} \quad \cdots\cdots\cdots\cdots (1 \cdot 1)$$

여기서, L : 지평선

l : 수평선

R : 지구의 곡률반경

$\dfrac{1}{M}$: 정밀도

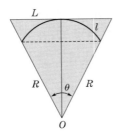

【그림 1-1】 대지측량과 평면측량과의 관계

㉮ 수평선과 정밀도와의 관계

$$l = \sqrt{\frac{12R^2}{M}} \quad \cdots\cdots\cdots\cdots\cdots\cdots\cdots\cdots (1 \cdot 2)$$

㉯ 허용오차(Δl)

$$\Delta l = L - l = \frac{l^3}{12R^2} \quad \cdots\cdots\cdots\cdots\cdots\cdots (1 \cdot 3)$$

 측지학

① **정의**

지구의 내부와 표면 및 우주공간에 존재하는 형상과 크기, 위치를 결정하는 학문으로 측량학 중에서 가장 기본적인 학문이다.

 축척계수

$$K = \frac{l}{S}$$

여기서, l : 투영길이

S : 구면거리

K : 축척계수

분류

(1) 기하학적 측지학

지구 및 천체에 대한 점들의 상호 위치관계를 조사

(2) 물리학적 측지학

지구의 형상해석 및 지구의 내부 특성을 조사

【 기하학적 측지학과 물리학적 측지학의 비교 】

기하학적 측지학	물리학적 측지학
① 길이 및 시간의 결정	① 지구의 형상 해석
② 수평위치의 결정	② 중력측정
③ 높이의 결정	③ 지자기의 측정
④ 측지학의 3차원 위치결정	④ 탄성파의 측정
⑤ 천문측량	⑤ 지구의 극운동 및 자전운동
⑥ 위성측지	⑥ 지각변동 및 균형
⑦ 하해측지	⑦ 지구의 열측정
⑧ 면적 및 체적의 산정	⑧ 대륙의 부동
⑨ 지도제작(지도학)	⑨ 해양의 조류
⑩ 사진측량	⑩ 지구의 조석측량

❸ 지구의 물리측정

(1) 지자기 3요소

① 편각 : 수평분력 H가 진북과 이루는 각

② 복각 : 전자장 F와 수평분력 H가 이루는 각

③ 수평분력 : 전자장 F의 수평성분

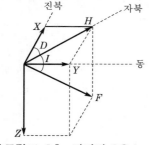

여기서, F : 전자장

H : 수평분력

(X : 진북방향 성분,

Y : 동서방향 성분)

Z : 연직분력

D : 편각

I : 복각

【그림 1-2】 지자기 3요소

(2) 탄성파의 측정

자연지진이나 인공지진의 지진파로서 지하구조물을 조사한다.

① 굴절법 : 지표면에서 낮은 곳 측정
② 반사법 : 지표면에서 깊은 곳 측정

(3) 탄성파의 종류

① P파(종파) : 진동방향은 **진행방향과 일치**하며 도달시간은 0분이며, 속도는 7~8km/sec이고, 모든 물체에 전파하는 성질을 가지고 있으며, **아주 작은 폭으로 발생**한다.

② S파(횡파) : 진동방향은 **진행방향의 직각으로 일어나며** 도달시간은 8분, 속도는 3~4km/sec이고, 고체 내에서만 전파하는 성질을 가지고 있으며 **보통 폭으로 발생**한다.

③ L파(표면파) : 진동방향은 수평 및 수직으로 일어나며 속도는 3km/sec 이하이고, 지표면에 진동하는 성질을 가지고 있으며 아주 큰 폭으로 발생한다. 따라서 **가장 피해가 심하다.**

(4) 중력측정

표고를 알고 있는 수준점에서 중력에 의한 변화현상을 측정하여 중력을 구한다.

① 중력=만유인력+지구 자체의 원심력
② 일반적으로 실측 중력값과 계산에 의한 중력값은 일치하지 않는다.
③ 중력이상이 (+)이면 그 지점 부근에 무거운 물질이 있다는 것을 의미한다.
④ 중력이상에 의하여 **지표 밑의 상태**를 추정할 수 있다.
⑤ 중력의 실측값에서 중력에 의해 계산된 값을 뺀 것이 중력이상이다.
⑥ 단위 : gel, cm/sec^2
⑦ 기준점 : 독일 포츠담, 981.247gel

03 지구의 형상

① 타원체

① **회전타원체** : 한 타원의 지축을 중심으로 회전하여 생기는 입체타원체

알·아·두·기·

탄성파의 주요 특성
① 탄성파 성질은 탄성상수가 큰 물질에서는 속도가 빠르다.
② 유전조사, 탄전, 금속 및 비금속성의 복잡한 지질구조 파악에 이용
③ 지표면에서 낮은 곳은 굴절법, 깊은 곳은 반사법이 이용
④ 지진계에 기록되는 순서는 P→S→L

중력이상의 종류
① 프리-에어이상
② 부게이상
③ 지각균형이상

▶ 지표에서의 중력은 고도가 높아짐에 따라 감소하며 지구 중심에 가까워질수록 증가한다.

② **지구타원체** : 부피와 모양이 실제의 지구와 가장 가까운 회전 타원체를 지구의 형으로 규정한 타원체

③ **준거타원체** : 어느 지역의 대지측량계의 기준이 되는 타원체

④ **국제타원체** : 전세계적으로 대지측량계의 통일을 위해 제정한 지구타원체

【 지구타원체의 측량 】

측정자	측정한 해	적도반지름 a[km]	극반지름 b[km]	편평률 P
Bessel	1841	6,377.397	6,356.7	1 : 299.2
Clark	1880	6,378.249	6,356.515	1 : 293.5
Hayford	1909	6,378.388	6,356.909	1 : 297.5

② 제 성질

① 편심률(이심률, e) $= \sqrt{\dfrac{a^2 - b^2}{a^2}}$ ················ (1·4)

② 편평률(P) $= \dfrac{a-b}{a} = 1 - \sqrt{1 - e^2}$ ········ (1·5)

③ 자오선 곡률반경(M) $= \dfrac{a(1 - e^2)}{W^3}$

　여기서, $W = \sqrt{1 - e^2 \sin^2 \phi}$ ················ (1·6)

④ 횡곡률반경(N) $= \dfrac{a}{W} = \dfrac{a}{\sqrt{1 - e^2 \sin^2 \phi}}$ ······ (1·7)

⑤ 평균곡률반경(R) $= \sqrt{MN}$ ··············· (1·8)

③ 위도

지표면상의 한 점 A에서 세운 법선이 적도면과 이루는 각으로 남북으로 90°씩 나눠진다.

(1) 종류

① **측지위도**(φ_g) : 지구상의 한 점에서 회전타원체의 **법선**이 적도면과 이루는 각

② **천문위도**(φ_a) : 지구상의 한 점에서 **연직선**이 적도면과 이루는 각

③ **지심위도**(φ_c) : 지구상의 한 점과 **지구중심**을 맺는 직선이 적도면과 이루는 각

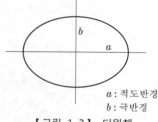

a : 적도반경
b : 극반경

【 그림 1-3 】 타원체

▷ **타원체의 특징**

① 기하학적 타원체이므로 굴곡이 없는 매끈한 면

② 지구의 반경, 면적, 표면적, 부피, 삼각측량, 경위도 결정, 지도제작 등의 기준

③ 타원체의 크기는 삼각측량 등의 실측이나 중력측정값을 클레로 정리를 이용하여 결정

④ 우리나라는 Bessel 타원체 이용

▷ **경도**

본초자오면과 지표면상의 한 점 A를 지나는 자오면이 만드는 적도면상의 각거리로 동서로 180°씩 나눠진다.

① 측지경도 : 본초자오선과 임의의 점 A의 타원체상의 자오선이 이루는 적도면상 각거리

② 천문경도 : 본초자오선과 임의의 점 A의 지오이드상의 자오선이 이루는 적도면상 각거리

④ 화성위도(φ_r) : 지구중심으로부터 장반경(a)을 반경으로 하는 원과 지구상의 한 점을 지나는 종선의 **연장선**과 지구중심을 연결한 직선이 **적도면과 이루는 각**

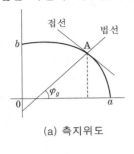

(a) 측지위도

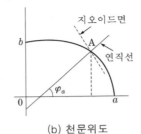

(b) 천문위도

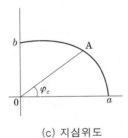

(c) 지심위도

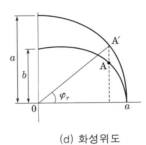

(d) 화성위도

【그림 1-4】 위도의 종류

 지오이드

　정지된 평균해수면을 육지까지 연장하여 지구 전체를 둘러샀다고 가상한 곡면을 지오이드라 한다.

(1) 특징

① 지오이드면은 평균해수면과 일치하는 **등퍼텐셜면으로** 일종의 수면이다.
② 지오이드는 어느 점에서나 **중력방향에 수직**이다.
③ 주변 지형의 영향이나 국부적인 지각밀도의 불균일로 인하여 타원체면에 대하여 다소의 기복이 있는 **불규칙한 면**이다.
④ 고저측량은 지오이드면을 표고 Zero로 하여 측량한다.
⑤ 지오이드면은 **높이가 0m**이므로 위치에너지($E = mgh$)가 Zero이다.
⑥ 지구상 어느 한 점에서 타원체의 법선과 지오이드 법선은 일치하지 않게 되며 두 법선의 차 즉, 연직선 편차가 생긴다.

▶ **우리나라 연직선 편차분포**
① 연직선 편차량이 크고, 분포가 계통적이며 대체로 북서 방향
② 경선 방향 : +11.25″(북쪽으로 약 350m)
③ 위선 방향 : −10.01″(서쪽으로 약 240m)
④ 태백산맥을 경계로 동서의 분포가 뚜렷한 차이를 보이고 서쪽이 최대 편차, 중부지역은 중간값

⑦ 지오이드면은 대륙에서는 지오이드면 위에 있는 지각의 인력 때문에 지구타원체보다 높으며, 해양에서는 지구타원체보다 낮다.

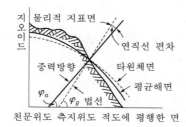

【그림 1-5】 지오이드와 타원체

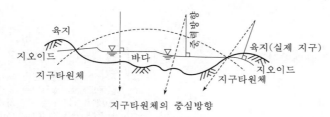

【그림 1-6】 지구타원체와 지오이드 및 실제 지형 간의 관계

⑤ 구과량

구면삼각형의 ABC의 세 내각을 A, B, C라 할 때 이 내각의 합이 180°가 넘으면 이 차이를 구과량(ε)이라 한다.

즉, $\varepsilon = (A + B + C) - 180°$

$$\varepsilon = \frac{F}{R^2} \rho''$$ ·················· (1·9)

여기서, ε : 구과량

　　　　F : 삼각형의 면적

　　　　R : 지구반경

> ▶ **구면삼각형**
> 구의 중심을 지나는 평면과 구면과의 교선을 대원이라 하고, 세 변이 대원의 호로 된 삼각형을 구면삼각형이라 한다.

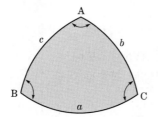

【그림 1-7】 구면삼각형

(1) 특징

① 구과량은 구면삼각형의 면적 F에 비례하고 구의 반경 R의 제곱에 반비례한다.

② 구면삼각형의 한 정점을 지나는 변은 대원이다.

③ 일반측량에서 구과량은 미소하므로 구면삼각형의 면적 대신에 평면삼각형의 면적을 사용해도 크게 지장없다.

④ 소규모 지역에서는 르장드르 정리를 이용하고 대규모 지역에서는 슈라이버 정리를 이용한다.

⑥ 시(時)의 결정

(1) 세계시(UT)

그리니치 자오선(경도 0°)에 대한 평균태양시

$$UT = LST - ams + \lambda + 12^h$$

여기서, ams : 평균태양시 적경

λ : 관측점의 경도(서경)

① UT_0 : 지방시의 영향을 고려하지 않는 세계시로 전세계가 같은 시각

② UT_1 : 극운동을 고려한 세계시로 전세계가 다른 시각

③ UT_2 : UT_1에 계절변화를 고려한 것으로 전세계가 다른 시각

(2) 지방시(LST)

항성시라고도 하며 춘분점을 기준으로 측정된 시간으로 그 지점의 자오선(즉, 지방)마다 틀린 시

(3) 시태양시

춘분점 대신에 시태양을 사용한 항성시

(4) 평균태양시

우리가 쓰는 사용시로(평균태양의 시간각 $+ 12^h$)인 관계가 있다.

① 중력퍼텐셜 : 중력장 내의 임의의 한 점에서 단위질량을 어떤 점까지 옮겨오는데 필요한 일

② 등퍼텐셜면 : 중력퍼텐셜이 일정한 값을 갖는 면

▶ 역표시

지구는 자전운동뿐만 아니라 공전운동도 불균일하므로 이러한 영향 ΔT를 고려하여 균일하게 만들어 사용한 것을 역표시라 한다.

▶ 균시차

시태양시와 평균태양시 사이의 차

04 측량의 원점

① 경·위도원점

① 1981~1985년까지 정밀천문측량 실시
② 1985년 12월 17일 발표
③ 수원의 국토지리정보원 구내 위치
  ㉮ 경도 : 127°03′05″1451E
  ㉯ 위도 : 37°16′31″9034E
  ㉰ 원방위각 : 170°58′18″190

> **천문측량의 목적**
> ① 경위도 원점 및 측지원자 결정
> ② 독립된 지역의 위치 결정
> ③ 측지 측량망의 방위각 조정
> ④ 연직선 편차 결정
> ⑤ 지구의 형상 결정

② 수준원점

① 평균해수면을 알기 위한 **검조장** 설치(1911년)
② 검조장 설치위치 : 청진, 원산, 목포, 진남포, 인천(5개소)
③ 1963년 일등수준점 신설
④ 위치 : 인천광역시 남구 용현동 253번지(인하대학교 교정)
⑤ 표고 : 26.6871m

③ 평면직각좌표원점

① 지도상 제점간의 위치관계를 용이하게 결정
② 모든 삼각점좌표(x, y)의 기준
③ 우리나라 도원점의 위치(가상점)

명칭	경도	위도
동해원점	동경 131°00′00″	북위 38°
동부원점	동경 129°00′00″	북위 38°
중부원점	동경 127°00′00″	북위 38°
서부원점	동경 125°00′00″	북위 38°

05 좌표계

① 지구좌표계

(1) 경·위도좌표

① 지구상 절대적 위치를 표시하는데 널리 이용된다.
② 경도(λ), 위도(φ), 표고(높이)로 3차원 위치를 표시한다.
③ 경도는 동·서쪽으로 $0\sim180°$, 위도는 남·북쪽으로 $0\sim90°$로 구분된다.

(2) 평면직교좌표

① 측량범위가 크지 않은 일반측량에 사용된다.
② 직교좌표값(x, y)으로 표시된다.

(3) UTM좌표

좌표계의 간격은 경도 6°마다 60지대(1~60번 180°W 자오선부터 동쪽으로 시작), 위도 8°마다 20지대(c~x까지 20개 알파벳으로 표시, 단 I, O 제외)로 나누고 각 지대의 중앙자오선에 대하여 **횡메르카토르 도법**으로 투영하였다.

① 경도의 원점은 중앙자오선이다.
② 위도의 원점은 적도상에 있다.
③ 길이의 단위는 m이다.
④ 중앙자오선에서의 축척계수는 0.9996m이다.
⑤ 우리나라는 51~52종대, S~T횡대에 속한다.

(4) UPS좌표

① 위도 80° 이상의 양극지역의 좌표를 표시하는데 사용된다.
② UPS좌표는 **극심입체투영법**에 의한 것이며 UTM좌표의 상사투영법과 같은 특징을 가진다.

(5) WGS 84좌표

지구중심좌표계의 일종으로 주로 **위성측량**(GPS, SPOT)에서 쓰는 좌표계를 말한다.

① WGS 84는 지구의 질량중심에 위치한 좌표원점과 X, Y, Z축
으로 정의되는 좌표계이다.

② Z축은 1984년 국제시보국(BIH)에서 채택한 지구자전축과 평
행을 이룬다.

③ X축은 BIH에서 정의한 본초자오선과 평행한 평면이 지구적도
면과 교차하는 선이다.

④ Y축은 X축과 Z축이 이루는 평면에 동쪽으로 수직인 방향으로
정의된다.

⑤ WGS 84좌표계의 원점과 축은 WGS 84타원체의 기하학적 중
심과 X, Y, Z축으로 이용된다.

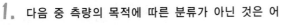

예상 및 기출문제

1. 다음 중 측량의 목적에 따른 분류가 아닌 것은 어느 것인가? [기사 96, 99]
① 천문측량　　　　　② 거리측량
③ 수준측량　　　　　④ 지적측량

> **해설** ㉮ 측량의 목적에 따른 분류 : 토지측량, 지형
> 측량, 노선측량, 하해측량, 지적측량, 터널
> 측량, 수준측량, 건축측량, 천체측량 등
> ㉯ 측량기계에 따른 분류 : 거리측량, 평판측
> 량, 컴퍼스측량, 트랜싯측량, 레벨측량, 사
> 진측량 등

2. 보기 중 측지원점을 정밀하게 결정하기 위해 필요한 기준타원체의 매개변수에 해당하는 모든 요소로 짝지어진 것은? [기사 11]

> 〈보기〉
> ㉠ 기준타원체의 장반경　　㉡ 기준타원체의 편평률
> ㉢ 연직선 편차　　　　　　㉣ 원방위각
> ㉤ 원점에서의 지오이드고　㉥ 원점의 경·위도

① ㉠, ㉡, ㉢, ㉣, ㉤, ㉥
② ㉠, ㉡, ㉢, ㉤, ㉥
③ ㉠, ㉡, ㉢, ㉤
④ ㉡, ㉣, ㉥

> **해설** 매개변수
> ㉮ 장반경　　　　　㉯ 편평률
> ㉰ 연직선 편차　　　㉱ 원방위각
> ㉲ 지오이드고　　　㉳ 경·위도

3. 우리나라의 측량에 사용되고 있는 위도는? [산업 99]
① 천문위도　　　　　② 화성위도
③ 평행위도　　　　　④ 측지위도

4. 다음의 사항 중 옳은 것은 어느 것인가? [산업 98]
① 우리나라의 수준면은 1911년 인천의 중등해수면 값을 기준으로 하였다.
② 일반적인 측량에 많이 사용되는 좌표는 극좌표이다.
③ 지각변동의 측정, 긴 하천 또는 항로의 측량은 평면측량으로 행한다.
④ 위도는 어떤 지점에서 준거타원체의 법선이 적도면과 이루는 각으로 표시한다.

> **해설** ㉮ 중등해수면 → 평균해수면
> ㉯ 극좌표 → 평면직각좌표
> ㉰ 평면측량 → 대지측량

5. 지구곡률을 고려하는 대지측량을 해야 하는 범위는? (단, 정도는 1/100만로 한다.) [기사 95]
① 반경 11km, 넓이 200km² 이상인 지역
② 반경 11km, 넓이 300km² 이상인 지역
③ 반경 11km, 넓이 400km² 이상인 지역
④ 반경 11km, 넓이 500km² 이상인 지역

> **해설**
> $$\frac{\Delta l}{l} = \frac{l^2}{12R^2}$$
> $$\frac{1}{1,000,000} = \frac{l^2}{12 \times 6,370^2}$$
> $$l = 22\text{km}$$
> $$\therefore \ \text{반경} : 11\text{km}$$
> $$\text{면적} : 400\text{km}^2$$

6. 지구상의 50km 떨어진 두 점의 거리를 측량하면서 지구를 평면으로 간주하였다면 거리오차는 얼마인가? (단, 지구의 반경은 6,370km이다.) [기사 96]
① 0.257m　　　　　② 0.138m
③ 0.069m　　　　　④ 0.005m

> **해설**
> $$\frac{\Delta l}{l} = \frac{l^2}{12R^2}$$
> $$\therefore \ \Delta l = \frac{l^3}{12R^2} = \frac{50^3}{12 \times 6,370^2} = 0.000257\text{km}$$
> $$= 0.257\text{m}$$

7. 다음 관계 중 옳은 것은? (단, N: 지구의 횡곡률 반경, R: 지구의 자오선 곡률반경, a: 타원지구의 적도 반경, b: 타원지구의 극반경) [기사 94]

① 측량의 원점에서의 평균곡률반경은 $\dfrac{a+2b}{3}$ 이다.

② 타원에 대한 지구의 곡률반경은 $\dfrac{a-b}{a}$ 로 표시된다.

③ 지구의 편평률은 $\sqrt{NR}$ 로 표시된다.

④ 지구의 편심률은 $\sqrt{\dfrac{a^2-b^2}{a^2}}$ 으로 표시된다.

해설 ① $\dfrac{2a+b}{3}$, ② $r=\sqrt{RN}$, ③ $f=\dfrac{a-b}{a}$

8. 지구의 곡률로부터 생기는 길이의 오차를 1/2,000,000 까지 허용하면 반지름 몇 km 이내를 평면으로 보는 것이 옳은가? (단, 지구의 곡률반지름은 6,370km로 한다.) [기사 95]

① 22.00km   ② 7.80km

③ 10.20km   ④ 15.60km

해설

$$\frac{\Delta l}{l}=\frac{l^2}{12R^2}$$

$$\frac{1}{2,000,000}=\frac{l^2}{12\times6,370^2}$$

$$l=15.60km$$

$$\therefore \text{반경 } 7.8km$$

9. 거리의 정확도를 10^{-6}에서 10^{-5}으로 변화를 주었다면 평면으로 고려할 수 있는 면적 기준의 측량범위의 변화는? [기사 10]

① $\dfrac{1}{\sqrt{10}}$ 로 감소한다.   ② $\sqrt{10}$ 배 증가한다.

③ 10배 증가한다.   ④ 100배 증가한다.

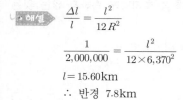

해설 ㉮ $\dfrac{1}{1,000,000}=\dfrac{l^2}{12\times6,370^2}$

$\qquad\qquad \therefore l=11km$

$\qquad\qquad$ 면적 $=\pi r^2=\pi\times11^2=380km^2$

㉯ $\dfrac{1}{100,000}=\dfrac{l^2}{12\times6,370^2}$

$\qquad\qquad \therefore l=35km$

$\qquad\qquad$ 면적 $=\pi r^2=\pi\times35^2=3,848km^2$

㉰ 1/1,000,000은 1/100,000보다 면적이 10배 더 크다.

10. 다음은 측지학에 대한 설명이다. 옳지 않은 것은 어느 것인가? [산업 99]

① 측지학은 지구표면상의 길이, 각 및 높이의 관측에 의한 3차원 좌표결정을 위한 측량만을 한다.

② 측지측량은 지구의 곡률을 고려한 정밀측량이다.

③ 지구 내부의 특성, 형상 및 크기에 관한 것을 물리학적 측지학이라 한다.

④ 측지학이란 지구 내부의 특성, 지구의 형상, 지표면상의 상호관계를 정하는 학문이다.

해설 이외에 위성측량, 하해측량, 면체적측량, 사진측량 등이 있다.

11. 다음 중 측지학에 대한 설명 중 틀리는 것은? [산업 99]

① 수평위치의 결정이란 준거타원체의 법선이 타원체의 표면과 만나는 점의 좌표, 즉 경도 및 위도를 정하는 것이다.

② 높이의 결정은 평균해수면을 기준으로 하는 것으로 직접수준측량 또는 간접수준측량에 의해 결정한다.

③ 천체의 고도방위각 및 시각을 관측하여 관측지점의 지리학적 경위도 및 방위를 구하는 것을 천문측량이라 한다.

④ 지상으로부터 반사 또는 방사된 전자파를 인공위성으로 흡수하여 해석함으로써 지구자원 및 환경을 해결할 수 있는 것을 위성측지라 한다.

해설 높이의 결정은 직접수준측량에 의해서 결정된다.

12. 측지학에 대한 설명 중 옳지 않은 것은? [기사 98]

① 물리학적 측지학은 지구 내부의 특성, 지구의 형상 및 운동을 결정하는 것이다.

② 기하학적 측지학은 지구표면상에 있는 점들 간의 상호 위치관계를 결정하는 것이다.

③ 탄성파 측정에서 지표면으로부터 낮은 곳은 굴절법을 이용한다.

④ 중력측정에서 중력은 관측한 곳의 표고와는 관계 없이 행하여진다.

해설 중력측정은 표고를 알고 있는 수준점에서 중력에 의한 변화현상을 측정하여 중력을 구한다.

13. 기하학적 측지학의 3차원 위치결정에 맞는 것은 어느 것인가? [산업 94]
① 위도, 경도, 진북방위각
② 위도, 경도, 자오선수차
③ 위도, 경도, 높이
④ 위도, 경도, 방향각

> **해설** 측지학의 3차원 위치결정 : 위도, 경도, 높이

14. 다음 사항에서 기하학적 측지학에 속하지 않는 것은? [기사 99]
① 수평위치의 결정
② 측지학적 3차원 위치의 결정
③ 탄성파의 측정
④ 길이 및 시(時)의 결정

15. 다음 설명 중 잘못된 것은? [기사 99]
① 측지선은 지표상 두 점 간의 최단거리의 선이다.
② 항정선은 자오선과 항상 일정한 각도를 유지하는 지표의 선이다.
③ 라플라스점은 중력측정을 실시하기 위한 점이다.
④ 실제 지구와 가장 가까운 회전타원체를 지구타원체라 한다.

> **해설** 라플라스점은 방위각과 경도를 측정하여 삼각망을 바로잡는 점이다.

16. 지구의 기하학적 성질을 설명한 것 중 잘못된 것은? [산업 97]
① 지구상의 자오선은 양극을 지나는 대원의 북극과 남극 사이의 절반이다.
② 측지선은 지표상 두 점 간의 최단거리선이다.
③ 항정선은 자오선과 일정한 각도를 유지하며, 그 선 내각점에서 북으로 갈수록 방위각이 커진다.
④ 지표상 모유선은 지구타원체상 한 점의 법선을 포함한다.

> **해설** 항정선
> 자오선과 일정한 각도를 유지하며 그 선 내의 각 점에서 방위각이 일정한 곡선이 된다.

17. 다음 중 측지학의 측지선에 관한 설명으로 옳지 않은 것은?
① 측지선은 두 개의 평면곡선의 교각을 2 : 1로 분할하는 성질이 있다.
② 지표면상 2점을 잇는 최단거리가 되는 곡선을 측지선이라 한다.
③ 평면곡선과 측지선의 길이의 차는 극히 미소하여 실무상 무시할 수 있다.
④ 측지선은 미분기하학으로 구할 수 있으나 직접 관측하여 구하는 것이 더욱 정확하다.

> **해설** 측지선은 미분기하학으로 구할 수 있으나 직접 관측할 수 없다.

18. 다음 중 물리학적 측지학에 속하지 않는 것은 어느 것인가? [산업 94]
① 지구의 극운동 및 자전운동
② 지구의 형상해석
③ 하해측지
④ 지각변동 및 균형

19. 다음 중 Geoid에 대한 설명 중 틀리는 것은? [기사 98]
① 평면해수면을 육지까지 연장하는 가상적인 곡면을 Geoid라 하며, 이것은 준거타원체와 일치한다.
② Geoid는 중력장의 등퍼텐셜면으로 볼 수 있다.
③ 실제로 Geoid면은 굴곡이 심하므로 측지측량의 기준으로 채택하기 어렵다.
④ 지구의 형은 평면해수면과 일치하는 Geoid면으로 볼 수 있다.

> **해설** 지구의 형태는 평균해수면과 지오이드가 거의 일치한다(완전하게 일치하지는 않는다).

PD94

20. 다음은 타원체에 관한 설명이다. 옳은 것은 어느 것인가? [산업 98]

① 어느 지역의 측량좌표계의 기준이 되는 지구타원체를 준거타원체(또는 기준타원체)라 한다.

② 실제 지구와 가장 가까운 회전타원체를 지구타원체라 하며, 실제 지구의 모양과 같이 굴곡이 있는 곡률이다.

③ 타원의 주축을 중심으로 회전하여 생긴 지구물리학적 형상을 회전타원체라 한다.

④ 준거타원체(또는 기준타원체)는 지오이드와 일치한다.

21. 다음 중 지구의 형상에 대한 설명으로 틀린 것은? [기사 14]

① 회전타원체는 지구의 형상을 수학적으로 정의한 것이고, 어느 하나의 국가에 기준으로 채택한 타원체를 준거타원체라 한다.

② 지오이드는 물리적인 형상을 고려하여 만든 불규칙한 곡면이며, 높이 측정의 기준이 된다.

③ 임의 지점에서 회전타원체에 내린 법선이 적도면과 만나는 각도를 측지위도라 한다.

④ 지오이드상에서 중력퍼텐셜의 크기는 중력 이상에 의하여 달라진다.

22. 연직선편차에 대한 설명으로 옳은 것은?

① 진북과 자북의 편차

② 기포관축과 시준축의 편차

③ 기계의 중심축과 연직축의 편차

④ 회전타원체와 지오이드에 대한 수직선의 편차

▶ **해설** 연직선편차란 타원체의 법선인 수직선과 지오이드 법선인 연직선이 일치하지 않기 때문에 발생한다.

23. 현재 우리나라에서 공식적으로 사용되고 있는 지구타원체의 형상은? [산업 96]

① CLARKE
② GRS80
③ HAYFORD
④ EVEREST

24. 측지위도 38°에서 자오선의 곡률반경값으로 가장 가까운 것은? (단, 장반경=6,377,397.15m, 단반경=6,356,078.96m) [기사 97]

① 6,385,479.3m
② 6,375,076.9m
③ 6,358,949.2m
④ 6,354,373.4m

▶ **해설** ㉮ 이심률(e)

$$e = \sqrt{\frac{a^2-b^2}{a^2}}$$
$$= \sqrt{\frac{6,377,397.15^2 - 6,356,078.96^2}{6,377,397.15^2}}$$
$$= 0.081696823$$

㉯ $W = \sqrt{1 - e^2 \sin^2 \phi}$
$$= \sqrt{1 - 0.081696823^2 \times \sin^2 38°}$$
$$= 0.998734275$$

∴ 자오선의 곡률반경(M) $= \dfrac{a(1-e^2)}{W^3}$ 이므로
$$M = 6,358,947.524m$$

25. 지구의 적도반경 6,378km, 극반경 6,356km라 할 때 지구타원체의 편평률(f)과 이심률(e)은 얼마인가? [기사 95]

① $f = \dfrac{1}{289.9}$, $e = 0.0069$

② $f = \dfrac{1}{289.9}$, $e = 0.0830$

③ $f = \dfrac{1}{299.9}$, $e = 0.0069$

④ $f = \dfrac{1}{299.9}$, $e = 0.0077$

▶ **해설** ㉮ $f = \dfrac{a-b}{a} = \dfrac{6,378-6,356}{6,378} = \dfrac{1}{289.9}$

㉯ $e = \sqrt{\dfrac{a^2-b^2}{a^2}}$
$$= \sqrt{\frac{6,378^2 - 6,358^2}{6,378^2}} = 0.083$$

26. 중력이상의 주된 원인은? [기사 95, 00]

① 지하물질의 밀도가 고르게 분포되어 있지 않다.

② 지하물질의 밀도가 고르게 분포되어 있다.

③ 태양과 달의 인력때문이다.

④ 화산폭발이 원인이다.

해설 중력이상이란 실측중력값과 표준중력값의 차이를 말하며 중력이상이 생기는 원인은 지하의 물질 밀도가 고르게 분포되어 있지 않기 때문이다.

27. 중력이상에 대한 설명으로 옳지 않은 것은?

[기사 10]

① 중력이상에 의해 지표면 밑의 상태를 추정할 수 있다.
② 중력이상에 대한 취급은 물리학적 측지학에 속한다.
③ 중력이상이 양(+)이면 그 지점 부근에 무거운 물질이 있는 것으로 추정할 수 있다.
④ 중력식에 의한 계산값에서 실측값을 뺀 것이 중력이상이다.

해설 중력이상이란 실제 관측한 중력값에서 표준중력값을 뺀 것을 말한다.

28. 다음 중 중력보정방법이 아닌 것은? [산업 10]

① 지형보정
② 경도보정
③ 부게보정
④ 고도보정

해설 중력보정에는 계기보정, 위도보정, 부게보정, 대기보정, 에토베스보정, 고도보정 등이 있다.

29. 지구물리측정에서 지자기의 방향과 자오선과의 각을 무엇이라 하는가? [기사 94, 98]

① 복각
② 수평각
③ 편각
④ 수직각

30. 지자기측량을 위한 관측요소가 아닌 것은?

[기사 12]

① 지자기의 방향과 자오선과의 각
② 지자기의 방향과 수평면과의 각
③ 자오선으로부터 좌표북 사이의 각
④ 수평면 내에서의 자기장의 크기

해설 지자기측량을 위한 관측요소
㉮ 지자기의 방향과 자오선과의 각
㉯ 지자기의 방향과 수평면과의 각
㉰ 수평면 내에서의 자기장의 크기

31. 변의 길이가 40km인 정삼각형 ABC의 내각을 오차없이 실측하였을 때 내각의 합은? (단, $R = 6,370$km)

[기사 94]

① $180° - 0.000034$
② $180° - 0.000017$
③ $180° + 0.000009$
④ $180° + 0.000017$

해설
$$F = \frac{1}{2}ab\sin\theta = \frac{1}{2} \times 40 \times 40 \times \sin 60°$$
$$= 692.82\text{m}^2$$
$$\therefore \ \varepsilon = \frac{F}{R^2}\rho'' = \frac{692.82}{6,370^2}\rho'' = 0.000017\rho''$$
$$\therefore \ \text{내각의 합} = 180° + 0.000017$$

32. 지구상의 △ABC를 측량한 결과 두 변의 거리가 $a = 30$km, $b = 20$km이었고, 그 사잇각이 $80°$이었다면 이때 발생하는 구과량은? (단, 지구의 곡선반지름은 6,400km로 가정한다.) [기사 14]

① $1.49''$
② $1.62''$
③ $2.04''$
④ $2.24''$

해설
$$구과량(\varepsilon) = \frac{F}{R^2}\rho''$$
$$= \frac{\frac{1}{2} \times 30 \times 20 \times \sin 80°}{6,400^2} \times 206,265''$$
$$= 1.49''$$

33. 측지 삼각측량과 평면 삼각측량 사이에 생기는 구과량에 대한 설명으로 옳지 않은 것은?

① 거리측량의 정도를 $1/10^6$로 할 때 380km^2 이내에서는 구과량에 대한 보정이 필요없다.
② n다각형의 구과량은 $180°(n-2)$보다 크거나 작은 양이 구과량이 된다.
③ 구면삼각형에 대한 구과량 ε은 $\varepsilon = [(구면 삼각형의 면적)/(지구의 곡률반경)^2] \times \rho''$로 구할 수 있다.
④ 비교적 좁은 범위 내에서는 구과량을 3등분하여 구면삼각형의 각 내각에 보정함으로써 평면삼각형으로 보고 계산할 수 있다.

해설 ㉮ 구과량$(\varepsilon) = (\alpha + \beta + \gamma) - 180° = \dfrac{A}{R^2}F$

㉯ 구면삼각형의 내각은 항상 180°보다 크며 그 차이를 구과량이라 한다.

34. 지구의 곡률반경이 6,370km이며 삼각형의 구과량이 2.0″일 때 구면삼각형의 면적은? [산업 00]

① 193.4km^2
② 293.4km^2
③ 393.4km^2
④ 493.4km^2

해설 $\varepsilon = \dfrac{F}{R^2}\rho''$

$\therefore\ F = \dfrac{\varepsilon R^2}{\rho''} = \dfrac{2'' \times 6,370^2}{206,265''} = 393.44\text{km}^2$

35. 구면삼각형에 대한 설명으로 틀린 것은?

① 구면삼각형의 내각의 합은 180°보다 크다.
② 구면삼각형의 각 변은 측지선으로 이루어진다.
③ 구면삼각형의 내각의 합과 180°와의 차이를 구과량이라 한다.
④ 구의 중심과 구면상 두 점을 연결한 것을 구면삼각형이라 한다.

해설 세 변이 대원의 호로 된 삼각형을 구면삼각형이라 한다.

36. 천체의 고도, 방위각, 시각을 관측하여 관측지점의 지리학적 경위도 및 방위를 구하는 측량은? [기사 97]

① 천문측량
② 육분의 측량
③ 위성측량
④ 지형측량

37. 양극을 지나는 대원의 북극과 남극 사이의 절반으로 중심각이 180°인 대원호를 다음 중 무엇이라 하는가? [산업 00]

① 항정선
② 묘유선
③ 측지선
④ 자오선

38. 중력측량시 이용되는 수준점은 다음 중 무엇을 기준으로 하는가? [산업 96]

① 비고
② 표고
③ 높이
④ 고도

해설 표고를 알고 있는 수준점에서 중력에 의한 변화현상을 측정하여 중력을 구한다.

39. 우리나라 평면직각좌표의 원점이 아닌 것은 어느 것인가? [산업 96]

① 동경 125°, 북위 38°
② 동경 126°, 북위 38°
③ 동경 127°, 북위 38°
④ 동경 129°, 북위 38°

해설 평면직각좌표의 원점

명칭	경도	위도
서부원점	동경 125°	북위 38°
중부원점	동경 127°	북위 38°
동부원점	동경 129°	북위 38°
동해원점	동경 131°	북위 38°

40. 우리나라는 TM도법에 따른 평면직교좌표계를 사용하고 있는데 그 중 동해원점의 경위도 좌표는? [기사 14]

① 129°00′00″E, 35°00′00″N
② 131°00′00″E, 35°00′00″N
③ 129°00′00″E, 38°00′00″N
④ 131°00′00″E, 38°00′00″N

해설 평면직각좌표의 원점

명칭	경도	위도
서부원점	125°00′00″E	38°00′00″N
중부원점	127°00′00″E	38°00′00″N
동부원점	129°00′00″E	38°00′00″N
동해원점	131°00′00″E	38°00′00″N

41. 평면직각좌표에서 동서거리로 표시하는 것으로 맞는 것은? [산업 95]

① X좌표
② Y좌표
③ 경도(D)
④ 위도(L)

42. 지구의 경도 180°에서 경도를 6° 간격으로 동쪽을 행하여 구분하고 그 중앙의 경도와 적도의 교점을 원점으로 하는 좌표는? [기사 94]

① 평면직각좌표
② 극좌표
③ 적도좌표
④ UTM좌표

해설 **UTM좌표**

좌표계의 간격은 경도 6°마다 60지대(1~60번 180°W 자오선부터 동쪽으로 시작), 위도 8°마다 20지대(C~X까지 알파벳으로 표시, 단 I, O 제외)로 나누고 각 지대의 중앙자오선에 대하여 횡메르카토르 도법으로 투영

㉮ 경도의 원점은 중앙자오선이다.
㉯ 위도의 원점은 적도상에 있다.
㉰ 길이의 단위는 m이다.
㉱ 중앙자오선에서의 축척계수는 0.9996m이다.
㉲ 우리나라는 51~52종대, S~T횡대에 속한다.

43. UTM좌표(Universal Transverse Mercator coordinates)에 대한 설명으로 옳은 것은?

① 적도를 횡축, 자오선을 종축으로 한다.
② 좌표계의 세로 간격(zone)은 경도 3° 간격이다.
③ 종좌표(N)의 원점은 위도 38°이다.
④ 축척은 중앙자오선에서 멀어짐에 따라 작아진다.

해설 ㉮ 좌표계의 세로 간격(zone)은 경도 6° 간격이다.
㉯ 종좌표(N)의 원점은 위도 0°이다.
㉰ 축척은 중앙자오선에서 멀어짐에 따라 커진다.

44. 천문좌표계의 종류가 아닌 것은?

① 적도좌표 ② 지평좌표
③ 황도좌표 ④ 원주좌표

해설 **좌표계**

㉮ 지구좌표계 : 경·위도좌표계, 평면직각좌표계, UTM, UPS, WGS
㉯ 천문좌표계 : 적도좌표계, 지평좌표계, 황도좌표계, 은하좌표계

45. 직각좌표계에서 중앙자오선과 적도의 교점을 원점으로 횡메르카토르법으로 등각투영한 좌표계는 어느 것인가? [기사 00]

① UTM좌표계
② UPS좌표계
③ 3차원 극좌표계
④ Gauss Kruger좌표계

46. 국제 UTM좌표의 적용범위는? [산업 99]

① 북위 및 남위 각 50°까지
② 북위 및 남위 각 60°까지
③ 북위 및 남위 각 70°까지
④ 북위 및 남위 각 80°까지

해설

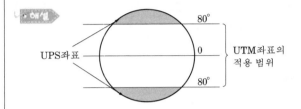

47. 다음 좌표계의 설명 중 틀린 것은?

① 지평좌표계는 관측자를 중심으로 천체의 위치를 간략하게 표시할 수 있다.
② 지구좌표계는 측지경위도좌표, 평면직교좌표, UTM좌표 등이 있다.
③ 적도좌표계는 지구공전 궤도면을 기준으로 한다.
④ 태양계 내의 천체운동을 설명하는 데에는 황도좌표계가 편리하다.

해설 **천문좌표계의 비교**

구분	지평 좌표계	적도 좌표계	황도 좌표계	은하 좌표계
중심 평면	연직선, 지평선	천구적도면	지구공전 궤도면	은하적도면
위치 요소	방위각(A), 고저각(h)	• 시간각(H) −적위(δ) • 적경(α) −적위(δ)	황경, 황위	은경, 은위
특징	• 관측자를 중심으로 천체의 위치 표시 • 천체의 일주운동으로 A, h가 변한다.	• 천체의 위치값이 시간과 장소에 관계없이 일정 • 정확도가 높다.	태양계 내의 천체운동 설명시 편리하다.	• 은하계 내의 천체 위치 • 은하계와 연관 있는 현상 설명 시 편리하다.

48. 다음 설명 중 틀린 것은?

① 적도를 기준으로 수평면상에서 동쪽으로 돌아가며 잰 각을 방위각이라 한다.

② 평면직교좌표의 X축을 기준으로 하여 오른쪽으로 관측한 각을 방향각이라 한다.

③ 방위각과 방향각은 좌표원점에서 일치하며 원점에서 멀어질수록 그 차이가 커진다.

④ 자오선수차는 진북방향각과 절대값이 같다.

> **해설** 방위각이란 진북을 기준으로 해서 시계방향으로 잰 각을 말한다

chapter 2

거리측량

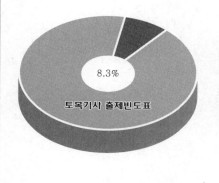

8.3%

토목기사 출제빈도표

5%

토목산업기사 출제빈도표

2 거리측량

01 거리측량의 정의

거리측량은 두 점 간의 거리를 직접 또는 간접으로 측량하는 것을 말한다. 측량에서 사용되는 거리는 **수평거리**(D), **연직거리**(H), **경사거리**(L)로 구분된다. 일반적으로 측량에서 말하는 거리는 **수평거리**를 말한다.

 알·아·두·기·

▶ **거리의 종류**
① 평면거리 : 평면상의 선형을 경로로 하여 측량한 거리
② 곡면거리 : 곡면상의 선형을 경로로 하여 측량한 거리(대원, 자오선, 평행권, 측지선, 항정선, 묘유선 등)
③ 공간거리 : 공간상의 두 점을 잇는 선형을 경로로 측량한 거리

02 거리측량에서 사용되는 기계·기구

(1) 체인(Chain)

지름 3mm의 강철제(1Chain=20m, 1link=20cm, 1Chain=100link)이다.

(2) 베줄자(Cloth tape)

길이 20~50m 정도이며, 신축이 심하고 정밀측량에는 부적당하다.

(3) 강철테이프(Steel tape)

정밀측량 측정시에 사용하며, 표준온도 15℃, 표준장력 10kg이다.

(4) 인바테이프(Invar tape)

가장 정밀도가 좋으며, 기선측정에 이용된다.

(5) 폴(Pole)

지름 2.5~3cm, 길이 2~5m 정도의 막대에 20cm 간격으로 적색과 백색으로 도색한 측량용 기계·기구이다.

▶ **측량에서 사용하는 거리**

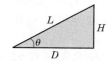

① $L = \sqrt{D^2 + H^2}$
② $D = L\cos\theta$
③ $H = L\sin\theta$
④ $\tan\theta = \dfrac{H}{D}$
⑤ $i = \dfrac{H}{D} \times 100$

▶ **폴의 용도**
① 측점의 표시
② 측선의 방향 결정
③ 측선의 연장

(6) 대자

온도와 습기에 따른 신축이 적기 때문에 늪지, 습지에 많이 사용한다.

03 거리측량의 분류

① 직접거리측량

Chain, Tape, Invar tape 등을 사용하여 직접 거리를 측량하는 방법이다.

② 간접거리측량

(1) VLBI(Very Long Base Interferometer)

초장기선 전파간섭계라고 하며, 지구상에서 1,000~10,000km 정도 떨어진 1조의 전파간섭계를 설치하여 전파원으로부터 나온 전파를 수신하여 2개의 간섭계에 도달한 시간차를 관측하여 거리를 측정한다. 시간차로 인한 오차는 30cm 이하이며, 10,000km 긴 기선의 경우는 관측소의 위치로 인한 오차 15cm 이내가 가능하다.

(2) NNSS(U.S Navy Navigation Satellite System)

미해군 항법위성체계로서 1959년 개발하여 1964년에 실용화되었다. 그 후 1967년 일반에게 공개하였다. 선박의 항법지원용으로 삼변측정 방식이다.

(3) EDM(전자기파거리 측정기)

가시광선, 적외선, 레이저광선 및 극초 단파 등의 전자기파를 이용하여 거리를 관측하는 방법이다.

① 광파거리 측정기 : 측점에서 세운 기계로부터 빛을 발사하여 이것을 목표점의 반사경에 반사하여 돌아오는 반사파의 위상을 이용하여 거리를 구하는 기계
② 전파거리 측정기 : 측점에 세운 주국에서 극초단파를 발사하고 목표점의 종국에서는 이를 수신하여 변조고주파로 반사하여 각각의 위상차로 거리를 구하는 기계

■ VLBI의 오차
① 지연시간 관측의 우연오차
② 관측지점마다 일정 편의를 포함시키는 계통오차
③ 물리 모델이 불안정하여 생기는 오차
④ 준성의 위치와 구조에 기인하는 오차

■ EDM의 오차
① 거리에 비례하는 오차
  ㉠ 광속도 오차
  ㉡ 광변조 주파수 오차
  ㉢ 굴절률 오차
② 거리에 반비례하는 오차
  ㉠ 위상차 관측 오차
  ㉡ 영점 오차
  ㉢ 편심 오차

【 광파거리 측정기와 전파거리 측정기의 비교 】

항목	광파거리 측정기	전파거리 측정기
최소 조작인원	1명(목표물에 반사경 설치)	2명(주국, 종국 각각 1명)
기상조건	안개, 비, 눈 등 기후에 영향을 받는다.	기후의 영향을 받지 않는다.
방해물	두 지점 간의 시준만 되면 가능하다.	장애물(송전소, 자동차, 고압선)의 영향을 받는다.
관측가능거리	단거리용(1m~2km)	장거리용 100m~80km
한 변 조작시간	10~20분	20~30분
정밀도	$\pm(5mm+5ppmD)$ 높다.	$\pm(15mm+5ppmD)$ 낮다.

(4) GPS(Global Positioning System, 범지구적 위치결정체계)

NNSS의 개량형으로 NNSS의 단점을 보완하기 위하여 만들어졌다. 인공위성국, 지상제어국, 사용자 등 3부분으로 구성된 전천후 위치측정시스템이다. 위성에서 발사되는 전파를 수신하여 측점에 대한 3차원 위치, 속도 및 시간정보를 얻을 수 있다.

GPS의 특징은 다음과 같다.

① 고밀도측량이 가능하다.
② 장거리측량에 이용된다.
③ 관측점 간의 시통이 필요치 않다.
④ 중력방향과 상관없는 4차원 공간에서의 측위방법이다.
⑤ 기후의 영향을 받지 않으며, 야간관측도 가능하기 때문에 전천후 관측할 수 있다.
⑥ GPS 관측은 수신기에서 전산처리되므로 관측이 용이하다.
⑦ 위성의 궤도정보가 필요하다.
⑧ 전리층의 영향에 대한 정보가 필요하다.
⑨ WGS 84타원체좌표가 정해지므로 **지역타원체로의 변환**이 필요하다.

04 거리측량의 방법

① 평지거리측량

Tape, 광파거리 측정기, 전파거리 측정기

2 경사지거리측량

(1) 계단식 방법

① **강측법** : AB 사이의 수평거리를 단계적으로 높은 지점에서 낮은 지점으로 향하게 측정하는 방법으로 **정밀도가 좋다.**

② **등측법** : 강측법과는 반대로 AB 사이의 수평거리를 단계적으로 낮은 지점에서 높은 지점으로 향하게 측정하는 방법이다.

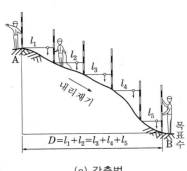

(a) 강측법   (b) 등측법

【그림 2-1】 계단식 방법

(2) 비탈거리를 수평거리로 환산하는 방법

① 경사면이 일정할 경우 거리를 측정하여 수평거리로 환산하는 방법

$$D = L\cos\theta = L - \frac{H^2}{2L} \cdots (2\cdot1)$$

② 경사가 큰 경우

$$D \fallingdotseq L - \left(\frac{H^2}{2L} + \frac{H^4}{8L^3}\right) \cdots (2\cdot2)$$

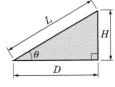

【그림 2-2】 거리측정

3 수평표척을 사용한 거리측량

수직표척의 눈금이 잘 보이지 않을 경우 또는 거리측정의 정밀도가 떨어지는 것을 막기 위해 수평표척을 사용한다.

$$D = \frac{H}{2}\cot\frac{\theta}{2} \cdots\cdots\cdots (2\cdot3)$$

여기서, D : 수평거리(m)

H : 수평표척의 길이(m)

θ : 양 끝을 시준한 사잇각(m)

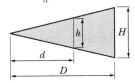

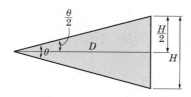

【그림 2-3】 수평표척

▶ **수평표척에 의한 거리측정**

$$\tan\frac{\theta}{2} = \frac{\frac{H}{2}}{D}$$

$$D = \frac{\frac{H}{2}}{\tan\frac{\theta}{2}}$$

$$\therefore \ D = \frac{H}{2}\cot\frac{\theta}{2}$$

(1) 정밀도에 영향을 주는 인자

① 각관측의 정밀도
② 표척길이의 정밀도
③ 표척시준선의 직각 정도

05 골격 및 세부측량

① 측량의 순서

계획 → 답사 → 선점 → 조표 → 골격측량 → 세부측량 → 계산

② 선점시 주의사항

① 측점 간의 거리는 100m 이내가 적당하며 **측점수는 되도록 적게** 한다.
② 측점 간의 시준이 잘 되어야 한다.
③ 장애물이나 교통방해는 받지 말아야 한다.
④ 세부측량에 가장 편리하게 이용되는 곳이 좋다.

③ 골격측량

측점 간의 상대위치를 결정하는 측량이다.

(1) 방사법

측량구역 안에 장애물이 없고 좁은 지역측량에 적합하다.

▶ **골격측량**

방사법, 삼각구분법, 수선구분법, 계선법

▶ **세부측량**

지거법, 약도식 야장법, 종란식 야장법

(2) 삼각구분법

측량구역 내에 장애물이 없고 투시가 잘 되며 그리 넓지 않은 곳에서 사용하는 골격측량방법이다.

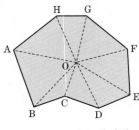

【그림 2-4】 방사법

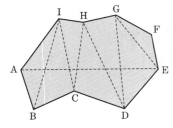

【그림 2-5】 삼각구분법

(3) 수선구분법

길고 좁은 경우나 경계선상에 장애물이 있을 때 적당하며 기준선을 취하여 각 측점까지 지거를 측정하여 도근점의 위치를 결정하는 방법이다.

(4) 계선법

측량구역 안에 장애물이 있어서 대각선 투시가 곤란한 경우, 측량구역이 넓은 경우에 사용한다.

① 계선은 길수록 좋다.
② 각은 예각으로 한다.
③ 삼각형은 되도록 정삼각형으로 한다.

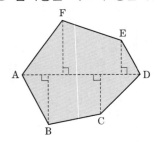

【그림 2-6】 수선구분법

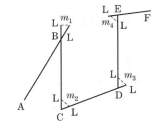

【그림 2-7】 계선법

🕒 세부측량

(1) 지거측량(Offesetting method)

측정하려고 하는 어떤 한 점에서 측선에 내린 수선의 길이를 지거(支距)라고 한다.

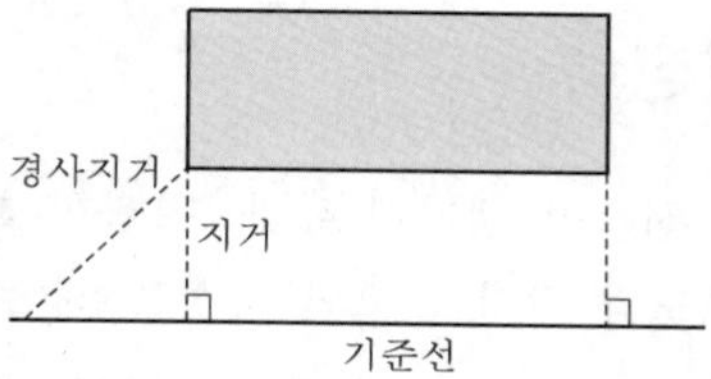

① 5° 이하의 경사는 평지로 보며, 그 이상일 경우는 한쪽을 올려 Tape를 수평으로 한다.

② 지거는 되도록 짧아야 한다.

③ 테이프보다 긴 지거는 좋지 않다. → 오차가 발생하므로

④ 정밀을 요하는 경우는 사지거를 측정해 둔다.

경사지거
지거
기준선

【그림 2-8】 지거측량

(2) 약도식 야장법(Sketch method)

측량구역이 좁고 지형이 간단할 경우 약도를 직접 그려 측정하는 방법

(3) 종란식 야장법(Column method)

야장 중앙에 2cm 간격의 선을 그어 측점마다 양쪽으로 기입하는 방법

06 거리측량의 오차보정(정오차)

① 표준테이프에 대한 보정

기선측량에 사용한 테이프가 표준 줄자에 비하여 얼마나 차이가 있는지를 검사하여 보정한다. 검사하여 구한 보정값을 테이프의 **특성값**이라 하며, 정확한 길이 L_0는 다음과 같다.

$$C_0 = \pm \frac{\Delta l}{l} L$$

$$L_0 = L + C_0$$

$$= L \left(1 \pm \frac{\Delta l}{l} \right) \quad \text{............................ (2·4)}$$

여기서, C_0 : 특성값 보정량

Δl : 테이프의 특성값(늘어난 길이, 줄어든 길이)

l : 사용 테이프의 길이(줄자의 길이)

L_0 : 보정한 길이

L : 측정길이

▷ **정오차의 원인**

① Tape의 길이가 표준길이보다 짧거나 길 때(표준척 보정)

② 측정을 정확한 일직선상에서 하지 않을 때(경사보정)

③ Tape가 바람 혹은 초목에 걸쳐서 직선이 안 되었을 때(경사보정)

④ 경사지 측정에 Tape가 정확하게 수평으로 안 된 때(경사보정)

⑤ Tape가 처져서 생긴 오차(처짐보정)

⑥ Tape에 가하는 힘이 검정시의 장력보다 항상 크거나 적을 때(장력보정)

⑦ 측정시 온도와 검정시 온도가 동일하지 않을 때(온도보정)

② 온도에 대한 보정

테이프는 온도의 증감에 따라 신축이 생기게 된다. 측량할 때의 온도가 테이프를 만들 때의 표준온도와 같지 않으면 보정을 해야 한다.

$$C_t = \alpha L(t-t_0) \quad\cdots\cdots\cdots\cdots\cdots\cdots\cdots\cdots\cdots\cdots (2\cdot5)$$

여기서, C_t : 온도 보정량

α : 테이프의 팽창계수

t : 측정할 때의 테이프의 온도(℃)

t_0 : 테이프의 표준온도(℃)로 보통 15℃

③ 경사에 대한 보정

수평거리를 직접 측정하지 못하고 그림과 같이 경사거리 L을 측정하였다면, 다음과 같이 보정한다.

$$C_h = -\frac{h^2}{2L} \quad\cdots\cdots\cdots\cdots (2\cdot6)$$

여기서, C_h : 경사 보정량

h : 기선 양 끝의 고저차

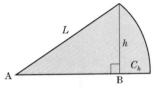

【그림 2-9】 경사 보정

④ 표고에 대한 보정

기선은 평균해수면에 평행한 곡선으로 측정하므로 이것을 평균해수면에서 측정한 길이로 환산해야 한다. 따라서 보정량 C는 다음과 같다.

$$C = -\frac{LH}{R} \quad\cdots\cdots\cdots\cdots\cdots (2\cdot7)$$

여기서, C : 평균해수면상의 길이로 환산하는 보정량

R : 지구의 평균반지름 (약 6,370km)

H : 기선측정 지점의 표고

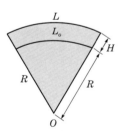

【그림 2-10】 표고 보정

⑤ 장력에 대한 보정

강철테이프를 표준장력보다 큰 힘으로 당기면 보다 늘어나고, 작은 힘으로 당기면 적게 늘어난다. 후크의 법칙으로 구한 보정량 C_p는

$$C_p = \left(\frac{P - P_0}{AE} \right) L \quad \cdots\cdots\cdots (2 \cdot 8)$$

여기서, C_p : 장력에 대한 보정량

A : 테이프의 단면적(cm^2)

P : 측정시의 장력(kg)

P_0 : 표준장력(보통 $10kg$)

E : 테이프의 탄성계수(kg/cm^2)

⑥ 처짐에 대한 보정

테이프를 두 지점에 얹어 놓고 장력 P로 당기면 처진다. 그러므로 두 지점 간의 관측거리는 실제 길이보다 길어진다. 이 양자의 차이를 처짐에 대한 보정량이라 한다.

$$C_s = -\frac{L}{24} \left(\frac{wl}{P} \right)^2 \quad \cdots\cdots\cdots (2 \cdot 9)$$

여기서, C_s : 처짐에 대한 보정량

L : 측정길이($= nl$)

l : 지지말뚝의 간격

n : 지지말뚝의 구간수

w : 테이프의 단위무게($0.0078 \sim 0.0079kg/cm$)

P : 장력(kg)

07   실제 거리, 도상거리, 축척, 면적과의 관계

① 축척과 거리와의 관계

$$\frac{1}{m} = \frac{\text{도상거리}}{\text{실제 거리}} \quad \text{또는} \quad \frac{1}{m} = \frac{l}{L} \quad \cdots\cdots\cdots (2 \cdot 10)$$

② 축척과 면적과의 관계

$$\left(\frac{1}{m} \right)^2 = \frac{\text{도상면적}}{\text{실제 면적}} \quad \text{또는} \quad \left(\frac{1}{m} \right)^2 = \frac{a}{A} \quad \cdots\cdots\cdots (2 \cdot 11)$$

▶ 축척과 단위면적과의 관계

$$a_2 = \left(\frac{m_2}{m_1} \right)^2 a_1$$

여기서, a_1 : 주어진 단위면적

a_2 : 구하는 단위면적

m_1 : 주어진 단위면적의 축척분모수

m_2 : 구하려고 하는 단위면적의 축척분모수

❸ 부정길이로 측정한 면적과 실제 면적과의 관계

$$실제\ 면적 = \frac{부정면적^2}{표준길이^2} \times 부정면적$$

$$A_0 = \frac{(L + \Delta l)^2}{L^2} A \quad \cdots\cdots\cdots\cdots\cdots (2 \cdot 12)$$

08 장애물이 있는 경우의 측정방법

❶ 두 측점에 접근할 수 없는 경우

$\triangle ABC \varpropto \triangle CDE$에서(그림 2-11 참조)

$$AB : DE = BC : CD$$

$$\therefore \ AB = \frac{BC}{CD} DE$$

또는

$$AB : DE = AC : CE$$

$$\therefore \ AB = \frac{AC}{CE} DE \quad \cdots\cdots (2 \cdot 13)$$

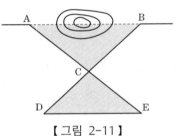

【그림 2-11】

❷ 두 측점 중 한 측점에만 접근이 가능한 경우

$\triangle ABC \varpropto \triangle CDE$에서(그림 2-12 참조)

$$AB : CD = BE : CE$$

$$\therefore \ AB = \frac{BE}{CE} CD \quad \cdots\cdots\cdots\cdots\cdots\cdots\cdots\cdots\cdots (2 \cdot 14)$$

또는 $\triangle ABC \varpropto \triangle BCD$이므로(그림 2-13 참조)

$$AB : BC = BC : BD$$

$$\therefore \ AB = \frac{BC^2}{BD} \quad \cdots\cdots\cdots\cdots\cdots\cdots\cdots\cdots\cdots (2 \cdot 15)$$

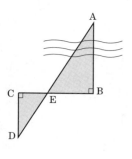

【그림 2-12】　　　　　　　　【그림 2-13】

❸ 두 측점에 접근이 곤란한 경우

AB : CD＝AP : CP에서(그림 2-14 참조)

$$\therefore \ AB = \frac{AP}{CP}\,CD$$

또는 AB : CD＝BP : DP이므로

$$\therefore \ AB = \frac{BP}{DP}\,CD$$ ·· (2·16)

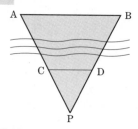

【그림 2-14】

09 　오차론

① 오차의 종류

(1) 정오차(누적오차, 누차)

① 오차가 일어나는 원인이 명백하고, 오차의 방향이 일정하여 제
　거할 수 있다.

② 오차의 원인

㉮ 자연적 원인 : 기후변화에 따라 발생한다.

㉯ 개인적 원인 : 개인적 습관에 따라 발생한다.

㉰ 기계적 원인 : 기계의 불완전조정에 따라 발생한다.

③ 측정횟수에 비례하여 보정한다.

$$E = \delta n \quad\text{·······················(2·17)}$$

여기서, E : 정오차

δ : 1회 관측시의 정오차

n : 관측횟수

(2) 우연오차(부정오차, 상차)

① 일어나는 원인이 불분명하여 주의하여도 제거할 수 없다.

② 부정오차라고도 한다.

③ 최소 자승법에 의하여 소거한다.

④ ±서로 상쇄되어 없어진다.

⑤ 측정횟수의 제곱근에 비례하여 보정한다.

$$E = \pm \delta \sqrt{n} \quad\text{·······················(2·18)}$$

여기서, E : 우연오차(부정오차)

$\pm \delta$: 1회 관측시 우연오차

n : 관측횟수

(3) 착오(실수)

관측자의 기술미흡, 심리상태의 혼란, 부주의 등으로 발생한다.

② 오차의 전파법칙

(1) 구간거리가 다르고 평균제곱근 오차가 다를 때

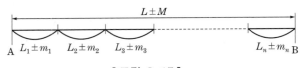

【그림 2-15】

$$L = L_1 + L_2 + L_3 + \cdots + L_n$$

$$M = \pm \sqrt{m_1{}^2 + m_2{}^2 + m_3{}^2 + \cdots + m_n{}^2} \quad\text{·······················(2·19)}$$

▶ **부정오차 가정**

① 큰 오차가 발생할 확률은 작은 오차가 발생할 확률보다 매우 작다.

② 같은 크기의 정(+)오차와 부(−)오차가 발생할 확률은 거의 같다.

③ 매우 큰 오차는 거의 발생치 않는다.

④ 오차는 확률법칙을 따른다.

▶ **정오차 전파**

오차의 부호와 크기를 알 때 이들 오차의 함수가 y와 같이 구성되면 정오차 전파식은 다음과 같다.

$$y = f(x_1, \, x_2, \, x_3, \, \cdots, \, x_n)$$

$$\Delta y = \frac{\partial y}{\partial x_1} \Delta x_1 + \frac{\partial y}{\partial x_2} \Delta x_2$$

$$+ \frac{\partial y}{\partial x_n} \Delta x_n$$

▶ **부정오차 전파**

어떤 양 X가 $x_1, \, x_2, \, x_3, \, \cdots, \, x_n$의 함수로 표시되고 관측된 평균제곱근 오차를 $\pm m_1, \, \pm m_2, \, \pm m_3, \, \cdots, \, \pm m_n$이라 하면 $X = f(x_1, \, x_2, \, x_3, \, \cdots, \, x_n)$에서 부정오차의 총합의 일반식은 다음과 같이 표시할 수 있다.

$$M = \pm \sqrt{\begin{aligned} &(\partial X / \partial x_1)^2 m_1{}^2 \\ &+ (\partial X / \partial x_2)^2 m_2{}^2 + \cdots \\ &+ (\partial X / \partial x_n)^2 m_n{}^2 \end{aligned}}$$

알·아·두·기·

여기서, $L_1,\ L_2,\ \cdots,\ L_n$: 구간 최확값

$\qquad m_1,\ m_2,\ \cdots,\ m_n$: 구간 평균제곱근 오차

$\qquad L$: 전구간 최확길이

$\qquad M$: 최확값의 평균제곱근 오차

(2) 평균제곱근 오차를 같다고 가정할 때

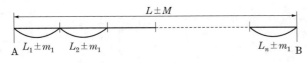

【그림 2-16】

$$L = L_1 + L_2 + L_3 + \cdots + L_n$$

$$M = \pm\sqrt{m_1^{\ 2} + m_1^{\ 2} + \cdots + m_1^{\ 2}} = \pm m_1\sqrt{n} \quad\cdots\cdots\cdots\cdots (2\cdot20)$$

여기서, m_1 : 1구간 평균제곱근 오차

$\qquad n$: 관측횟수

(3) 면적관측시 최확값 및 평균제곱근 오차의 합

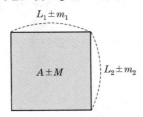

【그림 2-17】

$$A = L_1 L_2$$

$$M = \pm\sqrt{(L_2 m_1)^2 + (L_1 m_2)^2} \quad\cdots\cdots\cdots\cdots (2\cdot21)$$

여기서, $L_1,\ L_2$: 구간 최확값

$\qquad m_1,\ m_2$: 구간 평균제곱근 오차

③ 정밀도

(1) 경중률을 고려하지 않은 경우의 정밀도

① 최확치

$$L_0 = \frac{[l]}{n} = \frac{l_1 + l_2 + l_3 + \cdots + l_n}{n} \quad\cdots\cdots\cdots\cdots (2\cdot22)$$

▶ **거리의 정밀도와 면적의 정밀도**

① 직사각형에서 면적과 거리 정확도의 관계

$$\frac{dA}{A} = \frac{dx}{x} + \frac{dy}{y}$$

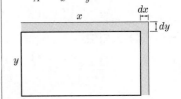

② 정사각형에서

$A = l^2$

$dA = 2l\,dl$

$\dfrac{dA}{A} = 2\dfrac{dl}{l}$

∴ 면적의 정밀도는 거리의 정밀도의 2배

여기서, $[l]$: 관측값의 총합

n : 측정횟수

② 잔차

잔차＝최확치－관측치

$$v = L_0 - l \quad \cdots\cdots\cdots (2\cdot23)$$

③ 중등오차(평균제곱근오차) : 밀도함수 68.26%

$$m_0 = \pm \sqrt{\frac{[vv]}{n(n-1)}} \quad \cdots\cdots\cdots (2\cdot24)$$

여기서, $[vv]$: 잔차의 제곱의 합

④ 확률오차 : 밀도함수 50%

$$r_0 = \pm 0.6745 m_0 = \pm 0.6745 \sqrt{\frac{[vv]}{n(n-1)}} \quad \cdots\cdots\cdots (2\cdot25)$$

⑤ 정밀도

$$\frac{1}{M} = \frac{r_0}{L_0} \ \text{또는} \ \frac{m_0}{L_0} \quad \cdots\cdots\cdots (2\cdot26)$$

(2) 경중률을 고려한 경우의 정밀도

① 최확치

$$L_0 = \frac{[Pl]}{P} = \frac{P_1 l_1 + P_2 l_2 + P_3 l_3 + \cdots + P_n l_n}{P_1 + P_2 + P_3 + \cdots + P_n} \quad \cdots\cdots\cdots (2\cdot27)$$

② 잔차

잔차＝최확치－관측치

$$v = L_0 - l \quad \cdots\cdots\cdots (2\cdot28)$$

③ 중등오차(평균제곱근오차) : 밀도함수 68.26%

$$m_0 = \pm \sqrt{\frac{[Pvv]}{P(n-1)}} \quad \cdots\cdots\cdots (2\cdot29)$$

④ 확률오차 : 밀도함수 50%

$$r_0 = \pm 0.6745 m_0 = \pm 0.6745 \sqrt{\frac{[Pvv]}{P(n-1)}} \quad \cdots\cdots\cdots (2\cdot30)$$

⑤ 정밀도

$$\frac{1}{M} = \frac{r_0}{L_0} \ \text{또는} \ \frac{m_0}{L_0} \quad \cdots\cdots\cdots (2\cdot31)$$

(3) 경중률(P), 측정횟수(n), 정도(h), 오차(m)와의 관계

① P와 n과의 관계 : 경중률은 측정횟수에 비례한다.

$$P_1 : P_2 = n_1 : n_2 \quad \cdots\cdots\cdots (2\cdot32)$$

▶ 정밀도와 정확도

① 정밀도
   ㉠ 관측의 균질성을 표시하는 척도
   ㉡ 관측값의 편차가 적으면 정밀하고 편차가 크면 정밀하지 못함
   ㉢ 정밀도는 관측과정과 밀접한 관계가 있음
   ㉣ 관측장비와 관측방법에 크게 영향을 받음
   ㉤ 우연오차와 밀접한 관계가 있음

② 정확도
   ㉠ 관측값과 얼마나 일치되는가 표시하는 척도
   ㉡ 관측의 정교성이나 균질성과는 무관
   ㉢ 정오차와 착오가 얼마나 제거하였는가에 관계

▶ 오차곡선

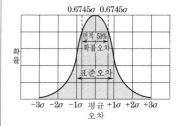

② P와 h와의 관계 : 경중률은 정도의 제곱에 비례한다.

$$P_1 : P_2 = h_1{}^2 : h_2{}^2$$ ·· (2·33)

③ P와 S와의 관계 : 경중률은 노선거리에 반비례한다.

$$P_1 : P_2 = \frac{1}{S_1} : \frac{1}{S_2}$$ ·· (2·34)

④ P와 m과의 관계 : 경중률은 오차의 제곱에 반비례한다.

$$P_1 : P_2 = \frac{1}{m_1{}^2} : \frac{1}{m_2{}^2}$$ ·· (2·35)

⑤ m과 S와의 관계 : 직접 수준측량시 오차는 거리의 제곱근에 비례한다.

$$\sqrt{S_1} : m_1 = \sqrt{S_2} : m_2$$ ·· (2·36)

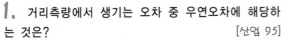

1. 거리측량에서 생기는 오차 중 우연오차에 해당하는 것은? [산업 95]

① 측정하는 줄자의 길이가 정확하지 않기 때문에 생긴 오차

② 줄자의 경사를 보정하지 않기 때문에 생긴 오차

③ 측선의 일직선상에서 측정하지 않기 때문에 생긴 오차

④ 온도나 습도가 측정 중 때때로 변하기 때문에 생긴 오차

2. 오차에 대한 설명 중 옳지 않은 것은?

① 정오차는 원인과 상태만 알면 오차를 제거할 수 있다.

② 부정오차는 최소 제곱법에 의해 처리된다.

③ 잔차는 최확값과 관측값의 차를 말한다.

④ 누적오차는 정오차, 착오를 전부 소거한 후에 남는 오차를 말한다.

> **해설** 우연오차는 정오차, 착오를 전부 소거한 후에 남는 오차를 말한다.

3. 다각측량에서 오차의 전파특성을 그림으로 표시한 것 중 옳은 것은 어느 것인가? [기사 97]

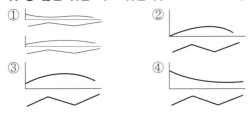

4. 최소자승법(最小自乘法)에 의하여 제거되는 오차는 어느 것인가? [기사 97]

① 정오차(定誤差)   ② 부정오차(不定誤差)

③ 개인오차(個人誤差)   ④ 기계오차(器械誤差)

> **해설** 최소자승법에 의하여 제거되는 오차는 우연오차(부정오차, 상차)

5. 직사각형 토지의 가로, 세로 길이를 측정하여 60.50m와 48.50m를 얻었다. 길이의 측정값에 ±1cm의 오차가 있었다면 면적에서의 오차는 얼마인가? [산업 95, 99]

① ±0.6m²   ② ±0.8m²

③ ±1.0m²   ④ ±1.2m²

> **해설** $M = \pm \sqrt{(60.50 \times 0.01)^2 + (48.50 \times 0.01)^2}$
> $= \pm 0.8\text{m}^2$

6. 장방형의 두 면을 측정하여 $x_1 = 25$m, $x_2 = 50$m를 얻었다. 줄자의 1m당 평균자승오차가 ±3mm일 때 면적의 평균자승오차는? [기사 99]

① ±1.11m²   ② ±0.21m²

③ ±0.84m²   ④ ±0.92m²

> **해설** $m_{x_1} = \pm 0.003\sqrt{25} = \pm 0.015\text{m}$
> $m_{x_2} = \pm 0.003\sqrt{50} = \pm 0.021\text{m}$
> $\therefore M = \pm \sqrt{(25 \times 0.021)^2 + (50 \times 0.015)^2}$
> $= \pm 0.92\text{m}^2$

7. 직사각형의 가로, 세로가 그림과 같다. 면적 A를 가장 적절히(오차론적으로) 표현한 것은?

75 ± 0.003m A

100 ± 0.008m

① 7,500±0.37m²   ② 7,500±0.47m²

③ 7,500±0.57m²   ④ 7,500±0.67m²

> **해설** ㉮ 면적(A)
> $A = ab = 75 \times 100 = 7,500\text{m}^2$
> ㉯ 면적오차(M)
> $M = \pm \sqrt{(bm_1)^2 + (am_2)^2}$
> $= \pm \sqrt{(75 \times 0.008)^2 + (100 \times 0.003)^2}$
> $= \pm 0.67\text{m}^2$

8. 직사각형 토지를 베줄자로 측정한 결과 가로 37.8m, 세로 28.9m이었다. 이 베줄자의 공차는 30m당 +4.7cm였다. 이때 면적 최대오차는 얼마인가? [산업 96, 97]

① $0.03m^2$

② $0.36m^2$

③ $3.40m^2$

④ $3.53m^2$

해설 ㉮ 면적 $= 37.8 \times 28.9 = 1,092.42m^2$

㉯ $L_0(\text{가로}) = 37.8 \times \left(1 + \dfrac{0.047}{30}\right) = 37.859m$

$L_0(\text{세로}) = 28.9 \times \left(1 + \dfrac{0.047}{30}\right) = 28.945m$

$\therefore A_0 = \text{가로} \times \text{세로} = 1,095.83m^3$

㉰ 면적 최대오차 $= 1,095.83 - 1,092.42$
$= 3.40m^2$

9. 평지의 면적을 구하기 위하여 직사각형의 토지를 가로 15.6m, 세로 12.5m를 측정하였다. 이때 측정시의 정도가 가로, 세로 모두 1/100이었다고 하면 면적의 정밀도는 얼마인가? [기사 98]

① $1/10$

② $1/50$

③ $1/200$

④ $1/10,000$

해설 $\dfrac{\Delta A}{A} = 2\dfrac{\Delta l}{l} = 2 \times \dfrac{1}{100} = \dfrac{1}{50}$

10. 수평 및 수직거리를 동일한 정확도로 관측하여 육면체의 체적을 2,000m^3로 구하였다. 체적계산의 오차를 0.5m^3 이내로 하기 위해서는 수평 및 수직거리 관측의 허용정확도는 다음 중 얼마로 해야 하는가? [기사 95, 00]

① $\dfrac{1}{12,000}$

② $\dfrac{1}{8,000}$

③ $\dfrac{1}{35}$

④ $\dfrac{1}{110}$

해설 $\dfrac{\Delta V}{V} = 3\dfrac{\Delta l}{l}$

$\dfrac{0.5}{2,000} = 3 \times \dfrac{\Delta l}{l}$

$\therefore \dfrac{\Delta l}{l} = \dfrac{1}{12,000}$

11. 축척 1/3,000의 도면을 구적기로써 면적을 측정한 결과 2,450m^2이었다. 그런데 도면의 가로와 세로가 각각 1% 줄어들었다면 올바른 원면적은? [기사 97]

① $2,485m^2$

② $2,499m^2$

③ $2,558m^2$

④ $2,588m^2$

해설 가로, 세로 각각 1% 줄었으면 결과적으로 2% (면적) 줄어들었다.

㉮ 줄어든 면적 $= 2,450 \times 0.02 = 49m^2$

㉯ 올바른 면적 $= 2,450 + 49 = 2,499m^2$

12. 거리관측의 오차가 200m에 대하여 4mm인 경우, 이것에 상응하는 적당한 각관측의 오차는 얼마인가? [기사 99]

① $10''$

② $8''$

③ $1''$

④ $4''$

해설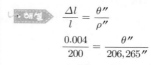

$\dfrac{\Delta l}{l} = \dfrac{\theta''}{\rho''}$

$\dfrac{0.004}{200} = \dfrac{\theta''}{206,265''}$

$\therefore \theta'' = 4''$

13. 1/5,000의 정밀도를 요하는 거리측량에서 사거리를 수평거리로 취급해도 되는 경사도의 한계는 얼마인가? [산업 00]

① $1°08'45''$

② $1°20'15''$

③ $1°51'5''$

④ $1°45'08''$

해설

$\cos\theta = \dfrac{4,999}{5,000}$

$\therefore \theta = 1°08'45''$

14. 거리의 정확도 1/10,000을 요구하는 100m 거리 측량에서 사거리를 측정해도 수평거리로 허용되는 두 점간의 고저차 한계는 얼마인가?

① $0.707m$

② $1.414m$

③ $2.121m$

④ $2.828m$

해설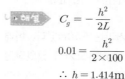

$C_g = -\dfrac{h^2}{2L}$

$0.01 = \dfrac{h^2}{2 \times 100}$

$\therefore h = 1.414m$

15. 다각측량에서 측선 AB의 거리가 2,068m이고 A점에서 20″의 각관측오차가 생겼다고 할 때 B점에서의 거리오차는 얼마인가? [산업 95]

① 0.1m ② 0.2m
③ 0.3m ④ 0.4m

> **해설**
> $$\frac{\Delta l}{l} = \frac{\theta''}{\rho''}$$
> $$\frac{\Delta l}{2,068} = \frac{20''}{206,265''}$$
> $$\therefore \; \Delta l = 0.2\text{m}$$

16. 사면(斜面)거리 50m를 측정하는데 그 보정량이 1mm이라면 그 경사도(傾斜度)는? [산업 99]

① $\frac{1}{100}$ ② $\frac{1}{130}$
③ $\frac{1}{160}$ ④ $\frac{1}{190}$

> **해설**
> $$C_h = -\frac{h^2}{2L}$$
> $$0.001 = -\frac{h^2}{2 \times 50}$$
> $$h = 0.316\text{m}$$
> $$\therefore \; i = \frac{h}{D} = \frac{0.316}{49.99} = \frac{1}{160}$$

17. 특성치가 50m+0.005m인 쇠줄자를 사용하여 어떤 구간을 관측한 결과 200m를 얻었다. 이 구간의 고저차가 8m이었다고 하면 표준척에 대한 보정과 경사보정을 한 거리는? [산업 99]

① 200.18m ② 200.14m
③ 199.86m ④ 199.82m

> **해설**
> ㉮ 표준척에 대한 보정
> $$C_0 = L\frac{\Delta l}{l} = 200 \times \frac{0.005}{50} = 0.02\text{m}$$
> ㉯ 경사보정
> $$C_h = -\frac{h^2}{2L} = -\frac{8^2}{2 \times 200} = -0.16\text{m}$$
> $$\therefore \; L_0 = 200 + 0.02 - 0.16 = 199.86\text{m}$$

18. 30m 테이프로 측정한 거리는 300m였다. 이때 테이프의 길이가 표준길이와 −2cm의 오차가 있었다면 이 거리의 정확한 값은? [산업 99]

① 299.80m ② 300.20m
③ 330.20m ④ 328.80m

> **해설**
> ㉮ 30 → 300 = 10회
> 1회 측정 시 → 2cm
> 10회 측정 → 20cm
> $$\therefore \; L_0 = 300 - 0.2 = 299.8\text{m}$$
> ㉯ $$L_0 = L\left(1 \pm \frac{\Delta l}{l}\right)$$
> $$= 300 \times \left(1 - \frac{0.02}{30}\right) = 299.8\text{m}$$

19. 강철 테이프로 경사면 65m의 거리를 측정한 결과, 경사보정량이 1cm이었다면 양 끝의 고저차는 얼마인가? [산업 99]

① 1.14m ② 1.27m
③ 1.32m ④ 1.58m

> **해설**
> $$C_h = -\frac{h^2}{2L}$$
> $$h^2 = 2LC_h$$
> $$\therefore \; h = \sqrt{2 \times 65 \times 0.01} = 1.14\text{m}$$

20. 기선의 길이 500m를 측정한 지반의 평균표고가 18.5m이다. 이 기선을 평균 해면상의 길이로 환산한 보정량은 얼마인가? (단, 지구의 곡률반경은 6,370km이다.) [산업 98]

① +0.35cm ② −0.35cm
③ +0.15cm ④ −0.15cm

> **해설**
> $$C = -\frac{L}{R}H$$
> $$= -\frac{500}{6,370,000} \times 18.5$$
> $$= -0.0015\text{m} = -0.15\text{cm}$$

21. 50m의 스틸(Steel)자로 사각형의 변장을 측정한 결과 가로, 세로 다같이 30.00m였다. 나중에 이 스틸자의 눈금을 기선척에 비교한 결과 50m에 대해 1cm 늘어난 것을 발견했다. 이때의 면적오차는 얼마인가? [기사 98]

① 0.15m^2 ② 0.50m^2
③ 0.20m^2 ④ 0.36m^2

• 해설 ㉮ 면적 $= 30 \times 30 = 900\text{m}^2$

㉯ 정확한 길이$(L_0) = 30 \times \left(1 + \dfrac{0.01}{50}\right)$

$= 30.006$

㉰ $A_0 = 30.006^2 = 900.36\text{m}^2$

㉱ 면적오차 $= 900.36 - 900 = 0.36\text{m}^2$

22. AB 두 점 간의 사거리 30m에 대한 수평거리의 보정값이 −2mm이었다면 두 점 간의 고저차는 얼마인가? [산업 98]

① 0.06m ② 0.12m

③ 0.25m ④ 0.35m

• 해설 $C_h = -\dfrac{h^2}{2L}$

$h^2 = 2L C_h = 2 \times 30 \times 0.002 = 0.12$

$\therefore\ h = 0.35\text{m}$

23. 줄자를 사용하여 2점 간의 거리를 실측하였더니 45m이고 이에 대한 보정치가 4.05×10^{-3}m이다. 사용한 줄자의 표준온도가 10℃이라 하면 실측 시의 온도는? (단, 선팽창계수$= 1.8 \times 10^{-5}$/℃) [산업 13]

① 5℃ ② 10℃

③ 15℃ ④ 20℃

• 해설 온도보정량$(C_t) = \alpha L (t - t_0)$

$4.05 \times 10^{-3} = 1.8 \times 10^{-5} \times 45 \times (t - 10)$

$\therefore\ t = 15℃$

24. 전자파거리 측정기(EDM)로 경사거리 165.360m(보정된 값)을 얻었다. 이때 두 점 A, B의 높이는 447.401m, 445.389m이다. A점의 EDM 높이는 1.417m, B점의 반사경(Reflector) 높이는 1.615m이다. AB의 수평거리는 몇 m인가? [기사 97]

① 165.320m

② 165.330m

③ 165.340m

④ 165.350m

• 해설 ㉮ A점의 기계고

$= H_A + \text{I.H}$

$= 447.401 + 1.417$

$= 448.818$

㉯ B점의 기계고

$= H_B + \text{H.R} + L \sin\alpha$

$= 445.389 + 1.615 + 165.36 \times \sin\alpha$

$= 447.004 + 165.36 \times \sin\alpha$

㉰ ㉮=㉯이므로

$448.818 = 447.004 + 165.36 \times \sin\alpha$

$\therefore\ \sin\alpha = \dfrac{448.818 - 447.004}{165.36} = 0°37'47''$

㉱ $S = L \cos\alpha$

$= 165.36 \times \cos 0°37'47'' = 165.350\text{m}$

25. 다음과 같이 A점에 트랜싯(Transit)을 세우고 B점에 있는 나무높이를 구하고자 한다. A점의 지반고(elevation)는 92.80m이고, B점의 지반고(elevation)는 93.12m이다. $\alpha = 25°30'00''$이고, 기계고(I.H)=1.52m, AB간의 거리가 33m일 때 나무의 높이는 얼마인가? [기사 98]

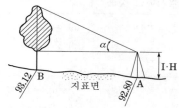

① 17.58m ② 17.26m

③ 16.94m ④ 15.74m

• 해설 나무높이$(H) = H_A + I + h - H_B$

$= 92.80 + 1.52 + D\tan\alpha - 93.12$

$= 16.94\text{m}$

26. 길이 50m인 쇠줄자(Steel tape)를 5m 간격으로 받치고 장력 15kg을 가하여 기선 180m를 관측할 때 기선전장에 대한 처짐보정량을 구한 값은? (단, 쇠줄자의 자중은 0.00101kg/cm이다.) [기사 97]

① −0.95cm ② −0.85cm

③ +0.85cm ④ +0.95cm

• 해설 $C = -\dfrac{L}{24}\left(\dfrac{wl}{P}\right)^2$

$= -\dfrac{18,000}{24} \times \left(\dfrac{0.00101 \times 500}{15}\right)^2$

$= -0.85\text{cm}$

27. Steel tape로 기선을 측정하여 359.425m를 얻었다. 측정시 온도가 26℃였다면 온도에 대한 보정을 한 길이는 얼마인가? (단, 표준온도는 15℃이고, Steel의 팽창계수는 1℃에 0.000012이다.) [기사 97]

① 359.425m

② 359.472m

③ 359.378m

④ 359.947m

해설 ㉮ 온도보정량(C_t)

$$= \alpha L(t-t_0)$$
$$= 0.000012 \times 359.425 \times (26-15)$$
$$= 0.047m$$

㉯ $L_0 = L + C_t$
$$= 359.425 + 0.047 = 359.472m$$

28. 강줄자를 이용하여 지상에서 거리를 관측한 경우 보정해야 할 보정량 중 항상 ⊖(負)부호를 가진 것으로 옳게 짝지어진 것은? [산업 96]

ⓐ 특정값보정	ⓑ 온도보정
ⓒ 경사보정	ⓓ 표고보정
ⓔ 장력보정	

① ⓐ, ⓑ

② ⓑ, ⓒ

③ ⓒ, ⓓ

④ ⓓ, ⓔ

해설 ㉮ 경사보정 $= -\dfrac{h^2}{2L}$

㉯ 표고보정 $= -\dfrac{L}{R}H$

29. 기선측량을 실시하여 150.1234m를 관측하였다. 기선양단의 평균표고가 350m일 때 표고 보정에 의해 계산된 기준면상의 투영거리는? (단, 지구의 곡률반지름 $R = 6,370$km이다.) [산업 14]

① 150.0000m

② 150.1152m

③ 150.1234m

④ 150.1316m

해설 $C = -\dfrac{L}{R}H$

$$= -\dfrac{150.1234}{6,370,000} \times 350 = -0.0082m$$

∴ 기준면상의 투영거리 $= 150.1234 - 0.0082$
$$= 150.1152m$$

30. 축척 1/25,000 지형도상에서 두 점 간의 거리는 14.16cm, 축척이 다른 지도에서 같은 두 점 간의 거리는 35.40cm이었다면 이 지도의 축척은 얼마인가? [산업 99]

① $\dfrac{1}{1,200}$

② $\dfrac{1}{6,000}$

③ $\dfrac{1}{10,000}$

④ $\dfrac{1}{12,000}$

해설 ㉮ $\dfrac{1}{m} = \dfrac{\text{도상거리}}{\text{실제 거리}}$

$$\dfrac{1}{25,000} = \dfrac{14.16}{\text{실제 거리}}$$

∴ 실제 거리 $= 25,000 \times 14.16 = 354,000$cm

㉯ $\dfrac{1}{m} = \dfrac{35.4}{354,000} = \dfrac{1}{10,000}$

31. 두 지점의 거리($\overline{AB}$)를 관측하는데 갑은 4회 관측하고, 을은 5회 관측한 후 경중률을 고려하여 최확값을 계산할 때 갑과 을의 경중률 비(갑 : 을)는? [산업 10]

① 4 : 5

② 5 : 4

③ 16 : 25

④ 25 : 16

해설 경중률은 관측횟수에 비례한다. 따라서 갑과 을의 경중률의 비는 4 : 5이다.

32. 어느 두 지점 사이의 거리를 A, B, C, D 네 사람이 각각 10회 측정한 결과는 다음과 같다. 가장 신뢰성이 높은 측정자는 누구인가? [기사 99]

| A : 165.864±0.002 | B : 165.867±0.006 |
| C : 165.862±0.007 | D : 165.864±0.004 |

① A

② B

③ C

④ D

$$P_1 : P_2 = \dfrac{1}{m_1^2} : \dfrac{1}{m_2^2}$$
$$= \dfrac{1}{2^2} : \dfrac{1}{6^2} : \dfrac{1}{7^2} : \dfrac{1}{4^2}$$
$$= \dfrac{1}{4} : \dfrac{1}{36} : \dfrac{1}{49} : \dfrac{1}{16}$$

∴ A가 신뢰성이 가장 높다.

33. 줄자로 1회 측정할 때 거리측정의 확률오차가 ±0.01m이었다. 500m 거리를 50m 줄자로 측정할 때 확률오차는? [산업 99]

① ±0.01m ② ±0.02m

③ ±0.03m ④ ±0.04m

> **해설** $E = \pm$ 오차 $\sqrt{N} = \pm 0.01 \sqrt{10} = \pm 0.03\text{m}$

34. 1회 관측에서 ±3mm의 우연오차가 발생하였다. 10회 관측하였을 때의 우연오차는 얼마인가? [산업 99]

① ±3.3mm ② ±0.3mm

③ ±9.5mm ④ ±30.2mm

> **해설** $E = \pm$오차 $\sqrt{N} = \pm 3 \sqrt{10} = \pm 9.5\text{mm}$

35. 어떤 각을 12회 관측한 결과 ±0.5의 평균제곱근오차를 얻었다. 같은 정확도로 해서 ±0.3의 평균제곱근오차를 얻으려면 몇 회 관측하는 것이 좋은가? [기사 98]

① 5회 ② 8회

③ 18회 ④ 34회

> **해설**
> 우연오차$(E) = \pm \delta \sqrt{N}$
> $\pm \delta_1 \sqrt{N_1} = \pm \delta_2 \sqrt{N_2}$
> $\pm 0.5 \sqrt{12} = \pm 0.3 \sqrt{N_2}$
> $\therefore N_2 = \left(\dfrac{0.5 \sqrt{12}}{0.3}\right)^2 = 33.3$회

36. 80m의 측선을 10m의 줄자로 측정하였다. 1회 측정시에 정오차는 +5mm, 부정오차는 ±5mm가 발생할 경우 정확한 거리는? [기사 99]

① 80.01 ± 0.04m ② 80.02 ± 0.01m

③ 80.04 ± 0.01m ④ 80.04 ± 0.04m

> **해설**
> ㉮ 정오차 = 오차 × N = +0.005 × 8 = 0.04m
> ㉯ 우연오차 = ±오차 $\sqrt{N}$
>   = ±0.005 $\sqrt{8}$ = ±0.01m
> ㉰ 정확한 거리 = 80 + 0.04 ± 0.01
>   = 80.04 ± 0.01

37. 갑, 을 두 사람이 A, B 두 점 간의 고저차를 구하기 위하여 서로 다른 표척을 갖고 여러 번 왕복측정한 A, B 두 점 사이의 최확값은 다음 중 얼마인가? (단, 갑 : 38.994m±0.008m, 을 : 39.003m±0.004m) [산업 98]

① 39.006m ② 39.003m

③ 39.001m ④ 38.997m

> **해설**
> $P_1 : P_2 = \dfrac{1}{m_1{}^2} : \dfrac{1}{m_2{}^2}$
> $= \dfrac{1}{8^2} : \dfrac{1}{4^2} = 1 : 4$
> $L_0 = \dfrac{38.994 \times 1 + 39.003 \times 4}{1 + 4} = 39.001\text{m}$

38. 어떤 기선을 측정하는데 이것을 4구간을 나누어 측정하니 다음과 같다. $L_1 = 29.5512\text{m} \pm 0.0014\text{m}$, $L_2 = 29.8837\text{m} \pm 0.0012\text{m}$, $L_3 = 29.3363\text{m} \pm 0.0015\text{m}$, $L_4 = 29.4488\text{m} \pm 0.0015\text{m}$이다. 여기서 0.0014m, 0.0012m, …… 등을 표준오차라 하면 전 거리에 대한 표준오차는? [기사 98]

① ±0.00281m ② ±0.0012m

③ ±0.0015m ④ ±0.0014m

> **해설** 오차전파법칙에 의해
> $M = \pm \sqrt{m_1{}^2 + m_2{}^2 + \cdots + m_n{}^2}$
> $= \pm \sqrt{0.0014^2 + 0.0012^2 + 0.0015^2 + 0.0015^2}$
> $= \pm 0.00281\text{m}$

39. 직각삼각형의 직각을 낀 두 변 a, b를 측정하여 다음 결과를 얻었다. 빗변 c의 거리는? (단, $a = 92.56 \pm 0.08$, $b = 43.25 \pm 0.06$) [기사 00]

① 102.166±0.044

② 102.166±0.057

③ 102.166±0.064

④ 102.166±0.077

> **해설** $C = \sqrt{a^2 + b^2} = 102.166\text{m}$
> 오차전파법칙에 의해
> $M = \pm \sqrt{\left(\dfrac{a}{\sqrt{a^2+b^2}}\right)^2 m_1{}^2 + \left(\dfrac{b}{\sqrt{a^2+b^2}}\right)^2 m_2{}^2}$
> $= \pm \sqrt{\left(\dfrac{92.56}{102.166}\right)^2 \times 0.08^2 + \left(\dfrac{43.25}{102.166}\right)^2 \times 0.06^2}$
> $≒ \pm 0.077\text{m}$

40. 그림과 같이 삼각점 A, B의 경사거리 L과 고저각 θ를 관측하여 다음과 같은 결과를 얻었다. $L=$ 2,000m±5cm, $\theta=30°±30'$의 결과값을 이용하여 수평거리 L_o를 구할 경우의 오차는? [기사 10]

① ±10cm

② ±15cm

③ ±20cm

④ ±25cm

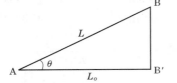

해설

$$M = \pm\sqrt{(\cos30°)^2 \times 0.05^2 + (2,000 \times \sin30°)^2 \times \left(\frac{30''}{206,265''}\right)^2}$$
$$= \pm15\text{cm}$$

41. 두 점 간의 고저차를 관측하기 위해 2개조로 측량팀을 구성하여 실시하였다. A조의 측량성과는 50.446m±0.009m, B조는 50.633m±0.006m이었다면 두 점 간의 고저차에 대한 최확값은? [산업 00]

① 50.463m

② 50.514m

③ 50.575m

④ 50.601m

해설

$$P_1 : P_2 = \frac{1}{m_1^2} : \frac{1}{m_2^2}$$
$$= \frac{1}{9^2} : \frac{1}{6^2} = 1 : 2.25$$
$$L_0 = \frac{1 \times 50.446 + 2.25 \times 50.633}{1 + 2.25} = 50.575\text{m}$$

42. 두 지점의 거리측량 결과가 다음과 같을 때 최확값은?

측정값(m)	횟수
145.136	2
145.248	1
145.174	3

① 145.136m

② 145.248m

③ 145.174m

④ 145.204m

해설

$$L_o = \frac{P_1 l_1 + P_2 l_2 + P_3 l_3}{P_1 + P_2 + P_3}$$
$$= \frac{145.136 \times 2 + 145.248 \times 1 + 145.174 \times 3}{2 + 1 + 3}$$
$$= 145.174\text{m}$$

43. AB 간의 거리측정에서 이것을 4개의 구간으로 나누어 각 구간의 평균자승오차를 구하여 표의 값을 얻었다. 전 구간의 평균자승오차를 구한 값은? [산업 97]

구간	평균자승오차
1	±3.2mm
2	±4.6mm
3	±3.87mm
4	±4.0mm

① ±8.5mm

② ±9.5mm

③ ±7.9mm

④ ±8.9mm

해설 오차전파법칙

$$M = \pm\sqrt{m_1^2 + m_2^2 + m_3^2 + m_4^2}$$
$$= \pm\sqrt{3.3^2 + 4.6^2 + 3.87^2 + 4.0^2}$$
$$= \pm7.9\text{mm}$$

44. 평균제곱근 오차(R.M.S.E : Root Mean Square Error)는 밀도함수 전체의 몇 % 범위를 나타내는가? [기사 95]

① 50%

② 68.26%

③ 67.45%

④ 95.45%

45. 기선측정(基線測定)에 있어서 테이프(또는 Wire)의 탄성계수(E)를 필요로 하는 보정은? [기사 99]

① 장력에 대한 보정

② 온도에 대한 보정

③ 처짐에 대한 보정

④ 경사에 대한 보정

해설 장력에 대한 보정(C_p)

$$C_p = \left(\frac{P - P_0}{AE}\right)L$$

46. 전자파거리측량기로 거리를 관측할 때 발생하는 관측오차에 대한 설명으로 옳은 것은? [기사 15]

① 모든 관측오차는 관측거리에 비례한다.

② 관측거리에 비례하는 오차와 비례하지 않는 오차가 있다.

③ 모든 관측오차는 관측거리에 무관하다.

④ 관측거리가 어떤 길이 이상이 되면 관측오차가 상쇄되어 길이에 미치는 영향이 없어진다.

해설 EDM오차

거리에 비례하는 오차	거리에 반비례하는 오차
• 광속도오차 • 광변조 주파수오차 • 굴절률오차	• 위상차 관측오차 • 영점오차 • 편심오차

47. 다음 거리측량기에서 가장 먼 거리를 관측할 수 있는 것은 어느 것인가?　　　　　　[기사 98]
① Steel tape　　　　② Subtense bar
③ VLBI　　　　　　④ Geodimeter

48. GPS 위성의 궤도는?　　　　　　[산업 00]
① 원궤도　　　　　② 극궤도
③ 타원궤도　　　　④ 정지궤도

해설 ㉮ GPS : 원궤도
　　　㉯ NNSS : 극궤도

49. NNSS와 GPS에 대한 설명 중 잘못된 것은 어느 것인가?　　　　　　[기사 96]
① NNSS는 전파의 도달 소요시간을 이용하여 거리관측을 한다.
② NNSS는 극궤도운동을 하는 위성을 이용하여 지상 위치결정을 한다.
③ GPS는 원궤도운동을 하는 위성을 이용하여 지상위치결정을 한다.
④ GPS는 범지구적 위치결정시스템이다.

해설 ㉮ NNSS는 도플러효과를 이용하여 거리를 관측
　　　㉯ GPS는 전파의 도달 소요시간을 이용

50. 다음 중 GPS를 응용할 수 있는 분야가 아닌 것은?　　　　　　[기사 00]
① 측지측량분야
② 레저스포츠분야
③ 차량분야
④ 잠수함의 위치결정분야

51. 다음의 설명은 지형측량에서 사용되는 토털스테이션(Total station)에 관한 것이다. 틀린 것은 어느 것인가?　　　　　　[기사 95]

① 토털스테이션에 의한 관측에서는 수평각, 고저각 및 거리관측이 동시에 실시된다.
② 관측자료는 자동적으로 자료기록장치에 기록되지만, 기계고 등은 수작업으로 입력해야 하므로 입력 실수가 없도록 유의해야 한다.
③ 자료기록장치에 기록된 자료는 컴퓨터, 자동제도기 등의 자동처리시스템을 이용하여 계산 및 도면 작성 등의 후속처리를 실시할 수 있다.
④ 기기의 무게가 가벼우며, 기기조작이 기존의 트랜싯보다 간단한 장점이 있다.

해설 T/S은 기기의 무게가 무거우며, 기존의 트랜싯보다 조작이 복잡하다.

52. 그림을 표적에 대한 탄흔이라고 할 때 다음 설명 중 옳은 것은?　　　　　　[산업 12]

A　　　B　　　C

① A가 C보다 더 정확하다고 할 수 있다.
② A가 C보다 더 정밀하다고 할 수 있다.
③ B가 C보다 더 정확하다고 할 수 있다.
④ B가 A보다 더 정밀하다고 할 수 있다.

해설 ㉮ A : 정밀하지도 정확하지도 않다.
　　　㉯ B : 정밀하다.
　　　㉰ C : 정확하다.

53. 측량에 있어 미지값을 관측할 경우에 나타나는 오차와 관련된 다음의 설명 중 틀린 것은?
① 경중률은 분산에 반비례한다.
② 경중률은 반복 관측일 경우 각 관측값 간의 편차를 의미한다.
③ 큰 오차가 생길 확률은 작은 오차가 생길 확률보다 매우 작다.
④ 표준편차는 각과 거리와 같은 1차원의 경우에 대한 정밀도의 척도이다.

해설 경중률은 관측값의 신뢰도를 나타내는 척도이다.

chapter 3

수준측량

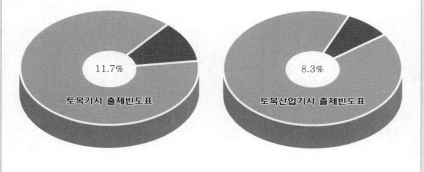

11.7%

토목기사 출제빈도표

8.3%

토목산업기사 출제빈도표

3 수준측량

01 수준측량의 개요

① 정의

수준측량(Leveling)이란 지표면 위에 있는 여러 점들 사이의 고저차를 측정하여 지도제작, 설계 및 시공에 필요한 자료를 제공하는 중요한 측량이다.

② 용어설명

(1) 수평면(Level surface)

어떤 한 면 위에 어느 점에서든지 수선을 내릴 때 그 방향이 지구의 중력방향을 향하는 면

(2) 수평선(Level line)

지구의 중심을 포함한 평면과 수평면이 교차하는 선을 말하며, 모든 점에서 중력방향에 직각이 되는 선

(3) 지평면(Horizontal plane)

어떤 한 점에서 수평면에 접하는 평면

(4) 지평선(Horizontal line)

어떤 한 점에서 수평면과 접하는 직선

(5) 지오이드(Geoid)

평균해수면으로 전 지구를 덮었다고 생각할 경우의 가상적인 곡면

(6) 기준면

높이의 기준이 되는 면이며, ±0m로 정한 면

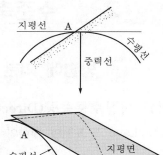

(7) 수준원점(Original Bench Mark : OBM)

기준면으로부터 정확한 높이를 측정하여 기준이 되는 점

(8) 수준점(Bench Mark : BM)

수준원점을 출발하여 국도 및 주요 도로에 수준표석을 설치한 점이며, 부근의 높이를 결정하는데 기준이 된다.

    ① 1등 수준점 : 4km마다 설치

    ② 2등 수준점 : 2km마다 설치

(9) 특별기준면

한 나라에서 떨어져 있는 섬에서 본국의 기준면을 직접 연결할 수 없으므로 그 섬 특유의 기준면을 사용

(10) 표고

기준면으로부터 어느 점까지의 **연직거리**(수직거리)

> **▶ 수준망**
>
> 각 수준점 간은 반드시 왕복측량하여 그 측정오차가 허용오차의 범위 이내가 되도록 해야 하며, 각 수준점 간을 정밀하게 측량하여도 수준점의 수가 많으면 오차가 누적되므로 수준점을 연결한 수준노선의 길이가 적당하게 되면 원점으로 되돌아가든지, 아니면 다른 수준점에 연결된다. 이와 같이 수준노선은 망으로 이루게 되는데, 이것을 수준망(leveling net)이라 한다.

02 | 수준측량의 분류

① 방법에 의한 분류

(1) 직접수준측량(Direct leveling)

Level과 표척에 의하여 **직접 고저차를 측정하는 방법**

(2) 간접수준측량(Lndirect leveling)

    ① **삼각수준측량**(Trigonometrical leveling) : 두 점 간의 수직각과 수평거리 및 두 점 간의 수직각과 사거리를 측정해서 삼각법에 의하여 고저차를 구하는 측량을 말한다.

    ② **시거수준측량**(Stadia leveling) : 등고선측량에서 많이 이용하며 협거와 연직각을 측정하여 두 점 간의 고저차를 결정하는 방법이다.

    ③ **기압수준측량**(Barometric leveling) : 기압계를 사용하여 기압차에 의한 고저차를 구하는 방법이다.

    ④ **공중사진수준측량**(Aerial photographic leveling)

(3) 근사수준측량(Approximate leveling)

(4) 교호수준측량(Reciprocal leveling)

하천, 계곡에 level를 중앙에 세울 수 없을 때 양쪽점에서 측정하여 평균값을 직접 구하는 방법이다.

① 교호수준측량의 주목적(기계오차 소거)

㉮ 기계오차 소거(시준축오차) : 기포관축과 시준선이 나란하지 않기 때문에 생기는 오차

㉯ 구차(지구의 곡률에 의한 오차)

㉰ 기차(광선의 굴절에 의한 오차)

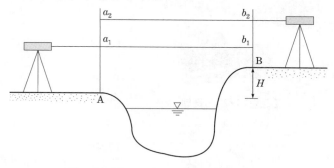

【그림 3-1】 교호수준측량

$$H = \frac{(a_1 - b_1) + (a_2 - b_2)}{2} \quad \dotfill \quad (3 \cdot 1)$$

교호수준측량에 의한 표고 계산

표척의 읽음값	$a_1 > b_1$ $a_2 > b_2$	$a_1 < b_1$ $a_2 < b_2$
A점	지반이 낮다.	지반이 높다.
B점	지반이 높다.	지반이 낮다.
B점의 표고 (H_B)	$H_B =$ $H_A + h$	$H_B =$ $H_A - h$

② 목적에 의한 분류

(1) 고저수준측량(Differential leveling)

두 점간의 높이의 차를 결정하는 측량을 말한다.

(2) 선수준측량(Line leveling)

① 종단수준측량(Profile leveling) : 도로, 철도, 하천 등에서 일정한 선에 따라 측점의 높이와 거리를 측정하여 종단면도를 작성하기 위한 측량

② 횡단수준측량(cross leveling) : 노선 위의 각 측점에서 각 노선을 직각방향으로 고저차를 측정

종단면도에 기재사항

측점, 추가거리, 지반고, 계획고, 절토고, 성토고, 구배

횡단면도에 기재사항

측점, 절토면적, 성토면적, 구배, 용지폭

(3) 면(面)수준측량(Areal leveling)

토지의 고저를 측정하는 것을 말한다.

03 레벨의 구조

① 레벨의 크기

(1) 외부 초점식

망원경의 길이

(2) 내부 초점식

대물렌즈의 초점길이

【그림 3-2】 레벨

② 망원경

(1) 대물렌즈

물체의 상을 십자선 면에 오게 하며 합성렌즈(이중렌즈)로 구면수차와 색수차를 없앤다.

(2) 접안렌즈

십자선 위에 와 있는 물체의 상을 확대하여 선명하게 보이게 한다.

(3) 십자선

거미줄, 백금, 명주실, 유리판에 새긴 것 등이 있다.

(4) 시준선

대물렌즈의 초점과 십자선의 교점을 이은 선

(5) 시차

측정자의 눈의 움직임에 따라 물체의 상이 움직여 보이는 현상

(6) 기포관

① 유리관 내에 점성이 작은 액체를 넣어 기포를 남기고 밀폐한 것

▶ 배율

$$= \frac{F}{f} = \frac{\text{대물렌즈초점거리}}{\text{접안렌즈초점거리}}$$

▶ 망원경의 구조

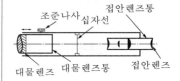

② 기포관의 감도 : 기포관의 한 눈금이 움직이는데 대한 중심각을 말하며 중심각이 작을수록 감도는 좋다(감도에 큰 영향을 미치는 것은 관내면 곡률이다).

$$l = Dn\theta''[\text{rad}]$$

$$180° = \pi\,\text{rad}$$

$$\theta'' = \frac{l}{nD}[\text{rad}]$$

$$1\text{rad} = \frac{180°}{\pi} = 57°17'45'' = 206,265''$$

$$1'' = \frac{1}{206,265''}\,\text{rad}$$

$$\frac{\theta'' \times 1}{206,265''} = \frac{l}{nD}$$

$$\therefore\ \theta'' = 206,265''\frac{l}{nD} = \frac{l}{nD}\rho'' \quad\cdots\cdots\cdots\cdots\cdots\cdots\cdots (3\cdot2)$$

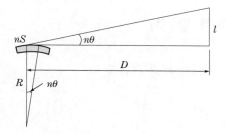

【그림 3-3】 감도측정

③ 기포관의 구비조건

㉮ 유리관 질은 장시일 변치 말아야 한다.

㉯ 기포관 내면의 곡률반경이 모든 점에서 균일해야 한다.

㉰ 기포의 이동이 민감해야 한다.

㉱ 액체는 표면장력과 점착력이 적어야 한다.

㉲ 곡률반경이 커야 한다.

❸ 정준장치

① 3개 : 안정성이 좋다(정밀한 기계에 사용)(그림 3-4(a) 참조).

② 4개 : 견고성이 좋다(안전도가 나쁘다)(그림 3-4(b) 참조).

▶ 기포관의 곡률반경

$$R = \frac{nsD}{l} = \frac{s\rho''}{\theta''}$$

여기서, R : 기포관의 곡률반경

n : 기포의 이동눈금수

θ'' : 감도

s : 기포관의 1눈금의 크기(2mm)

D : 기계에서 표척까지의 길이

l : 표척의 눈금차

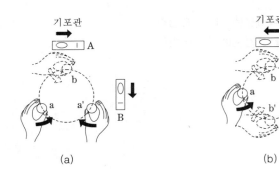

【그림 3-4】 정준장치

04 레벨의 조정

(1) 가장 엄밀해야 할 것(가장 중요시해야 할 것)

① 기포관축 ∥ 시준선

② 기포관축 ⤫ 시준선＝시준축오차(전시와 후시의 거리를 같게 취함으로서 소거)

(2) 기포관을 조정해야 하는 이유

기포관축을 연직축에 직각으로 할 것

(3) 덤피레벨의 항정법(덤피레벨의 3조정)

▶ 덤피레벨의 3조정(항정법)
기포관축과 시준선을 나란하게 한다.

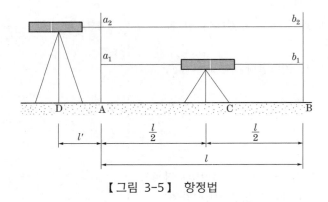

【그림 3-5】 항정법

※ 조정

① $(b_1-a_1) \neq (b_2-a_2)$일 경우 조정한다.

② $\overline{AB} = l$, $\overline{AD} = l'$

$(b_1 - a_1) - (b_2 - a_2) = d$

$$조정량(e) = d \left(\frac{l + l'}{l} \right)$$ .... (3·3)

정확한 읽음량 $= b_2 \pm e$

05 수준측량방법

① 수준측량에 사용되는 용어

(1) 후시(Back Sight : B.S)

알고 있는 점(기지점)에 표척을 세워 읽는 값

(2) 전시(Fore Sight : F.S)

구하고자 하는 점(미지점)에 표척을 세워 읽는 값

① 중간점(Intermediate Point : I.P) : 그 점에 **표고만** 구하기 위해 전시만 취한 점

② 이기점(Turning Point : T.P) : 기계를 옮기기 위한 **점**으로 전시와 후시를 동시에 취하는 점

(3) 기계고(Hight of Instrument : I.H)

기준면에서부터 망원경 시준선까지의 높이

(4) 지반고(Hight of Grovne : G.H)

지점의 표고

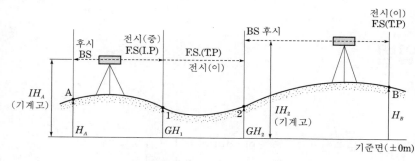

【그림 3-6】 수준측량의 원리

▶ 수준측량의 일반식

① 기계고(I.H)
   = 지반고(G.H) + 후시(B.S)
② 지반고(G.H)
   = 기계고(I.H) − 전시(F.S)
③ 계획고(F.H)
   = 첫 측점의 계획고 ± (추가거리 × 구배)
④ 절토고 = 지반고 − 계획고 = ⊕
⑤ 성토고 = 지반고 − 계획고 = ⊖

② 직접수준측량의 시준거리

① 아주 높은 정확도의 수준측량 : 40m
② 보통 정확도의 수준측량 : 50~60m
③ 그 외의 수준측량 : 5~120m
④ 시준거리 : 레벨과 표척 사이의 거리를 길게 하면 신속과 능률적으로 되지만 오차가 생길 염려가 있다. 또 너무 짧게 하면 기계를 세우는 횟수가 많아져 오차가 생기게 된다. 수준측량에서 적당한 시준거리는 60m이다.

③ 전시와 후시의 거리를 같게 하는 이유 (기계오차 소거)

① 레벨조정의 불안정으로 생기는 오차 소거(시준축 오차)
② 구차(지구의 곡률에 의한 오차) 소거
③ 기차(광선의 굴절에 의한 오차) 소거
　※ 시준축오차 : 기포관축≠시준선

④ 직접수준측량시 주의사항

① 수준측량은 반드시 왕복측량을 하는 것을 원칙으로 한다.
② 왕복측량을 하되 노선거리는 다르게 한다.
③ 전시와 후시의 거리를 같게 한다.
④ 이기점은 1mm, 그 밖의 점은 5mm 또는 1cm 단위까지 읽는다.
⑤ 레벨을 세우는 횟수를 짝수로 한다(표척의 0 눈금 오차 소거).
⑥ 레벨과 표척 사이의 거리는 60m 이내로 한다.

▶ 기차
$$E_r = -\frac{KD^2}{2R}$$

▶ 구차
$$E_c = \frac{D^2}{2R}$$

▶ 양차
$$E = \frac{D^2}{2R}(1-K)$$

▶ 수준측량계산방법
일반적으로 수준측량에서 지반고를 계산하는 여러 가지 계산식이 있지만 문제에서 그림이 주어지고 어느 한 지점의 지반고를 구하는 문제가 나오면 (+), (-)를 이용하여 간단히 문제를 해결한다.

▶ 표척의 0눈금 오차 소거
$$\Delta H = \{(a_1+r)-b_1\} \\ + \{a_2-(b_2+r)\} \\ = \Sigma a - \Sigma b$$
여기서, r : 0눈금 오차

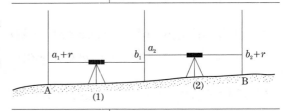

06 야장기입법

① 고차식

　2점의 높이를 구하는 것이 목적이고 도중에 있는 측점의 지반고를 구할 필요가 없을 때 사용하는 방법

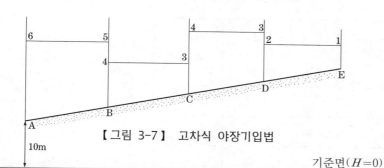

【그림 3-7】 고차식 야장기입법

■ 자독식 표척눈금 읽기

| | | | | 1.400 |
| 1.380 |
| 1.365 |
| 1.355 |
| 1.343 |
| 1.332 |
| 1.321 |
| 1.308 |
| 1.289 |

기준면($H=0$)

측점	B.S	F.S	G.H	비고
A	6	(+)	10	
B	4	(−) (+) 5	11	
C	4	(−) (+) 3	12	
D	2	(−) (+) 3	13	
E		(−) 1	14	

[검산] $\Sigma\text{B.S} - \Sigma\text{F.S} = $ 지반고차

$16 - 12 = 14 - 10 \longrightarrow$ O.K.

기고식

중간점이 많을 경우에 사용하는 방법으로 완전한 검산을 할 수 없다는 게 단점이다.

① 후시가 있으면 그 측점에 기계고가 있다.

② 이기점(T.P)이 있으면 그 측점에 후시(B.S)가 있다.

③ 기계고(I.H)=G.H+B.S

④ 지반고(G.H)=I.H−F.S

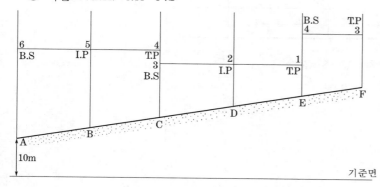

【그림 3-8】 기고식 야장기입법

측점	B.S	F.S		I.H	G.H	비고
		T.P	I.P			
A	6			16 (+)	10	
B			5		11	
C	3	4		15 (+)	12	
D			2		13	
E	4	1		18 (+)	14	
F		3			15	

[검산] ΣB.S $- \Sigma$F.S (T.P) = 지반고차
$13 - 8 = 15 - 10 \longrightarrow$ O.K

③ 승강식

완전한 검산을 할 수 있어 정밀한 측량에 적합하나, 중간점이 많을 때에는 불편한 단점이 있다.

측점	B.S	E.S		승(+)	감(−)	G.H	비고
		T.P	I.P				
A	6			(+)		10	
B			5	1		11	
C	3	4		2		12	
D			2	1		13	
E	4	1		2		14	
F		3		1		15	

① ΣB.S $- \Sigma$F.S (T.P) = 지반고차 $= 13 - 8 = 5$
② Σ승(T.P) $- \Sigma$강 = 지반고차 $= 5 - 0 = 5$

07 수준측량의 오차

① 오차의 분류

(1) 정오차

① 표척의 0점 오차 : 기계 세우는 횟수를 짝수회로 하면 소거
② 표척의 눈금부정에 의한 오차
③ 광선의 굴절에 의한 오차(기차)
④ 지구의 곡률에 의한 오차(구차)
⑤ 표척의 기울기에 의한 오차 : 표척을 전·후로 움직여 최소값을 읽는다.
⑥ 온도변화에 의한 표척의 신축
⑦ 시준선(시준축)오차 : 기포관축과 시준선이 평행하지 않아 발생하며 가장 큰 오차(전·후시를 등거리로 취하면 소거됨.)
⑧ 레벨 및 표척의 침하에 의한 오차 : 측량 도중 수시로 점검한다.

(2) 우연오차

① 시차에 의한 오차 : 시차로 인해 정확한 표척값을 읽지 못해 발생
② 레벨의 조정 불완전
③ 기상변화에 의한 오차 : 바람이나 온도가 불규칙하게 변화하여 발생
④ 기포관의 둔감
⑤ 기포관 곡률의 부등에 의한 오차
⑥ 진동, 지진에 의한 오차
⑦ 대물렌즈의 출입에 의한 오차

② 직접수준측량의 오차

거리와 측정횟수의 제곱근에 비례

$$E = \pm K\sqrt{L} = C\sqrt{N}$$ ··· (3·4)

여기서, K : 1km 수준측량시의 오차
L : 수준측량의 거리(km)
C : 1회의 관측에 의한 오차

알·아·두·기·

❸ 오차의 허용범위

① 왕복측정할 때의 허용오차(L[km], 노선거리)
  ㉮ 1등 : $\pm 2.5\sqrt{L}$ [mm]
  ㉯ 2등 : $\pm 5.0\sqrt{L}$ [mm]
② 폐합수준측량을 할 때 폐합차
  ㉮ 1등 : $\pm 2.0\sqrt{L}$ [mm]
  ㉯ 2등 : $\pm 5.0\sqrt{L}$ [mm]
③ 하천측량(4km에 대하여)
  ㉮ 유조부 : 10mm
  ㉯ 무조부 : 15mm
  ㉲ 급류부 : 20mm

❹ 직접수준측량의 오차보정

(1) 환폐합의 수준측량인 경우

동일 기지점의 왕복관측 또는 다른 표고기준점에 폐합한 경우 각 측점의 오차는 노선거리에 비례하여 보정한다.

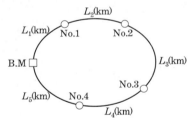

【그림 3-9】 환폐합의 수준측량

$$각측점\ 조정량 = \frac{조정할\ 측점까지의\ 거리}{총\ 거리(\Sigma L)} \times 폐합오차 \cdots (3\cdot5)$$

❺ 두 점 간의 직접수준측량의 오차조정

동일조건으로 두 점 간의 왕복관측한 경우에는 산술평균방식으로 최확값을 산정하고, 2점 간의 거리를 2개 이상의 다른 노선을 따라 측량한 경우에는 경중률을 고려한 최확값을 산정한다.

▶ 두 점 간의 직접수준측량의 오차조정

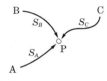

① 경중률
$$P_A : P_B : P_C = \frac{1}{S_A} : \frac{1}{S_B} : \frac{1}{S_C}$$
② 최확치
$$H_P = \frac{\Sigma PH}{\Sigma P}$$
$$= \frac{P_A H_A + P_B H_B + P_C H_C}{P_A + P_B + P_C}$$
③ 평균제곱오차(m_0)
$$= \pm\sqrt{\frac{\Sigma PV^2}{\Sigma P(n-1)}}$$
④ 확률오차(γ_0)
$$= \pm 평균제곱오차(m_0) \times 0.6745$$
$$= \pm 0.6745\sqrt{\frac{\Sigma PV^2}{\Sigma P(n-1)}}$$
⑤ 정밀도
$$\frac{1}{m} = \frac{r_0\ or\ m_0}{L_0}$$

1. 다음은 수준측량의 용어이다. 이 중 틀린 것은 어느 것인가? [산업 96]
① 수평선은 수평면에 평행한 곡선을 말한다.
② 지평면은 지평선의 한 점에서 접하는 평면이다.
③ 수평면은 정지된 해수면상에서 중력방향으로 수직인 곡면이다.
④ 지평선은 수평면의 한 점에서 접하는 접선이다.

> **해설** 지평면은 수평면상의 한 점에 접하는 평면

2. 수준측량에 관한 설명으로 옳지 않은 것은?
① 우리나라에서는 인천만의 평균해면을 표고의 기준면으로 하고 있다.
② 수준측량에서 고저의 오차는 거리의 제곱근에 비례한다.
③ 고차식은 중간점이 많을 때 가장 편리한 야장기입법이다.
④ 종단측량은 일반적으로 횡단측량보다 높은 정확도를 요구한다.

> **해설** 중간점이 많은 경우 기고식야장이 효과적이다.

3. 간접수준측량에 대한 설명 중 틀린 것은? [산업 95]
① 두 점 간의 기압차로 두 점의 고저차를 구하는 것
② 스타디아 측량으로 두 점의 고저차를 구하는 것
③ 삼각수준측량은 직접수준측량보다 정밀도가 높다.
④ 두 점 간의 연직각과 수평거리로 삼각법에 의해 고저차를 구하는 것

> **해설** 수준측량 중 가장 정밀도가 가장 높은 방법은 직접수준측량이다.

4. 다음 중 레벨 구조상의 조정조건으로 가장 중요한 것은?
① 연직축과 기포관축이 평행되어 있을 것
② 기포관축과 망원경의 시준선이 평행되어 있을 것
③ 표척을 시준할 때 기포의 위치를 볼 수 있게끔 되어 있을 것
④ 망원경의 배율과 기포관의 감도가 균형되어 있을 것

> **해설** 기포관축과 망원경의 시준선이 평행되어 있어야 하는 조건이 가장 중요한 조정조건이다.

5. 다음 중 종단 및 횡단측량에 대한 설명으로 옳은 것은? [산업 11]
① 종단도의 종축척과 횡축척은 일반적으로 같게 한다.
② 횡단측량은 종단측량보다 높은 정확도가 요구된다.
③ 노선의 경사도 형태를 알려면 종단도를 보면 된다.
④ 노선의 횡단측량을 종단측량보다 먼저 실시하여 횡단도를 작성한다.

> **해설** ① 종단도의 종축척과 횡축척은 일반적으로 다르게 한다.
> ② 종단측량은 횡단측량보다 높은 정확도가 요구된다.
> ④ 횡단측량에 앞서 종단측량을 먼저 실시한다.

6. 다음 중 교호수준측량을 하는 가장 큰 이유는 무엇인가? [산업 96, 98, 99, 00]
① 시준선오차를 소거하기 위하여
② 구차에 의한 오차를 소거하기 위하여
③ 기차에 의한 오차를 소거하기 위하여
④ 관측자의 과실을 없애기 위하여

> **해설** ㉮ 교호수준측량 : 하천, 계곡에 Level를 중앙에 세울 수 없을 때 양쪽 지점에 기계를 세워 측정하여 평균값을 구함으로써 양 지점의 고저차를 구하는 방법
> ㉯ 교호수준측량의 목적
> ㉠ 기계오차 소거(시준축오차) : 기포관축과 시준선이 평행하지 않기 때문에 생기는 오차
> ㉡ 구차(지구의 곡률에 의한 오차)
> ㉢ 기차(빛의 굴절에 의한 오차)

7. 다음 중 교호수준측량을 하는 주된 이유로 옳은 것은?

① 작업속도가 빠르다.

② 관측인원을 최소화 할 수 있다.

③ 전시, 후시의 거리차를 크게 둘 수 있다.

④ 굴절오차 및 시준축오차를 제거할 수 있다.

▶ **해설** 교호수준측량은 하천, 계곡에 레벨을 중앙에 세울 수 없을 때 양쪽 점에서 측정하여 평균값을 구하는 방법으로 시준축오차, 곡률오차(구차), 굴절오차(기차)를 소거하는 것이 목적이다.

8. 표와 같은 횡단수준측량에서 우측 12m 지점의 지반고는? (단, 측점 No.10의 지반고는 100.00m이다.)

[산업 94, 96]

좌		No.	우	
$\dfrac{2.50}{12.00}$	$\dfrac{3.40}{6.00}$	$\dfrac{No.10}{\dfrac{2.00}{0}}$	$\dfrac{2.40}{6.00}$	$\dfrac{1.50}{12.00}$

① 99.50m　　② 99.60m

③ 100.00m　　④ 100.50m

▶ **해설**

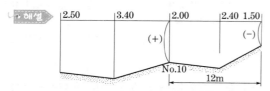

여기서, 분모는 거리, 분자는 표척의 읽음값이다.

∴ 우측 12m 지반고 $= 100 + 2.0 - 1.50 = 100.5\text{m}$

9. 도로의 중심선을 따라 20m 간격으로 종단측량을 행한 결과, 다음과 같다. 측점 No.1의 도로계획고를 표고 21.50m로 하고, 2%의 상향구배로 도로를 설치하면 No.5의 절취고는?

[산업 95]

측점	No.1	No.2	No.3	No.4	No.5
지반고	20.30	21.80	23.45	26.10	28.20

① 4.70m　　② 5.10m

③ 5.90m　　④ 6.10m

▶ **해설** ㉮ No.5의 지반고 28.20m

㉯ No.5의 계획고 23.10m

∴ 계획고 - 지반고 $= 23.10 - 28.20$

$= -5.10\text{m}(절토고)$

㉰ No.5의 계획고 계산

$21.50 + 0.02 \times 80 = 23.10\text{m}$

10. 교호수준측량을 하여 다음과 같은 결과를 얻었다. A점의 표고가 120.564m이면 B점의 표고는 얼마인가?

[기사 00, 산업 99]

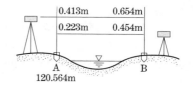

① 120.542m　　② 120.672m

③ 120.800m　　④ 120.328m

▶ **해설**

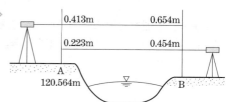

㉮ $H = \dfrac{(a_1 - b_1) + (a_2 - b_2)}{2}$

$= \dfrac{(0.223 - 0.454) + (0.413 - 0.654)}{2}$

$= 0.236\text{m}$

㉯ $H_B = H_A - H = 120.564 - 0.236 = 120.328\text{m}$

※ A점과 B점의 표척의 읽음값을 보면 B점이 A점보다 낮은 것을 알 수 있다.

11. 교호수준측량을 한 결과 다음 그림과 같을 때 B점의 표고는? (단, A점의 지반고는 100m이다.)

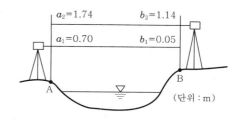

① 100.535m　　② 100.625m

③ 100.685m　　④ 101.065m

해설

$$H = \frac{(a_1 - b_1) + (a_2 - b_2)}{2}$$

$$= \frac{(0.70 - 0.05) + (1.74 - 1.14)}{2}$$

$$= 0.625\text{m}$$

$$\therefore H_B = H_A + H$$

$$= 100 + 0.625 = 100.625\text{m}$$

12. 기포관의 감도에 대한 설명 중 옳지 않은 것은 어느 것인가? [기사 97]

① 기포관의 1눈금이 곡률중심에 낀 각으로 감도를 표시한다.

② 곡률중심에 낀 각이 작을수록 감도가 높다.

③ 필요이상으로 감도가 높은 기포관을 사용하는 것은 불합리하다.

④ 기포의 움직임은 관이 굵고, 기포가 길수록 둔감해진다.

해설 기포의 움직임은 기포관의 곡률반지름과 액체의 점성에 가장 큰 영향을 받는다. 또한 기포의 길이가 길수록 예민해진다.

13. 레벨로부터 60m 떨어진 표척을 시준한 값이 1.258m이며 이때 기포가 1눈금 편위되어 있었다. 이것을 바로 잡고 다시 시준하여 1.267m를 읽었다면 기포의 감도는? [기사 98]

① 25″   ② 27″

③ 28″   ④ 31″

해설

$$\theta'' = \frac{l}{nD}\rho'' = \frac{1.267 - 1.258}{1 \times 60} \times 206,265'' = 31''$$

여기서, θ'' : 감도

ρ'' : 206,265″

n : 이동눈금수

l : 오차($= l_1 - l_2$)

D : 수평거리

14. 레벨로부터 50m 떨어진 곳에 세운 수준척의 읽음값이 1.112m이었고, 기포의 수준척의 방향으로 2눈금 이동하여 수준척을 읽으니 1.145m였다면 이 기포관의 곡률반경은? (단, 기포관의 한 눈금의 길이는 2mm이다.) [기사 95, 97]

① 5.4m   ② 5.8m

③ 6.1m   ④ 8.4m

해설

$$R = \frac{nSD}{l}$$

$$= \frac{2 \times 0.002 \times 50}{1.145 - 1.112} = 6.1\text{m}$$

여기서, R : 기포관의 곡률반경

n : 기포의 이동눈금수

S : 기포 1눈금의 크기(2mm)

D : 수평거리

15. 수준기의 감도가 한 눈금 20″의 덤피레벨로 50m 전방의 표척을 읽은 후 기포의 위치가 1눈금 이동되었다. 이때 생기는 오차는 얼마인가? [산업 97, 99]

① 0.02m   ② 0.467m

③ 0.005m   ④ 0.126m

해설

$$\theta'' = \frac{l}{nD}\rho''$$

$$l = \frac{nD\theta''}{\rho''} = \frac{1 \times 50 \times 20''}{206,265''}$$

$$= 0.005\text{m}$$

16. 기포관의 감도 30″의 Y-레벨로 A, B 2점 간의 고저차를 구하려 한다. 지금 기포관의 기포를 조정한 결과 ±0.1 눈금의 오차가 생겼다. 이것으로 인한 고저차에 생기는 오차는 어느 정도로 되는가? (단, 표척거리는 평균 50m로 하며 A, B 2점 간의 거리는 1,600m이다.) [기사 90]

① ±4mm

② ±6mm

③ ±8mm

④ ±10mm

해설 ㉮ 기계 1회 세울 때 발생하는 오차

$$\theta'' = \frac{l}{nD}\rho''$$

$$l = \frac{nD\theta''}{\rho''}$$

$$= \frac{0.1 \times 50 \times 30''}{206,265''} = 7.27 \times 10^{-4}\text{m}$$

㉯ 전측정거리의 오차는 기계 세우는 횟수의 제곱근에 비례하므로

$$E = \pm m\sqrt{n}$$

$$= \pm 7.27 \times 10^{-4}\sqrt{1,600/50}$$

$$= \pm 4.11 \times 10^{-3}\text{m} = \pm 4\text{mm}$$

17. 두 점 간의 고저차를 레벨에 의하여 직접 관측할 때 정확도를 향상시키는 방법이 아닌 것은?
① 표척을 수직으로 유지한다.
② 전시와 후시의 거리를 가능한 같게 한다.
③ 최소 가시거리가 허용되는 한 시준거리를 짧게 한다.
④ 기계가 침하되거나 교통에 방해가 되지 않는 견고한 지반을 택한다.

> **해설** 수준측량시 적당한 시준거리는 60m이다. 그러므로 시준거리를 짧게 하는 것은 좋지 않다.

18. 수준측량에 대한 다음 사항 중 옳지 않은 것은 어느 것인가? [기사 00]
① 중간점은 전시만을 관측하는 점으로 그 점의 오차는 다른 측량 지역에 큰 영향을 준다.
② 후시는 기지점에 세운 표척의 읽음값이다.
③ 수평면은 각 점들의 중력방향에 직각을 이루고 있는 면이다.
④ 수준점은 기준면에서 표고를 정확하게 측정하여 표시한 점이다.

> **해설** 중간점(I.P)은 그 점에 표고만 구하기 위하여 전시만 취한 점으로 오차가 발생하면 그 점의 표고만 틀릴 뿐 다른 지역에는 영향이 없다.

19. 수준측량에서 사용되는 용어의 설명 중 잘못된 것은? [산업 98]
① 전시란 표고를 구하려는 점에 세운 표척의 눈금을 읽는 것을 말한다.
② 후시란 미지점에 세운 표척의 눈금을 읽는 것을 말한다.
③ 이기점이란 전시와 후시의 연결점이다.
④ 중간점이란 전시만을 취하는 점이다.

> **해설** 후시(B.S)란 알고 있는 점(기지점)에 표척을 세워 읽은 값이다.

20. 직접수준측량에서 유의하여야 할 사항에 대한 설명으로 옳지 않은 것은?
① 표척은 관측 정도에 미치는 영향이 크기 때문에 반드시 수직으로 세운다.
② 반드시 왕복측량을 하고 관측값의 차가 허용오차 내에 있도록 한다.

③ 시준거리는 전·후시가 되도록 같게 한다.
④ 상공의 시계가 15° 이상 확보되어야 한다.

> **해설** 상공의 시계가 15° 이상 확보되어야 하는 것은 GPS측량 시 요구되는 사항이며, 직접수준측량 시에는 유의사항에 해당하지 아니한다.

21. 수준측량에서 전시와 후시의 표척거리를 같게 함으로써 소거될 수 있는 오차는? [기사 99]
① 표척눈금의 오차
② 시준축이 기포관축과 평행하지 않기 때문에 일어나는 오차
③ 표척눈금의 오독으로 인한 오차
④ 기포가 중앙에 오지 않아 발생하는 오차

> **해설** 전시와 후시의 거리를 같게 취하는 이유
> ㉮ 기계오차(시준축오차) 소거(주목적)
> ㉯ 구차(지구의 곡률에 의한 오차) 소거
> ㉰ 기차(광선의 굴절에 의한 오차) 소거
> ※ 시준축오차 : 기포관축과 시준선이 평행하지 않기 때문에 생기는 오차

22. 수준측량에서 전시와 후시의 거리를 같게 하여도 제거되지 않는 오차는? [기사 99, 산업 95]
① 시준선과 기포관축이 평행하지 않을 때 생기는 오차
② 지구곡률오차
③ 광선의 굴절오차
④ 표척눈금의 읽음오차

23. 수준측량에 대한 설명으로 틀린 것은?
① 보통 한 눈금 5mm를 정확하게 읽을 수 있는 시준거리는 1km 정도이다.
② 1등 수준점 간의 평균거리(간격)는 약 4km이다.
③ 후시는 높이를 알고 있는 지점에 세운 표척의 눈금을 읽은 값이다.
④ 관측거리를 동일하게 하면 수준측량에서 발생될 수 있는 오차를 소거하는 데 매우 유리하다.

> **해설** 레벨과 표척 사이의 거리를 길게 하면 신속하고 능률적이지만 오차가 생길 염려가 있다. 또 너무 짧게 하면 기계를 세우는 횟수가 많아져 오차가 생기게 된다. 수준측량에서 적당한 시준거리는 60m이다.

24. 다음은 수준측량의 작업방법에 관한 설명이다. 틀린 것은? [산업 96]

① 출발점에 세운 표척은 필히 도착점에 세운다.
② 시준거리를 길게 하면 능률과 정확도가 향상된다.
③ 레벨과 전시표척, 후시표척의 거리는 등거리로 한다.
④ 직접수준측량은 간접수준측량보다 정확도가 높다.

• **해설** ㉮ 시준거리를 길게 하면 능률적이지만 정확도는 저하된다.
　　㉯ 출발점에 세운 표척은 필히 도착점에 세우는 이유는 표척의 0점 오차 소거

25. 다음은 종횡단측량에 관한 설명이다. 틀린 것은 어느 것인가? [기사 95]

① 종단도를 보면 노선의 형태를 알 수 있으나 횡단도를 보면 알 수 없다.
② 종단측량은 횡단측량보다 높은 정확도가 요구된다.
③ 종단도의 횡축척과 종축척은 서로 다르게 잡는 것이 일반적이다.
④ 횡단측량은 노선의 중심말뚝만 설치되면 종단측량에 앞서 실시할 수 있다.

• **해설** 종단측량에 의해 중심말뚝의 지반고를 측정한 다음 중심말뚝의 진행방향에 따라 횡단측량을 실시한다.

26. 레벨측량에서 레벨을 세우는 횟수를 우수회로 하여 소거할 수 있는 오차는? [산업 99]

① 망원경의 시준축과 수준기축이 평행하지 않아 생기는 오차
② 표척의 눈금이 부정확하여 생기는 오차
③ 표척의 이음매가 부정확하여 생기는 오차
④ 표척의 0눈금의 오차

27. 수준측량에서 많이 쓰고 있는 기고식 야장법에 대한 설명으로 틀린 것은?

① 후시보다 전시가 많을 때 편리하므로 종단고저측량에 많이 사용된다.
② 승강식보다 기입사항이 많고 상세하여 중간점이 많을 때에는 시간이 많이 걸린다.

③ 중간시가 많은 경우 편리한 방법이나 그 점에 대한 검산을 할 수가 없다.
④ 지반고에 후시를 더하여 기계고를 얻고, 다른 점의 전시를 빼면 그 지점에 지반고를 얻는다.

• **해설** 승강식 야장기입법은 기입사항이 많고 상세하여 중간점이 많은 경우 시간이 많이 소요된다.

28. 수준측량에서 도로의 종단측량과 같이 중간시가 많은 경우에 현장에서 주로 사용하는 야장기입법은 어느 것인가? [산업 93, 96, 99]

① 기고식
② 고차식
③ 승강식
④ 이란식

• **해설** 야장기입법
　㉮ 고차식 : 전시와 후시만 있을 때 사용하며, 두 점 간의 고저차를 구할 경우 사용한다.
　㉯ 기고식 : 중간점이 많을 때 적당하나 완전한 검산을 할 수 없는 단점이 있다.
　㉰ 승강식 : 중간점이 많을 때 불편하나, 완전한 검산을 할 수 있다.

29. 수준측량에서 수준척의 눈금은 이기점에서 얼마까지 읽는가? [산업 97]

① 1mm
② 2mm
③ 5mm
④ 10mm

• **해설** 이기점은 1mm, 그 밖의 점은 5mm 또는 1cm 단위까지 읽는다.

30. 기지점의 지반고가 100m, 기지점에 대한 후시는 2.75m 미지점에 대한 전시가 1.40m일 때 미지점의 지반고는? [기사 98]

① 100.68m
② 101.35m
③ 102.75m
④ 104.15m

• **해설**

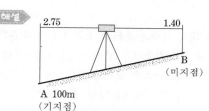

$$H_B = 100 + 2.75 - 1.40 = 101.35\,\mathrm{m}$$

31. 레벨과 평판을 병용하여 직접 등고선을 측정하려고 한다. 표고 100.25m인 기준점에 표척을 세워 레벨로 측정한 값이 2.45m였다. 1m 간격의 등고선을 측정할 때 101m의 등고선을 측정하려면 레벨로 시준하여야 할 표척의 시준높이는? [산업 99]

① 0.50m   ② 1.0m
③ 1.70m   ④ 2.45m

해설

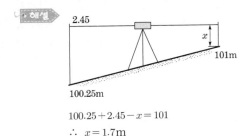

$$100.25 + 2.45 - x = 101$$
$$\therefore x = 1.7\text{m}$$

32. 다음 그림과 같은 수준측량에서 A점의 지반고는? (단, C점의 지반고는 12m이다.) [산업 93]

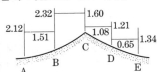

① 10.67m   ② 9.67m
③ 11.82m   ④ 10.82m

해설

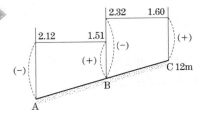

$$H_A = 12 + 1.60 - 2.32 + 1.51 - 2.12$$
$$= 10.67\text{m}$$

33. 터널 내의 천장에 측점 A, B를 정하여 수준측량을 한 결과, 두 점의 고저차가 20.42m이고, A점에서의 기계고가 −2.5m, B점에서의 표척의 관측값이 −2.25m를 얻었다면, 사거리 100.25m에 대한 연직각은?

① 10°14′12″   ② 10°53′56″
③ 11°53′56″   ④ 23°14′12″

해설

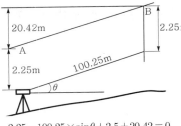

$$-2.25 - 100.25 \times \sin\theta + 2.5 + 20.42 = 0$$
$$\therefore \theta = \sin^{-1}\left(\frac{20.67}{100.25}\right)$$
$$= 11°53′56″$$

34. 수준측량에서 B점의 지반고(Elevation)는 얼마인가? (단, $\alpha = 12°13′00″$, A점의 지반고＝46.40m, H.I＝1.54m(기계고), Rod Reading＝1.30m, AB＝46.8m (수평거리)) [기사 94, 98]

① 55.23m
② 56.53m
③ 56.77m
④ 58.07m

해설

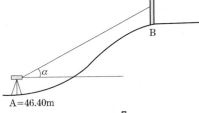

$$H = D\tan\theta = 46.8 \times \tan 12°13′ = 10.13\text{m}$$
$$\therefore H_B = H_A + I + H - S$$
$$= 46.4 + 1.54 + 10.13 - 1.3$$
$$= 56.77\text{m}$$

35. 다음 수준측량에서 AB 간의 고저차는?

① 2.19m
② 2.21m
③ 2.25m
④ 3.05m

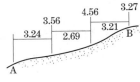

해설

$$\Sigma\text{B.S} = 3.24 + 3.56 + 4.56 = 11.36\text{m}$$
$$\Sigma\text{F.S} = 2.69 + 3.21 + 3.27 = 9.17\text{m}$$
$$\therefore \text{AB의 고저차} = \Sigma\text{B.S} - \Sigma\text{F.S}$$
$$= 11.36 - 9.17 = 2.19\text{m}$$

36. 지반고(h_A)가 123.6m인 A점에 토털스테이션을 설치하여 B점의 프리즘을 관측하여, 기계고 1.0m, 관측사거리(S) 180m, 수평선으로부터의 고저각(α) 30°, 프리즘고 (P_h) 1.5m를 얻었다면 B점의 지반고는?

① 212.1m   ② 213.1m
③ 277.98m   ④ 280.98m

 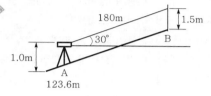

$$H_B = 123.6 + 1.0 + 180 \times \sin 30° - 1.5$$
$$= 213.1\text{m}$$

37. 지반고 120.50m인 A점에 기계고 1.23m의 토털스테이션을 세워 수평거리 90m 떨어진 B점에 세운 높이 1.95m의 타겟을 시준하면서 부(-)각 30°를 얻었다면 B점의 지반고는?   [산업 14]

① 65.36m   ② 67.82m
③ 171.74m   ④ 175.64m

 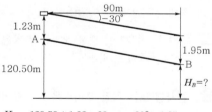

$$H_B = 120.50 + 1.23 - 90 \times \tan 30° - 1.95$$
$$= 67.82\text{m}$$

38. 수준측량에서 담장 PQ가 있어, P점에서 표척을 QP방향으로 거꾸로 세워 아래 그림과 같은 독정값을 얻었다. A점의 표고 $H_A = 51.25$m이면 B점의 표고는?   [산업 92]

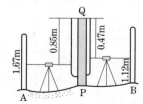

① 51.42m   ② 52.18m
③ 51.08m   ④ 52.22m

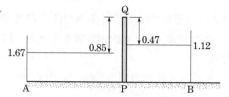

$$H_B = 51.25 + 1.67 + 0.85 - 0.47 - 1.12 = 52.18\text{m}$$

39. B.M의 표고가 98.760m일 때 B점 지반고는? (단, 단위 : m)

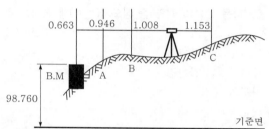

측점	관측값	측점	관측값
B.M	0.663	B	1.008
A	0.946	C	1.153

① 98.270m   ② 98.415m
③ 98.477m   ④ 99.768m

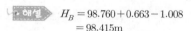
$$H_B = 98.760 + 0.663 - 1.008$$
$$= 98.415\text{m}$$

40. 측점이 갱도의 천장에 설치되어 있는 갱내 수준측량에서 아래 그림과 같은 관측결과를 얻었다. A점의 지반고가 15.32m일 때 C점의 지반고는?

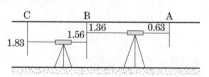

① 16.49m

② 16.32m

③ 14.49m

④ 14.32m

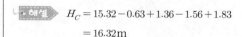
$$H_C = 15.32 - 0.63 + 1.36 - 1.56 + 1.83$$
$$= 16.32\text{m}$$

41. 수준측량에 있어서 표척눈금 간격이 일률적으로 긴 경우 다음 중 오차분배는 어떻게 하는 것이 가장 좋은가? [기사 95, 99]
① 수준거리의 기계설치 횟수에 비례하여 분배한다.
② 수준거리의 길이에 비례하여 배분한다.
③ 수준점 간의 비고(比高)에 비례하여 배분한다.
④ 기계를 기수회로 설치하면 오차는 소거되어 분배가 필요없다.

42. 다음 오차의 원인 중 정오차(누차)에 속하는 것은? [산업 97]
① 함척눈금의 불완전
② 레벨조정의 불완전
③ 기포의 둔감
④ 대물경의 출입에 의한 오차

43. 수준측량에서 발생하는 오차에 대한 설명으로 틀린 것은? [기사 14]
① 기계의 조정에 의해 발생하는 오차는 전시와 후시의 거리를 같게 하여 소거할 수 있다.
② 표척의 영눈금 오차는 출발점의 표척을 도착점에서 사용하여 소거할 수 있다.
③ 측지삼각수준 측량에서 곡률오차와 굴절오차는 그 양이 미소하므로 무시할 수 있다.
④ 기포의 수평조정이나 표척면의 읽기는 육안으로 한계가 있으나 이로 인한 오차는 일반적으로 허용오차 범위 안에 들 수 있다.

해설 삼각수준측량 시 구차와 기차에 의한 영향을 고려하여야 한다.

44. 수준측량에서 정오차인 것은? [산업 94, 99]
① 기상변화
② 기포관 곡률의 부동
③ 표척눈금의 불완전
④ 기포관의 둔감

45. 수준측량에서 우연오차로 판단되는 것은? [산업 98]
① 지구곡률에 의한 오차
② 빛의 굴절에 의한 오차
③ 표척의 눈금이 표준척에 비해 약간 크게 표시되어 발생하는 오차
④ 십자선의 굵기로 인해 발생하는 읽음오차

46. 다음 중 수준측량에서 발생할 수 있는 정오차에 해당하는 것은? [기사 99]
① 표척을 완전히 뽑지 않아서 발생되는 읽음오차
② 광선의 굴절에 의한 오차
③ 관측자의 시력 불완전에 의한 오차
④ 태양의 광선, 바람, 습도 및 온도변화 등에 의해 발생되는 오차

47. 수준측량의 오차 최소화 방법으로 틀린 것은? [산업 12]
① 표척의 영점오차는 기계의 정치 횟수를 짝수로 세워 오차를 최소화 한다.
② 시차는 망원경의 접안경 및 대물경을 명확히 조절한다.
③ 눈금오차는 기준자와 비교하여 보정값을 정하고 온도에 대한 온도보정도 실시한다.
④ 표척 기울기에 대한 오차는 표척을 앞뒤로 흔들 때의 최대값을 읽음으로 최소화 한다.

해설 표척 기울기에 대한 오차는 표척을 앞뒤로 흔들 때의 최소값을 읽음으로 소거가 가능하다.

48. 반사경 또는 직각 프리즘은 기포관 바로 아래의 외관 안에 장치되어 그 거울면은 대충의 중심선에 대해서 몇 도의 경사를 이루는가? [산업 94]
① 30° ② 45°
③ 60° ④ 80°

49. 수준측량에서 수준노선의 거리와 무게(경중률)와의 관계로 옳은 것은?
① 무게는 노선거리의 제곱근에 비례한다.
② 무게는 노선거리에 비례한다.
③ 무게는 노선거리의 제곱근에 반비례한다.
④ 무게는 노선거리에 반비례한다.

해설 경중률은 노선거리에 반비례한다.

50. 단일환의 수준망에서 관측결과로 생긴 폐합차를 보정하는 방법은? [산업 97]

① 모든 점에 등배분한다.

② 출발 기지점으로부터의 거리에 비례하여 배분한다.

③ 출발 기준점으로부터의 거리에 역비례하여 배분한다.

④ 각 점의 표고값 크기에 비례하여 배분한다.

• 해설 ▶ 단일환의 수준망에서 오차발생시 처리방법은 노선거리에 비례하여 보정한다.

※ 각측점의 보정량 = $\dfrac{그\ 측선까지의\ 거리}{총\ 거리} \times$ 폐합오차

51. 경사된 표척의 3m 위치가 바른 위치(수직)보다 20cm 뒤로 떨어져 있다. 레벨로 이 표척을 시준하여 2m를 읽는 경우 관측결과에 미치는 오차는? [기사 96]

① 1mm

② 2mm

③ 3mm

④ 4mm

• 해설 ▶ $3 : 0.2 = 2 : x$

$x = 0.13\text{m}$

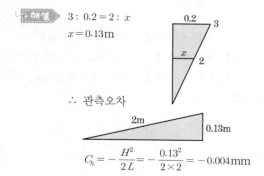

∴ 관측오차

$$C_h = -\frac{H^2}{2L} = -\frac{0.13^2}{2 \times 2} = -0.004\text{mm}$$

52. 수준측량에 있어서 허용왕복차의 제한이 7km에서 20mm일 때 4km의 왕복에서의 제한은 다음 중 얼마인가? [기사 97]

① 8.267mm

② 1.567mm

③ 15.12mm

④ 14.12mm

• 해설 ▶ $\sqrt{7} : 20 = \sqrt{4} : x$

$x = 15.12\text{mm}$

53. 굴뚝의 높이를 구하고자 굴뚝과 연결한 직선상의 2점 A, B에서 굴뚝정상의 경사각을 측정한 바 A에서는 30°, B에서는 45°이고 A, B 간의 거리는 22m였다. 굴뚝의 높이는 얼마인가? (단, A, B와 굴뚝 밑은 같은 높이고, A와 B에 설치한 기계고는 다같이 1m라 한다.)

① 21.05m

② 31.05m

③ 31.65m

④ 32.05m

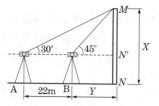

• 해설 ▶ $\tan 45° = \dfrac{MN'}{Y}$, $MN' = Y$

$\tan 30° = \dfrac{MN'}{22 + Y}$

$MN' \times (1 - 0.577) = 22 \times \tan 30°$

$MN' = 30.027\text{m}$

∴ 굴뚝의 높이 $= MN' + NN'$

$= 30.027 + 1 = 31.027\text{m}$

54. 수준점 A, B, C에서 수준측량을 하여 P점의 표고를 얻었다. P점 표고의 최확값은? [기사 99]

노선	P점 표고값	노선거리
A→P	57.583m	2km
B→P	57.700m	3km
C→P	57.680m	4km

① 57.641m

② 57.649m

③ 57.654m

④ 57.706m

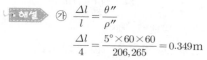

• 해설 ▶ 경중률은 노선거리에 반비례한다.

$$P_A : P_B : P_C = \frac{1}{2} : \frac{1}{3} : \frac{1}{4} = 6 : 4 : 3$$

$$H_0 = \frac{6 \times 57.583 + 4 \times 57.700 + 3 \times 57.680}{6 + 4 + 3}$$

$$= 57.641\text{m}$$

55. 표척이 5° 기울어진 상태에서 관측된 값이 4m일 때 관측오차는? [기사 00]

① 0.7cm

② 1.5cm

③ 1.9cm

④ 2.4cm

• 해설 ▶ ㉮ $\dfrac{\Delta l}{l} = \dfrac{\theta''}{\rho''}$

$$\frac{\Delta l}{4} = \frac{5° \times 60 \times 60}{206,265} = 0.349\text{m}$$

㉯ $C_h = -\dfrac{h^2}{2L} = -\dfrac{0.349^2}{2 \times 4} = 0.015\text{m}$

∴ 관측오차 = 1.5cm

56. 다음 그림과 같이 M점의 표고를 구하기 위하여 수준점(A, B, C)들로부터 고저측량을 실시하여 아래 표와 같은 결과를 얻었다. 이때 M점의 평균표고는 얼마인가? [기사 99]

측점	표고(m)	측정방향	고저차(m)
A	10.03	A→M	+2.10
B	12.60	B→M	−0.50
C	10.64	M→C	−1.45

① 12.07m
② 12.09m
③ 12.11m
④ 12.13m

해설 ㉮ 측정방향을 잘 이해하면

$$M_A = 10.03 + 2.10 = 12.13m$$
$$M_B = 12.60 - 0.50 = 12.10m$$
$$M_C = 10.64 + 1.45 = 12.09m$$

㉯ 경중률 계산

$$P_A : P_B : P_C = \frac{1}{2} : \frac{1}{4} : \frac{1}{5} = 10 : 5 : 4$$

㉰ $H_M = \dfrac{10 \times 12.13 + 5 \times 12.10 + 4 \times 12.09}{10 + 5 + 4}$

$$= 12.11m$$

57. 수준측량결과가 표와 같을 때 A와 B의 정확한 표고가 각각 75.055m, 72.993m라면 측량결과를 보정한 측점 5의 표고는? [기사 10]

측점	거리	표고	측점	거리	표고
A		75.055	4	20	73.842
1	30	75.755	5	20	74.413
2	20	74.901	6	20	73.138
3	20	75.206	B	40	72.966

① 73.396m
② 74.413m
③ 74.430m
④ 74.447m

해설 ㉮ 오차 = 72.993 − 72.966 = 0.027m

㉯ No.5의 보정량 = $\dfrac{90}{170} \times 0.027 = 0.014m$

㉰ No.5의 보정지반고 = 74.413 + 0.014

$$= 74.427m$$

58. 그림과 같이 수준측량을 실시하였다. A점의 표고는 300m이고, B와 C구간은 교호수준측량을 실시하였다면 D점의 표고는? (단, A→B=−0.567m, B→C=−0.886m, C→B=+0.866m, C→D=+0.357m)

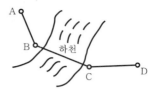

① 298.903m
② 298.914m
③ 298.921m
④ 298.928m

해설 $H_P = 300 - 0.567 - \dfrac{0.886 + 0.866}{2} + 0.357$

$$= 298.914m$$

59. 그림과 같은 폐합수준측량에서 화살표방향으로 측량하여 AB=+2.34m, BC=−1.25m, CD=+5.63m, DA=−6.70m, CA=−1.34m와 같이 고저차를 얻었다. 이 측량 중 어느 구간의 정도가 가장 낮은가?

① ABC
② ACD
③ CA
④ ABCD

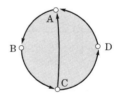

해설 각 환의 폐합차 W를 구하면

$W_I = A \to B \to C \to D \to A$

$$= 2.34 - 1.25 + 5.63 - 6.70$$
$$= 0.02m$$

$W_{II} = A \to B \to C \to A$

$$= 2.34 - 1.25 - 1.34$$
$$= -0.25m$$

$W_{III} = A \to C \to D \to A$

$$= +1.34 + 5.63 - 6.70$$
$$= 0.27m$$

II, III 구간이 폐합차가 크므로 공통으로 존재하는 CA의 구간이 정도가 가장 낮다고 볼 수 있다.

60. 그림과 같은 수준망의 관측결과 다음과 같은 폐합오차를 얻었다. 정확도가 가장 높은 구간은?

구간	총 거리(km)	폐합오차(mm)
I	20	20
II	16	18
III	12	15
IV	8	13

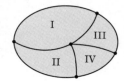

① I 구간   ② II구간
③ III구간   ④ IV구간

해설 ㉮ I 구간 : $\delta = \dfrac{20}{\sqrt{20}} = 4.47\text{mm}$

㉯ II구간 : $\delta = \dfrac{18}{\sqrt{16}} = 4.50\text{mm}$

㉰ III구간 : $\delta = \dfrac{15}{\sqrt{12}} = 4.33\text{mm}$

㉱ IV구간 : $\delta = \dfrac{13}{\sqrt{8}} = 4.60\text{mm}$

61. A, B, C, D 네 사람이 각각 거리 8km, 12.5km, 18km, 24.5km의 구간을 수준측량을 실시하여 왕복관측하여 폐합차를 7mm, 8mm, 10mm, 12mm 얻었다면 4명 중에서 가장 정확한 측량을 실시한 사람은?

[기사 11]

① A   ② B
③ C   ④ D

해설 ㉮ A : $\delta = \dfrac{7}{\sqrt{16}} = 1.75\text{mm}$

㉯ B : $\delta = \dfrac{8}{\sqrt{25}} = 1.6\text{mm}$

㉰ C : $\delta = \dfrac{10}{\sqrt{36}} = 1.67\text{mm}$

㉱ D : $\delta = \dfrac{12}{\sqrt{50}} = 1.70\text{mm}$

 ∴ B가 가장 정확하게 측량을 실시하였다.

62. 그림에서 ㉠, ㉡은 수준노선의 일부로서 다음과 같은 성과를 얻었다. B, C 간의 비고를 구하고, B, C 간의 비고의 평균제곱오차를 0.1mm까지 구하면 얼마인가?

[기사 98]

노선 번호	비고 (m)	거리 (km)	비고의 평균제곱오차 (mm)
㉠	+12.573	6.2	$2\sqrt{6.2}$
㉡	+13.794	5.0	$2\sqrt{5.0}$

① 1.221m, ±6.7mm
② 1.421m, ±5.6mm
③ 1.321m, ±7.7mm
④ 1.221m, ±7.7mm

해설 ㉮ BC 간의 비고
$\Delta H = 13.794 - 12.573 = 1.221\text{m}$

㉯ 평균제곱오차
$m = \pm\sqrt{m_1{}^2 + m_2{}^2}$
$\quad = \pm\sqrt{(2\sqrt{6.2})^2 + (2\sqrt{5})^2}$
$\quad = \pm6.67\text{mm}$

∴ 1.221m, ±6.67mm

63. 교호수준측량의 결과가 아래와 같고 A점의 표고가 10m일 때 B점의 표고는?

- 레벨 P에서 A→B 관측 표고차
  $\Delta h = -1.256\text{m}$
- 레벨 Q에서 B→A 관측 표고차
  $\Delta h = +1.238\text{m}$

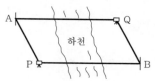

① 8.753m   ② 9.753m
③ 11.238m   ④ 11.247m

해설 $H_B = 10 - \dfrac{1.256 + 1.238}{2}$
$\quad\quad = 8.753\text{m}$

64. 삼각법을 사용한 간접수준측량에 대한 설명 중 틀린 것은 어느 것인가? [기사 94]

① 산악지대에서는 삼각법을 이용한 간접수준측량에 의해서 높이를 구하는 것이 직접수준측량에 의한 것보다도 유리하다.

② 빛의 굴절에 기인하는 오차는 대략거리의 제곱에 비례하여 크게 된다.

③ 아지랑이가 없어 목표가 잘 보이는 아침, 저녁에 연직각관측을 하면 그 굴절에서 일어나는 오차는 고려하지 않아도 좋다.

④ 연직각의 관측은 빛의 굴절로 생기는 오차를 없애기 위해 2점간 상호의 동시 관측이 바람직하다.

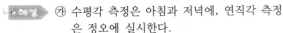 ㉮ 수평각 측정은 아침과 저녁에, 연직각 측정은 정오에 실시한다.

㉯ 산악지대에서는 전·후시의 시준거리가 크게 차이가 나며, 기계를 세우는 횟수가 증가하여 직접수준측량이 불리하다.

㉰ 기차(빛의 굴절에 의한 오차)$= -\dfrac{KD^2}{2R}$

chapter 4

각측량

1.7%

토목기사 출제빈도표

5%

토목산업기사 출제빈도표

4 | 각측량

01 각측량의 정의

각측량이라 함은 어떤 점에서 시준한 두 점 사이의 낀 각을 구하는 것을 말하며, 공간을 기준으로 할 때 **평면각, 공간각, 곡면각**으로 구분하고 면을 기준으로 할 때 수직각, 수평각으로 구분할 수 있다. 수평각 관측법에는 단각법, 배각법, 조합각관측법의 3종류가 있다.

02 트랜싯의 구조

(1) 수평축

수평축은 망원경의 중앙에서 직각으로 고정되어 지주 위에서 회전축의 구실을 하며 연직축과 수평축은 반드시 직교한다.

(2) 연직축

망원경은 연직축을 중심으로 회전한다.

(3) 분도원

트랜싯에는 연직축에 직각으로 장치된 수평각을 측정하는 수평분도원과 망원경의 수평축에 직각으로 장치된 연직각측정에 사용되는 연직분도원이 있다.

(4) 버니어(아들자, 유표)

① 순아들자 : 어미자$(n-1)$ 눈금의 길이를 아들자로 n등분하는 것이며 보통기계에 사용된다.

$$(n-1)S = nV$$

$$\therefore \quad V = \left(\frac{n-1}{n}\right)S$$

$$\therefore \quad C = S - V = S - \left(\frac{n-1}{n}\right)S = \frac{S}{n} \quad \cdots\cdots\cdots\cdots (4\cdot1)$$

여기서, S : 어미자 1눈금의 크기

　　　　V : 아들자 1눈금의 크기

　　　　n : 아들자의 등분수

　　　　C : S와 V의 차(최소눈금)

② **역아들자**(역버니어) : 역아들자는 어미자(주척)$(n+1)$ 눈금을 n 등분한 것이다.

$$(n+1)S = nV$$

$$\therefore \ V = \left(\frac{n+1}{n}\right)S$$

$$\therefore \ C = S - V = \left(1 - \frac{n+1}{n}\right)S = \frac{S}{n}$$

(5) 트랜싯의 구비조건(조정조건)

① 수평축과 시준선은 직교$(H \perp C)$

② 수평축과 연직축은 직교$(H \perp V)$

③ 연직축과 시준선은 직교$(V \perp L)$

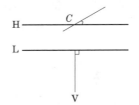

【그림 4-1】 트랜싯의 조정

(6) 자침

자북선에서 방향각을 측정하기 위한 것이다.

① **주기적 변화**

㉮ 영년변화 : 수백년을 주기로 하여 변하는 것을 말한다.

㉯ 17세기 : 동편각이 최대치

㉰ 19세기 : 서편각으로 변화

㉱ 현재 : 서편 $5 \sim 7°$ 정도

㉲ 연차 : 1년을 주기로 하여 변화하는 것$(1 \sim 10°$ 정도$)$을 말한다.

【그림 4-2】 진북 및 자북

㉳ 일차 : 1일을 주기로 하여 변화하는 것$(5 \sim 10')$을 말한다.

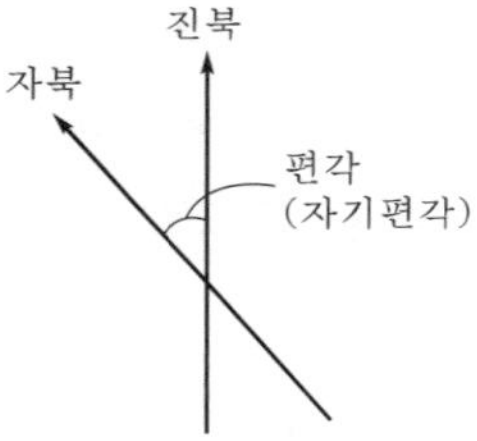

② **불규칙한 변화** : 자기폭풍$(1 \sim 2°)$으로 갑작스러운 변화를 말한다.

③ **국소인력** : 철물, 전선 등에 의해 자침을 변화시키는 힘을 말한다.

03 트랜싯의 6조정

① 제1조정(평반기포관의 조정) : 평반기포관축은 연직축에 직교해야 한다.

② 제2조정(십자종선의 조정) : 십자종선은 **수평축에 직교**해야 한다.

③ 제3조정(수평축의 조정) : 수평축은 연직축에 직교해야 한다.

④ 제4조정(십자횡선의 조정) : 십자선의 교점은 정확하게 망원경의 중심(광축)과 일치하고 십자횡선은 **수평축과 평행**해야 한다.

⑤ 제5조정(망원경 기포관의 조정) : 망원경에 장치된 **기포관축과 시준선은 평행**해야 한다.

⑥ 제6조정(연직분도원의 버니어 조정) : 시준선은 수평(기포관의 기포가 중앙)일 때 **연직분도원의 0°가 버니어의 0과 일치**해야 한다.

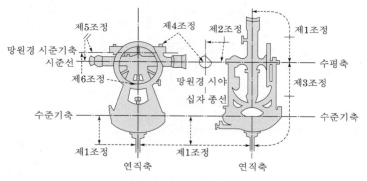

【그림 4-3】 트랜싯의 6조정

04 각관측시 주의사항

① 경사지에 기계를 세울 때에는 2개의 다리를 관측점보다 낮은 곳에 같은 높이로 설치하고 1개의 다리를 관측점보다 높게 설치한다.

② 기계를 운반할 때는 연직축을 수직으로 한다.

③ 기계는 잘 조정하여 **망원경 정, 반위 위치**에서 관측해야 한다.

▶ **수평각 관측의 조정**

① 평반기포관의 조정
② 십자종선의 조정
③ 수평축의 조정

▶ **연진각 관측의 조정**

① 십자횡선의 조정
② 망원경 기포관의 조정
③ 연직분도원의 버니어 조정

▶ **연직각의 종류**

① 고저각 : 수평선을 기준으로 목표물에 대한 시준선과 이루는 각
② 천정각 : 연직선의 위쪽을 기준으로 목표물에 대한 시준선과 이루는 각
③ 천저각 : 연직선의 아래쪽을 기준으로 목표물에 대한 시준선과 이루는 각

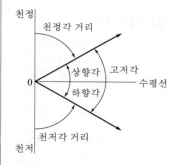

▶ **경사지에서 기계 세우기**

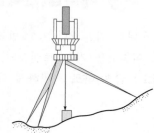

④ 시준시 폴의 하단을 시준한다.
⑤ 관측에 좋은 시간을 택해야 한다.

05 수평각측정법

① 단각법

1개의 각을 1회 관측하는 방법으로 수평각측정법 중 가장 간단하며 관측결과가 좋지 않다.

(1) 방법

결과는 (나중 읽음값-처음 읽음값)으로 구해진다.

$$\angle AOB = \alpha_n - \alpha_0$$

여기서, α_n : 나중 읽음값

α_0 : 처음 읽음값

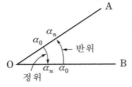

【그림 4-4】 단각법

(2) 정확도

① 1방향 부정오차

$$M = \pm \sqrt{\alpha^2 + \beta^2} \quad \text{····················(4·2)}$$

여기서, α : 시준오차

β : 읽음오차

② 단각법 부정오차

$$M = \pm \sqrt{2(\alpha^2 + \beta^2)} \quad \text{····················(4·3)}$$

② 배각법(반복법)

하나의 각을 2회 이상 반복 관측하여 누적된 값을 평균하는 방법으로 이중축을 가진 트랜싯의 연직축오차를 소거하는데 좋고 아들자의 최소눈금 이하로 정밀하게 읽을 수 있다.

(1) 방법

1개의 각을 2회 이상 관측하여 관측횟수로 나누어 구한다.

$$\angle AOB = \frac{\alpha_n - \alpha_0}{n}$$

여기서, α_n : 나중 읽음값

α_0 : 처음 읽음값

n : 관측횟수

【그림 4-5】 배각법

▶ 수평각측정의 정밀도

① 교차 : 동일 시준점의 1대회에 대한 정위 반위의 초단위 관측의 차, $(R-L)$

② 배각차 : 각 대회의 동일 시준점에 대한 배각 중 최대와 최소의 차, $(R_1 + L_1) - (R_2 + L_2)$

③ 관측차 : 각 대회의 동일 시준점에 대한 교차의 최대에서 최소를 뺀 교차의 차, $(R_1 - L_1) - (R_2 - L_2)$

여기서, R : 정위

L : 반위

(2) 정확도

① n배각의 관측에 있어서 1각에 포함되는 시준오차(m_1)

$$m_1 = \pm \sqrt{\frac{2\alpha^2}{n}} \quad \cdots\cdots\cdots\cdots\cdots\cdots\cdots\cdots\cdots \ (4\cdot4)$$

여기서, α : 시준오차

② n배각의 관측에 있어서 1각에 포함되는 읽음오차(m_2)

$$m_2 = \pm \frac{\sqrt{2\beta^2}}{n} \quad \cdots\cdots\cdots\cdots\cdots\cdots\cdots\cdots\cdots \ (4\cdot5)$$

여기서, β : 읽음오차

③ 1각에 생기는 배각법의 오차(M)

$$M = \pm \sqrt{m_1{}^2 + m_2{}^2} = \pm \sqrt{\frac{2}{n}\left(\alpha^2 + \frac{\beta^2}{n}\right)} \quad \cdots\cdots\cdots\cdots \ (4\cdot6)$$

(3) 특징

① 눈금을 계산할 수 없는 **미량값**은 계적하여 **반복횟수**로 나누면 구할 수 있다.

② 시준오차가 많이 발생한다.

③ 눈금의 부정에 의한 오차를 최소로 하기 위해 n회의 반복결과가 360°에 가까워야 한다.

④ 방향수가 많은 삼각측량과 같은 경우 적합하지 않다.

⑤ 읽음오차의 영향을 적게 받는다(방향각법에 의해).

❸ 방향각법(그림 4-6 참조)

어떤 시준방향을 기준으로 하여 각 시준방향에 이르는 각을 차례로 관측하는 방법, 배각법에 비해 시간이 절약되고 3등삼각측량에 이용된다. 1점에서 많은 각을 잴 때 이용한다.

▶ 방향각법의 기준방향을 정하는 조건

① 각 관측의 평균거리에 가까운 지점을 택한다.

② 평균표고에 가까운 지점을 택하는 것이 좋다.

③ 시준을 정확히 할 수 있는 지점을 택하는 것이 좋다.

④ 각관측법(그림 4-7 참조)

수평각 관측방법 중 가장 정확한 방법으로 1등삼각측량에 이용된다.

(1) 방법

여러 개의 방향선의 각을 차례로 방향각법으로 관측하여 얻어진 여러 개의 각을 **최소제곱법**에 의해 최확값을 결정한다.

(2) 측각 총수, 조건식 총수

① 측각 총수 $= \dfrac{1}{2}N(N-1)$ ················· (4·7)

② 조건식 총수 $= \dfrac{1}{2}(N-1)(N-2)$ ················· (4·8)

여기서, N : 방향수

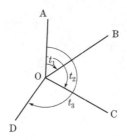

【그림 4-6】 방향각법

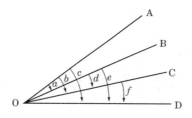

【그림 4-7】 각관측법

06 각관측시 오차 및 소거방법

각관측시 오차는 기계조정의 불완전이나 기계구조상의 결함에 의해 생기는 정오차와 관측 당시 기상상태나 관측자의 불규칙상황 등에 의해 생기는 부정오차로 구분할 수 있다.

▶ 측각오차와 측거오차의 관계(방향오차와 위치오차의 관계)

$$\frac{\Delta l}{l} = \frac{\theta''}{\rho''}$$

① 기계오차(정오차)

(1) 조정이 완전하지 않기 때문에 생긴 오차

① **연직축오차** : 연직축이 연직하지 않기 때문에 생기는 오차는 소거가 불가능하나, 시준고저차가 연직각으로 5° 이하일 때에는 큰 오차가 생기지 않는다.

② **시준축오차** : 시준선이 수평축과 직각이 아니기 때문에 생기는 오차로, 이것은 **망원경을 정위와 반위로 관측한 값의 평균**을 구하면 소거 가능하다.

③ **수평축오차** : 수평축이 수평이 아니기 때문에 생기는 오차로, **망원경을 정위와 반위로 관측한 값의 평균값**을 사용하면 소거 가능하다.

> **▶ 조정의 불완전에 의한 오차**
> ① 시준축 오차
> ② 수평축 오차
> ③ 연직축 오차

(2) 기계의 구조상의 결점에 따른 오차

① **분도원의 눈금오차** : 눈금의 간격이 균일하지 않기 때문에 생기는 오차이며, 이것을 없애려면 버니어의 0의 위치를 $\dfrac{180°}{n}$ 씩 옮겨가면서 대회관측을 하여 분도원 전체를 이용하도록 한다.

② **회전축의 편심오차**(내심오차) : 분도원의 중심 및 내외측이 일치하지 않기 때문에 생기는 오차로, A·B 두 버니어의 평균값을 취하면 소거 가능하다.

③ **시준선의 편심오차**(외심오차) : 시준선이 기계의 중심을 통과하지 않기 때문에 생기는 오차로, **망원경을 정위와 반위로 관측한 다음 평균값**을 취하면 소거 가능하다.

> **▶ 기계의 구조상 결점에 의한 오차**
> ① 분도원의 눈금오차
> ② 내심오차(회전축의 편심오차)
> ③ 외심오차(시준선의 편심오차)
>
> **▶ 대회관측**
> 망원경 정위, 반위에서 각각 1회씩 관측하는 것을 말함
> ① 2대회 : 0° 90°
> ② 3대회 : 0° 60° 120°
> ③ 4대회 : 0° 45° 90° 135°

② 부정오차(우연오차)

각관측시 부정오차가 발생하면 제거가 어려우므로 면밀한 주의를 요한다. 각관측시 주요한 부정오차로는 목표물의 시준불량, 빛의 굴절에 의한 오차, 기계진동, 관측자의 피로 등이 있다.

07 각관측의 최확값

① 각관측의 최확값

(1) 정도가 일정한 각을 관측할 경우

관측횟수를 같게 하였을 경우의 최확값은 산술평균에 의하여 구한다.

$$L_0 = \frac{[\alpha]}{n}$$ ·················· (4·9)

여기서, n : 측각횟수

$[\alpha]$: $\alpha_1 + \alpha_2 + \cdots + \alpha_n$(관측값의 총합)

(2) 관측횟수(N)를 다르게 하였을 경우

관측횟수(N)를 다르게 하였을 경우의 최확값을 구하려면 경중률(P)을 구해야 한다. 이때의 경중률은 관측횟수(N)에 비례한다.

$$P_1 : P_2 : P_3 = N_1 : N_2 : N_3$$

$$\therefore L_0 = \frac{P_1 l_1 + P_2 l_2 + P_3 l_3}{P_1 + P_2 + P_3}$$ ·················· (4·10)

② 조건부관측의 최확값

(1) 관측횟수(N)를 같게 하였을 경우

조건이 $\angle x_1 + \angle x_2 = \angle x_3$가 되어야 하므로 조건부의 최확값이다. 그림에서 $\angle x_1 + \angle x_2 = \angle x_3$가 되어야 하는데, 아닌 경우는 그 차가 각오차이다.

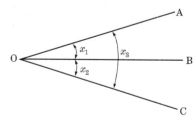

【그림 4-8】 조건부관측

$$[(x_1 + x_2) - x_3 = \omega(각오차)]$$ ·················· (4·11)

$\angle x_1 + \angle x_2 = \angle x_3$를 비교하여 큰 쪽에서 조정량($d$)만큼 빼($-$)주고 작은 쪽에는 더($+$)해 주면 된다.

$$\therefore\ 조정량(d) = \frac{\omega}{n} = \frac{\omega}{3} \quad\text{------------------------ (4·12)}$$

(2) 관측횟수(N)를 다르게 하였을 경우

조건부의 최확값에서 관측횟수를 다르게 하였을 경우의 경중률(P)
은 관측횟수(N)에 반비례$\left(\dfrac{1}{N}\right)$하므로

$$P_1 : P_2 : P_3 = \frac{1}{N_1} : \frac{1}{N_2} : \frac{1}{N_3}$$

$$\therefore\ 조정량(d) = \frac{오차}{경중률의\ 합} \times 조정할\ 각의\ 경중률 \quad\text{··· (4·13)}$$

(3) 총합에 대한 허용오차

$$E = \pm 오차\sqrt{N} \quad\text{---------------------------- (4·14)}$$

여기서, N : 각의 수

예상 및 기출문제

1. 어떤 트랜싯의 눈금판 한 눈금이 20′으로 새겨져 있고 그 유표의 40′눈금이 주척에는 13°40′으로 읽었다. 이 트랜싯의 최소눈금을 읽은 값은 다음에서 어느 것인가? [산업 91]

① 20″읽기 순독버니어
② 20″읽기 역독버니어
③ 30″읽기 순독버니어
④ 30″읽기 역독버니어

해설 ㉮ $C = \dfrac{S}{n} = \dfrac{20' \times 60''}{40} = 30''$

㉯ 주척의 눈금수 $= \dfrac{13°40'}{20'} = 41$

㉰ $(n+1)n$: 역버니어

∴ 주척 41눈금을 유표에서 40등분했으므로 이 버니어는 역버니어이다.

2. 트랜싯의 구조를 바르게 나타낸 것은? (단, V : 수직축, H : 수평축, Z : 시준선축, L : 수준기축)

① $H \perp V,\ L \perp V,\ Z \perp H$
② $H \perp L,\ Z \perp V,\ H \perp V$
③ $H // L,\ Z \perp V,\ H \perp V$
④ $L // V,\ Z \perp H,\ H \perp V$

해설 트랜싯의 조정조건

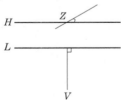

㉮ 수평축과 시준선은 직교($H \perp Z$)
㉯ 수평축과 연직축은 직교($H \perp V$)
㉰ 연직축과 시준선은 직교($V \perp L$)

3. 3대회의 방향관측법으로 수평각을 관측할 때 트랜싯 수평분도반의 위치는 어느 것인가?

① 0° 45° 90°
② 0° 60° 120°
③ 0° 90° 180°
④ 0° 180° 270°

해설 대회관측 $= \dfrac{180°}{n}$

3대회이므로 $\dfrac{180°}{3} = 60°$

∴ 수평분도반의 위치는 0° 60° 120°

㉮ 2대회 : 0° 90°
㉯ 3대회 : 0° 60° 120°
㉰ 4대회 : 0° 45° 90° 135°

4. 트랜싯을 조정하는 방법을 다음과 같이 ㉠~㉤으로 나열하였을 때 그 순서를 바르게 나타낸 것은?

㉠ 평반기포관의 조정
㉡ 지주의 조정
㉢ 십자선의 조정(종선)
㉣ 연직분도원 버니어 조정
㉤ 망원경 기포관의 조정

① ㉠ → ㉡ → ㉢ → ㉣ → ㉤
② ㉠ → ㉢ → ㉡ → ㉤ → ㉣
③ ㉡ → ㉠ → ㉤ → ㉢ → ㉣
④ ㉡ → ㉢ → ㉠ → ㉤ → ㉣

해설 ㉮ 제1조정 : 평반기포관의 조정
㉯ 제2조정 : 십자종선의 조정 — 수평각
㉰ 제3조정 : 수평축의 조정
㉱ 제4조정 : 십자횡선의 조정
㉲ 제5조정 : 망원경 기포관의 조정 — 연직각
㉳ 제6조정 : 연직분도원 버니어 조정

5. 수평각 관측법 중 트래버스 측량과 같이 한 측점에서 1개의 각을 높은 정밀도로 측정할 때 사용하며, 시준할 때의 오차를 줄일 수 있고 최소눈금 미만의 정밀한 관측값을 얻을 수 있는 것은? [기사 11]

① 단측법
② 배각법
③ 방향각법
④ 조합각 관측법

해설 배각법의 특징

㉮ 눈금을 계산할 수 없는 미량값은 계적하여 반복 횟수로 나누면 구할 수 있다.

㉯ 시준오차가 많이 발생한다.

㉰ 눈금의 부정에 의한 오차를 최소로 하기 위해 n회의 반복결과가 360°에 가까워야 한다.

㉱ 방향수가 많은 삼각측량과 같은 경우 적합하지 않다.

㉲ 방향관측법에 비해 읽기오차의 영향을 적게 받는다.

6. 시준오차 ±5″, 눈금읽기 오차 ±10″로 한 경우 측정횟수 4의 배각법관측의 오차를 구하면?

① 1.0″   ② 3.0″

③ 5.0″   ④ 7.0″

해설
$$M = \pm \sqrt{\frac{2}{n}\left(\alpha^2 + \frac{\beta^2}{n}\right)}$$
$$= \pm \sqrt{\frac{2}{4} \times \left(5^2 + \frac{10^2}{4}\right)} = \pm 5.0″$$

7. 31°46′09″인 각을 1′까지 읽을 수 있는 트랜싯 (transit)을 사용하여 6회의 배각법으로 관측하였을 때 각관측값은? (단, 기계오차 및 관측오차는 없는 것으로 한다.)   [기사 95]

① 31°46′08″   ② 31°46′09″

③ 31°46′10″   ④ 31°46′11″

해설 31°46′09″×6 = 190°36′54″이나 1′이므로 190°37′이다.

∴ 관측값 = 190°37′÷6 = 31°46′10″

8. 6회 반복으로 측정한 최초 독치 354°33′28″, 1회 독치 39°34′37″, 6회 독치 264°40′28″일 때 각도는 어느 것이 맞는가?   [산업 97]

① 39°34′37″   ② 45°01′09″

③ 45°01′10″   ④ 39°34′40″

해설 ㉮ 1회 관측치 = 360° − 354°33′28″ + 39°34′37″
= 45°01′09″

㉯ 6회 관측치 = 360° − 354°33′28″ + 264°40′28″
= 270°07′00″

∴ 관측값 = $\dfrac{270°07′00″}{6}$ = 45°01′10″

9. 다음의 각관측방법 중 배각법에 관한 설명으로 옳지 않은 것은?   [기사 98]

① 삼각측량과 같이 많은 방향이 있는 경우에 적합하다.

② 방향각법에 비하여 읽기오차의 영향을 적게 받는다.

③ 1각에 생기는 오차 $M = \pm \sqrt{\frac{2}{n}\left(\alpha^2 + \frac{\beta^2}{n}\right)}$ 이다.

④ 1개의 각을 2회 이상 반복 관측하여 관측한 각도를 모두 더하여 평균을 구하는 방법이다.

해설 배각법의 특징

㉮ 최소독치보다 작은 각을 읽을 수 있다.

㉯ 시준오차가 많이 발생한다.

㉰ 읽음오차의 영향을 적게 받는다(방향각법에 비해).

㉱ 방향수가 많은 삼각측량과 같은 경우 적합하지 않다.

10. 배각법에 의한 각관측방법에 대한 설명 중 잘못된 것은?

① 방향각법에 비해 읽기오차의 영향이 적다.

② 많은 방향이 있는 경우에는 적합하지 않다.

③ 눈금의 불량에 의한 오차를 최소로 하기 위하여 n회의 반복결과가 360°에 가깝게 해야 한다.

④ 내축과 외축의 연직선에 대한 불일치에 의한 오차가 자동소거된다.

해설 배각법으로는 내축과 외축의 연직선에 대한 불일치에 의한 오차를 소거할 수 없다.

11. 그림과 같이 각을 관측하는 방법은 다음 중 어느 것인가?   [기사 95]

① 방향관측법

② 반복관측법

③ 배각관측법

④ 각관측법

12. 한 측점에서 7개의 방향선이 구성되었을 때 방향선이 각관측법에 이용될 각의 수는?   [기사 93]

① 21개   ② 11개

③ 8개   ④ 6개

해설 각 수 = $\frac{1}{2}N(N-1) = \frac{1}{2} \times 7 \times (7-1) = 21$개

13. 다각측량에서 트랜싯의 치심오차에 관한 설명으로 옳은 것은? [기사 00]

① 트랜싯의 치심오차는 시준선이 수평분도반의 중심을 통과하지 않음으로써 발생한다.

② 트랜싯의 치심오차는 편심량의 크기에 비례한다.

③ 트랜싯의 치심오차는 도상의 측점과 지상의 측점이 동일 연직선상에 있지 않음으로써 발생한다.

④ 트랜싯의 치심오차는 정반관측으로 소거된다.

14. 결합 다각측량에서 1협각을 측정했을 때 측각오차를 ±10″라 하고, 기지삼각점에서 ±6″의 방향각오차가 있었다. 16측점이 인접했을 때 방향각의 폐합차는? [산업 91]

① ±166″   ② ±46″

③ ±20″   ④ ±52″

▶해설 $E = \pm$오차$\sqrt{n} = \pm 10\sqrt{16} = \pm 40''$

∴ 기지삼각점의 오차 ±6″를 합하면 방향각의 폐합차는 ±46″이다.

15. 버니어의 0의 위치를 $180°/n$씩 옮겨가면서 대회관측을 하여 소거되는 오차는? [산업 97]

① 회전축의 편심오차

② 분도원의 눈금오차

③ 시준선의 편심오차

④ 수평축의 오차

▶해설   ㉮ 회전축의 편심오차 : A, B버니어의 평균이다.

㉯ 분도원의 눈금오차 : 버니어 0의 위치를 $\dfrac{180°}{n}$씩 옮겨가면서 대회관측을 하여 소거한다.

㉰ 시준선의 편심오차, 수평축오차 : 망원경 정, 반위로 관측하여 평균한다.

16. 삼각형의 내각을 다른 경중률 P로써 관측하여 다음 결과를 얻었다. 각 A의 최확값은?

[결과]
- 관측값 : ∠A = 40° 31′25″, ∠B = 72° 15′36″,
  ∠C = 67° 13′23″
- 경중률 : $P_A : P_B : P_C = 0.5 : 1 : 0.2$

① 40°31′17″   ② 40°31′18″

③ 48°31′22″   ④ 40°31′25″

▶해설   각오차
$$= (40°31'25'' + 72°15'36'' + 67°13'23'') - 180°$$
$$= 24''$$

∠A의 보정량 $= \dfrac{0.5}{0.5 + 1 + 0.2} \times 24$
$$= 7'' (-보정)$$

∴ ∠A의 최확값 $= 40°31'25'' - 7''$
$$= 40°31'18''$$

17. 다음 그림과 같은 3개의 각 x_1, x_2, x_3를 같은 정도로 측정한 결과 $x_1 = 31°38'18''$, $x_2 = 33°04'31''$, $x_3 = 64°42'34''$로 나타났다. ∠AOB의 보정값은?

[산업 99]

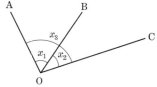

① 31°38′23″   ② 31°38′20″

③ 31°38′13″   ④ 31°38′08″

▶해설 $x_1 + x_2 = x_3$이므로

$31°38'18'' + 33°04'31'' - 64°42'34'' = 15''$이다.

여기서, $x_1 + x_2 > x_3$이므로 큰 각에는 (−)보정, 작은 각에는 (+)조정을 한다.

조정량 $= \dfrac{15}{3} = 5''$씩 보정하되 x_1, x_2에는 −5″, x_3에는 +5″ 보정한다.

∴ ∠AOB $= 31°38'18'' - 5'' = 31°38'13''$

18. A, B, C 세 반이 동일 조건에서 어떤 거리를 측정하여 다음의 결과(최확치±평균제곱오차)를 얻었다. 최확치는 어느 것인가? (단, 100.521±0.030m, 100.526±0.015m, 100.532±0.045m) [산업 94]

① 99.5256m

② 100.5256m

③ 105.5652m

④ 110.5652m

해설

㉮ $P_1 : P_2 = \dfrac{1}{m_1{}^2} : \dfrac{1}{m_2{}^2}$ 에서

$$P_1 : P_2 : P_3 = \dfrac{1}{0.03^2} : \dfrac{1}{0.015^2} : \dfrac{1}{0.045^2}$$

$$= \dfrac{1}{9} : \dfrac{1}{2.25} : \dfrac{1}{20.25}$$

$$= 0.111 : 0.444 : 0.049$$

㉯ 최확치$(L_0) = \dfrac{P_1 l_1 + P_2 l_2 + P_3 l_3}{P_1 + P_2 + P_3}$

$$= 100 + \dfrac{0.111 \times 0.521 + 0.444 \times 0.526 + 0.049 \times 0.532}{0.111 + 0.444 + 0.049}$$

$$= 100.5256 \text{m}$$

19. 서로 다른 세 사람이 같은 조건 아래에서 한 각을 한 사람은 1회 측정에서 45°20′37″로 다른 사람은 4회 측정하여 그 평균인 45°20′32″, 끝 사람은 8회 측정하여 평균으로 45°20′33″를 얻었을 때 이 각의 최확치는? [기사 96]

① 45°20′38″
② 45°20′37″
③ 45°20′33″
④ 45°20′32″

해설 $P_1 : P_2 : P_3 = N_1 : N_2 : N_3 = 1 : 4 : 8$

∴ 최확치 $= 45°20′ + \dfrac{1 \times 37″ + 4 \times 32″ + 8 \times 33″}{1 + 4 + 8}$

$$= 45°20′33″$$

20. 어느 각을 10회 측정한 결과 다음과 같다. 최확값을 구하면 얼마인가? [산업 97]

> 73°40′12″, 73°40′15″, 73°40′9″, 73°40′14″
> 73°40′10″, 73°40′18″, 73°40′18″, 73°40′13″
> 73°40′5″, 73°40′18″

① 73°40′11″
② 73°40′12″
③ 73°40′13″
④ 73°40′14″

해설 관측각 10개를 모두 더하여 평균한다.

$$L_0 = \dfrac{\Sigma L}{n} = 73°40′13.2″$$

21. A, B, C 세 사람이 동일한 트랜싯으로 하나의 각을 측정하였다. 단측법으로 측각하여 다음 표와 같은 결과를 얻었을 때 이 각의 최확치는? [기사 00]

① 156°13′10″
② 156°13′18″
③ 156°13′28.8″
④ 156°13′36.9″

관측자	관측횟수	관측결과
A	4	156°13′22″
B	6	156°13′30″
C	2	156°13′39″

해설 $P_A : P_B : P_C = N_A : N_B : N_C = 4 : 6 : 2$

∴ 최확치 $= 156°13′ + \dfrac{4 \times 22″ + 6 \times 30″ + 2 \times 39″}{4 + 6 + 2}$

$$= 156°13′28.8″$$

22. 삼각형 ABC의 각을 동일한 정확도로 관측하여 다음과 같은 결과를 얻었다. ∠C의 보정각은?

> ∠A = 41°37′44″, ∠B = 61°18′13″, ∠C = 77°03′53″

① 77°03′51″
② 77°03′53″
③ 77°03′55″
④ 77°03′57″

해설 ㉮ 오차

$$e = 180 - (41°37′44″ + 61°18′13″ + 77°03′53″)$$
$$= 10″$$

㉯ 보정량 $= \dfrac{10″}{3} = 3.3″$

㉰ ∠C의 보정각

$$∠C = 77°03′53″ + 4″ = 77°03′57″$$

23. 다음 그림과 같이 2회 관측한 ∠AOB의 크기는 21°36′28″, 3회 관측한 ∠BOC는 63°18′45″, 6회 관측한 ∠AOC는 84°54′37″일 때 ∠AOC의 최확치는 얼마인가? [기사 00]

① 84°54′31″
② 84°54′49″
③ 84°54′39″
④ 84°54′43″

해설 ∠AOB + ∠BOC − ∠AOC = 0이어야 한다.

21°36′28″ + 63°18′45″ − 84°54′37″ = 36″이므로 ∠AOB, ∠BOC에는 조정량만큼 (−)해 주고, ∠AOC는 조정량만큼 (+)해 준다.

여기서, $P_1 : P_2 : P_3 = \dfrac{1}{N_1} : \dfrac{1}{N_2} : \dfrac{1}{N_3}$

$$= \dfrac{1}{2} : \dfrac{1}{3} : \dfrac{1}{6}$$
$$= 15 : 10 : 5$$

※ 조정량 계산

㉮ $\angle AOB = \dfrac{36}{15+10+5} \times 15 = 18$

㉯ $\angle BOC = \dfrac{36}{15+10+5} \times 10 = 12$

㉰ $\angle AOC = \dfrac{36}{15+10+5} \times 5 = 6$

$\therefore$ ∠AOC의 최확값 $= 84°54'37'' + 6''$

$= 84°54'43''$

24. 그림과 같이 O점에서 같은 정확도로 각을 관측하여 오차를 계산한 결과 $x_3 - (x_1 + x_2) = +45''$의 식을 얻었을 때 관측값 x_1, x_2, x_3에 대한 보정값 V_1, V_2, V_3는 얼마인가?

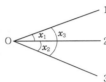

① $V_1 = -12.25''$, $V_2 = -12.25''$, $V_3 = +22.5''$

② $V_1 = -15''$, $V_2 = -15''$, $V_3 = +15''$

③ $V_1 = +12.25''$, $V_2 = +12.25''$, $V_3 = -22.5''$

④ $V_1 = +15''$, $V_2 = +15''$, $V_3 = -15''$

해설 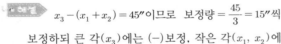 $x_3 - (x_1 + x_2) = 45''$이므로 보정량 $= \dfrac{45''}{3} = 15''$씩

보정하되 큰 각(x_3)에는 (−)보정, 작은 각(x_1, x_2)에는 (+)보정을 한다.

25. 두 개의 각 ∠AOB $= 15°32'18.9'' \pm 5''$, ∠BOC $= 67°17'45'' \pm 5''$로 표시될 때 두 각의 합 ∠AOC는 다음 중 어느 것이 가장 적절한 표현인가? [기사 95]

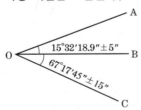

① $82°50'3.9'' \pm 5.5''$

② $82°50'3.9'' \pm 10.1''$

③ $82°50'3.9'' \pm 15.4''$

④ $82°50'3.9'' \pm 15.8''$

해설 ㉮ 오차전파법칙에 의해서

$E = \pm \sqrt{m_1{}^2 + m_2{}^2} = \pm \sqrt{5^2 + 15^2}$

$= \pm 15.81$

㉯ ∠AOC $= 15°32'18.9'' + 67°17.45''$

$= 82°50'3.9''$

$\therefore 82°50'3.9'' \pm 15.8''$

26. 다각측량에서 관측각을 $\pm 4''$, 거리를 1/10,000의 정도로 관측하였다. 두 관측값에 경중률(輕重率)을 붙인다면 각의 경중률과 거리의 무게의 비는 다음 중 어느 것인가? [산업 96]

① $1 : 0.2$

② $1 : 0.4$

③ $1 : 0.02$

④ $1 : 0.04$

해설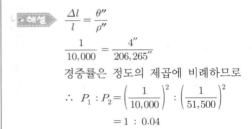

$\dfrac{\Delta l}{l} = \dfrac{\theta''}{\rho''}$

$\dfrac{1}{10,000} = \dfrac{4''}{206,265''}$

경중률은 정도의 제곱에 비례하므로

$\therefore P_1 : P_2 = \left(\dfrac{1}{10,000}\right)^2 : \left(\dfrac{1}{51,500}\right)^2$

$= 1 : 0.04$

27. 삼각점 0에서 100m 떨어진 A, B 두 점 간의 협각을 관측하고자 한다. 0점에서 설치기계의 편심을 5mm 허용한다면 협각에 생기는 최대각 오차는 얼마인가? (단, 시준하는 목표에는 편심이 없는 것으로 한다.) [기사 95]

① $10''$

② $20''$

③ $30''$

④ $40''$

해설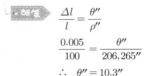

$\dfrac{\Delta l}{l} = \dfrac{\theta''}{\rho''}$

$\dfrac{0.005}{100} = \dfrac{\theta''}{206,265''}$

$\therefore \theta'' = 10.3''$

28. 트래버스측량에 있어서 다음 그림과 같은 편심관측을 했을 때 최대 오차보정량은? (단, $S_1 = S_2 = $ 100m, $e = 2$cm) [기사 96]

① $32''$

② $41''$

③ $1'22''$

④ $1'32''$

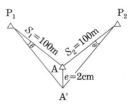

⟹ 정답   24. ④   25. ④   26. ④   27. ①   28. ③

해설
$$\frac{\Delta l}{l} = \frac{\theta''}{\rho''}$$
$$\frac{0.02}{100} = \frac{\theta''}{206,265''}$$
$$\therefore \theta'' = 41''$$
$$\therefore 2\theta = 82'' = 1'22''$$

29. 그림에서 O에 기계를 세우고 α를 측정하여 B점을 설치하려 한다. OB의 길이는 102.2m이며, 25″의 각오차가 있을 때 B점의 편위는?　　　[기사 00]

① 2.0mm　　　　　② 5.1mm
③ 11.3mm　　　　④ 12.4mm

해설
$$\frac{\Delta l}{l} = \frac{\theta''}{\rho''}$$
$$\frac{\Delta l}{102.2} = \frac{25''}{206,265''}$$
$$\therefore \Delta l = 12.4mm$$

30. 거리가 100m이고, 각도를 20″까지 읽을 때 트랜싯의 구심오차의 한계는 다음 중 얼마까지 허용되는가?　　　[산업 98]

① 2.4mm　　　　　② 4.8mm
③ 7.2mm　　　　④ 9.6mm

해설
$$\frac{\Delta l}{l} = \frac{\theta''}{2\rho''}$$
$$\frac{\Delta l}{100} = \frac{20''}{2 \times 206,265''}$$
$$\therefore \Delta l = 4.8mm$$

31. 측점 A의 트랜싯을 세우고 100m 거리에 있는 B점에 세운 폭을 시준하였다. 이때 폴이 말뚝중심에서 좌측으로 0.01m 이동되어 있었다면 측각오차는?
　　　[산업 00]

① 20.63″　　　　　② 25.25″
③ 31.63″　　　　④ 41.25″

해설
$$\frac{\Delta l}{l} = \frac{\theta''}{\rho''}$$
$$\frac{0.01}{100} = \frac{\theta''}{206,265''}$$
$$\therefore \theta'' = 20.63''$$

32. 트랜싯으로 각을 측정할 때 기계의 중심은 측점과 일치하여야 한다. 이때 0.5mm의 오차를 면하기 어렵다고 한다면 각을 20″의 정도로 측정하기 위한 변의 길이는 얼마인가?　　　[기사 98]

① 82.501m　　　　② 51.566m
③ 8.250m　　　　④ 5.157m

해설
$$\frac{\Delta l}{l} = \frac{\theta''}{\rho''}$$
$$\frac{0.0005}{l} = \frac{20''}{206,265''}$$
$$\therefore l = 5.157m$$

33. 다음과 같은 관측값을 보정한 $\angle AOC$는?

| $\angle AOB = 23°45'30''$ (1회관측) |
| $\angle BOC = 46°33'20''$ (2회관측) |
| $\angle AOC = 70°19'11''$ (4회관측) |

① 70°19′04″　　　　② 70°19′08″
③ 70°19′11″　　　　④ 70°19′18″

해설 ㉮ $\angle AOB + \angle BOC = \angle AOC$이므로
$$(23°45'30'' + 46°33'20'') - 70°19'11''$$
$$= -0°0'21''$$
㉯ 오차배부
$$\angle AOC = \frac{1}{4+2+1} \times 21 = -3''$$
$$\therefore 최확값 \ \angle AOC = 70°19'11'' - 3'' = 70°19'08''$$

chapter 5

트래버스측량

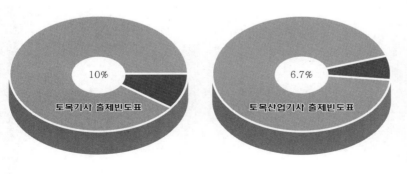

10%

토목기사 출제빈도표

6.7%

토목산업기사 출제빈도표

5 트래버스측량

01 트래버스측량의 개요

❶ 정의

기준점을 연결하여 이루어지는 다각형에 대한 변의 길이와 각을 측정하여 측점의 위치를 결정하는 측량으로서, 어느 지역을 측량하려면 삼각측량으로 결정된 삼각점을 기준으로 세부측량의 기준점을 연결할 때와 노선측량, 지적측량 등 골조측량에 이용되는 중요한 측량이다.

❷ 특징

① 국가 기본삼각점이 멀리 배치되어 있어 좁은 지역에 **세부측량의 기준이 되는 점을** 추가 설치할 경우에 편리하다.
② 복잡한 시가지나 **지형의 기복이 심하여 시준이 어려운 지역의** 측량에 적합하다. 선로(도로, 하천, 철도)와 같이 좁고 긴 곳의 측량에 적합하다.
③ 거리와 각을 관측하여 도식해법에 의하여 모든 점의 위치를 결정할 경우 편리하다.
④ **삼각측량과 같이 높은 정도를 요구하지 않는 골조측량에 이용한다.**

02 트래버스의 종류

❶ 개방트래버스

연속된 측점의 전개에 있어서 출발점과 종점 간에 아무런 관계가 없는 것으로 측량결과의 점검이 되지 않으므로, 노선측량의 답사 등의 높은 정확도를 요구하지 않는 측량에 이용되는 트래버스이다.

알·아·두·기·

▷ **트래버스측량의 순서**

계획
↓
답사
↓
선점 및 조표
↓
각관측 및 오차조정
↓
방위각, 방위계산
↓
위거·경거 계산
↓
폐합오차·폐합비 계산
↓
제도

▷ **다각측량의 필요성**
① 삼각점만으로는 소정의 세부 측량에서 기준점의 수가 부족할 때 충분한 밀도로 전개시키기 위해서 필요하다.
② 시가지나 산림 등 시준이 좋지 않아 단거리마다 기준점이 필요할 때 사용한다.
③ 면적을 정확히 파악하고자 할 때 경계측량 등에 사용한다.
④ 삼각측량에 비해서 경비가 저렴하고 정확도가 낮다.

❷ 폐합트래버스

어떤 한 측점에서 출발하여 최후에는 다시 출발점으로 돌아오는 트래버스이다. 이는 측량결과를 검토할 수 있고, 조정이 쉬우며, 비교적 정확도가 높은 측량으로 **소규모 지역의 측량**에 이용된다.

❸ 결합트래버스

어떤 **기지점**으로부터 출발하여 다른 **기지점**으로 결합시킨 것으로, 일반적으로 기지점으로는 삼각점을 이용한다. 결합트래버스는 측량의 결과가 점검될 수 있는 **정확도가 가장 높은** 트래버스로 대규모 지역의 측량에 이용된다.

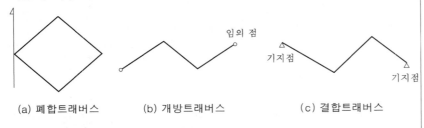

    (a) 폐합트래버스   (b) 개방트래버스   (c) 결합트래버스

【그림 5-1】 트래버스의 종류

03 트래버스측량의 수평각측정법

❶ 교각법(그림 5-2 참조)

① 서로 이웃하는 측선이 이루는 각을 교각이라 한다.
② 각 측선이 그 전측선과 이루는 각이다.
③ 내각, 외각, 우회각, 좌회각, 우측각, 좌측각이 있다.
④ 각각 독립적으로 관측하므로 오차발생시 다른 각에 영향을 주지 않는다.
⑤ 반복법에 의해서 정밀도를 높일 수 있다.
⑥ 계산이 복잡한 단점이 있다.
⑦ 우측각(−), 좌측각(+)

▶ 선점시 주의사항

① 기계를 세우거나 시준하기 좋고, 지반이 견고한 장소를 택한다.
② 후속되는 측량, 특히 세부측량에 편리한 곳을 태한다.
③ 측선거리는 가능한 한 동일하게 하고, 고저차가 크지 않게 한다.
④ 측선의 거리는 가능한 한 길게 하고, 측점수는 적게 하는 것이 좋다.
⑤ 측점은 찾기 쉽고, 안전하게 보존될 수 있는 장소로 한다.
⑥ 각 측점에 표지를 설치할 때 표지를 영구 보존하려면 석재 또는 콘크리트 등의 말뚝을 사용하며, 측량하는 기간에만 사용할 측점은 나무말뚝을 사용한다.

② 편각법(그림 5-3 참조)

① 각 측선이 전 측선의 연장선과 이루는 각을 편각이라 한다.
② 도로, 철도와 같은 노선측량에 많이 이용된다.
③ 편각의 총합은 360°이다.
④ 우편각(+), 좌편각(-)

③ 방위각법(그림 5-4 참조)

① 진북을 기준으로 우회시켜 측선과 이루는 각을 말한다.
② 한 번 오차가 생기면 끝까지 영향을 끼친다.
③ 측선을 따라 진행하면서 방위각을 관측하므로 각관측값의 계산과 제도가 편리하고 신속히 관측할 수 있다.

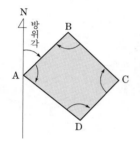
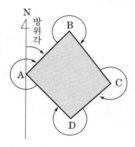

【그림 5-2】 교각법

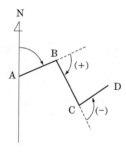

【그림 5-3】 편각법

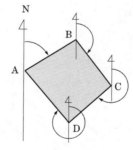

【그림 5-4】 방위각법

04 측각오차의 조정

① 폐합트래버스의 경우

(1) 내각측정시

$$E = [a] - 180°(n-2) \quad\text{······························} (5\cdot1)$$

(2) 외각측정시

$$E = [a] - 180°(n+2) \quad\text{··························} (5\cdot2)$$

(3) 편각측정시

$$E = [a] - 360° \quad\text{····························} (5\cdot3)$$

※ 폐합트래버스의 편각의 총합은 360°이다.

🔁 **각관측값의 오차 점검**

트래버스측량의 관측이 전부 완료되면 그의 측각값을 기하학적 조건과 비교하여 오차가, 허용한계 내에 있는가를 검사한다. 만일 측각값의 오차가 허용한계를 넘을 때에는 재측하여야 하고, 허용한계 내에 들 때에는 오차를 합리적으로 조정해서 기하학적 조건에 만족하도록 한다.

② 결합트래버스의 경우

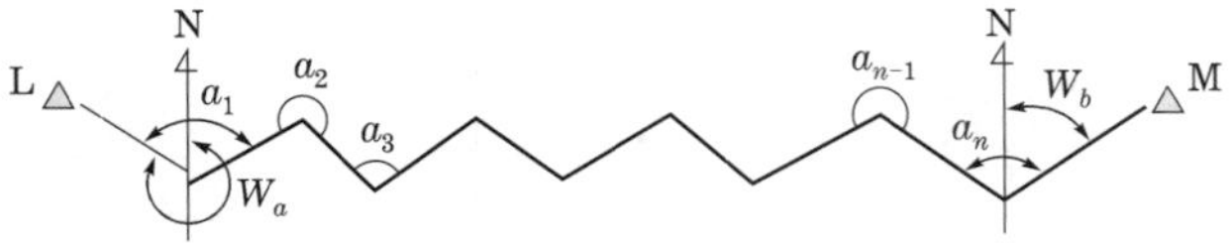

【그림 5-5】

$$E = W_a + [a] - 180°(n+1) - W_b \quad\text{·······················} (5\cdot4)$$

여기서, n : 각의 수(방위각 제외)

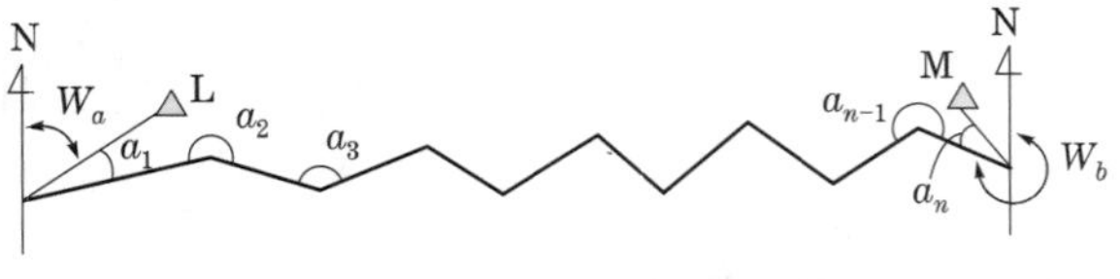

【그림 5-6】

$$E = W_a + [a] - 180°(n-3) - W_b \quad\text{·······················} (5\cdot5)$$

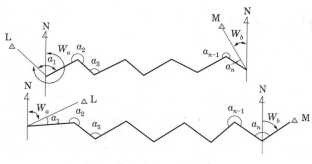

【그림 5-7】

$$E = W_a + [a] - 180°(n-1) - W_b$$ ·················· (5·6)

❸ 측각오차의 허용범위

(1) 시가지

$$0.3\sqrt{n} \sim 0.5\sqrt{n}\,[분] = 20''\sqrt{n} \sim 30''\sqrt{n}\,[초]$$ ············· (5·7)

(2) 평지

$$0.5\sqrt{n} \sim 1\sqrt{n}\,[분] = 30''\sqrt{n} \sim 60''\sqrt{n}\,[초]$$ ············· (5·8)

(3) 산지

$$1.5\sqrt{n}\,[분] = 90''\sqrt{n}\,[초]$$ ·················· (5·9)

여기서 n : 트래버스의 변의 수

❹ 오차의 처리

① 각관측의 정도가 같은 경우 오차를 각의 대소에 관계없이 **등분**
   배한다.
② 각관측의 **경중률**이 다를 경우 오차를 경중률(관측횟수)에 반비
   례하여 배분한다.
③ 변길이의 **역수**에 비례하여 배분한다.

▶ 거리의 허용오차
① 산지 임야 : 1/500~1/1,000
② 평탄지 : 1/1,000~1/2,000
③ 시가지 : 1/5,000~1/10,000

05 방위각 및 방위 계산

① 방위각계산

(1) 교각법에 의한 방위각계산

① 진행방향에서 좌측각을 측정할 경우

$$\beta = \alpha + 180° + a_2$$

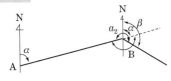

【그림 5-8】

② 진행방향에서 우측각을 측정할 경우

$$\beta = \alpha + 180° - a_2$$

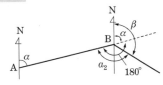

【그림 5-9】

(2) 편각법에 의한 방위각계산

일반적으로 개방 Traverse측량이나 노선측량의 예측 등에서는 편각 법이 쓰인다. 이때의 방위각계산식은 다음과 같이 한다.

어떤 측선의 방위각=하나 앞 측선의 방위각±편각

여기서, 편각은 전 측선의 연장에 대하여 우회전을(+), 좌회전을 (-)로 하여 계산한다.

② 방위계산

① 방위각이 제1상한에 속할 때는 방위각은 그대로 하고 부호는 N에서 E

즉, NαE

▶ 방위각계산
① 역방위각=방위각+180°
② 방위각이 360°를 넘으면 360°를 감(-)한다.
③ 방위각이 (-)값이 나오면 360°를 가(+)한다.

② 방위각이 제2상한에 속할 때는 180°에서 방위각을 감한 것에 부호는 S에서 E

즉, $S(180° - \alpha)E$

③ 방위각이 제3상한에 속할 때는 방위각에서 180°를 감한 것에 부호는 S에서 W

즉, $S(180° - \alpha)W$

④ 방위각의 제4상한에 속할 때는 360°에서 방위각을 감한 것에 부호는 N에서 W

즉, $N(360° - \alpha)W$

06 위거 및 경거 계산

① 위거(Latitude)

측선에서 NS선의 차이

$$L_{AB} = \overline{AB}\cos\theta \quad\cdots\cdots\cdots (5\cdot10)$$

② 경거(Departure)

측선에서 EW선의 차이

$$D_{AB} = \overline{AB}\sin\theta \quad\cdots\cdots\cdots (5\cdot11)$$

③ 위거와 경거를 알 경우 거리와 방위각 계산

① AB의 거리

$$\overline{AB} = \sqrt{(X_B - X_A)^2 + (Y_B - Y_A)^2}$$

$$\cdots\cdots\cdots (5\cdot12)$$

② AB의 방위각

$$\tan\theta = \frac{Y}{X} = \frac{Y_B - Y_A}{X_B - X_A} \quad\cdots (5\cdot13)$$

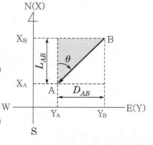

【그림 5-10】 위거와 경거

▶ 방위와 상한

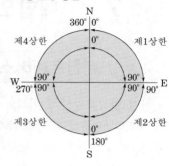

▶ 방위는 경·위거를 계산할 때 삼각함수표로부터 방위각의 sin값과 cos값을 찾을 때와 경·위거의 부호를 붙이는데 편리하다.

▶ 위거와 경거

상한	위거	경거
제1상한	+	+
제2상한	−	+
제3상한	−	−
제4상한	+	−

▶ $\tan\theta = 45°$일 경우 X, Y의 부호를 확인하여 방위각을 계산한다.

X	Y	상한
+	+	1상한
−	+	2상한
−	−	3상한
+	−	4상한

알•아•두•기•

07 | 폐합오차와 폐합비

① 폐합트래버스

어떤 다각측량에서 거리와 각을 관측하여 출발점에 돌아왔을 때 거리와 각의 오차로 위거의 대수합(ΣL)과 경거의 대수합(ΣD)이 0이 안 된다. 이때 오차를 폐합오차(E)라 한다.

(1) 폐합오차

$$E = \sqrt{(\Sigma L)^2 + (\Sigma D)^2} \quad \cdots\cdots\cdots\cdots (5 \cdot 14)$$

(2) 폐합비(정도)

$$\frac{1}{M} = \frac{폐합오차}{총 길이} = \frac{\sqrt{(\Sigma L)^2 + (\Sigma D)^2}}{\Sigma l} \quad \cdots\cdots (5 \cdot 15)$$

여기서, ΣL : 위거오차
ΣD : 경거오차

② 결합트래버스

시점 A의 좌표가 (X_A, Y_A), 종점 B의 좌표가 (X_B, Y_B)라 할 때 위 · 경거의 오차는 다음 식으로 구한다.

$$E_L = (X_A + \Sigma L) - X_B \quad \cdots\cdots\cdots\cdots\cdots (5 \cdot 16)$$
$$E_D = (Y_A + \Sigma D) - Y_B \quad \cdots\cdots\cdots\cdots\cdots (5 \cdot 17)$$

여기서, E_L : 위거의 오차
E_D : 경거의 오차
ΣL : 위거의 합
ΣD : 경거의 합

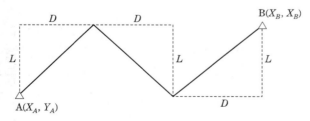

【그림 5-11】 결합트래버스의 오차

▶ 폐합오차

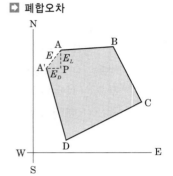

08 트래버스의 조정

① 폐합오차의 조정

폐합오차를 합리적으로 배분하여 트래버스가 폐합하도록 하는데 오차의 배분방법은 다음 두 가지가 있다.

(1) 컴퍼스법칙

각관측과 거리관측의 정밀도가 같을 때 조정하는 방법으로 각측선 길이에 비례하여 폐합오차를 배분한다.

① 위거조정량 = $\dfrac{\text{그 측선거리}}{\text{전 측선거리}} \times$ 위거오차

$\qquad\qquad = \left(\dfrac{L}{\Sigma L}\right) E_L$ ·· (5·18)

② 경거조정량 = $\dfrac{\text{그 측선거리}}{\text{전 측선거리}} \times$ 경거오차

$\qquad\qquad = \left(\dfrac{L}{\Sigma L}\right) E_D$ ·· (5·19)

> ▶ **컴퍼스법칙**
> $\dfrac{\Delta l}{l} = \dfrac{\theta''}{\rho''}$

(2) 트랜싯법칙

각관측의 정밀도가 거리관측의 정밀도보다 높을 때 조정하는 방법으로 위거, 경거의 크기에 비례하여 폐합오차를 배분한다.

① 위거조정량 = $\dfrac{\text{그 측선의 위거}}{|\text{위거 절대치의 합}|} \times$ 위거오차

$\qquad\qquad = \left(\dfrac{L}{\Sigma |L|}\right) E_L$ ··· (5·20)

② 경거조정량 = $\dfrac{\text{그 측선의 경거}}{|\text{경거 절대치의 합}|} \times$ 경거오차

$\qquad\qquad = \left(\dfrac{D}{\Sigma |D|}\right) E_D$ ··· (5·21)

> ▶ **트랜싯법칙**
> $\dfrac{\Delta l}{l} < \dfrac{\theta''}{\rho''}$

09 좌표계산

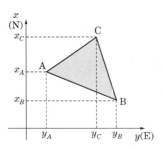

【그림 5-12】 좌표계산

(1) A점 (X_A, Y_A)를 알고 B점 (X_B, Y_B)를 구하는 방법

$$\begin{cases} X_B = X_A + \text{AB 측선의 위거} \\ Y_B = Y_A + \text{AB 측선의 경거} \end{cases} \Rightarrow \begin{cases} \text{AB 위거} = \overline{\text{AB}}\cos\theta \\ \text{AB 경거} = \overline{\text{AB}}\sin\theta \end{cases}$$

여기서, θ : AB 측선의 방위각

(2) B점 (X_B, Y_B)를 알고 C점 (X_C, Y_C)를 구하는 방법

$$\begin{cases} X_C = X_B + \text{BC 측선의 위거} \\ Y_C = Y_B + \text{BC 측선의 경거} \end{cases} \Rightarrow \begin{cases} \text{BC 위거} = \overline{\text{BC}}\cos\theta \\ \text{BC 경거} = \overline{\text{BC}}\sin\theta \end{cases}$$

여기서, θ : BC 측선의 방위각

10 면적계산

① 배횡거

면적을 계산할 때 횡거를 그대로 사용하면 분수가 생겨서 불편하므로 계산의 편리상 횡거를 2배하는데 이를 배횡거라 한다.

(1) 횡거

각 측선의 중점으로부터 자오선에 내린 수선의 길이

$$\overline{\text{NN}'} = \overline{\text{N'P}} + \overline{\text{PQ}} + \overline{\text{QN}} = \overline{\text{MM}'} + \frac{1}{2}\overline{\text{BB}'} + \frac{1}{2}\overline{\text{CC}'}$$

합위거, 합경거의 계산

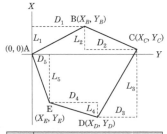

측점	합위거
A	$X_A = 0$
B	$X_B = X_A + L_1 = L_1$
C	$X_C = X_B - L_2 = L_1 - L_2$
D	$X_D = X_C - L_3$ $= L_1 - L_2 - L_3$
E	$X_E = X_D + L_4$ $= L_1 - L_2 - L_3 + L_4$
A	$X_A = X_E + L_5$ $= L_1 - L_2 - L_3 + L_4 + L_5$

측점	합경거
A	$Y_A = 0$
B	$Y_B = Y_A + D_1 = D_1$
C	$Y_C = Y_B + D_2 = D_1 + D_2$
D	$Y_D = Y_C - D_3$ $= D_1 + D_2 - D_3$
E	$Y_E = Y_D - D_4$ $= D_1 + D_2 - D_3 - D_4$
A	$Y_A = Y_E - D_5$ $= D_1 + D_2 - D_3 - D_4 - D_5$

여기서, NN′ : 측선 BC의 횡거

　　　　MM′ : 측선 AB의 횡거

　　　　BB′ : 측선 AB의 경거

　　　　CC′ : 측선 BC의 경거

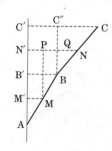

【그림 5-13】 배횡거

임의 측선의 횡거=하나 앞 측선의 횡거

$$+\frac{\text{하나 앞 측선의 경거}}{2}+\frac{\text{그 측선의 경거}}{2}$$

(2) 임의 측선의 배횡거

배횡거=하나 앞 측선의 배횡거+하나 앞 측선의 경거

　　　+그 측선의 경거 ·····························(5·22)

(3) 첫 측선의 배횡거

첫 측선의 경거와 같다.

(4) 마지막 측선의 배횡거

마지막 측선의 경거와 같다(부호만 반대).

 면적

배면적=배횡거×위거 ·······································(5·23)

$$면적=\frac{배면적}{2}$$ ·······································(5·24)

알·아·두·기·

❸ 좌표법에 의한 면적계산

$$A = \frac{1}{2}\left\{y_1(x_n - x_2) + y_2(x_1 - x_3) + y_3(x_2 - x_4) + \cdots + y_n(x_{n-1} - x_1)\right\}$$

$$= \frac{1}{2}\left\{y_n(x_{n-1} - x_{n+1})\right\} \cdots\cdots\cdots\cdots\cdots\cdots\cdots (5\cdot25)$$

또는

$$A = \frac{1}{2}\left\{x_1(y_n - y_2) + x_2(y_1 - y_3) + x_3(y_2 - y_4) + \cdots + x_n(y_{n-1} - y_1)\right\}$$

$$= \frac{1}{2}\left\{x_n(y_{n-1} - y_{n+1})\right\} \cdots\cdots\cdots\cdots\cdots\cdots\cdots (5\cdot26)$$

❹ 간편법

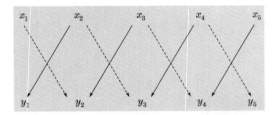

즉, 각 측점의 $X(Y)$좌표를 윗줄에, $Y(X)$좌표를 아랫줄에 순서대로 쓰고, 각 측점의 x값과 그 전후의 y값을 곱하여 합계를 구하면 배면적이 구해진다.

▶ 좌표에 의한 방법

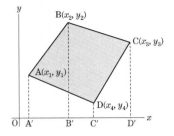

▶ 면적에는 (−)면적이 없다.

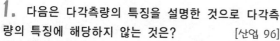

1. 다음은 다각측량의 특징을 설명한 것으로 다각측량의 특징에 해당하지 않는 것은?　　　　[산업 96]

① 복잡한 시가지나 지형의 기복이 심해 시준이 어려운 지역의 측량에 적합하다.

② 도로, 수로, 철도와 같이 폭이 좁고 긴 지역의 측량에 편리하다.

③ 국가 평면기준점 결정에 이용되는 측량이다.

④ 거리와 각을 관측하여 도식해법에 의하여 모든 점의 위치를 결정할 때 편리하다.

해설 ㉮ 국가 평면기준점 결정 : 삼각측량
㉯ 국가 높이기준점 결정 : 수준측량

2. 다각측량에 관한 설명 중에서 맞지 않는 것은 어느 것인가?　　　　[기사 95]

① 트래버스 중 가장 정밀도가 높은 것은 결합트래버스로서 오차점검이 가능하다.

② 폐합오차조정에서 각과 거리 측량의 정확도가 비슷한 경우 트랜싯법칙으로 조정하는 것이 좋다.

③ 측점에 편심이 있는 경우 편심방향이 측선에 직각일 때 가장 큰 각오차가 발생한다.

④ 폐합다각측량에서 편각을 관측하면 편각의 총합은 언제나 360°가 되어야 한다.

해설 ㉮ 컴퍼스법칙 : $\dfrac{\Delta l}{l} = \dfrac{\theta''}{\rho''}$
㉯ 트랜싯법칙 : $\dfrac{\Delta l}{l} < \dfrac{\theta''}{\rho''}$

3. 다음 그림에서 측선 CD의 방위로 옳은 것은 어느 것인가?　　　　[기사 94]

① N13°05′18″E

② N13°05′18″W

③ N8°27′13″W

④ N8°27′13″E

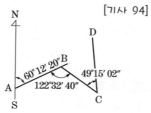

해설 ㉮ AB 방위각 = 60°12′20″
㉯ BC 방위각 = 60°12′20″+180°−122°32′40″
　　　　　　 = 117°39′40″
㉰ CD 방위각 = 117°39′40″+180°+49°15′02″
　　　　　　 = 346°54′42″
㉱ CD 방위 = N13°5′18″W

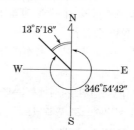

4. 측량성과표에 측점 A의 진북방향각은 0°06′17″이고, 측점 A에서 측점 B에 대한 평균방향각은 263°38′26″로 되어 있을 때 측점 A에서 측점 B에 대한 역방위각은?　　　　[기사 16]

① 83°32′09″

② 263°32′09″

③ 83°44′43″

④ 263°44′43″

해설 ㉮ AB방위각=263°38′26″−0°06′17″=263°32′9″
㉯ AB역방위각=263°32′09″+180°
　　　　　　 =443°32′09″−360°=83°32′09″

5. 다각측량의 필요성에 대한 사항 중 적당하지 않은 것은?　　　　[산업 94, 99]

① 면적을 정확히 파악하고자 할 때 경계측량 등에 이용된다.

② 지형의 기복이 심해 시준이 어려운 지역의 측량에 적합하다.

③ 좁은 지역에 세부측량의 기준이 되는 점을 추가 설치할 경우에 편리하다.

④ 정확도가 우수하여 국가 기본삼각점 설치시에 널리 이용되고 있다.

해설 국가 기본삼각점 설치는 삼각측량을 이용한다.

6. 폐합트래버스측량에서 편각을 측량했을 때 측각오차의 식은 어느 것인가? (단, n : 변수, α : 측정교각의 합) [산업 94]

① $180°(n+2)-\alpha$ ② $180°(n-2)-\alpha$

③ $90°(n+4)-\alpha$ ④ $360°-\alpha$

해설 폐합트래버스인 경우

㉮ 내각측정시 : $[a]-180°(n-2)$

㉯ 외각측정시 : $[a]-180°(n+2)$

㉰ 편각측정시 : $[a]-360°$

7. 트래버스측량의 각 관측 방법 중 방위각법에 대한 설명으로 틀린 것은? [기사 14]

① 진북을 기준으로 어느 측선까지 시계 방향으로 측정하는 방법이다.

② 험준하고 복잡한 지역에서는 적합하지 않다.

③ 각각이 독립적으로 관측되므로 오차 발생 시 각각의 오차는 이후의 측량에 영향이 없다.

④ 각 관측값의 계산과 제도가 편리하고 신속히 관측할 수 있다.

해설 각각이 독립적으로 관측되므로 오차 발생 시 다른 각에 영향을 주지않는 수평각측정법은 교각법이다.

8. 그림과 같은 트래버스에서 AL의 방위각이 29°40′15″, BM의 방위각이 320°27′12″, 내각의 총합이 1,190°47′32″일 때 측각오차는? [기사 98]

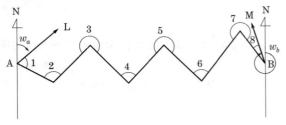

① 45″   ② 35″

③ 25″   ④ 15″

해설 $E = W_a - [a] - 180°(n-3) - W_b$

$= 29°40′15″ + 1,190°47′32″ - 180° \times (8-3)$
$\qquad - 320°27′12″$

$= 35″$

9. 트래버스측량의 선점시 유의사항 중 옳지 않은 것은? [산업 00]

① 지반이 견고하고 기계세우기, 관측이 용이한 장소일 것

② 세부측량을 할 때 각 측점을 그대로 사용하기 편리할 것

③ 측점은 기준점으로도 사용될 수 있으므로 수준측량을 감안하여 선점할 것

④ 측점 간의 거리는 될 수 있는 한 짧은 것이 좋음

해설 측점 간의 거리는 가능한 한 길게 하고 측점수는 적게 한다.

10. 다음은 트래버스측량에서 발생되는 폐합오차를 조정하는 방법 중의 하나인 컴퍼스법칙(Compass rule)을 설명한 것이다. 옳은 것은? [산업 99]

① 트래버스 내각의 크기에 비례하여 배분한다.

② 트래버스 외각의 크기에 비례하여 배분한다.

③ 변장의 크기에 비례하여 배분한다.

④ 위거, 경거의 폐합오차를 각 변의 변장에 비례하여 배분한다.

해설 ㉮ 컴퍼스법칙 : 각관측과 거리관측의 정밀도가 같을 때 조정하는 방법으로 각 측선의 길이에 비례하여 폐합오차를 분배한다.

㉯ 트랜싯법칙 : 각관측의 정밀도가 거리관측의 정밀도보다 높을 때 조정하는 방법으로 위거, 경거의 크기에 비례하여 폐합오차를 분배한다.

11. 다음 중 AB측선의 방위각이 50°30′이고 그림과 같이 편각 관측하였을 때 CD측선의 방위각은? [산업 99]

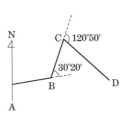

① 125°00′   ② 131°00′

③ 141°00′   ④ 150°00′

• 해설 ▶ ㉮ AB 방위각=50°30′
㉯ BC 방위각=50°30′−30°20′
　　　　　=20°10′
㉰ CD 방위각=20°10′+120°50′
　　　　　=141°00′

12. 그림과 같은 결합트래버스에서 측점 2의 조정량은 얼마인가?

[기사 97]

측점	측각	평균방위각
A	68°26′54″	$\alpha_A=325°14′16″$
1	239°58′42″	
2	149°49′18″	
3	269°30′15″	
B	118°30′15″	$\alpha_B=91°35′46″$
계	846°21′45″	

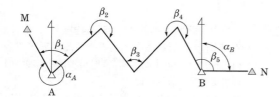

① −2″　　　　　② −3″
③ −5″　　　　　④ −15″

• 해설 ▶
$E=\alpha_A+[a]-180°(n+1)-\alpha_B$
$=325°14′16″+846°21′45″-180°\times(5+1)$
$-91°35′46″=15″$

여기서, 측각오차가 +15″이므로 (−)보정한다.
보정량 = 15/5 = −3″씩 보정한다.
∴ 측점 2의 조정량=−3″

13. 다음의 다각측량에서 $\overline{EF}$ 측선의 방위각은 어느 것인가?

[산업 96]

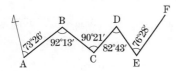

① 65°19′　　　　　② 81°55′
③ 245°19　　　　　④ 261°55′

• 해설 ▶ ㉮ AB 방위각=73°26′
㉯ BC 방위각=73°26′+180°−92°13′
　　　　　=161°13′
㉰ CD 방위각=161°13′−180°+90°21′
　　　　　=71°34′
㉱ DE 방위각=71°34′+180°−82°43′
　　　　　=168°51′
㉲ EF 방위각=168°51′−180°+76°28′
　　　　　=65°19′

14. 다음 그림에서 DE의 방위각은? (단, ∠A=48°50′40″, ∠B=43°30′30″, ∠C=46°50′00″, ∠D=60°12′45″)

① 139°11′10″
② 96°31′10″
③ 92°21′10″
④ 105°43′55″

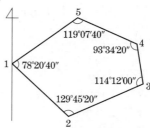

• 해설 ▶ ㉮ AB측선의 방위각=48°50′40″
㉯ BC측선의 방위각=48°50′40″+43°30′30″
　　　　　=92°21′10″
㉰ CD측선의 방위각=92°21′10″−46°50′00″
　　　　　=45°31′10″
㉱ DE측선의 방위각=45°31′10″+60°12′45″
　　　　　=105°43′55″

15. 그림과 같은 폐합트래버스의 측량결과로 측선 3-4의 방위각을 구한 값은? (단, 측선 1-2의 방위각은 135°30′00″)

[기사 99]

① 18°27′40″　　　　　② 19°25′30″
③ 18°30′40″　　　　　④ 19°27′20″

• 해설 ▶ ㉮ $\overline{12}$ 방위각 = 135°30′
㉯ $\overline{23}$ 방위각 = 135°30′−180°+129°45′20″
　　　　　= 85°15′20″

㉺ $\overline{34}$ 방위각 = $85°15'20'' + 180° + 114°12'$
　　　　　 = $379°27'20'' - 360°$
　　　　　 = $19°27'20''$

16. 측선길이가 100m, 방위각이 240°일 때 위거와 경거는?

① 위거 : 80.6m, 경거 : 50.0m
② 위거 : 50.0m, 경거 : 86.6m
③ 위거 : −86.6m, 경거 : −50.0m
④ 위거 : −50.0m, 경거 : −86.6m

 위거 = $l\cos\theta = 100 \times \cos240° = -50.0$m
　　　 경거 = $l\sin\theta = 100 \times \sin240° = -86.6$m

17. 측선의 길이가 100m이고 경거의 부호가 (−), 위거의 값이 −50m일 때 이 측선의 방위각은 얼마인가?　　　　　　　　　　　　　　　　[기사 99]

① 185°　　　　　　② 240°
③ 60°　　　　　　　④ 210°

 ㉮ 경거의 부호 (−), 위거의 부호 (−)이므로 방위각은 3상한에 존재한다.
　　　㉯ 위거 = 거리 × $\cos\theta$
　　　　　 $-50 = 100 \times \cos\theta$
　　　　　 ∴ $\theta = 240°$

18. 어떤 다각형 전 측선의 길이가 900m일 때 폐합비를 1/9,000로 하기 위해서는 축척 1/500의 도면에서 폐합오차는 얼마까지 허용되는가?　　[산업 98]

① 0.2mm　　　　　　② 0.3mm
③ 0.4mm　　　　　　④ 0.5mm

 ㉮ $\dfrac{1}{m} = \dfrac{\Delta l}{l}$
　　　　$\dfrac{1}{9,000} = \dfrac{x}{900}$
　　　　∴ $x = 0.1$m
　　　㉯ $\dfrac{1}{m} = \dfrac{도상거리}{실제 거리}$
　　　　$\dfrac{1}{500} = \dfrac{x}{0.1}$
　　　　∴ $x = 0.2$mm

19. 트래버스측량의 오차 조정으로 컴퍼스법칙을 사용하는 경우로 옳은 것은?

① 각관측과 거리관측의 정밀도가 거의 같을 경우
② 각관측의 정밀도가 거리관측의 정밀도보다 좋은 경우
③ 거리관측의 정밀도가 각관측의 정밀도보다 좋은 경우
④ 각관측과 거리관측의 정밀도가 현저하게 나쁜 경우

 ㉮ 컴퍼스법칙 : 각관측과 거리관측의 정밀도가 거의 같은 경우에 사용
　　　㉯ 트랜싯법칙 : 각관측의 정밀도가 거리관측의 정밀도보다 좋은 경우에 사용

20. 다각측량의 폐합오차 조정방법 중 트랜싯법칙에 대한 설명으로 옳은 것은?

① 각과 거리의 정밀도가 비슷할 때 실시하는 방법이다.
② 각 측선의 길이에 비례하여 폐합오차를 배분한다.
③ 각 측선의 길이에 반비례하여 폐합오차를 배분한다.
④ 거리보다는 각의 정밀도가 높을 때 활용하는 방법이다.

 다각측량에서 폐합오차 조정방법
　　　㉮ 컴퍼스법칙 : 각관측과 거리관측의 정밀도가 같을 때 조정하는 방법으로 각 측선 길이에 비례하여 폐합오차를 배분한다.
　　　㉯ 트랜싯법칙 : 각관측의 정밀도가 거리관측의 정밀도보다 높을 때 조정하는 방법으로 위거, 경거의 크기에 비례하여 폐합오차를 배분한다.

21. 한 점 A에서 다각측량을 실시하여 A점에 돌아왔더니 위거오차 30cm, 경거오차 40cm였다. 다각측량의 전 길이가 500m일 때 이 다각형의 폐차(閉差) 및 정도(程度)는?　　　　　　[기사 98]

① 폐차 5m, 정도 1/100
② 폐차 0.5m, 정도 1/1,000
③ 폐차 0.05m, 정도 1/1,000
④ 폐차 0.5m, 정도 1/100

 ㉮ 폐합오차 = $\sqrt{위거오차^2 + 경거오차^2}$
　　　　　　　= $\sqrt{0.3^2 + 0.4^2}$
　　　　　　　= 0.5m
　　　㉯ 폐비(정도) = $\dfrac{E}{\Sigma l} = \dfrac{0.5}{500} = \dfrac{1}{1,000}$

22. 어떤 폐합트래버스 관측을 각과 거리관측의 정밀도를 동일하게 설치하여 다음의 결과를 얻었다. 이때 방위각이 60°, 측선의 길이가 200m인 측선의 위거에 대한 조정량은? [산업 95]

┤ 결과 ├

$\Sigma S = 3,000$m	$\Sigma L = 15$mm
$\|\Sigma D\| = 2,000$m	$\Sigma D = 30$mm

① 0.75mm ② −0.75mm
③ −1mm ④ 1mm

해설 컴퍼스법칙을 이용하면

$$위거조정량 = \frac{그\ 측선길이}{총\ 길이} \times 위거오차$$

$$= \frac{200}{3,000} \times 0.015 = -0.001\text{m}$$

※ 위거오차가 +이므로 −보정한다.

23. 한 측선의 자오선(종축)과 이루는 각이 60°00′이고, 계산된 측선의 위거가 −60m이며, 경거가 −103.92m일 때, 이 측선의 방위와 길이를 구한 값은? [기사 95]

① 방위 : S60°00′E, 길이 : 130m
② 방위 : N60°00′E, 길이 : 130m
③ 방위 : N60°00′W, 길이 : 120m
④ 방위 : S60°00′W, 길이 : 120m

해설

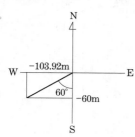

㉮ 방위 : S 60° W
㉯ $-60 = 거리 \times \cos 240°$
∴ 거리$(l) = 120$m
※ 위거의 부호$(-)$
경거의 부호$(-)$ ｝이므로 3상한이다.

24. 측선길이가 85.62m이고 방위각이 242°42′57″일 때 측선의 위거는? [산업 00]

① −39.249m ② 39.249m
③ −76.094m ④ 76.094m

해설 $위거 = L\cos\theta$
$= 85.62 \times \cos 242°42′57″$
$= -39.249\text{m}$

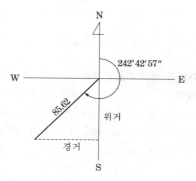

25. 시발점의 좌표($X_0 = 600.00$m, $Y_0 = 500.00$m), 결합점의 좌표($X_n = 1,250.70$m, $Y_n = 1,015.15$m)인 결합트래버스에서 위거의 대수화는 650.50m, 경거의 대수화는 515.00m일 때 위거와 경거의 오차는 얼마인가? [기사 99]

① 위거오차 = −0.20m, 경거오차 = +0.15m
② 위거오차 = +0.20m, 경거오차 = +0.15m
③ 위거오차 = −0.20m, 경거오차 = −0.15m
④ 위거오차 = +0.20m, 경거오차 = −0.15m

해설 ㉮ 위거오차 $= X_0 + \Sigma L = X_n$
$= 600 + 650.50 - 1,250.70 = -0.2\text{m}$
㉯ 경거오차 $= Y_o + \Sigma D = Y_n$
$= 500 + 515 - 1,015.15 = -0.15\text{m}$

26. A 및 B점의 좌표가 $X_A = 45.8$m, $Y_A = 130.6$m, $X_B = 121.5$m, $Y_B = 201.8$m이다. 그런데 A에서 B까지 결합다각측량을 하여 계산해 본 결과 합위거가 +76.0m, 합경거가 +70.9m이었다면 이 측량의 폐합차는? [산업 97]

① 0.30m ② 0.42m
③ 0.36m ④ 0.48m

해설 ㉮ 위거오차 $= X_A + \Sigma L = X_B$
$= 45.8 + 76 - 121.5 = 0.3\text{m}$
㉯ 경거오차 $= Y_A + \Sigma D = Y_B$
$= 130.6 + 70.9 - 201.8 = -0.3\text{m}$
㉲ 폐합오차$(E) = \sqrt{위거오차^2 + 경거오차^2}$
$= \sqrt{0.3^2 + (-0.3)^2} = 0.424\text{m}$

27. 트래버스측량에서 한 측점의 오차가 ±10″일 때 30개의 측점에 대한 각의 폐합오차는? [기사 00]

① ±15″　　　　　　② ±55″

③ ±70″　　　　　　④ ±30″

▸ 해설　$E = \pm$ 오차 $\sqrt{N} = \pm 10\sqrt{30} = \pm 55''$

28. 거리와 방위각으로부터 새로운 측점의 X좌표 및 Y좌표를 $X = S\cos\alpha$, $Y = S\sin\alpha$로 구할 때 거리 S에는 오차가 없고, 방위각 α에 +5″의 오차가 있었다면 X와 Y에는 어느 정도의 오차가 생기겠는가? (단, $S = 2,000$m, $\alpha = 45°$) [기사 99]

① $\Delta x = +0.0134$m, $\Delta y = +0.0134$m

② $\Delta x = +0.0233$m, $\Delta y = +0.0233$m

③ $\Delta x = +0.0334$m, $\Delta y = +0.0334$m

④ $\Delta x = +0.0343$m, $\Delta y = +0.0343$m

▸ 해설　$X = S\cos\alpha = 2,000 \times \cos 45° = 1,414.2136$m

　　　　$Y = S\sin\alpha = 2,000 \times \sin 45° = 1,414.2136$m

　　　　방위각에 +5″ 오차를 적용하면

　　　　$X = 2,000 \times \cos 45°00'05'' = 1,414.1793$m

　　　　$Y = 2,000 \times \sin 45°00'05'' = 1,414.2478$m

　　　　$\therefore \Delta x = 1,414.1793 - 1,414.2136 = 0.0343$m

　　　　　　$\Delta y = 1,414.2478 - 1,414.2136 = 0.0343$m

29. 터널의 시점 A와 종점 B 사이를 다각측량하여 다음과 같은 좌표를 얻었다. 터널의 시점과 종점 사이의 직선거리는? [산업 99]

> • A점의 좌표($X = 400$m, $Y = 600$m)
> • B점의 좌표($X = 100$m, $Y = 200$m)

① 300m　　　　　　② 400m

③ 500m　　　　　　④ 600m

▸ 해설

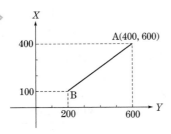

$$\overline{AB} = \sqrt{(X_B - X_A)^2 + (Y_B - Y_A)^2}$$
$$= \sqrt{(100-400)^2 + (200-600)^2} = 500\text{m}$$

30. 평면직각좌표에서 A점의 좌표 $x_A = 123.543$m, $y_A = -26.654$m이고 B점의 좌표 $x_B = 32.271$m, $y_B = 221.268$m이라면 측선 AB의 방위각은?

① 20°12′40″　　　　② 69°47′20″

③ 110°12′40″　　　　④ 249°47′20″

▸ 해설

$$\overline{AB}\ 방위각(\theta) = \tan^{-1}\left(\frac{Y_B - Y_A}{X_B - X_A}\right)$$
$$= \tan^{-1}\left(\frac{221.268 - (-26.654)}{32.271 - 123.543}\right)$$
$$= 69°47'20''(2상한)$$
$$\therefore \overline{AB}\ 방위각(\theta) = 180° - 69°47'20''$$
$$= 110°12'40''$$

31. A점 좌표($X_A = 212.32$m, $Y_A = 113.33$m), B점 좌표($X_B = 313.38$m, $Y_B = 12.27$m), AP 방위각 $T_{AP} = 80°$일 때 $\angle PAB(=\theta)$의 값은? [산업 99]

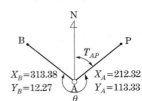

① 235°　　　　　　② 325°

③ 135°　　　　　　④ 115°

▸ 해설　$AB\ 방위각 = \tan^{-1}\left(\frac{Y_B - Y_A}{X_B - X_A}\right)$

$$= \tan^{-1}\left(\frac{12.27 - 113.33}{313.38 - 212.32}\right) = 45°$$

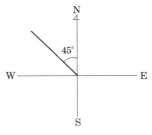

$\therefore AB\ 방위각 = 360° - 45° = 315°$

$\therefore \angle PAB = AB\ 방위각 - T_{AP}$
$$= 315° - 80° = 235°$$

32. 다음 트래버스(Traverse)측량 결과에서 결측된 BC의 거리를 구한 값은? (단, 오차가 없는 것으로 한다.)

[산업 11]

측선	위거(m)		경거(m)	
	+	−	+	−
AB	65.4		83.8	
BC				
CD		50.3		40.5
DA	33.9			62.1

① 26.68m   ② 35.58m

③ 43.38m   ④ 52.48m

해설

측선	위거(m)		경거(m)		합위거	합경거	측점
	+	−	+	−			
AB	65.4		83.8		0	0	A
BC		49	18.8		65.4	83.8	B
CD		50.3		40.5	16.4	102.6	C
DA	33.9			62.1	−33.9	62.1	D

위의 표로 알 수 있듯이 폐합트래버스이다.

위거의 총합이 0이 되어야 하고, 경거의 총합도 0이 되어야 한다.

$\therefore$ BC 측선의 위거$=-49\text{m}$

    BC 측선의 경거$=18.8\text{m}$

표에서 $\overline{BC} = \sqrt{(X_C - X_B)^2 + (Y_C - Y_B)^2}$

$\qquad\qquad = \sqrt{(16.4-65.4)^2 + (102.6-83.8)^2}$

$\qquad\qquad = 52.48\text{m}$

33. 트래버스측점 A의 좌표 X, Y가 (200, 200)이고, AB측선의 길이가 100m일 때 B점의 좌표는? (단, AB측선의 방위각은 195°이다.)

[기사 98]

① $(-96.6, -25.9)$

② $(-174.1, 103.4)$

③ $(103.4, 174.1)$

④ $(-25.9, 96.6)$

해설

$X_B = X_A + 거리 \times \cos\theta$

$\qquad = 200 + 100 \times \cos 195°$

$\qquad = 103.4\text{m}$

$Y_B = Y_A + 거리 \times \cos\theta$

$\qquad = 200 + 100 \times \sin 195°$

$\qquad = 174.1\text{m}$

34. 다음 표의 결과치를 이용하여 면적을 구하면 얼마인가?

[산업 00]

(단위 : m)

측선	위거	경거	배횡거
1−2	−56.23	+46.25	46.25
2−3	+86.49	−29.47	63.03
3−4	+49.24	−46.29	−12.73
4−5	+114.25	+86.32	27.30
5−1	−193.75	−56.81	56.81
계	0	0	

① $2,345.5\text{m}^2$ ② $2,519.2\text{m}^2$

③ $2,831.9\text{m}^2$ ④ $2,932.4\text{m}^2$

해설

측선	위거	경거	배횡거	배면적
1−2	−56.23	+46.25	46.25	−2,600.6
2−3	+86.49	−29.47	63.03	5,451.5
3−4	+49.24	−46.29	−12.73	−626.8
4−5	+114.25	+86.32	27.30	3,119.0
5−1	−193.75	−56.81	56.81	−11,006.9

㉮ 배면적=배횡거×위거

㉯ 면적=배면적/2

㉰ $2A = 5,663.2\text{m}^2$

$\therefore A = 2,831.6\text{m}^2$

35. 삼각측량에서 B점의 좌표 $X_B = 50,000\text{m}$, $Y_B = 200,000\text{m}$, BC의 길이는 25.478315m, BC의 방위각은 77°11′55.87″일 때 C점의 좌표는?

[산업 99]

① $X_C = 26.1650\text{m}$, $Y_C = 205.6452\text{m}$

② $X_C = 55.6450\text{m}$, $Y_C = 224.8450\text{m}$

③ $X_C = 74.1650\text{m}$, $Y_C = 194.3548\text{m}$

④ $X_C = 74.8450\text{m}$, $Y_C = 205.6450\text{m}$

해설

$X_C = X_B + 거리 \times \cos\theta$

$\qquad = 50 + 25.478 \times \cos 77°11′55.87″ = 55.645\text{m}$

$Y_C = Y_B + 거리 \times \sin\theta$

$\qquad = 200 + 25.478 \times \sin 77°11′55.87″ = 224.845\text{m}$

36. 다각측량을 하여 다음과 같은 성과표를 얻었을 때 다각형의 면적을 구한 값은? (단, 좌표의 원점은 (0, 0)이다.) [기사 96]

(단위 : m)

측점	합위거	합경거
A	0	0
B	23.29	38.82
C	−31.05	15.53

① 693.2m^2 ② 783.5m^2
③ 1,386.3m^2 ④ 1,567.1m^2

해설

측점	합위거	합경거	$(x_{n-1} - x_{n+1})y$
A	0	0	$(-31.05 - 23.29) \times 0 = 0$
B	23.29	38.82	$0 - (-31.05) \times 38.82 = 1,205.4$
C	−31.05	15.53	$(23.29 - 0) \times 15.53 = 361.7$

$\Sigma = 2A = 1,567.1\text{m}^2$

$\therefore A = 783.5\text{m}^2$

37. 사각형 ABCD의 각 꼭짓점의 좌표는 다음 그림과 같다. 사각형 ABCD의 면적은? [기사 97]

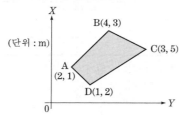

① 4.5m^2 ② 5.0m^2
③ 5.5m^2 ④ 4.0m^2

해설

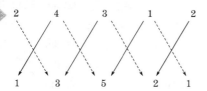

⑦ $\Sigma \searrow = (6 + 20 + 6 + 1) = 33$
⑭ $\Sigma \swarrow = (4 + 9 + 5 + 4) = 22$

$\Sigma \searrow - \Sigma \swarrow = 2A$

$33 - 22 = 11\text{m}^2 (= 2A)$

$\therefore A = 5.5\text{m}^2$

38. P점의 좌표가 $X_P = -1,000\text{m}$, $Y_P = 2,000\text{m}$이고 PQ의 거리는 1,500m, PQ의 방위각이 120°일 때 Q점의 좌표는? [산업 98]

① $X_Q = -1,750\text{m}$, $Y_Q = +3,299\text{m}$
② $X_Q = +1,750\text{m}$, $Y_Q = +3,299\text{m}$
③ $X_Q = +1,750\text{m}$, $Y_Q = -3,299\text{m}$
④ $X_Q = -1,750\text{m}$, $Y_Q = -3,299\text{m}$

해설

⑦ $X_Q = X_P + 거리 \times \cos\theta$
$= -1,000 + 1,500 \times \cos 120°$
$= -1,750\text{m}$

⑭ $Y_Q = Y_P + 거리 \times \sin\theta$
$= 2,000 + 1,500 \times \sin 120°$
$= 3,299\text{m}$

39. 그림과 같이 B점의 좌표를 구하기 위하여 기지점 A로부터 방향각 T와 거리 S를 측량하였다. B점의 좌표는? (단, A점의 좌표(100, 200), 방향각 T는 58°30′00″, 거리 S는 200m이고 좌표의 단위는 m이다.)

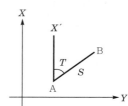

① (104.5, 170.5)   ② (170.5, 104.5)
③ (370.5, 204.5)   ④ (204.5, 370.5)

해설

$X_B = X_A + S\cos T$
$= 100 + 200 \times \cos 58°30′ = 204.5\text{m}$
$Y_B = Y_A + S\sin T$
$= 200 + 200 \times \cos 58°30′ = 370.5\text{m}$

40. 방위각과 측선거리가 그림과 같을 때 AD 간의 거리는? [기사 95]

① 35.80m
② 36.00m
③ 36.20m
④ 36.40m

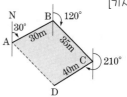

위거＝거리×$\cos \alpha$

경거＝거리×$\sin \alpha$

∴ $\overline{AD}$ 의 거리 ＝ $\sqrt{26.16^2 + (-25.31)^2}$

＝36.40m

측선	위거	경거
A－B	25.98	15
B－C	－17.50	30.31
C－D	－34.64	－20
D－A	26.16	－25.31
	0	0

41. 그림과 같은 삼각형의 정점 A, B, C의 좌표가 A(50, 20), B(20, 50), C(70, 70)일 때 정점 A를 지나며 △ABC의 넓이를 3 : 2로 분할하는 P점의 좌표는? (단, 좌표의 단위는 m이다.) [산업 12]

① (40, 58)

② (50, 62)

③ (50, 63)

④ (50, 65)

 ㉮ △ABC 면적

측점	X	Y	$(X_{i-1} - X_{i+1})Y_i$
A	50	20	$(70-20) \times 20 = 1,000$
B	20	50	$(50-70) \times 50 = -1,000$
C	70	70	$(20-50) \times 70 = -2,100$

$\Sigma = -2,100 (= 2A)$

∴ $A = -1,050\text{m}^2$

㉯ △ABD

측점	X	Y	$(X_{i-1} - X_{i+1})Y_i$
A	50	20	$(x-20) \times 20 = 20x - 400$
B	20	50	$(50-x) \times 50 = 2,500 - 50x$
D	x	y	$(20-50)y = -30y$

$-30x - 30y + 2,100 = -840$

∴ $30x + 30y = 2,940$ ·················· ㉠

㉰ △ADC

측점	X	Y	$(X_{i-1} - X_{i+1})Y_i$
A	50	20	$(70-x) \times 20 = 1,400 - 20x$
D	x	y	$(50-70)y = -20y$
C	70	70	$(x-50) \times 70 = 70x - 3,500$

$50x - 20y - 2,100 = -1,260$

∴ $50x - 20y = 840$ ·················· ㉡

㉠과 ㉡을 연립하여 풀면 $x = 40$, $y = 58$

42. 폐합트래버스의 경ㆍ위거계산에서 CD측선의 배횡거는? [기사 10]

(단위 : m)

측선	위거	경거	배횡거
AB	＋65.39	＋83.57	
BC	－34.57	＋19.68	
CD	－65.43	－40.60	?
DA	＋34.61	－62.65	

① 62.65m

② 103.25m

③ 125.30m

④ 165.90m

측선	위거	경거	배횡거
AB	＋65.39	＋83.57	83.57
BC	－34.57	＋19.68	$83.57 + 83.57 + 19.68$ $= 186.82$
CD	－65.43	－40.60	$186.82 + 19.68 - 40.60$ $= 165.9$
DA	＋34.61	－62.65	

43. 어떤 측선의 배횡거를 구하는 방법으로 옳은 것은? [산업 14]

① 전 측선의 배횡거＋전 측선의 경거＋그 측선의 경거

② 전 측선의 횡거＋전 측선의 경거＋그 측선의 횡거

③ 전 측선의 횡거＋전 측선의 경거＋그 측선의 경거

④ 전 측선의 배횡거＋전 측선의 경거＋그 측선의 횡거

 임의의 측선의 배횡거

＝전 측선의 배횡거＋전 측선의 경거

＋그 측선의 경거

MEMO

chapter 6

삼각측량

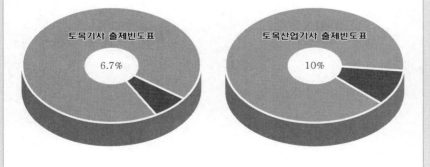

토목기사 출제빈도표

6.7%

토목산업기사 출제빈도표

10%

6 삼각측량

01 삼각측량의 개요

알·아·두·기·

① 정의

삼각측량은 다각측량, 지형측량, 지적측량 등 각종 측량에 골격이 되는 기준점인 삼각점의 위치를 삼각법의 이론을 이용하여 정밀하게 결정하기 위하여 실시하는 측량으로 높은 정확도를 기대할 수 있다.

□ 국가 기본삼각점의 성과를 이용하는 이유

① 측량성과의 기준 통일
② 정확도 확보
③ 측량 경비 절감

(1) 대삼각측량

삼각점의 위도, 경도 및 높이를 구하여 지구상의 지리적 위치를 결정하는 동시에 나아가서는 지구의 크기 및 형상까지도 결정하는 것으로, 규모도 크고 계산할 때 지구의 곡률을 고려하여 정확한 결과를 구하려는 것이다.

(2) 소삼각측량

지구의 표면을 평면으로 간주하고 실시하는 측량이며, 취급할 수 있는 범위의 예를 들면 100만분의 1의 정밀도를 바라는 경우에는 반지름 11km 범위를 평면으로 간주하고 실시하는 삼각측량이다.

② 삼각측량의 원리

sin법칙을 적용하면

$$\frac{a}{\sin\alpha}=\frac{b}{\sin\beta}=\frac{c}{\sin\gamma}$$

$$b=\frac{a\sin\beta}{\sin\alpha} \quad\cdots\cdots\cdots\cdots\cdots\cdots (6\cdot1)$$

□ 삼각측량의 원리

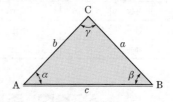

(1) 양변에 log를 취하면

$$\log b = \log a + \log\sin\beta - \log\sin\alpha$$
$$= \log a + \log\sin\beta + \text{colog}\sin\alpha \quad\cdots\cdots\cdots\cdots (6\cdot2)$$

❸ 삼각측량의 특징

① 삼각측량은 삼각점 간의 거리를 비교적 길게 취할 수 있고, 또, 한 점의 위치를 정밀하게 결정할 수 있으므로 **넓은 지역에 동일한 정확도로 기준점을 배치하는 것이 편리하다.** 우리나라의 1등 삼각측량은 평균변의 길이가 30km 정도이다.
② 삼각측량은 넓은 **지역의 측량에 적합하다.**
③ 삼각점은 서로 시통이 잘 되어야 하고, 또 후속측량에 이용되므로 일반적으로 전망이 좋은 곳에 설치한다. 따라서 삼각측량은 산지 등 기복이 많은 곳에 알맞고, 평야지대와 삼림지대에서는 시통을 위해 많은 벌목과 높은 측표 등을 필요로 하므로 작업이 곤란하다.
④ **조건식이 많아 계산 및 조정방법이 복잡하다.**
⑤ 각 단계에서 **정도를 점검할 수 있다.** 즉, 삼각형의 폐합차, 좌표 및 표고의 계산결과로부터 측량의 정확도를 조사할 수 있다.

02 삼각망의 등급 및 종류

❶ 삼각망의 등급(측량 정도의 높은 순서를 정하기 위해)

삼각망의 등급	평균변장			
	한국	미국	독일	영국
1등 삼각(본)점	30km	30~150km	45km	40~60
1등 삼각(보)점			25km	
2등 삼각점	10km	10~60	8km	10~12
3등 삼각점	5km	1~15	4km	3~4
4등 삼각점	2.5km		2km	

▶ 삼각점 기호
① 1등 삼각점 ◎
② 2등 삼각점 ◎
③ 3등 삼각점 ◉
④ 4등 삼각점 ○

❷ 삼각망의 종류

(1) 단열삼각망

① 폭이 좁고 길이가 긴 지역에 적합하다.
② 노선·하천·터널 측량 등에 이용한다.

③ 거리에 비해 관측수가 적다.

④ 측량이 신속하고 경비가 적게 든다.

⑤ 조건식이 적어 정도가 낮다.

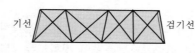

(a) 단열삼각망

(2) 유심삼각망

① 동일 측점에 비해 포함면적이 가장 넓다.

② 넓은 지역에 적합하다.

③ 농지측량 및 평탄한 지역에 사용된다.

④ 정도는 단열삼각망보다 좋으나 사변형보다 적다.

(b) 유심삼각망

(3) 사변형삼각망

① 조정이 복잡하고 시간과 비용이 많이 든다.

② 조건식의 수가 가장 많아 정도가 가장 높다.

③ 기선삼각망에 이용된다.

(c) 사변형삼각망

【그림 6-1】 삼각망의 종류

알·아·두·기·

➡ **삼각형 1점당 점유면적**

$$A = \frac{\sqrt{3}}{2} l^2$$

여기서, l : 삼각망 한 변의 평균길이

➡ **정밀도 순서**

단열<유심<사변형

---

03 삼각측량의 순서

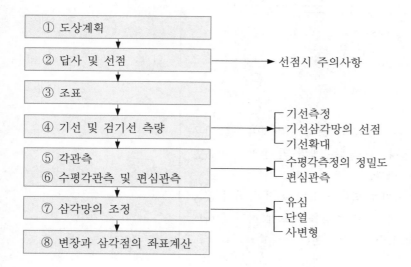

① 도상계획

② 답사 및 선점 ──────▶ 선점시 주의사항

③ 조표

④ 기선 및 검기선 측량 ──────▶ ┌ 기선측정
　　　　　　　　　　　　　　　├ 기선삼각망의 선점
　　　　　　　　　　　　　　　└ 기선확대

⑤ 각관측
⑥ 수평각관측 및 편심관측 ──────▶ ┌ 수평각측정의 정밀도
　　　　　　　　　　　　　　　└ 편심관측

⑦ 삼각망의 조정 ──────▶ ┌ 유심
　　　　　　　　　　　├ 단열
　　　　　　　　　　　└ 사변형

⑧ 변장과 삼각점의 좌표계산

① 선점시 주의사항

① 되도록 측점수가 적고, 세부측량에 이용가치가 있어야 한다.
② 삼각형은 **정삼각형**에 가깝고 내각은 30~120° 범위로 한다.
③ 삼각형의 위치는 상호간 시준이 잘 되고, 땅이 견고하며 침하가 없는 곳을 택한다.
④ 무리하게 시준표나 관측대를 만드는 곳을 피한다.

② 기선측정

삼각측량을 하기 위해서는 적어도 한 개 이상의 변장을 정확히 실측해야 하며, 이를 기선측량이라고 한다. 기선측량의 정확도는 삼각측량 전체에 영향을 끼치므로 정확한 관측을 해야 한다.

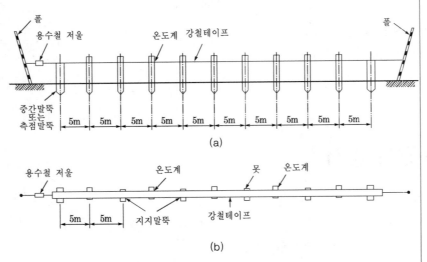

【그림 6-2】 기선측량

기선측량은 필요한 정확도에 따라 강철테이프나 인바테이프를 이용하지만 주로 **인바테이프**를 이용한다. 최근에는 광파 및 전파를 이용한 전자파 거리측정기를 이용하기도 한다.

바람이 불면 기선척에 영향을 미치게 되어 정확한 측정이 되지 않으므로 **바람이 없는 날**을 택한다. 또한, 온도보정을 바르게 하기 위하여 직사광선이 있는 **맑은 날은 피하고 흐린 날**에 한다.

▣ 관측기선의 보정

① 표준척에 대한 보정

$$L_0 = L\left(1 \pm \frac{\Delta l}{l}\right)$$

② 경사보정 : $C_h = -\frac{h^2}{2L}$

③ 온도보정 : $C_t = \alpha L(t - t_0)$

④ 장력보정 : $C_p = \frac{(P - P_0)L}{AE}$

⑤ 표고보정 : $C = -\frac{L}{R}H$

⑥ 처짐보정 : $C_s = -\frac{L}{24}\left(\frac{wl}{P}\right)^2$

1등 삼각망의 한 변의 길이는 30~40km나 되기 때문에 기선도 이와 같은 길이가 되어야 하나 실제로는 몇 km 정도만 측량하고, 이것을 확대하여 삼각망의 한 변의 기선으로 사용한다.

① 먼저 현지를 조사하여 측량의 정밀도, 경제성을 고려하여 위치를 결정하여야 한다.

② 평탄한 장소를 택하여 경사는 1/25 이하이어야 한다.

③ 기선장은 평균 변장의 1/10 정도로 한다.

④ 기선의 확대는 1회 확대 : 3배 이내, 2회 확대 : 8배 이내, 10배 이상은 못한다.

⑤ 삼각형의 수 15~20개 마다 검기선을 설치한다.

⑥ 우리나라는 200km마다 1등 삼각검기선을 설치한다.

▶ 기선(총 13개)
① 최장기선 : 평양기선
② 최단기선 : 안동기선

④ 수평각측정

삼각측량의 수평각관측은 주로 각관측법을 사용한다.

(1) 수평각측정의 정밀도

① 교차 : $R-L$ $\cdots\cdots\cdots\cdots\cdots\cdots\cdots\cdots$ (6·3)

② 관측차 : $(R_1-L_1)-(R_2-L_2)$ $\cdots\cdots\cdots$ (6·4)

③ 배각차 : $(R_1+L_1)-(R_2+L_2)$ $\cdots\cdots\cdots$ (6·5)

여기서, R : 정위, L : 반위

⑤ 편심관측

삼각측량에서 각관측시 사정에 따라서 기계를 중심에 세우지 못할 경우가 생길 때 측점의 위치와 삼각점의 위치를 일치하도록 계산하는 것을 말한다.

$$T+x_1=t+x_2$$
$$T=t+x_2-x_1 \cdots\cdots\cdots\cdots (6\cdot6)$$

여기서, x_1과 x_2는 sin법칙에 의해 구한다.

▶ 편심관측

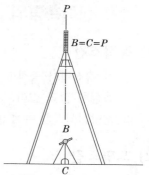

【그림 6-3】 편심관측

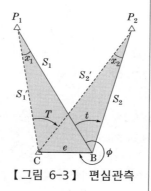

▶ 편심의 종류

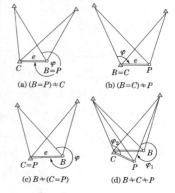

(a) $(B=P)\neq C$ (b) $(B=C)\neq P$

(c) $B\neq(C=P)$ (d) $B\neq C\neq P$

x_1을 sin법칙에 의해 구하면

$$\frac{e}{\sin x_1} = \frac{S_1{}'}{\sin(360° - \phi)}$$

$$\therefore \quad x_1 = \frac{e}{S_1{}'}\sin(360° - \phi)\rho'' \quad \text{……………………………} (6 \cdot 7)$$

x_2를 sin법칙에 의해 구하면

$$\frac{e}{\sin x_2} = \frac{S_2{}'}{\sin(360° - \phi + t)}$$

$$\therefore \quad x_2 = \frac{e}{S_2{}'}\sin(360°\phi - \phi + t)\rho'' \quad \text{……………………} (6 \cdot 8)$$

04 삼각측량의 조정

❶ 삼각측량의 조정에 필요한 조건

(1) 측점조건

① 한 측점에서 측정한 여러 각의 합은 그들 각을 한 각으로 하여 측정한 값과 같다.

② 점방정식 : 한 측점 둘레에 있는 모든 각을 합한 값은 360°이다.

(2) 도형조건

① 각방정식 : 각다각형의 내각의 합은 180°$(n-2)$이다.

② 변방정식 : 삼각망 중의 임의의 한 변의 길이는 계산해 가는 순서와 관계없이 같은 값이어야 한다.

(3) 조건식의 수

① 측점조건식 수 $= w - l + 1$ ……………………………………… $(6 \cdot 9)$

② 변조건식 수 $= B + S - 2P + 2$ …………………………………… $(6 \cdot 10)$

③ 각조건식 수 $= S - P + 1$ …………………………………………… $(6 \cdot 11)$

④ 조건식의 총수 $= B + a - 2P + 3$ ……………………………… $(6 \cdot 12)$

여기서, w : 한 점 주위의 각의 수

l : 한 측점에서 나간 변의 수

a : 관측각의 총수, B : 기선의 수

S : 변의 총수, P : 삼각점의 수

① 삼각측량 계획의 예비작업에서 망에 대한 도형의 강도를 결정한다.

② 망에 대한 동일한 정확도를 얻기 위함이다.

③ 도형의 강도는 망을 형성하고 있는 삼각형의 기하학적 강도, 각 또는 방향 관측을 하는 지점의 수 및 망 조정에 사용된 각과 변 조건수 등의 함수로 되어 있다.

④ 강도(R)는 관측 정확도와는 무관하다.

⑤ 최적의 기하학적 조건과 적당한 조건수와 관측식을 얻기 위함이다.

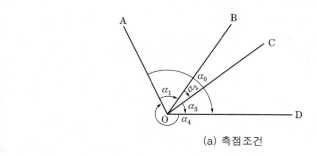

(a) 측점조건

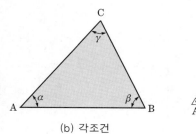

(b) 각조건

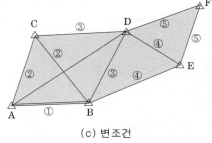

(c) 변조건

【 그림 6-4 】 삼각측량의 조정

【 조건식수의 계산 예 】

구분	유심삼각망	사변형삼각망
점조건식 수	1	0
각조건식 수	5	3
변조건식 수	1	1
조건식 총수	7	4
그림		

② 삼각망의 조정

(1) 단열삼각망의 조정

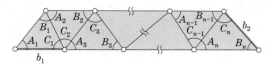

【 그림 6-5 】 단열삼각망의 조정

① 각조건식 : 각 삼각형 내각의 합은 180°가 되게 조정한다.

② 변조건식 : $b_2 = \dfrac{b_1 \sin A_1 \sin A_2 \sin A_3 \cdots \sin A_n}{\sin B_1 \sin B_2 \sin B_3 \cdots \sin B_n}$

　여기서, b_1 : 기선

　　　　　b_2 : 검기선

　　　　　$A_1,\ A_2,\ \cdots,\ A_n,\ B_1,\ B_2,\ \cdots,\ B_n$: 관측각

(2) 사변형삼각망의 조정

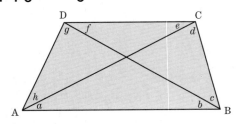

【그림 6-6】 사변형삼각망의 조정

① 각조건식 $\begin{cases} a+b+c+d+e+f+g = 360° \\ a+b = e+f \\ c+d = g+h \end{cases}$

② 변조건식 : $\dfrac{\sin b \,\sin d \,\sin f \,\sin h}{\sin a \,\sin c \,\sin e \,\sin g} = 1$

(3) 유심삼각망의 조정

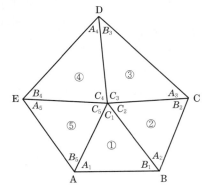

【그림 6-7】 유심삼각망의 조정

① 각조건식
$$A_1 + B_1 + C_1 = 180°$$
$$A_2 + B_2 + C_2 = 180°$$
$$A_3 + B_3 + C_3 = 180°$$
$$A_4 + B_4 + C_4 = 180°$$
$$A_5 + B_5 + C_5 = 180°$$

② 점조건식 : $C_1 + C_2 + C_3 + C_4 + C_5 = 360°$

③ 변조건식 : $\dfrac{\sin B_1 \sin B_2 \sin B_3 \sin B_4 \sin B_5}{\sin A_1 \sin A_2 \sin A_3 \sin A_4 \sin A_5} = 1$

05 삼각측량의 오차

(1) 구차

지구의 곡률에 의한 오차이며 이 오차만큼 높게 조정을 한다.

$$h_1 = +\frac{D^2}{2R}$$ ·· (6·13)

(2) 기차(h_2)

지표면에 가까울수록 대기의 밀도가 커지므로 생기는 오차(굴절오차)를 말하며, 이 오차만큼 낮게 조정한다.

$$h_2 = -\frac{KD^2}{2R}$$ ·· (6·14)

(3) 양차

구차와 기차의 합을 말하며 연직각 관측값에서 이 양차를 보정하여 연직각을 구한다.

양차 $= h_1 + h_2 =$ 구차 $+$ 기차

$$= \frac{D^2}{2R} + \left(-\frac{KD^2}{2R}\right) = \frac{D^2}{2R}(1-K)$$ ················· (6·15)

여기서, h_1 : 구차

R : 지구의 곡률반경

h_2 : 기차

D : 수평거리

K : 굴절계수(0.12~0.14)

▶ 삼각측량의 오차

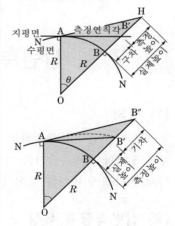

06 삼각수준측량

레벨을 사용하지 않고 트랜싯이나 데오돌라이트를 이용하여 2점 간의 연직각과 거리를 관측하여 고저차를 구하는 측량으로 양차를 고려해 준다.

$$H_P = H_A + H + \text{양차} = H_A + I + D\tan\theta + \text{양차}$$

$$= H_A + I + D\tan\theta + \frac{D^2}{2R}(1-K) \quad \cdots\cdots\cdots\cdots\cdots (6\cdot16)$$

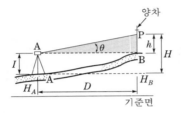

【그림 6-8】 삼각수준측량

> ▶ **삼각법을 사용한 간접수준측량**
> ① 산악 지대에서는 삼각법을 사용한 간접수준측량에 의해서 높이를 구하는 것이 직접수준측량에 의한 것보다도 유리하다.
> ② 빛의 굴절에서 기인하는 오차는 대략 거리의 제곱에 비례하여 크게 된다.
> ③ 아지랑이가 없어 목표가 잘 보이는 아침, 저녁에 수평각관측을 하면 굴절에서 일어나는 오차는 고려하지 않아도 된다.
> ④ 연직각의 관측은 빛의 굴절로 생기는 오차를 없애기 위해 2점 간 상호의 동시 관측이 바람직하다.

07 삼변측량

(1) 정의

기선과 수평각을 관측하는 삼각측량으로 삼각점의 위치를 결정하는 대신 전자파 거리측정기를 이용한 정밀한 장거리측정으로 **삼변을 측정**해서 삼각점의 위치를 결정하는 측량방법이다.

> ▶ 최근 수평위치 결정방법에 널리 사용하고 있다.

(2) 삼변측량의 특징

① 삼변을 측정해서 삼각점의 위치를 결정한다.
② 기선장을 실측하므로 기선의 확대가 불필요하다.
③ 조건식의 수가 적은 것이 단점이다.
④ 좌표계산이 편리하다.
⑤ 조정방법에는 조건방정식에 의한 조정과 관측방정식에 의한 조정이 있다.

(3) 수평각의 계산

① 코사인 제2법칙

$$\cos A = \frac{b^2 + c^2 - a^2}{2bc}$$ ········ (6·17)

$$\cos B = \frac{c^2 + a^2 - b^2}{2ca}$$ ········ (6·18)

$$\cos C = \frac{a^2 + b^2 - c^2}{2ab}$$ ········ (6·19)

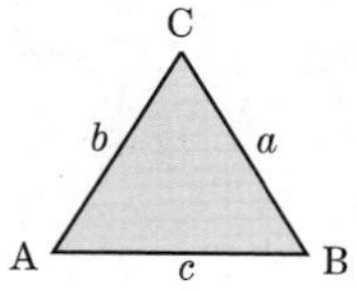

【그림 6-9】 삼변측량

▶ 반각공식

$$\sin\frac{A}{2} = \sqrt{\frac{(s-b)(s-c)}{bc}}$$

$$\cos\frac{A}{2} = \sqrt{\frac{s(s-a)}{bc}}$$

$$\tan\frac{A}{2} = \sqrt{\frac{(s-b)(s-c)}{s(s-a)}}$$

▶ 면적조건

$$\sin A = \frac{2}{bc}\sqrt{s(s-a)(s-b)(s-c)}$$

여기서, $s = \frac{1}{2}(a+b+c)$

08 삼각측량의 성과표 내용

① 삼각점의 등급과 내용
② 방위각
③ 평균거리의 대수
④ 측점 및 시준점의 명칭
⑤ 자북방향각
⑥ 평면직각좌표
⑦ 위도, 경도
⑧ 삼각점의 표고

예상 및 기출문제

1. 삼각측량의 주된 목적은 무엇인가?
① 삼각점의 위치 결정
② 변장의 산출
③ 삼각점의 면적 결정
④ 각관측 오차 점검

> **해설** 삼각측량의 주된 목적은 삼각점의 위치를 결정하기 위해서이다.

2. 삼각측량과 다각측량에 대한 설명 중 부적당한 것은? [기사 95]
① 삼각측량은 주로 각을 실측하고 측점간 거리는 계산에 의해 구한다.
② 다각측량은 각과 거리를 실측하여 점의 위치를 구한다.
③ 시준이 곤란하여 관측에 어려움이 있을 때에는 삼각측량을 주로 사용한다.
④ 삼각측량은 다각측량 방법보다 관측작업량이 많으나 기하학적인 정확도는 우수하다.

> **해설** 시준이 곤란하여 관측에 어려움이 있을 때에는 다각측량을 주로 한다.

3. 삼각측량의 특징에 대한 설명으로 옳지 않은 것은?
① 넓은 면적의 측량에 적합하다.
② 각 단계에서 정확도를 점검할 수 있다.
③ 삼각점 간의 거리를 비교적 길게 취할 수 있다.
④ 산지 등 기복이 많은 곳보다는 평야지대와 산림지역에 적합하다.

> **해설** 삼각측량은 산림지역에는 부적합하다.

4. 다음의 삼각망을 설명한 것 중 유심삼각형을 설명한 것은? [기사 00]
① 삼각망 가운데 가장 간단한 형이며 측량의 정도를 얻기 위한 조건이 부족하므로 특수한 경우 외에는 사용하지 않는다.

② 거리에 비하여 측점수가 가장 적으므로 측량이 간단하며 조건식의 수가 적어 정도가 낮다. 노선 및 하천측량과 같이 폭이 좁고 거리가 먼 지역의 측량에 사용한다.
③ 광대한 지역의 측량에 적합하며 정도가 비교적 높은 편이다.
④ 가장 높은 정도를 얻을 수 있으나 조정이 복잡하고 포함된 면적이 작으며 특히 기선을 확대할 때 잘 사용한다.

5. 삼각측량시 노선측량, 하천측량, 철도측량 등에 많이 사용하며 동일한 도달거리에 대하여 측점 수가 가장 적으므로 측량이 간단하고 경제적이나 정확도가 낮은 삼각망은?
① 사변형 삼각망
② 유심 삼각망
③ 기선 삼각망
④ 단열 삼각망

> **해설** 단열 삼각망은 폭이 좁고 긴 지역에 적합하여 노선, 철도, 도로, 하천 등에 이용된다.

6. 방대한 지역의 측량에 적합하며 동일 측점수에 대하여 포함면적이 가장 넓은 삼각망은 다음 중 어느 것인가? [산업 99]
① 유심삼각망
② 사변형망
③ 단열삼각망
④ 복합삼각망

> **해설** 유심삼각망은 넓은 지역에 적합하다.

7. 유심삼각망에 관한 설명으로 옳은 것은? [산업 13]
① 삼각망 중 가장 정밀도가 높다.
② 대규모 농지, 단지 등 방대한 지역의 측량에 적합하다.
③ 기선을 확대하기 위한 기선삼각망측량에 주로 사용된다.
④ 하천, 철도, 도로와 같이 측량 구역의 폭이 좁고 긴 지형에 적합하다.

해설 유심삼각망은 동일측점에 비해 포함면적이 넓은 경우에 적합하여 대규모 농지, 단지 등 방대한 지역의 측량에 적합하다.

8. 삼각망 중에서 조건식이 가장 많이 생기는 망은 어느 것인가? [산업 98]
① 단열삼각망
② 사변형망
③ 유심다각망
④ 폐합삼각망

9. 기지의 삼각점을 이용하여 새로운 삼각점들을 부설하고자 할 때 삼각측량의 순서로 옳은 것은?

| ㉠ 도상계획 | ㉡ 답사 및 선점 | ㉢ 조표 |
| ㉣ 기선측량 | ㉤ 각관측 | ㉥ 계산 및 성과표 작성 |

① ㉠→㉡→㉢→㉣→㉤→㉥
② ㉠→㉢→㉡→㉤→㉣→㉥
③ ㉠→㉡→㉣→㉢→㉤→㉥
④ ㉠→㉢→㉤→㉡→㉣→㉥

해설 삼각측량의 순서
도상계획 → 준비 → 답사 및 선점 → 조표 → 기선관측 → 각관측 → 계산 및 성과표 작성

10. 3각점 선정 때의 유의사항을 열거한 것이다. 다음 중 틀린 것은? [산업 97]
① 정삼각형에 가깝도록 하되 불가피할 때는 내각은 40~100°, 적어도 30~120°로 할 것
② 영구 보존할 수 있는 지점을 택할 것
③ 지반은 어느 곳이든 선정할 것
④ 후속작업이 편리한 지점일 것

해설 선점시 주의사항
㉮ 되도록 측점수가 적고, 세부측량에 이용가치가 있어야 한다.
㉯ 삼각형은 정삼각형에 가깝고 내각은 30~120° 범위로 한다.
㉰ 삼각형 위치는 상호간 시준이 잘 되고 땅이 견고하며 침하가 없는 곳을 택한다.
㉱ 무리하게 시준표나 관측대를 만드는 곳을 피한다.

11. 삼각측량의 선점에 대한 설명 중 비교적 중요하지 않은 것은? [산업 99]
① 기선상의 점들은 서로 잘 보여야 한다.
② 기선은 부근의 삼각점과 연결이 편리한 곳이어야 한다.
③ 삼각점들은 되도록 정삼각형이 되도록 한다.
④ 직접 수준측량이 용이한 점이어야 한다.

12. 도근점 선정시 유의사항으로 틀린 것은?[산업 00]
① 세부측량에 편리할 것
② 지반이 견고하고 기계세우기에 편리할 것
③ 탑, 건물, 등대 등과 같이 가급적 높은 점을 선정할 것
④ 많은 점을 투시하기에 좋은 점일 것

13. 삼각측량에 대한 설명 중 옳지 않은 것은?
① 정밀도가 큰 것이 1등 삼각망이다.
② 조건식이 많아 계산 및 조정 방법이 복잡하다.
③ 삼각망 계산에서 기준이 되는 최초의 변장은 검기선이다.
④ 삼각점을 선정할 때 계속해서 연결되는 작업에 편리하도록 선점에 고려해야 한다.

해설 삼각망 계산에서 기준이 되는 최초의 변장은 기지변이며 마지막 변의 변장이 검기선이 된다.

14. 조정계산이 완료된 조정각 및 기선으로부터 처음 신설하는 삼각점의 위치를 구하는 계산순서로 가장 적합한 것은? [기사 15]
① 편심조정계산 → 삼각형계산(변, 방향각) → 경위도계산 → 좌표조정계산 → 표고계산
② 편심조정계산 → 삼각형계산(변, 방향각) → 좌표조정계산 → 표고계산 → 경위도계산
③ 삼각형계산(변, 방향각) → 편심조정계산 → 표고계산 → 경위도계산 → 좌표조정계산
④ 삼각형계산(변, 방향각) → 편심조정계산 → 표고계산 → 좌표조정계산 → 경위도계산

해설 삼각점의 위치계산순서
편심조정계산 → 삼각형계산 → 좌표조정계산 → 표고계산 → 경위도계산

15. 사변형삼각망 조정에서 고려해야 할 조정조건이 아닌 것은? [기사 99]

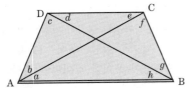

① $a+b+c+d+e+f+g+h=360°$

② $a+h=d+e$

③ $c+b=g+h$

④ $\dfrac{\sin a \sin c \sin e \sin g}{\sin b \sin d \sin f \sin h}$

 ① 각조건식 ② 각조건식
③ $c+b=f+g$ ④ 변조건식

16. 그림과 같은 삼각망에서 각방정식의 수는? [산업 14]

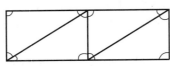

① 2 ② 4
③ 6 ④ 9

 각조건식 수 $=S-P+1=9-6+1=4$개

17. 그림과 같은 유심삼각망에서 만족하여야 할 조건식이 아닌 것은?

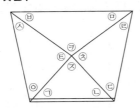

① ㉠+㉡+㉨$-180°=0$

② (㉠+㉡)$-$(㉤+㉥)$=0$

③ ㉨+㉩+㉧+㉦$-360°=0$

④ ㉠+㉡+㉢+㉣+㉤+㉥+㉨+㉧$-360°=0$

 ① 각조건$=$㉠$+$㉡$+$㉨$=180°$
③ 점조건$=$㉨$+$㉩$+$㉧$+$㉦$=360°$
④ 각조건$=$㉠$+$㉡$+$㉢$+$㉣$+$㉤$+$㉥$+$㉨$+$㉧
$=360°$

18. 다음 사변형에서 조건방정식 수(K_1), 각방정식 수(K_2), 변방정식 수(K_3)에 관한 사항 중 옳은 것은? [기사 94]

① $K_1=8, K_2=8, K_3=4$

② $K_1=8, K_2=8, K_3=6$

③ $K_1=4, K_2=3, K_3=1$

④ $K_1=4, K_2=3, K_3=6$

 ㉮ $K_1=B+a-2P+3=1+8-2\times4+3=4$
㉯ $K_2=S-P+1=6-4+1=3$
㉰ $K_3=B+S-2P+2=1+6-2\times4+2=1$

19. 그림과 같이 AB를 기선으로 삼각측량을 실시하였을 때 각조건식의 수는? [산업 97]

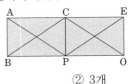

① 1개 ② 3개
③ 5개 ④ 6개

 각조건식 수 $=S-P+1=11-6+1=6$

20. 유심다각망 조정에서 고려해야 할 조정조건이 아닌 것은? [산업 96]

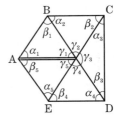

① $\alpha_2+\beta_2+\gamma_2=180°$

② $\dfrac{\alpha_2+\beta_2}{\alpha_3+\beta_3}=1$

③ $\gamma_1+\gamma_2+\gamma_3+\gamma_4+\gamma_5=360°$

④ $\dfrac{\sin\alpha_1\sin\alpha_2\sin\alpha_3\sin\alpha_4\sin\alpha_5}{\sin\beta_1\sin\beta_2\sin\beta_3\sin\beta_4\sin\beta_5}=1$

 ① 각조건식 : $180°(n-2)$
③ 점조건식 : 한 점 주위의 둘러싸인 모든 각의 합은 $360°$이다.

④ 변조건식 : 임의의 한 변의 길이는 계산해가는 순서와 관계없이 같은 값이어야 한다.

21. 그림과 같은 유심다각망의 조정에 필요한 조건방정식의 총수는? [기사 00]

① 5개
② 6개
③ 7개
④ 8개

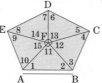

해설 $B + a - 2P + 3 = 1 + 15 - 2 \times 6 + 3 = 7$개

㉮ 각 : 5개
㉯ 점 : 1개 ⎬ 7개
㉰ 변 : 1개

22. 삼각망을 조정한 결과 다음과 같은 결과를 얻었다면 B점의 좌표는? [기사 12]

$\angle A = 60°20'20''$
$\angle B = 59°40'30''$
$\angle C = 59°59'10''$
AC 측선의 거리 $= 120.730$m
AB 측선의 방위각 $= 30°$
A점의 좌표$(1,000$m, $1,000$m$)$

① $(1,104.886$m, $1,060.556$m$)$
② $(1,060.556$m, $1,104.886$m$)$
③ $(1,104.225$m, $1,060.175$m$)$
④ $(1,060.175$m, $1,104.225$m$)$

해설 ㉮ $\overline{AB}$ 거리

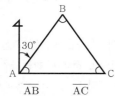

$$\frac{\overline{AB}}{\sin \angle C} = \frac{\overline{AC}}{\sin \angle B}$$

$$\frac{\overline{AB}}{\sin 59°59'10''} = \frac{120.730}{\sin 59°40'30''}$$

$$\therefore \overline{AB} = 121.112\text{m}$$

㉯ B점의 좌표

$$X_B = X_A + l \cos \alpha$$
$$= 1,000 + 121.112 \times \cos 30°$$
$$= 1,104.886\text{m}$$

$$Y_B = Y_A + l \sin \alpha$$
$$= 1,000 + 121.112 \times \sin 30°$$
$$= 1,060.556\text{m}$$

23. 삼각망의 변조건 조정에서 80°의 1″ 표차는?

① 2.23×10^{-5}
② 2.23×10^{-7}
③ 3.71×10^{-5}
④ 3.71×10^{-7}

해설 표차 $= \log \sin 80° - \log \sin 80°00'01''$
$$= 3.71 \times 10^{-7}$$

24. 사변형삼각망의 어느 관측각에 있어서 각조건에 의해 조정한 결과 그 조정각이 30°0'00″였다. 변조건에 의한 조정계산을 위해 표차를 구할 경우, 이 조정각에 대한 표차는 약 얼마인가? [기사 13]

① 2.6×10^{-6}
② 3.6×10^{-6}
③ 4.5×10^{-6}
④ 5.8×10^{-6}

해설 표차 $= \log \sin 30° - \log \sin 30°00'01''$
$$= 3.6 \times 10^{-6}$$

25. 삼각점 C에 기계가 세워지지 않아서 B에 기계를 설치하여 $T' = 31°15'40''$를 얻었다. 이때 T의 값은? (단, $e = 2.5$m, $\phi = 295°20'$, $S_1 = 1.5$km, $S_2 = 2.0$km 이다.) [기사 98, 산업 96]

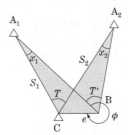

① $31°14'45''$
② $31°07'42''$
③ $30°14'45''$
④ $30°07'42''$

해설 $T + x_1 = T' + x_2$에서 $T = T' + x_2 - x_1$이므로 x_1, x_2는 sin법칙에 의하여 계산한다.

㉮ x_1의 계산($\triangle A_1 CB$ 이용)

$$\frac{e}{\sin x_1} = \frac{S_1}{\sin(360° - \phi)}$$

$$\frac{2.5}{\sin x_1} = \frac{1,500}{\sin(360° - 295°20')}$$

$$\therefore x_1 = 0°05'11''$$

㉯ x_2의 계산($\triangle A_2 CB$ 이용)

$$\frac{e}{\sin x_2} = \frac{S_2}{\sin(360° - \phi + T)}$$

$$\frac{2.5}{\sin x_2} = \frac{2,000}{\sin(360° - 295°20' + 31°15'40'')}$$

$$\therefore x_2 = 0°04'16''$$

$$\therefore T = T' + x_2 - x_1$$
$$= 31°15'40'' + 0°04'16'' - 0°5'11''$$
$$= 31°14'45''$$

26. 다음 그림과 같은 편심조정계산에서 T 값은? (단, $\phi = 300°$, $S_1 = 3$km, $S_2 = 2$km, $e = 0.5$m, $t = 45°30'$, $S_1 \fallingdotseq S_1'$, $S_2 \fallingdotseq S_2'$로 간주) [기사 97, 99]

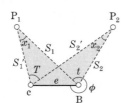

① 45°29'40''

② 45°30'05''

③ 45°30'20''

④ 45°31'05''

◈해설◈ $T' + x_1 = t + x_2$ 에서 $T' = t + x_2 - x_1$ 이므로 x_1, x_2는 sin법칙에 의하여 계산한다.

㉮ x_1의 계산($\triangle P_1 CB$ 이용)

$$\frac{e}{\sin x_1} = \frac{S_1}{\sin(360° - \phi)}$$

$$\frac{0.5}{\sin x_1} = \frac{3,000}{\sin(360° - 300°)}$$

$$\therefore x_1 = 0°02'9.77''$$

㉯ x_2의 계산($\triangle P_2 CB$ 이용)

$$\frac{e}{\sin x_2} = \frac{S_2}{\sin(360° - \phi + t)}$$

$$\frac{0.5}{\sin x_2} = \frac{2,000}{\sin(360° - 300° + 45°30')}$$

$$\therefore x_2 = 0°04'9.69''$$

$$\therefore T = t + x_2 - x_1$$
$$= 45°30' + 0°04'9.69'' - 0°02'9.77''$$
$$= 45°29'40.08''$$

27. 측선 AB를 기준으로 하여 C방향의 협각을 관측하였더니 257°36'37''이었다. 그런데 B점에 편위가 있어 그림과 같이 실제 관측한 점이 B'이었다면 정확한 협각은 얼마인가? (단, BB'=20cm, ∠B'BA=150°, AB=2km)

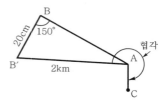

① 257°36'17''

② 257°36'27''

③ 257°36'37''

④ 257°36'47''

◈해설◈

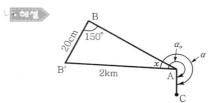

㉮ x 계산

$$\frac{2,000}{\sin 150°} = \frac{0.2}{\sin x}$$

$$\therefore x = 0°0'10''$$

㉯ $\alpha_0 = \alpha - x$
$$= 257°36'37'' - 0°0'10''$$
$$= 257°36'27''$$

28. 평탄한 지역에서 5km 떨어진 지점을 관측하려면 측표의 높이는 얼마로 하여야 하는가? (단, 지구의 곡률반경은 6,370km이다.) [기사 94, 산업 98]

① 약 1m ② 약 2m

③ 약 3m ④ 약 4m

◈해설◈
$$h_1 = \frac{D^2}{2R}$$
$$= \frac{5^2}{2 \times 6,370}$$
$$= 0.002\text{km} = 2\text{m}$$

29. 삼각점의 평균거리가 5km인 삼각측량을 하고자 한다. 관측한 수평각의 평균값을 6″까지 구할 때 관측점 및 시준점의 편심을 고려하지 않아도 좋은 한도는?　[기사 99]

① 7cm
② 15cm
③ 70cm
④ 150cm

해설
$$\frac{\Delta l}{l} = \frac{\theta''}{\rho''}$$
$$\frac{\Delta l}{5,000} = \frac{6''}{206,265''}$$
$$\therefore \Delta l = 0.15\text{m} = 15\text{cm}$$

30. 삼각수준측량을 할 때 구차와 기차로 인하여 생기는 높이에 대한 오차보정량 계산식은 어느 것인가? (단, R=지구의 반경, D=측점까지의 거리, K=굴절률계수)　[기사 97]

① $S\tan\alpha + \left(\frac{1-K}{2R}\right)D^2$
② $S + \tan\alpha + \left(\frac{1-K}{2R}\right)D^2$
③ $S\cot\alpha + \left(\frac{1-K}{2R}\right)D^2$
④ $S + \cot\alpha + \left(\frac{1-K}{2R}\right)D^2$

해설 양차 = 기차 + 구차 = $\frac{D^2}{2R}(1-K)$

31. 삼각수준측량의 관측값에서 대기의 굴절오차(기차)와 지구의 곡률오차(구차)의 조정방법으로 옳은 것은?

① 기차는 높게, 구차는 낮게 조정한다.
② 기차는 낮게, 구차는 높게 조정한다.
③ 기차와 구차를 함께 높게 조정한다.
④ 기차와 구차를 함께 낮게 조정한다.

해설 구차는 지구의 곡률에 의한 오차로 이 오차만큼 높게 조정하며, 기차는 대기의 굴절오차로 이 오차만큼 낮게 보정한다.

32. 기차 및 구차에 대한 설명 중 옳지 않은 것은?　[기사 10]

① 삼각형 상호간의 고저차를 구하고자 할 때와 같이 거리가 상당히 떨어져 있을 때 지구의 표면이 구상이므로 일어나는 오차를 구차라 한다.
② 구차는 시준거리의 제곱에 비례한다.

③ 공기의 온도, 기압 등에 의하여 시준선에 생기는 오차를 기차라 하며 대략 구차의 1/7 정도이다.
④ 기차 = $\frac{L^2}{2R}$, 구차 = $K\left(\frac{L^2}{2R}\right)$의 식으로 구할 수 있다. (여기서, L : 2점 간의 거리, R : 지구의 반경 (6,370km), K : 굴절계수)

해설 ㉮ 구차 = $\frac{L^2}{2R}$
㉯ 기차 = $-\frac{KL^2}{2R}$

33. 표고 45.2m인 해변에서 눈높이가 1.7m인 사람이 바라볼 수 있는 수평선까지의 거리는? (단, 지구반지름 : 6,370km, 빛의 굴절계수 : 0.14)　[산업 00]

① 42.6km
② 12.4km
③ 62.4km
④ 26.4km

해설 양차 = $\frac{D^2}{2R}(1-K)$
$$45.2 + 1.7 = \frac{D^2}{2\times6,370,000}\times(1-0.14) = 26.4$$
$$\therefore D = 26.4\text{km}$$

34. 삼각수준측량에 의하여 A점과 B점 간의 표고차를 측정하려고 한다. A-B점 간의 거리는 5km이다. 지구곡률오차(誤差)와 대기층의 굴절오차(氣差)를 합한 오차의 조정량은 얼마인가? (단, 기차의 K는 0.14이고, 지구반경은 6,370km임)　[기사 99]

① 196.2cm
② 168.8cm
③ 108.5cm
④ 27.5cm

해설 양차 = $\frac{D^2}{2R}(1-K)$
$$= \frac{5,000^2}{2\times6,370,000}\times(1-0.14)$$
$$= 1.688\text{m} = 168.8\text{cm}$$

35. 삼각수준측량에서 정도 10^{-5}의 수준차를 허용할 경우 지구곡률을 고려하지 않아도 되는 시준거리는 얼마인가? (단, 지구곡률반경 R=6,370km이고, 빛의 굴절계수는 무시함)　[기사 95]

① 64km
② 127km
③ 35km
④ 70km

해설
$$\frac{\Delta l}{l} = \frac{l^2}{12R^2}$$
$$\frac{1}{100,000} = \frac{l^2}{12 \times 6,370^2}$$
$$\therefore \ l = 70\text{km}$$

36. 기선의 길이가 1,500m이고 표고 h가 1,274m인 곳의 평균해면에 대한 보정량은? (단, 지구반경은 6,370km이다.) [산업 96]

① -30cm
② $+30$cm
③ -20cm
④ $+20$cm

해설
$$C = -\frac{L}{R}H$$
$$= -\frac{1,500}{6,370,000} \times 1,274 = -0.3\text{m} = -30\text{cm}$$

37. 표고 1,500m인 평탄지에서 거리 3km를 평균해면상의 값으로 고치기 위한 보정값을 구한 것이 옳은 것은? (단, 지구의 반경은 6,370km) [산업 96]

① -0.706m
② $+0.706$m
③ -0.078m
④ $+0.078$m

해설
$$C = -\frac{L}{R}H$$
$$= -\frac{3,000}{6,370,000} \times 1,500 = -0.706\text{m}$$

38. 삼변측량에서 $\cos \angle A$를 구하는 식으로 맞는 것은? [산업 94, 99]

① $\dfrac{a^2 + c^2 - b^2}{2ac}$

② $\dfrac{b^2 + c^2 - a^2}{2bc}$

③ $\dfrac{a^2 + b^2 - c^2}{2bc}$

④ $\dfrac{a^2 - c^2 + b^2}{2ac}$

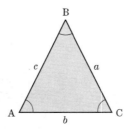

해설 ㉮ $\cos A = \dfrac{b^2 + c^2 - a^2}{2bc}$

㉯ $\cos B = \dfrac{a^2 + c^2 - b^2}{2ac}$

㉰ $\cos C = \dfrac{a^2 + b^2 - c^2}{2ab}$

39. 삼변측량에서 △ABC에서 세 변의 길이가 $a = 1,200.00$m, $b = 1,600.00$m, $c = 1,442.22$m라면 변 c의 대각인 $\angle$C는? [기사 13]

① 45°
② 60°
③ 75°
④ 90°

해설
$$\cos C = \frac{a^2 + b^2 - c^2}{2ab}$$
$$\therefore \ \angle C = \cos^{-1}\left(\frac{a^2 + b^2 - c^2}{2ab}\right)$$
$$= \cos^{-1}\left(\frac{1,200^2 + 1,600^2 - 1,422.22^2}{2 \times 1,200 \times 1,600}\right) = 60°$$

40. 다음 아래 그림에서 $\alpha_1 = 62°8'$, $\alpha_2 = 56°27'$, $\gamma_1 = 20°46'$, $B = 95.00$m로서 점 P_1으로부터 P까지의 높이 H는? [기사 98]

① 30.014m
② 31.940m
③ 33.904m
④ 34.190m

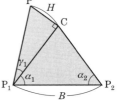

해설 ㉮ $\dfrac{\overline{CP_1}}{\sin \alpha_2} = \dfrac{B}{\sin[180° - (\alpha_1 + \alpha_2)]}$

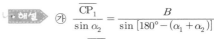

$$\frac{\overline{CP_1}}{\sin 56°27'} = \frac{95}{\sin[180° - (62°8' + 56°27')]}$$
$$\therefore \ \overline{CP_1} = 90.162\text{m}$$

㉯ $H = \overline{CP_1} \tan \gamma_1$
$$= 90.162 \times \tan 20°46' = 34.189\text{m}$$

41. 장애물로 인하여 접근하기 어려운 2점 P, Q를 간접거리측량한 결과 그림과 같다. $\overline{AB}$의 거리가 216.90m일 때 $\overline{PQ}$의 거리는? [기사 98]

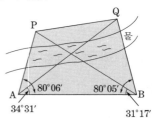

① 120.96m
② 142.29m
③ 173.39m
④ 194.22m

•해설 ㉮ $\overline{AP}$의 거리

$\angle APB = 80°06' + 31°17' - 180° = 68°37'$

$\dfrac{\overline{AP}}{\sin 30°17'} = \dfrac{216.90}{\sin 68°37'}$

$\therefore \overline{AP} = \dfrac{\sin 31°17'}{\sin 68°37'} \times 216.90\text{m}$

$= 120.96$

㉯ $\overline{AQ}$의 거리

$\angle AQB = 34°31' + 80°05' - 180° = 65°24'$

$\dfrac{\overline{AQ}}{\sin 80°05'} = \dfrac{216.90}{\sin 65°24'}$

$\therefore \overline{AQ} = \dfrac{\sin 80°05'}{\sin 65°24'} \times 216.90\text{m}$

$= 234.99$

㉰ $\overline{PQ}$의 거리

$\angle PAQ = 80°06' - 34°31' = 45°35'$

$\therefore \overline{PQ}$

$= \sqrt{(\overline{AP})^2 + (\overline{AQ})^2 - 2\overline{AP}\,\overline{AQ}\cos\angle PAQ}$

$= \sqrt{120.96^2 + 234.99^2 - 2 \times 120.96 \times 234.99 \times \cos 45°35'}$

$= 173.39\text{m}$

42. 다음 그림에서 변 AB=500m, $\angle\alpha = 71°33'54''$, $\angle b_1 = 36°52'12''$, $\angle b_2 = 39°05'38''$, $\angle c = 85°36'05''$를 측정하였을 때 변 BC의 거리는? [기사 00]

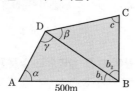

① 391m
② 412m
③ 422m
④ 427m

•해설 ㉮ $\overline{BD}$의 거리($\alpha = \gamma$)

$\dfrac{500}{\sin\gamma} = \dfrac{\overline{BD}}{\sin\alpha}$

$\dfrac{500}{\sin 71°33'54''} = \dfrac{\overline{BD}}{\sin 71°33'54''}$

$\therefore \overline{BD} = 500\text{m}$

㉯ $\overline{BC}$의 거리

$\dfrac{\overline{BD}}{\sin c} = \dfrac{\overline{BC}}{\sin\beta}$

$\dfrac{500}{\sin 85°36'05''} = \dfrac{\overline{BC}}{\sin 55°18'17''}$

$\therefore \overline{BC} = 412\text{m}$

43. 기선 D=20m, 수평각 $\alpha = 80°$, $\beta = 70$, 연직각 $V = 40°$를 측정하였다. 높이 H는? (단, A, B, C점은 동일한 평면이다.)

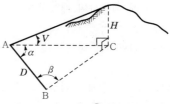

① 31.54m
② 32.42m
③ 32.63m
④ 33.05m

•해설 ㉮ $\overline{AC}$의 거리

$\dfrac{D}{\sin C} = \dfrac{\overline{AC}}{\sin\beta}$

$\dfrac{20}{\sin 30°} = \dfrac{\overline{AC}}{\sin 70°}$

$\therefore \overline{AC} = 37.59\text{m}$

㉯ $H = \overline{AC}\tan V$

$= 37.59 \times \tan 40° = 31.54\text{m}$

44. 근접할 수 없는 P, Q 두 점 간의 거리를 구하기 위하여 그림과 같이 관측하였을 때 $\overline{PQ}$의 거리는? [산업 12]

① 150m
② 200m
③ 250m
④ 305m

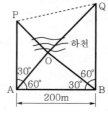

•해설 ㉮ $\overline{AQ}$의 거리

$\dfrac{200}{\sin 30°} = \dfrac{\overline{AQ}}{\sin 90°}$

$\therefore \overline{AQ} = 400\text{m}$

㉯ $\overline{AP}$의 거리

$\dfrac{200}{\sin 60°} = \dfrac{\overline{AP}}{\sin 30°}$

$\therefore \overline{AP} = 115.47\text{m}$

㉰ $\overline{PQ}$의 거리

$\overline{PQ} = \sqrt{(\overline{AQ})^2 + (\overline{AP})^2 - 2\overline{AQ}\,\overline{AP}\cos\alpha}$

$= \sqrt{400^2 + 115.47^2 - 2 \times 400 \times 115.47 \times \cos 30°}$

$= 305\text{m}$

45. 단삼각형의 조정에서 각 점의 내각이 같은 정밀도로 관측되었다고 한다면 폐합오차는? [기사 95]
① 각의 크기에 관계없이 등배분한다.
② 각의 크기에 비례하여 배분한다.
③ 각의 크기에 반비례하여 배분한다.
④ 대변의 크기에 비례하여 배분한다.

46. 다음 삼각측량에서 삼각망에 대한 도형의 강도 (Strength of figure)의 설명 중 잘못된 것은? [기사 96]
① 삼각망의 동일한 정확도를 얻기 위해 계산한다.
② 삼각측량의 예비작업에서 도형의 강도를 결정한다.
③ 도형의 강도는 관측 정확도가 좋으면 값이 커진다.
④ 삼각망의 기하학적 정확도를 나타내 준다.

▶해설 도형의 강도는 정확도와는 무관하다.

47. 삼각측량에서 삼각형의 내각이 30° 이하로 작아질수록 좋지 않은데 그 이유로 가장 타당한 것은 어느 것인가? [산업 00]
① 각이 작을수록 오차가 작아진다.
② 경위거계산에 어려움이 발생한다.
③ 평면직각좌표 계산값이 작아진다.
④ 각관측오차의 영향이 커진다.

▶해설 각이 30° 이하인 경우 각오차의 영향이 커지기 때문에 좋지 않다.

48. 귀심계산과 관계가 있는 것은 다음 중 어느 것인가? [산업 97]
① 귀심거리와 편심각
② 귀심각과 고도(高度)
③ 귀심거리와 고도(高度)
④ 고도(高度)와 측표

49. 삼각측량에서 두 점 간의 길이에 관한 설명 중 가장 옳은 것은? [산업 94, 96, 00]
① 두 점 간의 실제적인 최단거리
② 두 점을 기준면상에 투영한 최단거리
③ 두 점 간의 곡률을 고려한 최단거리
④ 두 점의 기차와 구차를 고려한 최단거리

50. 삼각측량과 삼변측량에 관한 설명 중 잘못된 것은? [기사 97]
① 삼변측량은 변장을 관측하여 삼각점의 위치를 구하는 측량이다.
② 삼각측량의 삼각망 중 가장 정확도가 높은 망은 사변형삼각망이다.
③ 삼각점의 선점에서 기계나 측표가 동요하는 습지나 하상은 피한다.
④ 삼각점의 등급을 정하는 주된 목적은 표석 설치를 편리하게 하기 위함이다.

51. 삼변측량에 대한 설명으로 잘못된 것은? [기사 11]
① 전자파거리측량기(E.D.M)의 출현으로 그 이용이 활성화되었다.
② 관측값의 수에 비해 조건식이 많은 것이 장점이다.
③ 코사인 제2법칙과 반각공식을 이용하여 각을 구한다.
④ 조정방법에는 조건방정식에 의한 조정과 관측방정식에 의한 조정방법이 있다.

▶해설 삼변측량 방식은 관측값의 수에 비해 조건식이 적다.

52. 삼변측량에 대한 설명으로 잘못된 것은?
① 전자파거리측량기(E.D.M)의 출현으로 그 이용이 활성화되었다.
② 관측값의 수에 비해 조건식이 많은 것이 장점이다.
③ 코사인 제2법칙과 반각공식을 이용하여 각을 구한다.
④ 조정방법에는 조건방정식에 의한 조정과 관측방정식에 의한 조정방법이 있다.

▶해설 삼변측량 방식은 관측값의 수에 비해 조건식이 적다.

53. 삼각측량 성과표에 기록된 내용이 아닌 것은 어느 것인가? [기사 96]
① 삼각점의 등급 및 명칭
② 천문경위도
③ 평면직각좌표 및 표고
④ 진북방향각

해설 성과표의 내용
- ㉮ 삼각점의 등급과 내용
- ㉯ 방위각
- ㉰ 평균거리의 대수
- ㉱ 측점 및 시준점의 명칭
- ㉲ 자북 방향각
- ㉳ 평면 직각좌표
- ㉴ 위도, 경도
- ㉵ 삼각점의 표고

MEMO

chapter 7

지형측량

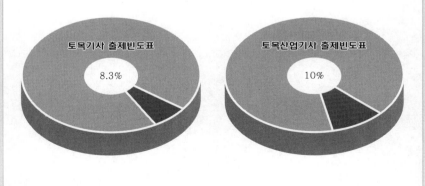

토목기사 출제빈도표

8.3%

토목산업기사 출제빈도표

10%

7 지형측량

01 지형측량의 개요

알•아•두•기•

① 정의

지표상의 자연 및 인위적인 **지물**인 하천, 호수, 도로, 철도, 건축물 등과 **지모**인 산정, 구릉, 계곡, 평야 등의 상호관계의 위치를 평면적, 수치적으로 측정하여 일정한 축척과 도식으로 지형도를 작성하기 위한 측량을 말한다.

② 지형도

지형을 도시한 지도로 평면상태로 지형을 표시하여 특수기호를 넣은 것을 말한다.

③ 지형도의 축척

① 대축척 : $\dfrac{1}{1,000}$ 이상

② 중축척 : $\dfrac{1}{1,000} \sim \dfrac{1}{10,000}$ 이상

③ 소축척 : $\dfrac{1}{10,000}$ 이하

④ 지형도의 대표적인 지도

국토교통부 발행 축척 $\dfrac{1}{50,000}$ 지도, 위도 15′, 경도 15′

■▷ 표현방법에 따른 분류
① 일반도 : 자연, 인문, 사회 사항을 정확하고 상세하게 표현한 지도 이다.
② 주제도 : 어느 특정한 주제를 강조하여 표현한 지도로서 일반도 를 기초로 한다.
③ 특수도 : 특수한 목적에 사용되는 지도이다.

■▷ 제작방법에 따른 분류
① 실측도 : 실제 측량한 성과를 이용하여 제작하는 지도
② 편집도 : 기존 지도를 이용하여 편집하여 제작
③ 집성도 : 기존의 지도, 도면 또는 사진 등을 붙여서 만드는 것

⑤ **편찬도**

$\dfrac{1}{200,000}$ 지도는 실측에 의하여 얻은 것이 아니고 $\dfrac{1}{50,000}$ 지형도에 의하여 만들어진 지도

02 지형도 표시법

① 자연적 도법

(1) 우모법(게바법)

선의 굵기, 길이 및 방향 등으로 땅의 모양을 표시하는 방법으로 경사가 급하면 선이 굵고, 완만하면 선이 가늘고 길게 새털 모양으로 지형을 표시한다. 고저가 숫자로 표시되지 않아 토목공사에 사용할 수 없다.

【그림 7-1】 우모법

(2) 음영법(명암법)

태양광선이 서북쪽에서 경사 45°로 비친다고 가정하고 지표의 기복에 대해서 그 명암을 도상에 2~3색 이상으로 지형의 기복을 표시하는 방법이다. 고저차가 크고 경사가 급한 곳에 주로 사용한다.

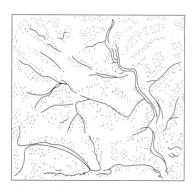

【그림 7-2】 음영법

❷ 부호적 도법

(1) 점고법

지표면상에 있는 임의 점의 표고를 도상에 숫자로 표시해 지표를 나타내는 방법이며 하천, 항만, 해양 등의 심천을 나타내는 경우에 사용한다.

(2) 등고선법

① 등고선은 지표의 같은 높이의 점을 연결한 곡선, 즉 수평면과 지구 표면과의 교선이다. 이 등고선에 의하여 지표면의 형태를 표시하며, 비교적 지형을 쉽게 표현할 수 있어 **가장 널리 쓰이는 방법**이다.

② 기준면으로부터 일정한 높이마다 하나씩 등간격으로 구한 것을 평면도상에 나타내는 것이므로 지형도를 보면 고저차를 알 수 있을 뿐만 아니라 인접한 등고선과의 수평거리에 의하여 지표면의 완경사, 급경사도 알 수 있으므로 **건설공사용**에 많이 사용되고 있다.

(3) 채색법(Lager tints)

① 지형도에 채색을 하여 지형이 **높아질수록 색깔을 진하게**, 낮아**질수록 연하게** 채색의 농도를 변화시켜 지표면의 고저를 나타내는 방법이다.

② 대개는 등고선과 함께 사용하며, 같은 등고선의 지대를 같은 색으로 칠하여 표시한다.

③ 지리관계의 지도나 **소축척의 지형도**에 사용된다.

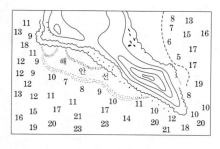

【그림 7-3】 점고법

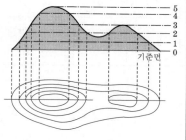

【그림 7-4】 등고선법

03 등고선의 간격 및 종류

❶ 등고선의 종류

(1) 주곡선

등고선을 일정한 간격으로 그렸을 때의 선을 말하며 가는 실선으로 표시한다.

(2) 간곡선

지형의 상세한 부분까지 충분히 표시할 수 없을 경우 주곡선의 1/2 간격으로 넣으며 가는 파선으로 표시한다.

(3) 조곡선

간곡선만으로도 지형을 표시할 수 없을 때 간곡선의 1/2 간격으로 넣으며 가는 실선으로 표시한다.

(4) 계곡선

주곡선 5개마다 넣는 것으로써 등고선을 쉽게 읽기 위해서 굵은 실선으로 표시한다.

구분	표시	등고선의 간격(m)				
		1 : 5,000	1 : 10,000	1 : 25,000	1 : 50,000	1 : 250,000
주곡선	가는 실선	5	5	10	20	100
계곡선	굵은 실선	25	25	50	100	500
간곡선	가는 파선	2.5	2.5	5	10	50
조곡선	가는 짧은 파선	1.25	1.25	2.5	5	25

❷ 지성선

(1) 능선(凸선)

분수선이라고도 하며 정상을 향하여 가장 높은 점을 연결한 선, 빗물이 갈라지는 분수선(V자형)

☑ 등고선 간격 결정시 주의해야
   할 사항
① 간격은 측량의 목적, 지형 및 지
   도의 축척 등에 따라 적당히 정
   한다.
② 간격을 좁게 취하면 지형을 정밀
   하게 표시할 수 있으나, 소축척
   에서는 지형이 너무 밀집되어 확
   실한 도면을 나타내기가 어렵다.
③ 간격을 넓게 취하면 지형의 이
   해가 곤란하므로 대축척보다는
   연직거리를 축척의 분모수의
   $\dfrac{1}{2,000}$ 정도로 한다.
④ 지형의 변화가 많거나 완경사지
   에서는 간격을 좁게, 지형의 변
   화가 작거나 급경사지에서는 간
   격을 넓게 한다.
⑤ 구조물의 설계나 토공량 산출에
   서는 간격을 좁게, 저수지 측량,
   노선의 예측, 지질도측량의 경
   우에는 넓은 간격으로 한다.

☑ 지성선
① 능곡
② 곡선
③ 경사변환선
④ 최대경사선

(2) 곡선(凹선)

합수선이라고도 하며 지표면이 낮은 점을 연결한 선 빗물이 합쳐지는 합수선(A자형)

(3) 경사변환선

동일방향의 경사면에서 경사의 크기가 다른 두 면의 접합선

(4) 최대경사선(유하선)

지표의 임의의 한 점에 있어서 그 경사가 최대로 되는 방향을 표시한 선으로 등고선에 **직각으로 교차**한다. 이 점을 기준으로 물이 흐르므로 유하선이라 부른다.

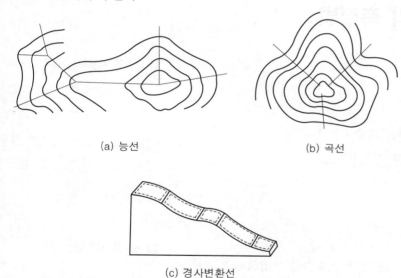

(a) 능선

(b) 곡선

(c) 경사변환선

【그림 7-5】 지성선

▷ 등고선의 성질

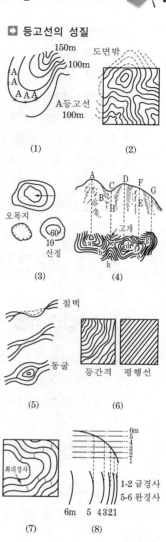

04 등고선의 성질

① 동일 등고선상에 있는 모든 점은 같은 높이이다.
② 등고선은 도면 안이나 밖에서 폐합하는 폐합곡선이다.
③ 도면 내에서 등고선이 폐합하는 경우 폐합된 등고선 내부에는 산꼭대기(산정) 또는 분지가 있다.

④ 2쌍의 등고선 볼록부가 마주하고 다른 한 쌍의 등고선이 바깥
   쪽으로 향할 때 그곳은 고개(안부)이다.
⑤ 높이가 다른 두 등고선은 동굴이나 절벽의 지형이 아닌 곳에서는
   교차하지 않는다. 동굴이나 절벽은 반드시 두 점에서 교차한다.
⑥ 동등한 경사의 지표에서 양 등고선의 수평거리는 같다.
⑦ 최대경사의 방향은 등고선과 직각으로 교차한다.
⑧ 등고선은 경사가 급한 곳에서는 간격이 좁고 완만한 경사에서
   는 넓다.

05 등고선의 측정법

① 직접측정법

① 레벨을 사용하는 경우
② 평판과 트랜싯을 사용하는 방법
③ 평판과 레벨을 함께 사용하는 방법

② 간접측정법

(1) 좌표점고법

측량하는 지역을 종횡으로 나누어 각 점의 표고를 기입해서 등고선을
삽입하는 방법이다.
토지의 정지작업, 정밀한 등고선이 필요할 때 많이 쓴다.

(2) 종단점법

지성선과 같은 중요한 선의 방향에 여러 개의 측선을 내고 그 방향
을 측정한다. 다음에는 이에 따라 여러 점의 **표고와 거리**를 구하여 등
고선을 그리는 방법

(3) 횡단점법

종단측량을 하고 좌우에 횡단면을 측정하는데 줄자와 핸드레벨로 하
는 때가 많다. 측정방법은 중심선에서 좌우방향으로 수선을 그어 그
수선상의 거리와 표고를 측정해서 등고선을 삽입하는 방법이다.

▶ 레벨을 사용하는 경우

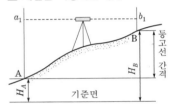

$$H_B = H_A + a_1 - b_1$$

▶ 평판을 사용하는 경우

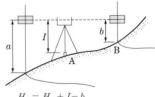

$$H_B = H_A + I - b$$

(4) 기준점법

변화가 있는 지점을 선정하여 거리와 고저차를 구한 후 등고선을 그리는 방법, 지모변화가 심한 경우에도 정밀한 결과를 얻을 수 있다.

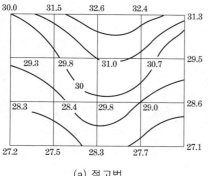

(a) 점고법

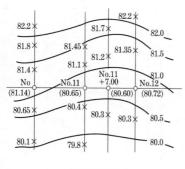

(c) 횡단점법

(b) 종단점법

(d) 기준점법

【그림 7-6】 간접측정법

06 등고선을 그리는 방법

① 목측으로 하는 방법
② 투사척을 사용하는 방법
③ 계산으로 하는 방법

$D : H = x : h$

$$\therefore x = \frac{D}{H} h \cdots\cdots (7 \cdot 1)$$

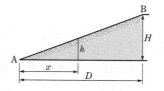

【그림 7-7】 등고선 간격의 측면도

▶ 경사도

$$i = \frac{H}{D} \times 100$$

$$\tan \theta = \frac{H}{D}$$

여기서, H : AB 간 표고
h : 등고선 표고의 높이
D : AB 간 수평거리
x : 구하는 등고선까지 거리

07 등고선의 이용

① 종단면도의 이용 및 횡단면도 만들기

지형도를 이용하여 기준점이 되는 종단점을 정하여 종단면도를 만들고 종단면도에 의해 횡단면도를 작성하여 토량산정에 의해 절토, 성토량을 구하여 공사에 필요한 자료를 근사적으로 얻을 수 있다.

② 노선의 도면상 선정

노선을 선정할 때 등고선에 따른 예비노선을 정하여(3개 노선) 답사 결과 가장 경제적이며 요구조건에 만족하는 노선 선정이 가능하다.

③ 터널의 도상 선정

입구와 출구를 구하고 지형도상에 표시하여 평면위치를 선정할 수 있다.

④ 용지경계의 측정

공사용지의 범위(절토, 성토)에 따른 토공량에 따른 공사비 책정 및 설계를 할 경우 정확한 용지경계측정을 할 때 사용한다.

⑤ 토공량

횡단면도에 의한 토적계산 및 지형도상에서 토공량을 계산할 수 있다.

⑥ 유역면적의 결정

저수량 결정(집수면적과 우량으로 결정) 및 Dam의 높이를 산정할
수 있다.

⑦ 배수면적 및 정수량

구적기(Planimeter)를 사용하여 등고선의 면적을 측정하여 등고선에
둘러싸인 면적으로 체적을 구하여 저수량을 구할 수 있다.

예상 및 기출문제

1. 다음 지형측량방법 중 골조측량에 해당되지 않는 것은? [산업 00]

① 삼변측량
② 트래버스측량
③ 삼각측량
④ 스타디아측량

> **해설** 스타디아측량은 세부측량이다.

2. 지형을 표시하는 방법 중에서 짧은 선으로 지표의 기복을 나타내는 방법은?

① 점고법
② 단채법
③ 영선법
④ 등고선법

> **해설** 영선법(우모법, 게바법)
> 선의 굵기, 길이 및 방향 등으로 지표의 모양을 표시하는 방법으로 경사가 급하면 선이 굵고, 완만하면 선이 가늘고 길게 새털모양으로 지형을 표시하는 방법이다.

3. 지형도에서 표시되는 하안 및 수위선은 어느 것을 평면위치의 기준으로 하는가? [기사 95]

① 최저수위선
② 평균저수위선
③ 평수위선
④ 최대수위선

4. 도상에 표고를 숫자로 나타내는 방법으로 하천, 항만, 해안측량 등에서 수심측량을 하여 고저를 나타내는 경우에 주로 사용되는 것은?

① 음영법
② 등고선법
③ 영선법
④ 점고법

> **해설** ㉮ 등고선법 : 등고선은 지표의 같은 높이의 점을 연결한 곡선, 즉 수평면과 지구표면과의 교선이다. 이 등고선에 의하여 지표면의 형태를 표시하며, 비교적 지형을 쉽게 표현할 수 있어 가장 널리 쓰이는 방법이다.

㉯ 우모법(영선법) : 선의 굵기, 길이 및 방향 등으로 땅의 모양을 표시하는 방법으로 경사가 급하면 선이 굵고, 완만하면 선이 가늘고 길어 새털모양으로 지형을 표시한다. 고저가 숫자로 표시되지 않아 토목공사에 사용할 수 없다.

㉰ 음영법(명암법) : 태양광선이 서북쪽에서 경사 45°로 비친다고 가정하고 지표의 기복에 대해서 그 명암을 도상에 2~3색 이상으로 지형의 기복을 표시하는 방법이다. 고저차가 크고 경사가 급한 곳에 주로 사용한다.

5. 다음은 지형측량을 위한 외업의 준비와 계획에 관한 설명이다. 틀린 것은? [산업 96]

① 항상 최고의 정확도를 유지할 수 있는 방법을 택한다.
② 날씨 등의 외적 조건은 변화를 고려하여 여유있는 작업일지를 취한다.
③ 가능한 한 조기에 오차를 발견할 수 있는 작업방법과 계산방법을 택한다.
④ 측량의 순서, 측량지역의 배분 및 연결방법 등에 대해 작업원 상호의 사전 조정을 한다.

6. 등고선에서 최단거리의 방향은 지표의 무엇을 표시하는가? [산업 95]

① 하향경사를 표시한다.
② 상향경사를 표시한다.
③ 최대경사방향을 표시한다.
④ 최소경사방향을 표시한다.

7. 등고선의 간격을 결정할 때 고려하여야 할 사항이 아닌 것은? [산업 99, 00]

① 측량의 목적과 지역의 넓이
② 토지의 경사도 등 현재의 상황
③ 사용될 도면의 크기
④ 외업 및 내업에 소요되는 시간과 비용

8. 토목공사에 사용되는 대축척 지형도의 등고선에서 주곡선의 간격으로 틀린 것은?

① 축척 1 : 500 − 0.5m　　② 축척 1 : 1,000 − 1.0m
③ 축척 1 : 2,500 − 2.0m　④ 축척 1 : 5,000 − 5.0m

> **해설**

구분	표시	$\frac{1}{500}$	$\frac{1}{1,000}$	$\frac{1}{2,500}$	$\frac{1}{5,000}$
주곡선	가는 실선	1	1	2	5
간곡선	가는 파선	0.5	0.5	1	2.5
조곡선	가는 점선	0.25	0.25	0.5	1.25
계곡선	굵은 실선	5	5	10	25

9. 등고선의 간격은 축척에 따라 다르며 1/50,000 지도에서의 간격은? 　　　　　　　　　　[산업 92]

① 주곡선 30m, 간곡선 15m, 조곡선 5m
② 주곡선 50m, 간곡선 25m, 조곡선 10m
③ 주곡선 20m, 간곡선 10m, 조곡선 5m
④ 주곡선 10m, 간곡선 5m, 조곡선 25m

> **해설**

구분	표시	$\frac{1}{10,000}$	$\frac{1}{25,000}$	$\frac{1}{50,000}$
주곡선	가는 실선	5	10	20
간곡선	가는 파선	2.5	5	10
조곡선	가는 점선	1.25	2.5	5
계곡선	굵은 실선	25	50	100

10. 지형측량에서 등고선에 대한 설명 중 옳은 것은?

① 계곡선은 가는 실선으로 나타낸다.
② 간곡선은 가는 긴 파선으로 나타낸다.
③ 축척 1/25,000 지도에서 주곡선의 간격은 5m이다.
④ 축척 1/10,000 지도에서 조곡선의 간격은 2.5m이다.

> **해설**

구분	$\frac{1}{10,000}$	$\frac{1}{25,000}$	$\frac{1}{50,000}$
주곡선	5	10	20
간곡선	2.5	5	10
조곡선	1.25	2.5	5
계곡선	25	50	100

간곡선은 가는 파선으로 나타낸다.

11. 지형측량에서 지성선(地性線)을 설명한 것 중 옳은 것은? 　　　　　　　　　　　　[기사 97]

① 등고선이 수목에 가리워져 불명확할 때 이어주는 선을 말한다.
② 지모(地貌)의 골격이 되는 선을 말한다.
③ 등고선에 직각방향으로 내려 그은 선을 말한다.
④ 곡선(谷線)이 합류되는 점들을 서로 연결한 선을 말한다.

12. 다음 중 등고선과 지성선에 대한 설명으로 옳지 않은 것은?

① 등경 사면에서는 등간격으로 표현된다.
② 최대 경사선과 등고선은 반드시 직교한다.
③ 철(凸)선은 빗물이 이 선을 향하여 모여 흐르므로 합수선이라고도 한다.
④ 등고선은 절벽이나 동굴 등 특수한 지형 외에는 합쳐지거나 또는 교차하지 않는다.

> **해설** 철(凸)선은 빗물이 이 선을 기준으로 갈라지므로 분수선이라고도 한다.

13. 다음의 사항 중 옳지 않은 것은? [산업 94, 96]

① 기본 지형도에서 등고선의 색은 갈색을 주로 사용한다.
② 지성선이란 분수선과 계곡선을 말한다.
③ 계곡은 A자형 곡선을 이루고 산형은 V자형 곡선을 이룬다.
④ 등고선이 요(凹)사면일 경우는 고위부에서 밀집하며 저위부에서 멀어진다.

14. 지형측량에서 지성선(地性線)에 대한 설명으로 옳은 것은? 　　　　　　　　　　[기사 13]

① 등고선이 수목에 가려져 불명확할 때 이어주는 선을 의미한다.
② 지모(地貌)의 골격이 되는 선을 의미한다.
③ 등고선에 직각방향으로 내려 그은 선을 의미한다.
④ 곡선(谷線)이 합류되는 점들을 서로 연결한 선을 의미한다.

> **해설** 지형측량에서 지성선이란 지모의 골격이 되는 선을 말한다.

15. 지성선에 관한 설명으로 옳지 않은 것은?

[기사 12]

① 지성선은 지표면이 다수의 평면으로 구성되었다고 할 때 평면간 접합부, 즉 접선을 말하며 지세선이라고도 한다.

② 철(凸)선을 능선 또는 분수선이라 한다.

③ 경사변환선이란 동일 방향의 경사면에서 경사의 크기가 다른 두 면의 접합선이다.

④ 요(凹)선은 지표 외 경사가 최대로 되는 방향을 표시한 선으로 유하선이라고 한다.

해설 요(凹)선은 합수선이라고도 하며 지표면이 낮은 점을 연결한 선으로 빗물이 합쳐지는 선이다.

16. 다음과 같은 지형도에서 저수지의 집수면적을 나타내는 경계선은 어느 것인가?

[산업 10]

① ㉠과 ㉡ 사이   ② ㉠과 ㉢ 사이

③ ㉡과 ㉢ 사이   ④ 없다.

해설 ㉠과 ㉢의 경계선은 능선이다.

17. 등고선의 성질에 대한 설명으로 옳지 않은 것은?

① 경사가 급한 지역은 등고선간격이 좁다.

② 어느 지점의 최대경사방향은 등고선과 평행한 방향이다.

③ 동일 등고선상의 지점들은 높이가 같다.

④ 계곡선은 등고선과 직교한다.

해설 등고선의 성질

㉮ 동일 등고선상에 있는 모든 점은 같은 높이이다.

㉯ 등고선은 도면 안이나 밖에서 폐합하는 폐합곡선이다.

㉰ 도면 내에서 등고선이 폐합하는 경우 폐합된 등고선 내부에는 산꼭대기(산정) 또는 분지가 있다.

㉱ 두 쌍의 등고선 볼록부가 마주하고 다른 한 쌍의 등고선이 바깥쪽으로 향할 때 그곳은 고개(안부)이다.

㉮ 높이가 다른 두 등고선은 동굴이나 절벽의 지형이 아닌 곳에서는 교차하지 않는다. 동굴이나 절벽은 반드시 두 점에서 교차한다.

㉯ 동등한 경사의 지표에서 양등고선의 수평거리는 같다.

㉰ 최대경사의 방향은 등고선과 직각으로 교차한다.

㉱ 등고선은 경사가 급한 곳에서는 간격이 좁고 완만한 경사에서는 넓다.

18. 지형도상에 있어서의 등고선에 대한 설명 중 틀린 것은?

[산업 98]

① 등고선은 지물(건물, 도로 등)과 만나는 경우 끊겼다, 이어진다.

② 경계선이나 지하도와 같은 부호 때문에 끊어지는 경우가 있다.

③ 등고선은 어느 경우라도 항상 폐합된다.

④ 지표면의 최대 경사의 방향은 등고선에 수직한 방향이다.

해설 등고선은 도중에 없어지거나 끊어지지 않는다.

19. 등고선의 성질을 설명한 것으로 옳지 않은 것은 어느 것인가?

[기사 00]

① 등고선은 도면 내외에서 폐합하는 폐곡선이다.

② 동일한 경사면에서 등고선의 간격은 같다.

③ 등고선은 분수선과 직각으로 만난다.

④ 등고선의 수평거리는 보통 산중턱이 가장 크다.

해설 보통 산중턱은 경사가 급하기 때문에 수평거리는 작다.

20. 다음 등고선의 성질 중 틀린 것은? [기사 98]

① 볼록한 등경사면의 등고선 간격은 산정으로 갈수록 좁아진다.

② 등고선은 도면 내·외에서 폐합하는 폐곡선이다.

③ 지도의 도면 내에서 폐합하는 경우 등고선의 내부에는 산꼭대기 또는 분지가 있다.

④ 절벽은 등고선이 서로 만나는 곳에 존재한다.

해설 볼록한 등경사면의 등고선의 간격은 산정으로 갈수록 넓어진다.

21. 등고선의 측정방법 중 비교적 평탄한 지역의 정지작업에 많이 이용되는 방법은? [산업 99]

① 방사절측법   ② 목측법
③ 종단점법   ④ 방안법

 좌표점고법(방안법) : 측량하는 지역을 종횡으로 나누어 각 지점의 표고를 기입해서 등고선을 삽입하는 방법으로 토지의 정지작업에 많이 쓰인다.

22. 레벨과 평판을 병용하여 직접 등고선을 측정하려고 한다. 표고 100.25m인 기준점에서 표척을 세워 레벨로 측정한 값이 2.45m였다. 1m 간격의 등고선을 측정할 때 101m의 등고선을 측정하려면 레벨로 시준하여야 할 표척의 시준높이는?

① 0.50m   ② 1.05m
③ 1.70m   ④ 2.45m

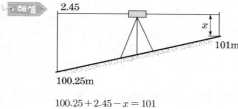

$$100.25 + 2.45 - x = 101$$
$$\therefore \ x = 1.7\text{m}$$

23. 다음 축척 1/500 지형도를 기초로 하여 축척 1/2,500의 지형도를 편찬하려 한다. 1/2,500 지형도의 1도면에서 1/500 지형도가 몇 매 필요한가? [산업 00]

① 5매   ② 10매
③ 15매   ④ 25매

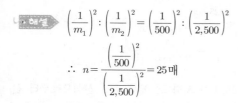

$$\left(\frac{1}{m_1}\right)^2 : \left(\frac{1}{m_2}\right)^2 = \left(\frac{1}{500}\right)^2 : \left(\frac{1}{2,500}\right)^2$$

$$\therefore \ n = \frac{\left(\dfrac{1}{500}\right)^2}{\left(\dfrac{1}{2,500}\right)^2} = 25\text{매}$$

24. 1/5,000 지형도상에서 20m와 60m의 등고선 사이 등경사지의 임의의 한 점 P의 높이는? (단, 20m 등고선에서 P까지의 도상거리는 15mm, 60m 등고선에서는 5mm였다.) [기사 99]

① 46m   ② 50m
③ 52m   ④ 54m

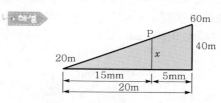

$$20 : 40 = 15 : x$$
$$x = 30$$
$$\therefore \ H_p = 20 + 30 = 50\text{m}$$

25. 1/50,000 지형도의 주곡선 간격은 20m이다. 이 지형도에서 4% 구배의 노선을 선정하고자 할 때 등고선 사이의 도상수평거리는 얼마인가? [기사 99]

① 5mm   ② 10mm
③ 15mm   ④ 20mm

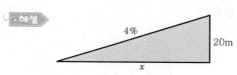

㉮ 비례식에 의해 $100 : 4 = x : 20$
    $\therefore \ x = 500\text{m}$

㉯ $\dfrac{1}{m} = \dfrac{도상거리}{실제 거리}$

    $\dfrac{1}{50,000} = \dfrac{도상거리}{500}$

    $\therefore \ 도상거리 = 10\text{mm}$

26. A점은 30m의 등고선상에 있고, B점은 40m의 등고선상에 있다. AB의 경사가 25%일 때 AB의 수평거리는 얼마인가? [산업 95]

① 10m   ② 20m
③ 30m   ④ 40m

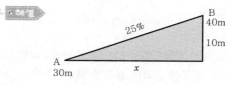

비례식에 의해 $100 : 25 = x : 10$
$\therefore \ x = 40\text{m}$

27. 비교적 경사가 일정한 두 점 AB 사이에 표고 130m의 등고선이 지나는 위치는 수평거리가 점 B에서 얼마 만큼 떨어진 곳인가? (단, AB간의 수평거리는 200m, A점의 표고 : 143m, B점의 표고 : 121m) [기사 96]

① 81.8m ② 118.2m
③ 76.4m ④ 123.6m

 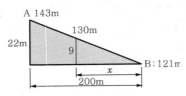

$$200 : 22 = x : 9$$
$$\therefore x = 81.8m$$

28. 다음 1/50,000 도면상에서 AB 간의 도상수평거리가 10cm일 때 AB간의 실수평거리와 AB선의 경사를 구한 값은? [산업 96]

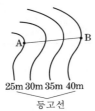

① 실수평 거리 : 50m, 경사 : 1/3.33
② 실수평 거리 : 500m, 경사 : 1/33.3
③ 실수평 거리 : 5,000m, 경사 : 1/333
④ 실수평 거리 : 50,000m, 경사 : 1/3,333

 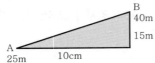

㉮ 실수평거리 $= 50,000 \times 0.1 = 5,000m$
㉯ 경사$(i) = \dfrac{H}{D} = \dfrac{15}{5,000} = \dfrac{1}{333}$

29. 1/50,000 지형도에서 621.5m의 산정과 417.5m의 산 사이에 주곡선 간격의 등고선 개수는? [산업 12]

① 9 ② 10
③ 11 ④ 12

해설 1/50,000의 경우 주곡선의 간격은 20m이다.

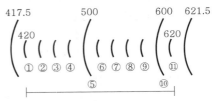

$\therefore$ 주곡선의 수 : 11개

30. 1/50,000 지형도에서 500m 산정과 200m 산정 간에 주곡선의 수는 몇 선인가? [산업 98]

① 15 ② 14
③ 11 ④ 9

해설 1/50,000의 경우 주곡선의 간격은 20m이다.

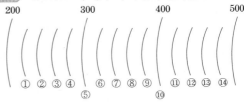

$\therefore$ 주곡선의 수 : 14개

31. 1/25,000 지형도상에서 두 점 간의 거리가 6.73cm인 두 점 사이의 거리를 다른 축척의 지형도에서 측정한 결과 11.21cm이었다. 이 지형도의 축척은 얼마인가? [기사 98]

① 1/20,000 ② 1/18,000
③ 1/15,000 ④ 1/13,000

해설 ㉮ $\dfrac{1}{m} = \dfrac{\text{도상거리}}{\text{실제 거리}}$

$$\dfrac{1}{25,000} = \dfrac{6.73}{x}$$
$$\therefore x = 168,250cm$$

㉯ $\dfrac{1}{m} = \dfrac{11.21}{168,250} = \dfrac{1}{15,000}$

32. 1 : 25,000 지형도상에서 어느 산정으로부터 산 밑까지의 수평거리가 5.6cm일 때 산정표고가 335.75m, 산 밑의 표고가 102.50m인 사면의 경사는 얼마인가? [산업 98]

① $\dfrac{1}{3}$ ② $\dfrac{1}{4}$
③ $\dfrac{1}{6}$ ④ $\dfrac{1}{7}$

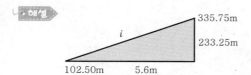

㉮ 실수평거리$(D) = 25,000 \times 0.056 = 1,400\text{m}$

㉯ $i = \dfrac{H}{D} = \dfrac{233.25}{1,400} = \dfrac{1}{6}$

33. 지형도에서 30m와 40m의 등고선 사이에 P점을 통과하는 직선을 긋기 위하여 A점에서 P점까지의 수평거리를 측정한 결과가 15m이었다면 P점의 표고는 얼마인가? (단, AB 등고선의 거리는 20m이다.)

[산업 99]

① 32.5m
② 35.0m
③ 37.5m
④ 48.5m

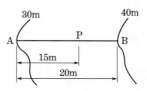

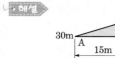
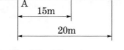

$20 : 10 = 15 : x$

$x = 7.5\text{m}$

$\therefore \ H_p = H_A + x = 30 + 7.5 = 37.5\text{m}$

34. $1 : 25,000$ 지형도상에서 산정에서 산자락의 수평거리를 측정하니 48mm이었다. 산정의 표고는 492m, 산자락의 표고는 12m일 때 이 산의 경사도는 얼마인가?

[산업 99]

① $\dfrac{1}{2.5}$ ② $\dfrac{1}{4}$

③ $\dfrac{1}{2.2}$ ④ $\dfrac{1}{8}$

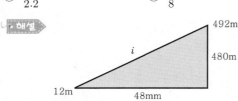

㉮ 수평거리$(D) = 25,000 \times 0.048 = 1,200\text{m}$

㉯ $i = \dfrac{H}{D} = \dfrac{480}{1,200} = \dfrac{1}{2.5}$

35. 다음 그림에서 AB 사이를 등경사로 보고 2m 마다 등고선을 삽입하고자 한다. 높이가 172m인 등고선의 위치는 A로부터 얼마나 떨어져 있는가? (단, AB 사이의 수평거리는 100m임)

[기사 00]

① 42.1m
② 30.7m
③ 20.2m
④ 15.8m

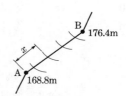

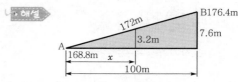

$100 : 7.6 = x : 3.2$

$\therefore \ x = 42.1\text{m}$

36. 그림과 같이 표고가 각각 112m, 142m인 A, B 두 점이 있다. 두 점 사이에 130m의 등고선을 삽입할 때 이 등고선의 위치는 A점으로부터 $\overline{AB}$ 상 몇 m에 위치하는가? (단, AB의 직선거리는 200m이고, AB구간은 등경사이다.)

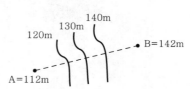

① 120m   ② 125m
③ 130m   ④ 135m

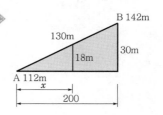

$200 : 30 = x : 18$

$\therefore \ x = 120\text{m}$

37. 1/5,000의 지형측량에서 등고선을 그리기 위한 측점에 높이의 오차가 2.0m였다. 그 지점의 경사각이 1°일 때 그 지점을 지나는 등고선의 오차는 얼마인가?

[기사 96]

① 3.5cm   ② 2.3cm

③ 2.1cm   ④ 1.2cm

해설 ㉮ $\tan\theta = \dfrac{H}{D}$

$$\therefore D = \frac{H}{\tan\theta} = \frac{2}{\tan 1°} = 114.58\text{m}$$

㉯ $\dfrac{1}{m} = \dfrac{도상거리}{실제 거리}$

$$\therefore 도상거리 = \frac{실제 거리}{m}$$

$$= \frac{114.58}{5,000} = 0.023\text{m} = 2.3\text{cm}$$

chapter 8

노선측량

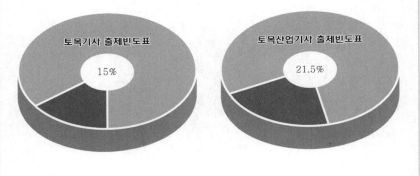

토목기사 출제빈도표

15%

토목산업기사 출제빈도표

21.5%

8 노선측량

01 노선측량의 개요

① 정의

노선측량은 도로, 철도, 수로, 관로, 송전선로, 갱도와 같이 길이에 비하여 폭이 좁은 지역의 구조물 설계와 시공을 목적으로 시행하는 측량이다.

② 노선측량의 순서

지형측량 → 중심선측량 → 종·횡단측량 → 용지측량 → 시공측량

③ 곡선의 종류

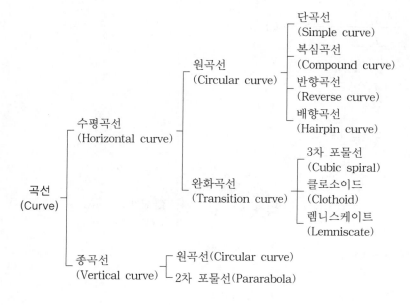

곡선
(Curve)

수평곡선
(Horizontal curve)

원곡선
(Circular curve)
- 단곡선 (Simple curve)
- 복심곡선 (Compound curve)
- 반향곡선 (Reverse curve)
- 배향곡선 (Hairpin curve)

완화곡선
(Transition curve)
- 3차 포물선 (Cubic spiral)
- 클로소이드 (Clothoid)
- 렘니스케이트 (Lemniscate)

종곡선
(Vertical curve)
- 원곡선(Circular curve)
- 2차 포물선(Pararabola)

알 · 아 · 두 · 기 ·

▣ 노선 선정시 고려할 사항
① 가능한 한 직선으로 할 것
② 가능한 한 경사가 완만할 것
③ 토공량이 적게 되며 절토량과 성토량이 같을 것
④ 절토의 운반거리가 짧을 것
⑤ 배수가 완전할 것

▣ 곡선의 종류
① 3차 포물선 : 철도
② 클로소이드 : 도로
③ 렘니스케이트 : 시가지 지하철
④ 종곡선(원곡선) : 철도
⑤ 종곡선(2차 포물선) : 도로

---

02 단곡선의 각부 명칭과 공식

① 단곡선의 각부 명칭

① 교점(I.P.) : V
② 곡선시점(B.C.) : A
③ 곡선종점(E.C.) : B
④ 곡선중점(S.P.) : P
⑤ 교각(I.A 또는 I) : ∠DVB
⑥ 접선길이(T.L.) : $\overline{AV} = \overline{BV}$
⑦ 곡선반지름(R) : $\overline{OA} = \overline{OB}$
⑧ 곡선길이(C.L.) : $\overset{\frown}{AB}$
⑨ 중앙종거(M) : $\overline{PQ}$
⑩ 외할길이(S.L.) : $\overline{VP}$
⑪ 현길이(L) : $\overline{AB}$
⑫ 편각(δ) : ∠VAG

■ 중앙종거와 곡률반경의 관계
$$R = \frac{C^2}{8M}$$

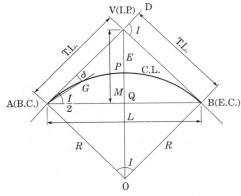

【그림 8-1】 단곡선의 명칭

② 단곡선의 공식

(1) 접선길이

$$\text{T.L.} = R \tan \frac{I}{2} \quad \cdots\cdots\cdots\cdots (8\cdot1)$$

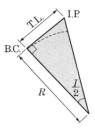

【그림 8-2】

■ 편각
접선과 현이 이루는 각이다.

(2) 곡선길이

$$2\pi R : \text{C.L.} = 360° : I$$

$$\boxed{\text{C.L.} = \frac{\pi}{180°} RI} \cdots\cdots\cdots\cdots (8\cdot2)$$

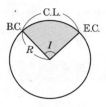

【그림 8-3】

(3) 외할($E=$ S.L.)

$$E = l - R$$

$$= R \sec \frac{I}{2} - R$$

$$\boxed{= R\left(\sec \frac{I}{2} - 1\right)} \cdots\cdots\cdots\cdots (8\cdot3)$$

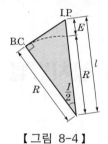

【그림 8-4】

(4) 중앙종거

$$M = R - x$$

$$= R - R \cos \frac{I}{2}$$

$$\boxed{= R\left(1 - \cos \frac{I}{2}\right)} \cdots\cdots\cdots\cdots (8\cdot4)$$

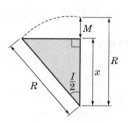

【그림 8-5】

(5) 장현

$$\sin \frac{I}{2} = \frac{C}{2R}$$

$$\therefore \boxed{C = 2R \sin \frac{I}{2}} \cdots\cdots\cdots\cdots (8\cdot5)$$

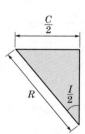

【그림 8-6】

(6) 편각

$$\boxed{\delta = \frac{l}{2R}\left(\frac{180°}{\pi}\right) = \frac{l}{R}\left(\frac{90°}{\pi}\right)} \cdots\cdots\cdots\cdots\cdots\cdots\cdots\cdots\cdots\cdots\cdots\cdots\cdots\cdots (8\cdot6)$$

(7) 곡선시점

$$\boxed{\text{B.C.} = \text{I.P.} - \text{T.L.}} \cdots\cdots\cdots\cdots\cdots\cdots\cdots\cdots (8\cdot7)$$

(8) 곡선종점

$$\text{E.C.} = \text{B.C.} + \text{C.L.} \quad \cdots\cdots\cdots\cdots\cdots\cdots\cdots\cdots\cdots\cdots \quad (8\cdot8)$$

(9) 시단현

$$l_1 = \text{B.C.부터 B.C. 다음 말뚝까지의 거리} \quad \cdots\cdots\cdots\cdots \quad (8\cdot9)$$

(10) 종단현

$$l_2 = \text{E.C.부터 E.C. 바로 앞 말뚝까지의 거리} \quad \cdots\cdots\cdots\cdots \quad (8\cdot10)$$

03 단곡선의 설치방법

① 편각설치법

(1) 트랜싯으로 편각측정, 테이프로 거리측정

(2) 다른 방법에 비하여 정밀

(3) 철도, 도로에 사용

▶ 단곡선을 설치하는 방법에는 편각법, 접선편거와 현편거법, 중앙종거법, 접선에서 지거를 이용하는 방법 등이 있으며 그 중에 편각법을 가장 많이 사용한다.

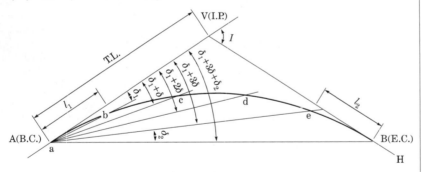

【그림 8-7】 편각법에 의한 곡선설치

(4) 편각(δ_1, δ_2, δ)

① 시단편각 : $\delta_1 = \dfrac{l_1}{R}\left(\dfrac{90°}{\pi}\right)$ $\cdots\cdots\cdots\cdots\cdots\cdots\cdots\cdots$ $(8\cdot11)$

② 종단편각 : $\delta_2 = \dfrac{l_2}{R}\left(\dfrac{90°}{\pi}\right)$ $\cdots\cdots\cdots\cdots\cdots\cdots\cdots\cdots$ $(8\cdot12)$

③ 20m 편각 : $\delta = \dfrac{l}{R}\left(\dfrac{90°}{\pi}\right)$ $\cdots\cdots\cdots\cdots\cdots\cdots\cdots\cdots$ $(8\cdot13)$

❷ 중앙종거법(1/4법)

(1) 시가지, 도로의 기설곡선의 검사에 사용

(2) 편리한 방법

(3) 20m마다 말뚝이나 중심간격 설치가 불가능

▶ 중앙종거란 곡선의 중점으로부터 현에 내린 수선의 길이를 말한다.

▶ 중앙종거법은 곡선반지름 또는 곡선길이가 작을 때 이용되는 곡선설치방법이다.

$$M_1 = R\left(1 - \cos\frac{I}{2}\right) \quad\text{·······················}\quad (8\cdot14)$$

$$M_2 = R\left(1 - \cos\frac{I}{4}\right) \quad\text{·······················}\quad (8\cdot15)$$

$$M_3 = R\left(1 - \cos\frac{I}{8}\right) \quad\text{·······················}\quad (8\cdot16)$$

$$\therefore\ M_1 = 4M_2 \quad\text{·······························}\quad (8\cdot17)$$

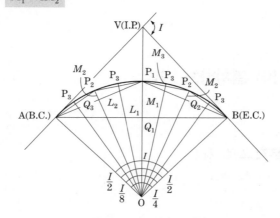

【그림 8-8】 중앙종거법

❸ 접선편거 및 현편거로 설치하는 방법

(1) 트랜싯을 사용하지 않고 폴과 테이프 사용

(2) 낮은 정밀도

(3) 지방도로, 농로에 사용

(4) 현편거(d)

$$d = \frac{l^2}{R} \quad\text{·······························}\quad (8\cdot18)$$

(5) 접선편거(t)

$$t = \frac{d}{2} = \frac{l^2}{2R}$$ ·· $(8 \cdot 19)$

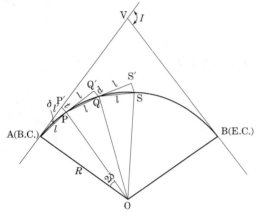

【그림 8-9】 편거법

④ 접선에서 지거를 이용하여 설치하는 방법

(1) 굴 속의 설치

(2) 산림지대에서 벌채량을 줄일 목적으로 사용

▶ 접선에서 지거를 이용하여 설치하는 방법은 편각법의 설치가 곤란할 때 쓰인다.

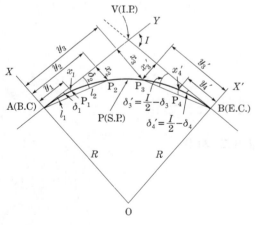

【그림 8-10】 지거법

① 편각 : $\delta = \dfrac{l}{R}\left(\dfrac{90°}{\pi}\right)$

② 현장 : $l = 2R \sin \delta$ (≒ 호장(l))

에 의해 좌표값 x와 y는

$$x = l\,\sin\delta = 2R\sin^2\delta = R(1 - \cos 2\delta)$$ ················ (8·20)

$$y = l\,\cos\delta = 2R\sin^2\delta\cos\delta = R\sin 2\delta$$ ················ (8·21)

⑤ 장애물이 있을 경우 곡선설치

(1) 교각을 실측할 수 없을 경우

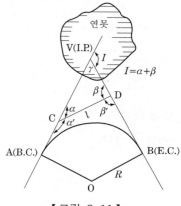

【그림 8-11】

▶ 장애물이 있는 경우 곡선설치는 sin법칙을 이용하면 쉽게 구할 수 있다.

$$I = \alpha + \beta = 360° - (\alpha' + \beta)$$

$$\sin[180° - (\alpha + \beta)] = \sin(\alpha + \beta)$$

△CDV에 sin법칙을 적용하면

$$\overline{\mathrm{CV}} = \frac{\sin\beta}{\sin\gamma}\,l = \frac{\sin\beta}{\sin[180° - (\alpha + \beta)]}\,l$$ ················ (8·22)

$$\overline{\mathrm{DV}} = \frac{\sin\alpha}{\sin\gamma}\,l = \frac{\sin\alpha}{\sin[180° - (\alpha + \beta)]}\,l$$ ················ (8·23)

곡선반경 R을 알면 T.L. $= R\tan\dfrac{I}{2}$ 이므로

$$\overline{\mathrm{AC}} = \overline{\mathrm{AV}} - \overline{\mathrm{CV}}$$
$$= R\tan\frac{I}{2} - \frac{\sin\beta}{\sin[180° - (\alpha + \beta)]}\,l$$ ················ (8·24)

$$\overline{\mathrm{BD}} = \overline{\mathrm{BV}} - \overline{\mathrm{DV}}$$
$$= R\tan\frac{I}{2} - \frac{\sin\alpha}{\sin[180° - (\alpha + \beta)]}\,l$$ ················ (8·25)

(2) B.C.(시점) 및 E.C.(종점)에 장애물이 있는 경우

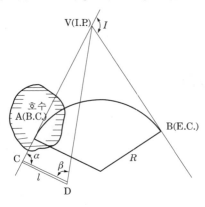

【그림 8-12】

그림 8−12와 같이 곡선시점 B.C.에 호수가 있어서 B.C.에 갈 수 없는 경우 임의의 $\overline{CD}=l$을 측정한 후 $\overline{CA}$ 사이의 거리를 구한다.

△CDV에 sin법칙을 적용하면

$$\overline{CV}=\frac{\sin\beta}{\sin[180°-(\alpha+\beta)]}\,l$$

$$\overline{AV}=\text{T.L.}=R\tan\frac{I}{2}$$

$$\therefore\ \overline{CA}=\overline{CV}-\text{T.L.}$$
$$=\frac{\sin\beta}{\sin[180°-(\alpha+\beta)]}\,l-R\tan\frac{I}{2}\ \cdots\cdots\cdots\cdots\cdots\ (8\cdot26)$$

⑥ 복심곡선 및 반향곡선

(1) 복심곡선

반지름이 다른 2개의 원곡선이 1개의 공통접선을 갖고 접선의 같은 쪽에서 연결되는 곡선을 말한다.

(2) 반향곡선(배향곡선)

반지름이 다른 2개의 원곡선이 1개의 공통접선의 양쪽에서 서로 곡선중심을 가지고 연결되는 곡선이다.

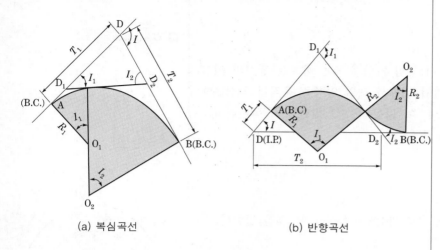

| (a) 복심곡선 | (b) 반향곡선 |

【그림 8-13】

04 완화곡선

① 정의

차량을 안전하게 통과시키기 위하여 직선부와 원곡선 사이에 반지름이 무한대로부터 차차 작아져서 원곡선의 반지름이 R이 되는 곡선을 넣고 이 곡선 중의 캔트 및 슬랙이 0에서 차차 커져 원곡선에서 정해진 값이 되도록 곡선부와 원곡선 사이에 넣는 특수곡선을 말한다.

② 캔트(Cant)

곡선부를 통과하는 열차가 원심력으로 인한 낙차를 고려하여 **바깥레일을 안쪽보다 높이는 것**을 말한다.

$$C = \frac{SV^2}{Rg}$$ .... (8·27)

여기서, C : 캔트
S : 궤간
V : 차량속도
R : 곡선반경
g : 중력가속도

■ 캔트, 속도, 반경과의 관계

C	V	R
$4C$	$2V$	–
$\frac{1}{2}C$	–	$2R$
$2C$	$2V$	$2R$

③ 슬랙(Slack)

차량과 레일이 꼭 끼어서 서로 힘을 입게 되면 때로는 탈선의 위험도 생긴다. 이러한 위험을 막기 위해서 레일 안쪽을 움직여 곡선부에서는 궤간을 넓힐 필요가 있다. 이 넓힌 치수를 말한다. 확폭이라고도 한다.

④ 편물매

캔트와 같은 이론으로 도로에서 바깥노면을 높이는 것을 말한다.

⑤ 확도

도로의 곡선부에서 안전하게 원심력과 저항할 수 있는 여유를 잡아 직선부보다 약간 넓히는 것을 말한다.

⑥ 완화곡선의 성질

① 곡선반경은 완화곡선의 **시점**에서 무한대, 종점에서 원곡선 R 로 된다.
② 완화곡선의 접선은 **시점**에서 직선에, 종점에서 원호에 접한다.
③ 완화곡선에 연한 곡선반경의 감소율은 **캔트**의 증가율과 같다.

⑦ 완화곡선의 길이

$$L = \left(\frac{N}{1,000}\right)C = \left(\frac{N}{1,000}\right)\frac{SV^2}{Rg} \quad \cdots\cdots\cdots\cdots\cdots\cdots (8\cdot28)$$

여기서, C : 캔트
N : 완화곡선 정수(300~800)

⑧ 이정

$$f = \frac{L^2}{24R} \quad \cdots\cdots\cdots\cdots\cdots\cdots\cdots\cdots\cdots\cdots\cdots\cdots (8\cdot29)$$

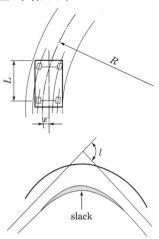

⑨ 완화곡선의 접선장

$$\text{T.L.} = \frac{L}{2} + (R+f)\tan\frac{I}{2}$$ ························· $(8\cdot30)$

05 클로소이드

곡률이 곡선장에 비례하는 곡선을 클로소이드(Clothoid)라 한다.

① 클로소이드의 공식

① 곡률반경(R) = $\dfrac{A^2}{L} = \dfrac{A}{l} = \dfrac{L}{2\tau} = \dfrac{A}{\sqrt{2\tau}}$ ················ $(8\cdot31)$

② 곡선장(L) = $\dfrac{A^2}{R} = \dfrac{A}{r} = 2\tau R = A\sqrt{2\tau}$ ·········· $(8\cdot32)$

③ 접선각(τ) = $\dfrac{L}{2R} = \dfrac{L^2}{2A^2} = \dfrac{A^2}{2R^2}$ ·············· $(8\cdot33)$

④ 매개변수(A) = $\sqrt{RL} = lR = Lr = \dfrac{L}{\sqrt{2\tau}} = \sqrt{2\tau}\,R$

$$A^2 = RL = \frac{L^2}{2\tau} = 2\tau R^2$$ ···················· $(8\cdot34)$

□ 클로소이드

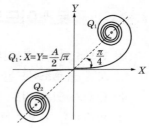

$Q_1 : X = Y = \dfrac{A}{2}\sqrt{\pi}$

② 클로소이드의 형식

(1) 기본형

직선, 클로소이드, 원곡선 순으로 나란히 설치되어 있는 것

(2) S형

반향곡선의 사이에 클로소이드를 삽입한 것

(3) 난형

복심곡선의 사이에 클로소이드를 삽입한 것

□ 클로소이드의 형식

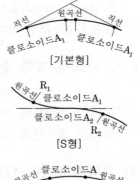

(4) 凸형

같은 방향으로 구부러진 2개 이상의 클로소이드를 직선적으로 삽입한 것

(5) 복합형

같은 방향으로 구부러진 2개 이상의 클로소이드를 이은 것으로 모든 접합부에서 곡률은 같다.

원곡선
클로소이드A_1 클로소이드A_1
[凸형]

클로소이드A_1 클로소이드A_3
클로소이드A_2
[복합형]

(6) 나선형

③ 클로소이드의 성질

① 클로소이드는 나선의 일종이다.
② 모든 클로소이드는 **닮은 꼴**이다(상사성이다).
③ 단위가 있는 것도 있고, 없는 것도 있다.
④ 확대율을 가지고 있다.
⑤ τ는 radian으로 구한다.
⑥ τ는 30°가 적당하다.
⑦ 도로에서 특성점은 $\tau = 45°$가 되게 한다.

④ 클로소이드의 곡선설치 표시방법

(1) 직각좌표에 의한 방법

① 주접선에서 직각좌표에 의한 설치법
② 현에서 직각좌표에 의한 설치법
③ 접선으로부터 직각좌표에 의한 설치법

(2) 극좌표에 의한 중간점 설치법

① 극각 동경법에 의한 설치법
② 극각 현장법에 의한 설치법
③ 현각 현장법에 의한 설치법

(3) 기타에 의한 설치법

① 2/8법에 의한 설치법
② 현다각으로부터의 설치법

06 종단곡선

① 원곡선에 의한 종단곡선 설치(철도)

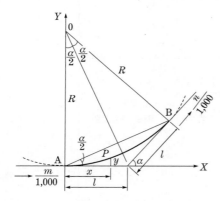

【그림 8-14】 종단곡선(원곡선)

① 접선길이$(l) = \dfrac{R}{2}(m-n)$ ⋯⋯⋯⋯⋯⋯⋯⋯⋯⋯⋯⋯⋯ (8·35)

　여기서, m, n : 종단경사(‰)(상향경사(+), 하향경사(−))

② 종거$(y) = \dfrac{x^2}{2R}$ ⋯⋯⋯⋯⋯⋯⋯⋯⋯⋯⋯⋯⋯⋯⋯⋯ (8·36)

② 2차 포물선에 의한 종단곡선 설치(도로)

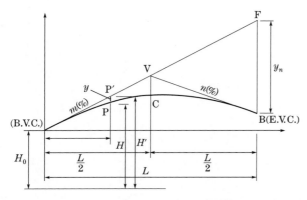

【그림 8-15】 종단곡선(2차 포물선)

① 종곡선길이$(L) = \left(\dfrac{m-n}{3.6}\right)V^2$ ·················· (8·37)

　　여기서, V : 속도(km/h)

② 종거$(y) = \left(\dfrac{m-n}{2L}\right)x^2$ ·················· (8·38)

　　여기서, y : 종거

　　　　　x : 횡거

③ 계획고$(H) = H' - y\,(H' = H_0 + mx)$ ·················· (8·39)

　　여기서, H': 제1경사선 $\overline{AF}$ 위의 점 P′의 표고

　　　　　H_0 : 종단곡선시점 A의 표고

　　　　　H : 점 A에서 x만큼 떨어져 있는 종단곡선 위의 점 P의 계획고

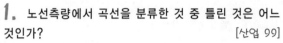

1. 노선측량에서 곡선을 분류한 것 중 틀린 것은 어느 것인가? [산업 99]

① 곡선은 크게 수평곡선과 연직곡선으로 나눈다.

② 머리핀곡선은 수평곡선 중 원곡선에 속한다.

③ 3차 포물선은 수평곡선 중 완화곡선에 속한다.

④ 렘니스케이트는 수직곡선 중 종단곡선이다.

해설 렘니스케이트는 수평곡선 중 완화곡선이다.

2. 경제·기술적인 면에서 이상적인 노선의 선정조건 이 아닌 것은? [산업 00]

① 용지비 및 기존시설 이전비가 적게 들어야 함

② 수송량(물동량)이 적어야 함

③ 가급적 직선이어야 함

④ 배수가 원활하여야 함

해설 수송량이 많아야 한다.

3. 노선측량작업에서 중심선의 설치는 다음의 어느 경우에 의해 되는가? [산업 99]

① 계획조사측량   ② 실시설계측량

③ 용지측량   ④ 공사측량

해설 노선측량의 방법

㉮ 노선 선정 : 도상 선정, 횡단면도작성, 현지조사

㉯ 계획조사측량 : 횡단면작성, 지형도작성

㉰ 실시설계측량 : 중심선 선정 및 설치, 다각측량, 고저측량, 지형도작성

4. 노선측량에 대한 다음의 용어 설명 중 옳지 않은 것은? [기사 11]

① 교점 : 방향이 변하는 두 직선이 교차하는 점

② 중심말뚝 : 노선의 시점, 종점 및 교점에 설치하는 말뚝

③ 복심곡선 : 반경이 서로 다른 두 개 또는 그 이상의 원호가 연결된 곡선으로 공통 접선의 같은 쪽에 원호의 중심이 있는 곡선

④ 완화곡선 : 고속으로 이동하는 차량이 직선부에서 곡선부로 진입할 때 차량의 격동을 완화하기 위해 직선의 원호 사이에 설치하는 곡선

해설 중심말뚝은 일반적으로 20m마다 설치한다.

5. 우리나라의 노선측량에서 철도에 주로 이용되는 완화곡선은? [기사 99, 산업 00]

① 1차 포물선

② 3차 포물선

③ 렘니스케이트(Lemniscate)

④ 클로소이드(Clothoid)

해설 ㉮ 3차 포물선 : 철도

㉯ 클로소이드 : 도로

6. 노선선정 조건 중 맞지 않는 것은? [산업 97]

① 건설비, 유지비가 적게 드는 노선이어야 한다.

② 토공량이 적도록 하고 절토와 성토가 균형을 이루도록 한다.

③ 어떠한 기준 시설물도 이전하여 노선을 직선으로 하여야 한다.

④ 가급적 급경사 노선을 피하여야 한다.

해설 반드시 노선을 직선으로 해야 하는 것은 아니고 상황에 따라 곡선을 설치한다.

7. 노선의 종단측량 결과는 종단면도에 표시하고 그 내용을 기록하게 된다. 이때 포함되지 않는 내용은?

① 지반고와 계획고의 차

② 측점의 추가거리

③ 계획선의 경사

④ 용지 폭

해설 종단면도의 표기사항

측점, 거리, 누가거리, 지반고, 계획고, 구배, 지반고와 계획고의 차(성토고, 절토고)

8. 노선측량 중의 공사시공측량에 포함되지 않는 것은 어느 것인가? [산업 96]

① 중요점의 검측
② 인조점 설치
③ 용지경계측량
④ 종단측량

9. 종단면도를 이용하여 유토곡선(mass curve)을 작성하는 목적과 가장 거리가 먼 것은?

① 토량의 배분
② 교통로 확보
③ 토공장비의 선정
④ 토량의 운반거리 산출

▷ **해설** ▷ 유토곡선을 작성하는 목적
㉮ 토량의 배분
㉯ 토공장비의 선정
㉰ 토공장비에 따른 운반거리 산출

10. 그림과 같은 유토곡선(mass curve)에서 하향 구간이 의미하는 것은?

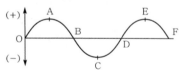

① 성토구간
② 절토구간
③ 운반토량
④ 운반거리

▷ **해설** ▷ 유토곡선(mass curve)을 작성하는 이유는 토량 이동에 따른 공사방법 및 순서결정, 평균운반거리산출, 운반거리에 의한 토공기계의 선정, 토량의 배분 등이며, 유토곡선에서 하향부분은 성토구간이고 상향부분은 절토구간이다.

11. 교각 $I=60°$, 반경 $R=200m$인 단곡선의 중앙종거는? [산업 00]

① 26.8m
② 30.9m
③ 100.0m
④ 115.5m

▷ **해설** ▷ 중앙종거$(M)=R\left(1-\cos\dfrac{I}{2}\right)$
$=200\times\left(1-\cos\dfrac{60°}{2}\right)=26.8m$

12. 곡률반경 $R=600m$, 교각 $I=60°00'$일 때 노선측량에서 단곡선 설치시 필요한 현장(弦長)의 길이 C는? [기사 97]

① 682.56m
② 600.00m
③ 346.41m
④ 80.385m

▷ **해설** ▷ 현장$(C)=2R\sin\dfrac{I}{2}$
$=2\times600\times\sin\dfrac{60°}{2}$
$=600.00m$

13. 다음 표는 도로 중심선을 따라 20m 간격으로 종단측량을 실시한 결과물이다. No.1의 계획고를 52m로 하고 -3%의 기울기로 설계한다면 No.5의 성토 또는 절토고는?

측점	No.1	No.2	No.3	No.4	No.5
지반고(m)	54.50	54.75	53.30	53.12	52.18

① 2.82m(성토)
② 2.22m(성토)
③ 3.18m(절토)
④ 2.58m(절토)

▷ **해설** ▷ ㉮ No.5의 계획고$=52-80\times0.03$
$=49.6m$
㉯ No.5의 절토고$=52.18-49.6$
$=2.58m$

14. 반경이 150m, 교각이 57°36'일 때 접선장(T.L)과 곡선장(C.L)은 얼마인가? [기사 98]

① C.L=130.52m, T.L=70.25m
② C.L=140.25m, T.L=76.20m
③ C.L=150.80m, T.L=82.46m
④ C.L=160.28m, T.L=88.27m

▷ **해설** ▷ ㉮ 곡선장(C.L)$=RI\dfrac{\pi}{180}$
$=150\times57°36'\times\dfrac{\pi}{180}$
$=150.80m$
㉯ 접선장(T.L)$=R\tan\dfrac{I}{2}$
$=150\times\tan\dfrac{57°36'}{2}$
$=82.46m$

15. 단곡선 측설에서 교각 $I=90°$, 반지름 $R=100m$인 경우에 외할(E)은 몇 m인가?

① 39.22m   ② 40.34m

③ 41.42m   ④ 42.54m

해설 외할(E) $= R\left(\sec\dfrac{I}{2}-1\right)$

$$= 100 \times \left(\sec\dfrac{90°}{2}-1\right) = 41.42m$$

16. 교각이 90인 두 직선 사이에 외선장(E)을 30m로 취하는 곡선을 설치하고자 할 때 적당한 곡선반지름은?

① 75.43m

② 72.43m

③ 61.43m

④ 65.43m

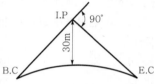

해설 $E = R\left(\sec\dfrac{I}{2}-1\right)$

$$30 = R \times \left(\sec\dfrac{90°}{2}-1\right)$$

$$\therefore R = 72.43m$$

17. 단곡선을 설치하기 위하여 교각 $I=90°$, 외선장(E)은 10m로 결정하였을 때 곡선길이는 얼마인가?

[기사 99]

① 37.91m   ② 39.17m

③ 40.87m   ④ 41.26m

해설 $E = R\left(\sec\dfrac{I}{2}-1\right)$

$$R = \dfrac{E}{\sec\dfrac{I}{2}-1} = \dfrac{10}{\sec\dfrac{90°}{2}-1} = 24.14m$$

$$\therefore C.L = RI\dfrac{\pi}{180}$$

$$= 24.14 \times 90 \times \dfrac{\pi}{180} = 37.91m$$

18. 원곡선에서 중앙종거 M과 현길이 l을 측정하여 반경 R을 구할 때의 식은? [기사 98, 00]

① $\dfrac{l^2}{4M}$ ② $\dfrac{l^2}{8M}$

③ $\dfrac{l^3}{8M}$ ④ $\dfrac{l}{4M}$

해설 중앙종거(M)와 현길이(l)의 관계에서

$$R = \dfrac{l^2}{8M}$$

19. 곡선반경 $R=300m$, 곡선길이 $L=20m$인 경우 현과 호의 길이의 차는? [기사 99]

① 0.4cm   ② 4cm

③ 0.2cm   ④ 2cm

해설 $l-L = \dfrac{L^3}{24R^2} = \dfrac{20^3}{24 \times 300^2}$

$$= 0.004m = 0.4cm$$

20. 교각이 60°이고, 교점 I.P까지의 추가거리가 356.21m일 때 곡선시점 B.C점의 추가거리가 183m이면 이 단곡선의 곡률반경은? [산업 95]

① 500m   ② 300m

③ 200m   ④ 100m

해설 ㉮ B.C = I.P − T.L

$$183 = 356.21 − T.L$$

$$\therefore T.L = 173.21m$$

㉯ $T.L = R\tan\dfrac{I}{2}$

$$173.21 = R \times \tan\dfrac{60°}{2}$$

$$\therefore R = 300m$$

21. 단곡선 설치에서 교각 I를 관측할 수 없으므로 그림과 같이 ∠AA′B′, ∠BB′A′의 양각을 관측하여 각각 141°40′과 90°20′의 값을 얻었다. 교각 I는 얼마인가? [산업 99]

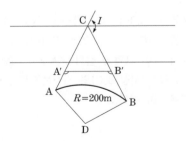

① 38°40′   ② 38°20′

③ 89°40′   ④ 128°00′

㉮ $\angle CA'B' = 180° - 141°40'$
$= 38°20'$

㉯ $\angle A'B'C = 180° - 90°20'$
$= 89°40'$

㉰ $I = ㉮ + ㉯ = 38°20' + 89°40' = 128°$

22. AC와 BD선 사이에 곡선을 설치할 때 교점에 장애물이 있어 교각을 측정하지 못하기 때문에 $\angle ACD$, $\angle CDB$ 및 CD의 거리를 측정하여 다음과 같은 결과를 얻었다. 이때 C점으로부터 곡선의 시점까지의 거리는? (단, $\angle ACD = 150°$, $\angle CDB = 90°$, CD=100m, 곡선반경 $R = 500$m) [기사 97]

① 530.27m
② 657.04m
③ 750.56m
④ 796.09m

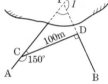

 ㉮ $\triangle CPD$에서 sin법칙을 적용하면

$$\frac{100}{\sin 60°} = \frac{\overline{CP}}{\sin 90°}$$

$$\therefore \overline{CP} = \frac{100 \times \sin 90°}{\sin 60°} = 115.47\text{m}$$

㉯ $T.L = R \tan \frac{I}{2} = 500 \times \tan \frac{120°}{2}$
$= 866.03\text{m}$

㉰ $\overline{CA} = T.L - \overline{CP} = 866.03 - 115.47$
$= 750.56\text{m}$

〈참고〉 ㉠ $\angle PCD = 180° - 150° = 30°$
㉡ $\angle CDP = 180° - 90° = 90°$
㉢ $\angle CPD = 180 - (30° + 90°) = 60°$
㉣ 교각$(I) = ㉠ + ㉡ = 120°$

23. 반경 $R = 200$m인 원곡선을 설치하고자 한다. 도로의 시점으로부터 1,243.27m 거리에 있는 교점(I.P)에 장애물이 있어 그림과 같이 $\angle A$와 $\angle B$를 관측하였을 때 이 원곡선 시점(B.C)의 위치는? (단, 도로의 중심점 간격은 20m이다.) [산업 00]

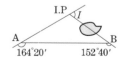

① No.3 + 1.22m
② No.3 + 18.78m
③ No.58 + 4.49m
④ No.58 + 15.51m

 ㉮ $\angle A = 180° - 164°20' = 15°40'$

㉯ $\angle B = 180° - 152°40' = 27°20'$

㉰ $\angle I.P = 180° - (15°40' + 27°20') = 137°$

㉣ $I = ㉮ + ㉯ = 43°$

㉤ $T.L = R \tan \frac{I}{2} = 200 \times \tan \frac{43°}{2} = 78.78\text{m}$

㉥ $B.C = I.P - T.L$
$= 1,243.27 - 78.78 = 1,164.49$

㉦ 측점 No.58 + 4.49m

24. 접선편거와 현편거를 이용하여 도로곡선을 설치하고자 할 때 현편거가 26cm이었다면 접선편거는 얼마인가? [산업 00]

① 10cm
② 13cm
③ 18cm
④ 26cm

 ㉮ 현편거$(d) = \dfrac{l^2}{R}$

㉯ 접선편거$(t) = \dfrac{d}{2} = \dfrac{l^2}{2R} = \dfrac{26}{2} = 13\text{cm}$

25. 그림과 같이 $\widehat{A_0 B_0}$의 노선을 $e = 10$m만큼 이동하여 내측으로 노선을 설치하고자 한다. 새로운 반경 R_N은? (단, $R_0 = 200$m, $I = 60°$) [기사 10]

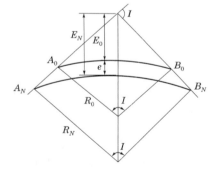

① 217.64m
② 238.26m
③ 250.50m
④ 264.64m

 ㉮ $E_0 = R_0 \left(\sec \frac{I}{2} - 1 \right)$

$= 200 \times \left(\sec \frac{60°}{2} - 1 \right)$

$= 30.94\text{m}$

㊁ $E_N = E_0 + 10 = R_N\left(\sec\frac{I}{2} - 1\right)$

$40.94 = R_N \times \left(\sec\frac{60°}{2} - 1\right)$

$\therefore\ R_N = 264.64\text{m}$

26. 곡선설치에서 교각이 32°15′이고 곡선반경이 500m일 때 곡선시점의 추가거리가 315.45m이면 곡선 종점의 추가거리는? [산업 98]

① 593.88m ② 596.88m
③ 623.63m ④ 625.36m

해설 ㉮ $\text{C.L} = RI\frac{\pi}{180}$

$= 500 \times 32°15' \times \frac{\pi}{180}$

$= 281.38\text{m}$

㊁ $\text{E.C} = \text{B.C} + \text{C.L}$

$= 315.45 + 281.38$

$= 596.83\text{m}$

27. 노선시점에서 교점까지의 거리는 425m이고, 곡선시점까지의 거리는 280m이다. 곡선반경이 100m이면 교각은? [기사 00]

① 90°35′26″ ② 100°48′58″
③ 110°48′54″ ④ 125°54′48″

해설 ㉮ $\text{B.C} = \text{I.P} - \text{T.L}$

$\therefore\ \text{T.L} = \text{I.P} - \text{B.C}$

$= 425 - 280 = 145\text{m}$

㊁ $\text{T.L} = R\tan\frac{I}{2}$

$145 = 100 \times \tan\frac{I}{2}$

$\therefore\ I = 110°48'54''$

28. 교점의 추가거리가 546.42m이고, 교각이 38°16′40″인 절점에 곡선반경 300m의 단곡선에서 시단현의 편각 δ_1값은 얼마인가? (단, 중심말뚝 간격은 20m이다.) [산업 97]

① 0°15′38″ ② 1°54′35″
③ 1°35′54″ ④ 1°41′22″

해설 ㉮ $\text{B.C} = \text{I.P} - \text{T.L}$

$= 546.42 - 300 \times \tan\frac{38°16'40''}{2} = 442.31\text{m}$

㊁ 시단현 길이$(l_1) = 460 - 442.31 = 17.69\text{m}$

㊂ $\delta_1 = \frac{l_1}{R}\left(\frac{90°}{\pi}\right) = \frac{17.69}{300} \times \frac{90°}{\pi} = 1°41'21''$

29. 곡선시점까지의 추가거리가 550m이고 중심말뚝 간격 l=20m, 교각 I=60°, 곡선반경 R=200m일 때 종단현의 편각은 얼마인가? (단, C.L=0.01745RI로 하며, 계산은 소수점 둘째자리에서 반올림하시오.) [산업 96]

① 2°46′44″ ② 2°51′53″
③ 2°55′55″ ④ 2°59′55″

해설 ㉮ $\text{E.C} = \text{B.C} + \text{C.L}$

$= 550 + 200 \times 60° \times \frac{\pi}{180}$

$= 759.4\text{m}$

㊁ $l_2 = 759.4 - 740 = 19.4\text{m}$

㊂ $\delta_2 = \frac{l_2}{R}\left(\frac{90°}{\pi}\right) = \frac{19.4}{200} \times \frac{90°}{\pi}$

$= 2°46'44''$

30. 교점(I.P)까지의 누가거리가 355m인 곡선부에 반지름(R)이 100m인 원곡선을 편각법에 의해 삽입하고자 한다. 이때 20m에 대한 호와 현 길이의 차이에서 발생하는 편각(δ)의 차이는? [기사 15]

① 약 20″ ② 약 34″
③ 약 46″ ④ 약 55″

해설 ㉮ 호와 현 길이의 차이$= \frac{20^3}{2 \times 100} = 0.033\text{m}$

㊁ 편각$= \frac{0.033}{100} \times \frac{90}{3.14} = 34''$

31. 단곡선의 설치에서 반경 R=500m, I=60°일 때 곡선시점의 추가거리가 484m이면 종단현의 길이는? (단, 중심말뚝 간격은 20m) [산업 98]

① 3.5m ② 5.5m
③ 7.5m ④ 9.5m

해설 ㉮ $\text{E.C} = \text{B.C} + \text{C.L}$

$= 484 + 500 \times 60° \times \frac{\pi}{180}$

$= 1,007.5\text{m}$

㊁ $l_2 = 1,007.5 - 1,000 = 7.5\text{m}$

정답 26. ② 27. ③ 28. ④ 29. ① 30. ② 31. ③

32. 교점 I.P는 기점에서 500m의 위치에 있고 교각 $I=36°$, 현장 $l=20m$일 때 외선길이 S.L=5.00m라면 시단현의 길이는 얼마인가? [기사 99]

① 10.43m 　　② 11.57m
③ 12.36m 　　④ 13.25m

해설 ㉮ $E = R\left(\sec\dfrac{I}{2} - 1\right)$

$$R = \dfrac{E}{\sec\dfrac{I}{2} - 1} = \dfrac{5}{\sec\dfrac{36°}{2} - 1}$$

$$= 97.16m$$

㉯ $T.L = R\tan\dfrac{I}{2} = 97.16 \times \tan\dfrac{36°}{2}$

$$= 31.57m$$

㉰ $B.C = I.P - T.L = 500 - 31.57 = 468.43m$

㉱ $l_1 = 480 - 468.43 = 11.57m$

33. 편각법에 의한 곡선설치에서 시단현의 길이가 6m일 때 시단현의 편각은 얼마인가? (단, 곡률반경은 100m임) [기사 99]

① 1°43′08″ 　　② 1°43′13″
③ 5°43′07″ 　　④ 5°43′46″

해설 $\delta_1 = \dfrac{l_1}{R}\left(\dfrac{90°}{\pi}\right) = \dfrac{6}{100} \times \dfrac{90°}{\pi} = 1°43′08″$

34. 곡선반경 $R=1,000m$, 교각 $I=60°$인 원곡선은 편각법으로 곡선을 설치할 경우 현길이가 15m에 대한 편각은? [산업 00]

① 26′ 　　② 34′
③ 43′ 　　④ 52′

해설 $\delta = \dfrac{l}{R}\left(\dfrac{90°}{\pi}\right) = \dfrac{15}{1,000} \times \dfrac{90°}{\pi} = 26′$

35. B.C의 위치가 No.12+16.404m이고, E.C의 위치가 No.19+13.52일 때 시단현과 종단현에 대한 편각은? (단, 곡선반경은 200m, 중심말뚝의 간격은 20m, 시단현에 대한 편각은 δ_1, 종단현에 대한 편각은 δ_2임) [기사 00]

① $\delta_1 = 1°22′28″$, $\delta_2 = 1°56′12″$
② $\delta_1 = 1°56′12″$, $\delta_2 = 0°30′54″$
③ $\delta_1 = 0°30′54″$, $\delta_2 = 1°56′12″$
④ $\delta_1 = 1°56′12″$, $\delta_2 = 1°22′28″$

해설 ㉮ $B.C = No.12 + 16.404 = 256.404m$

㉯ $l_1 = 260 - 256.404 = 3.596m$

㉰ $\delta_1 = \dfrac{l_1}{R}\left(\dfrac{90°}{\pi}\right) = \dfrac{3.596}{200} \times \dfrac{90°}{\pi} = 0°30′54″$

㉱ $E.C = No.19 + 13.52 = 393.52m$

㉲ $l_2 = 393.52 - 380 = 13.52m$

㉳ $\delta_2 = \dfrac{l_2}{R}\left(\dfrac{90°}{\pi}\right) = \dfrac{13.52}{200} \times \dfrac{90°}{\pi} = 1°56′12″$

36. 원곡선에 대한 설명으로 틀린 것은? [기사 11]
① 원곡선을 설치하기 위한 기본요소는 반지름(R)과 교각(I)이다.
② 접선길이는 곡선반지름에 비례한다.
③ 완화곡선은 원곡선의 분류에 포함되지 않는다.
④ 고속도로와 같이 고속의 원활한 주행을 위해서는 복심곡선 또는 반향곡선을 주로 사용한다.

해설 복심곡선과 반향곡선은 가급적 피하는 것이 좋다.

37. 원곡선 설치 시 일어날 수 있는 오차의 원인과 거리가 먼 것은? [기사 10]
① 교점까지의 시통 불량
② 각과 거리 관측의 오차
③ 토털스테이션이나 데오도라이트의 조정 불량
④ 토털스테이션이나 데오도라이트의 수평맞추기, 중심맞추기 불량

해설 원곡선 설치시 교점까지의 시통이 불량한 경우 다른 방법으로 설치가 가능하므로 오차 발생원인과는 거리가 멀다.

38. 기존 설치된 도로를 신도로로 확장 및 포장에 있어서 곡선을 정정할 때 많이 쓰이는 곡선설치법은 어느 것인가? [산업 97]
① 지거설치법 　　② 중앙종거법
③ 편각설치법 　　④ 좌표법

39. 노선 설치 방법 중 좌표법에 의한 설치 방법에 대한 설명으로 틀린 것은? [기사 11]

① 토털스테이션과 GPS와 같은 장비를 이용할 경우 노선 좌표를 직접 획득할 수 있다.

② 좌표법은 노선의 시점과 종점 및 교점 등과 같은 곡선의 요소들을 입력할 필요가 없다.

③ 좌표법에 의한 노선의 설치는 다른 방법보다 지형의 굴곡이나 시통 등의 문제가 적다.

④ 평면적인 위치의 측설뿐만 아니라 설계면의 높이까지 측정할 수 있다.

> **해설** 좌표법에 의해 노선을 설치하는 경우 곡선의 시점, 종점 및 교점 등과 같은 곡선의 요소들을 입력하여야 한다.

40. 편각법에 의한 단곡선 설치에 있어서 트랜싯으로 편각을 관측하고 줄자로 거리를 측정하여 곡선을 측설하는 방법은? [산업 96]

① 현각현장법　　② 전방교회법
③ 중앙종거법　　④ 편각현장법

41. 노선측량에서 단곡선을 설치할 때 정도는 그다지 좋지 않으나 간단하고 신속하게 설치할 수 있는 1/4법은 다음 중 어느 방법을 이용한 것인가? [기사 00]

① 편각설치법
② 절선편거와 현편거에 의한 방법
③ 중앙종거법
④ 절선에 대한 지거에 의한 방법

42. 노선측량에서 평면곡선으로 공통 접선의 반대방향에 반지름(R)의 중심을 갖는 곡선 형태는?

① 복심곡선　　　② 포물선곡선
③ 반향곡선　　　④ 횡단곡선

> **해설** 복심곡선과 반향곡선
> ㉮ 복심곡선 : 반지름이 다른 2개의 원곡선이 1개의 공통접선을 갖고 접선의 같은 쪽에서 연결되는 곡선을 말한다.
> ㉯ 반향곡선(배향곡선) : 반지름이 다른 2개의 원곡선이 1개의 공통접선의 양쪽에서 서로 곡선중심을 가지고 연결되는 곡선이다.

43. 노선측량의 단곡선 설치에서 곡선시점과 종점을 연결한 측선을 X축으로 하고 이에 직각방향의 지거를 이용하여 곡선상의 측점의 위치를 결정하는 방법은?

① 편각현장법　　② 중앙종거법
③ 접선지거법　　④ 장현지거법

> **해설** 곡선시점과 종점을 연결한 측선을 장현이라 하며, 이를 이용하여 곡선상의 측점 위치를 결정하는 방법은 장현지거법이다.

44. 다음과 같은 복곡선(Compound Curve)에서 t_1+t_2의 값은 얼마인가? [기사 00]

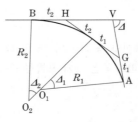

① $R_1(\tan\Delta_1+\tan\Delta_2)$
② $R_2(\tan\Delta_1+\tan\Delta_2)$
③ $R_1\tan\Delta_1+R_2\tan\Delta_2$
④ $R_1\tan\dfrac{\Delta_1}{2}+R_2\tan\dfrac{\Delta_2}{2}$

> **해설** $t_1=R_1\tan\dfrac{\Delta_1}{2}$, $t_2=R_2\tan\dfrac{\Delta_2}{2}$
> $\therefore\ t_1+t_2=R_1\tan\dfrac{\Delta_1}{2}+R_2\tan\dfrac{\Delta_2}{2}$

45. 노선의 횡단측량에서 No.1+15 측점의 절토단면적 100m², No.2 측점의 절토단면적 40m²일 때 이 측점 사이의 절토량은 얼마인가? (단, 중심말뚝 간격은 20m임) [산업 00]

① 350m³　　　　② 700m³
③ 1,200m³　　　④ 1,400m³

> **해설**
>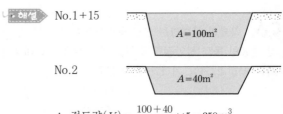
> No.1+15　　$A=100\text{m}^2$
> No.2　　　　$A=40\text{m}^2$
> $\therefore$ 절토량$(V)=\dfrac{100+40}{2}\times5=350\text{m}^3$

46. 완화곡선 설치에 관한 설명으로 옳지 않은 것은?

① 완화곡선의 반지름은 무한대로부터 시작하여 점차 감소되고 소요의 원곡선에 연결된다.

② 완화곡선의 접선은 시점에서 직선에 접하고 종점에서 원호에 접한다.

③ 완화곡선의 시점에서 캔트는 0이고 소요의 원곡선에 도달하면 어느 높이에 달한다.

④ 완화곡선의 곡률은 곡선의 어느 부분에서도 그 값이 같다.

해설 완화곡선의 곡률은 시점에서 0이고, 종점에서는 $\frac{1}{R}$이 된다.

47. 완화곡선의 극각(σ)이 45°일 때 클로소이드 곡선, 렘니스케이트 곡선, 3차 포물선 중 가장 곡률이 큰 곡선은? [산업 14]

① 클로소이드 곡선

② 렘니스케이트 곡선

③ 3차 포물선

④ 완화곡선은 종류에 상관없이 곡률은 모두 같다.

48. 완화곡선에 대한 설명 중 잘못된 것은? [산업 00]

① 곡선반경은 완화곡선의 시점에서 무한대이다.

② 완화곡선의 접선은 시점에서 직선에 접한다.

③ 종점에 있는 캔트는 원곡선의 캔트와 같다.

④ 완화곡선의 길이는 도로폭에 따라 결정된다.

49. 곡선부를 통과하는 차량에 원심력이 발생하여 접선방향으로 탈선하는 것을 방지하기 위해 바깥쪽의 노면을 안쪽보다 높이는 정도를 무엇이라 하는가? [기사 00]

① 클로소이드

② 슬랙

③ 캔트

④ 편각

50. 곡률이 급변하는 평면 곡선부에서의 탈선 및 심한 흔들림 등의 불안정한 주행을 막기 위해 고려하여야 하는 사항과 가장 거리가 먼 것은?

① 완화곡선

② 편경사

③ 확폭

④ 종단곡선

해설 종단곡선은 노선의 구배가 변하는 곳에 충격을 완화하고 충분한 시거를 확보해 줄 목적으로 설치하는 곡선이다.

51. 철도에서 주로 사용하는 완화곡선의 길이를 구하는 식 중 맞는 것은? (단, V : 속도, R : 곡률반경, S : 레일 간 거리, g : 중력가속도, N : 완화곡선의 길이와 캔트와의 비) [산업 96]

① $\frac{N}{1,000}\left(\frac{V^2 S}{g R}\right)$

② $\frac{V^2 S}{g R}$

③ $\frac{N}{1,000}\left(\frac{V^2 S}{g R^2}\right)$

④ $\frac{N}{1,000}\left(\frac{V S^2}{g R}\right)$

해설 ㉮ $C = \frac{S V^2}{Rg}$

㉯ 완화곡선의 길이(L) $= \frac{CN}{1,000}$

$= \frac{N}{1,000}\left(\frac{S V^2}{Rg}\right)$

52. 곡선반지름이 700m인 원곡선을 70km/h의 속도로 주행하려 할 때 캔트(cant)는? (단, 궤간은 1.073m, 중력가속도는 9.8m/s²으로 한다.)

① 57.14mm

② 58.14mm

③ 59.14mm

④ 60.14mm

해설
$$C = \frac{S V^2}{Rg} = \frac{1.073 \times \left(\frac{70 \times 1,000}{3,600}\right)^2}{700 \times 9.8}$$
$$= 0.05914\text{m} = 59.14\text{mm}$$

53. 다음 중 도로에서 Cant가 완화곡선의 길이 C에 직선적으로 비례할 경우 C점에서의 반경 ρ는 얼마인가? (단, 완화곡선 종점의 원곡선 $R=200$m, 완화곡선 전길이 $L=50$m, 반경 ρ지점까지의 완화곡선장 $C=40$m) [기사 95]

① 100m

② 150m

③ 200m

④ 250m

해설 $\frac{1}{\rho} = \frac{C}{RL}$

$\therefore \rho = \frac{RL}{C} = \frac{200 \times 50}{40} = 250\text{m}$

54. 도로설계에 있어서 곡선의 반지름과 설계속도가 모두 2배가 되면 캔트(cant)의 크기는 몇 배가 되는가?

① 2배   ② 4배

③ 6배   ④ 8배

해설 캔트$(C) = \dfrac{SV^2}{Rg}$이므로 반지름과 속도를 모두 2배로 하면 새로운 캔트는 2배가 된다.

55. 도로설계에 있어서 설계속도가 2배가 되면 Cant의 크기는 몇 배로 하여야 하는가?   [산업 97]

① 1배   ② 2배

③ 3배   ④ 4배

해설 $C = \dfrac{SV^2}{Rg}$에서 V를 2배로 하면 새로운 캔트(C)는 4배 증가한다.

56. 도로의 곡선부에서 확폭량(slack)을 구하는 식으로 옳은 것은? (단, R : 차선 중심선의 반지름, L : 차량 앞면에서 차량의 뒤축까지의 거리)

① $\dfrac{L}{2R^2}$ ② $\dfrac{L^2}{2R^2}$

③ $\dfrac{L^2}{2R}$ ④ $\dfrac{L}{2R}$

해설 확폭은 도로의 곡선부에서 안전하게 원심력과 저항할 수 있는 여유를 잡아 직선부보다 약간 넓히는 것을 말한다.

$$\varepsilon = \dfrac{L^2}{2R}$$

57. 확폭량의 계산에 있어서 차선 중심선의 반경(R)을 두 배로 할 경우 확폭량은 다음 중 몇 배가 되겠는가?   [기사 00]

① 1/2배   ② 2배

③ 4배   ④ 8배

해설 $\varepsilon = \dfrac{L^2}{2R}$에서 확폭량$(\varepsilon)$은 반경$(R)$에 반비례하므로 반경$(R)$을 2배로 하면 확폭량$(\varepsilon)$은 $\dfrac{1}{2}$이 된다.

58. 완화곡선장과 Cant와의 비가 500이며, 교점의 추가거리가 4,200.20m, 교각 45°, 원점의 반지름 400m, 고도 105m일 때 완화곡선장(l)와 이정(f)을 구한 값은?   [기사 96]

① $l = 63\text{m}$, $f = 0.33\text{m}$

② $l = 59.5\text{m}$, $f = 0.55\text{m}$

③ $l = 61\text{m}$, $f = 0.44\text{m}$

④ $l = 52.5\text{m}$, $f = 0.29\text{m}$

해설 ㉮ 완화곡선장$(l) = \dfrac{CN}{1,000} = \dfrac{500 \times 105}{1,000} = 52.5\text{m}$

㉯ 이정$(f) = \dfrac{L^2}{24R} = \dfrac{52.5^2}{24 \times 400} = 0.29\text{m}$

59. 완화곡선의 곡선반경 설치시 Cant와 관계없는 것은?   [산업 00]

① 도로폭   ② 곡률반경

③ 교각   ④ 주행속도

해설 ㉮ Cant는 도로폭이 커지면 더 커진다(S).

㉯ 주행속도에 따라 Cant가 결정된다(V).

㉰ 곡률반경에 따라 Cant가 결정된다(R).

㉱ $C = \dfrac{SV^2}{Rg}$

60. 완화곡선정수(N)가 500이고, 캔트가 80mm일 때 완화곡선의 길이는? (단, 완화곡선의 길이는 캔트의 정수에 비례한다.)   [기사 00]

① 20m   ② 30m

③ 40m   ④ 50m

해설 $l = \dfrac{CN}{1,000} = \dfrac{80 \times 500}{1,000} = 40\text{m}$

61. 편경사(cant)에 대한 설명으로 틀린 것은?

① 편경사는 완화곡선 설치에 사용된다.

② 편경사는 차량 속도의 제곱에 비례하고 곡선반지름에 반비례한다.

③ 편경사는 도로 및 철도의 선형설계에 적용된다.

④ 차량의 곡선부 주행시 뒷바퀴가 앞바퀴보다 항상 안쪽으로 지나는 현상을 고려하기 위한 것이다.

해설 차량의 곡선부 주행시 뒷바퀴가 앞바퀴보다 항상 안쪽을 통과하여 이 부분에 대하여 직선부보다 폭을 넓히는 데 이를 확폭이라 한다.

62. 클로소이드곡선의 설명 중 옳지 못한 것은 어느 것인가? [기사 96, 산업 95]
① 곡률이 곡선의 길이에 비례한다.
② 고속도로의 곡선설계에 적합하다.
③ 철도의 종단곡선 설치에 효과적이다.
④ 일종의 완화곡선으로 3차 포물선보다 곡선반경이 작다.

해설 클로소이드곡선은 주로 고속도로의 곡선설계에 적합하며 수평곡선 중 완화곡선이다.

63. 클로소이드의 종류 중 복합형에 대한 설명으로 옳은 것은? [기사 13]
① 직선부, 클로소이드, 원곡선, 클로소이드, 직선부가 연속되는 평면 선형
② 반향곡선 사이에 2개의 클로소이드를 삽입한 평면 선형
③ 같은 방향으로 구부러진 2개의 클로소이드 사이에 직선부를 삽입한 평면 선형
④ 같은 방향으로 구부러진 2개 이상의 클로소이드로 이어진 평면 선형

해설 클로소이드의 형식
㉮ 기본형 : 직선, 클로소이드, 원곡선 순으로 나란히 설치되어 있는 것
㉯ S형 : 반향곡선의 사이에 클로소이드를 삽입한 것
㉰ 난형 : 복심곡선의 사이에 클로소이드를 삽입한 것
㉱ 凸형 : 같은 방향으로 구부러진 2개 이상의 클로소이드를 직선적으로 삽입한 것
㉲ 복합형 : 같은 방향으로 구부러진 2개 이상의 클로소이드를 이은 것으로, 모든 접합부에서 곡률은 같다.

64. 클로소이드 매개변수(Parameter) A가 커질 경우에 대한 설명으로 옳은 것은? [산업 14]
① 곡선이 완만해진다.
② 자동차의 고속 주행이 어려워진다.
③ 곡선이 급커브가 된다.
④ 접각(τ)이 비례하여 커진다.

해설 클로소이드 매개변수(A)가 커지면 곡선반경(R)이 커지므로 곡선이 완만해진다.

65. 다음 설명 중 옳지 않은 것은? [기사 97]
① 단위 클로소이드란 매개변수 A가 1, 즉 $RL=1$의 관계에 있는 클로소이드이다.
② 완화곡선의 접선은 시점에서 직선에, 종점에서 원호에 접한다.
③ 클로소이드의 형식 중 S형은 복심곡선 사이에 클로소이드를 삽입한 것이다.
④ 캔트(Cant)는 원심력 때문에 발생하는 불리한 점을 제거하기 위해 두는 편경사이다.

해설 S형은 반향곡선 사이에 클로소이드를 삽입한 것이다.

66. 캔트(cant)체감법과 완화곡선에 관한 설명으로 옳지 않은 것은? [기사 10]
① 캔트(cant)체감법에는 직선체감법과 곡선체감법이 있다.
② 클로소이드는 직선체감을 전제로 하여 이것에 대응한 곡률반경을 가진 곡선이다.
③ 렘니스케이트는 곡선체감을 전제로 하여 이것에 대응한 곡률반경을 가진 곡선이다.
④ 철도는 반파장 정현곡선을 캔트(cant)의 원활체감곡선으로 이용하기도 한다.

해설 렘니스케이트는 곡률반경이 동경 S에 반비례하여 변화하는 곡선이다.

67. 다음은 노선측량에 관한 사항이다. 잘못된 것은 어느 것인가? [기사 99]
① 노선측량이란 수평곡선, 종곡선, 완화곡선 등을 계산하고 측설하는 측량이다.
② 곡률이 곡선길이에 반비례하는 곡선을 클로소이드 곡선이라 한다.
③ 클로소이드의 기본형은 직선, 클로소이드, 원곡선의 순이다.
④ 완화곡선의 반경은 시점에서 무한대이고 종점에서는 원곡선에 연결된다.

해설 곡률이 곡선길이에 비례하는 곡선을 클로소이드곡선이라 한다.

68. 다음은 클로소이드곡선에 대한 설명이다. 틀린 것은?　　　　　　　　　　　[기사 99]

① 곡률이 곡선의 길이에 비례하는 곡선이다.
② 단위 클로소이드란 매개변수 A가 1인 클로소이드이다.
③ 클로소이드는 닮은 꼴인 것과 닮은 꼴이 아닌 것 두 가지가 있다.
④ 클로소이드에서 매개변수 A가 정해지면 클로소이드의 크기가 정해진다.

해설 모든 클로소이드는 닮은 꼴이다.

69. 설계속도 80km/hr의 고속도로에서 기본형의 클로소이드 완화곡선의 종점반경 $R=360$m, 완화곡선 길이 $L=40$m인 경우, 클로소이드 매개변수 A는 얼마인가?　　　　　　　　　　[기사 95, 00]

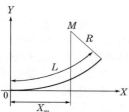

① 100m　　　　　　② 120m
③ 140m　　　　　　④ 150m

해설 $A=\sqrt{RL}=\sqrt{360\times40}=120$m

70. 완화곡선 중 곡률반경이 경거에 반비례하는 곡선으로 주로 철도에 이용되는 것은?

① 클로소이드　　　　② 3차 포물선
③ 렘니스케이트　　　④ 복심곡선

해설 곡률반경이 경거에 반비례하는 곡선으로 주로 철도에 이용되는 완화곡선은 3차 포물선이다.

71. 다음은 클로소이드곡선에 대한 설명이다. 옳은 것은?　　　　　　　　　　　[산업 99]

① 단곡선보다 설치와 계산이 간단하다.
② 캔트(Cant)와 확도(Slack)의 연결부분을 합리적으로 할 수 있다.

③ 일정한 조건으로 단곡선에서부터 곡선장을 길게 할 수 없다.
④ 지형에 알맞게 설정할 수 없어 공사비절감이 어렵다.

72. 노선측량에서 클로소이드의 특성에 관한 설명으로 틀린 것은? (단, I : 접선각, ΔR : 이정량, R : 원곡선반경, A : Clothoid Parameter, L : 완화곡선장)　　　　　　　　　　[기사 99]

① I가 일정한 경우 R을 크게 하기 위해서는 큰 A를 사용한다.
② R이 일정할 때 A를 변화시킴에 따라 L를 변화시킬 수 있다.
③ ΔR이 일정할 때 A를 변화시킴에 따라 임의의 R 원에 접속시킬 수 있다.
④ L과 A가 결정되어 있으면 R을 변화시켜도 임의의 R원에 접속시킬 수 없다.

73. 완화곡선 중 클로소이드에 대한 설명으로 옳지 않은 것은? (단, R : 곡선반지름, L : 곡선길이)　　　　　　　　　　　　　[기사 13]

① 클로소이드는 곡률이 곡선길이에 비례하여 증가하는 곡선이다.
② 클로소이드는 나선의 일종이며 모든 클로소이드는 닮은 꼴이다.
③ 클로소이드의 종점좌표 x, y는 그 점의 접선각의 함수로 표시된다.
④ 클로소이드에서 접선각 τ을 라디안으로 표시하면 $\tau=\dfrac{R}{2L}$가 된다.

해설 접선각$(\tau)=\dfrac{L}{2R}$

74. $A=100$m의 클로소이드곡선상의 시점 KA에서 곡선길이 50m의 반지름은?　　　[산업 98]

① 20m　　　　　　② 150m
③ 200m　　　　　　④ 500m

해설 $A=\sqrt{RL}$
　　∴ $R=\dfrac{A^2}{L}=\dfrac{100^2}{50}=200$m

75. 교각(I)=52°50′, 곡선반지름(R)=300m인 기본형 대칭 클로소이드를 설치할 경우 클로소이드의 시점과 교점(I.P)간의 거리(D)는? (단, 원곡선의 중심(M)의 X좌표(X_M)=37.480m, 이정량(ΔR)=0.781m이다.)

[기사 12]

① 148.03m
② 149.42m
③ 185.51m
④ 186.90m

해설
$$D = W + X_M$$
$$= (R + \Delta R)\tan\frac{I}{2} + X_M$$
$$= (300 + 0.781) \times \tan\frac{52°50′}{2} + 37.480$$
$$= 186.90\text{m}$$

76. 상향구배 20/1,000, 하향구배 50/1,000인 두 직선이 반경 2,000m의 단곡선 중에서 교차할 때 절선장은 얼마인가?

[기사 96]

① 40m
② 50m
③ 60m
④ 70m

해설
$$l = \frac{R}{2}(m-n)$$
$$= \frac{2,000}{2} \times \left[\frac{20}{1,000} - \left(-\frac{50}{1,000}\right)\right] = 70\text{m}$$

77. 원곡선에 의한 종단곡선설치에서 상향경사 2%, 하향경사 3% 사이에 곡선반지름 R=200m로 설치할 때 종단곡선의 길이는?

[산업 14]

① 5m
② 10m
③ 15m
④ 20m

해설
종곡선의 길이(L) $= R(m-n) = 200 \times [(2-(-3)]$
$$= 10\text{m}$$

78. 원곡선에 의한 종단곡선에서 상향경사 4.5/1,000와 하향경사 35/1,000가 반지름 2,500m의 곡선 중에 만날 때 접선길이는?

① 38.125m
② 42.834m
③ 49.375m
④ 52.284m

해설
$$l = \frac{R}{2}(m-n) = \frac{2,500}{2} \times \left[\frac{4.5}{1,000} - \left(-\frac{35}{1,000}\right)\right]$$
$$= 49.375\text{m}$$

79. 도로에서 상향구배가 5%, 하향구배가 2%일 때 곡선시점에서 곡선종점까지의 거리는 30m이다. 이때 곡선반경은?

[산업 96]

① 900.24m
② 1,000.00m
③ 857.14m
④ 775.20m

해설 $L = \frac{R}{2}(m-n)$에서 상향구배 $m = +5$, 하향구배 $n = -2\%$이므로

$$\therefore R = \frac{2L}{m-n} = \frac{2 \times 30}{\dfrac{5}{100} + \dfrac{2}{100}} = 857.14\text{m}$$

80. 클로소이드 곡선(clothoid curve)에 대한 설명으로 옳지 않은 것은?

① 고속도로에 널리 이용된다.
② 곡률이 곡선의 길이에 비례한다.
③ 완화곡선(緩和曲線)의 일종이다.
④ 클로소이드 요소는 모두 단위를 갖지 않는다.

해설 클로소이드 곡선의 성질
㉮ 클로소이드는 나선의 일종이다.
㉯ 모든 클로소이드는 닮은 꼴이다(상사성이다).
㉰ 단위가 있는 것도 있고, 없는 것도 있다.
㉱ 확대율을 가지고 있다.
㉲ τ는 radian으로 구한다.
㉳ τ는 30°가 적당하다.
㉴ 도로에서 특성점은 $\tau = 45$°가 되게 한다.

chapter 9

면적측량 및 체적측량

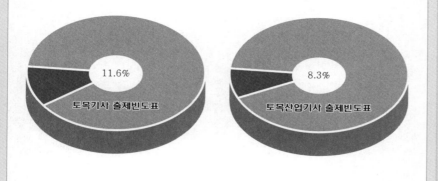

11.6%

토목기사 출제빈도표

8.3%

토목산업기사 출제빈도표

9 면적측량 및 체적측량

01 면적측량

(1) 경계선이 직선으로 된 경우 면적계산방법
① 삼사법
② 이변법
③ 삼변법
④ 좌표법
⑤ 배횡거법

(2) 경계선이 곡선으로 된 경우 면적계산방법
① 심프슨 제1, 2법칙
② 방안지법
③ 구적기법
④ 구형분할법
⑤ 다각형분할법

02 경계선이 직선으로 된 경우 면적계산

① 삼사법(그림 9-1 참조)

삼각형의 밑변과 높이를 측정하여 면적계산

$$A = \frac{1}{2}ah \quad \cdots\cdots\cdots\cdots\cdots (9 \cdot 1)$$

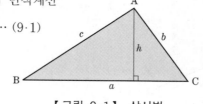

【그림 9-1】 삼사법

▶ $\dfrac{1}{m} = \dfrac{\text{도상거리}}{\text{실제 거리}}$

▶ $\left(\dfrac{1}{m}\right)^2 = \dfrac{\text{도상면적}}{\text{실제 면적}}$

② 이변법(그림 9-2 참조)

두 변을 알고 사잇각 θ을 알 때

$$A = \frac{1}{2}ab\sin\gamma = \frac{1}{2}ac\sin\beta = \frac{1}{2}bc\sin\alpha \quad\cdots\cdots\cdots (9\cdot2)$$

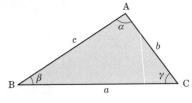

【그림 9-2】 이변법

③ 삼변법(헤론의 공식)

세 변의 길이를 알 때

$$A = \sqrt{S(S-a)(S-b)(S-c)} \quad\cdots\cdots\cdots (9\cdot3)$$

여기서, $S = \frac{1}{2}(a+b+c)$

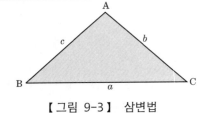

【그림 9-3】 삼변법

④ 좌표법

각 측점 사이의 거리 및 방위각을 알 수 없으나 그 점들의 좌표를 알고 있을 때 그 점들로 구성된 면적을 측정하는 방법이다.

➡ 최근 들어 많이 출제되고 있는 부분이다.

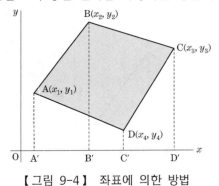

【그림 9-4】 좌표에 의한 방법

$$A = \frac{1}{2}\{y_1(x_n - x_2) + y_2(x_1 - x_3) + y_3(x_2 - x_4) + \cdots + y_n(x_{n-1} - x_1)\}$$

$$= \frac{1}{2}\{y_n(x_{n-1} - x_{n+1})\} \quad\cdots\cdots\cdots\cdots\cdots\cdots\cdots\cdots\cdots (9\cdot4)$$

또는

$$A = \frac{1}{2}\{x_1(y_n - y_2) + x_2(y_1 - y_3) + x_3(y_2 - y_4) + \cdots + x_n(y_{n-1} - y_1)\}$$

$$= \frac{1}{2}\{x_n(y_{n-1} - y_{n+1})\} \quad\cdots\cdots\cdots\cdots\cdots\cdots\cdots\cdots\cdots (9\cdot5)$$

⑤ 배횡거법

면적을 계산할 때 횡거를 그대로 사용하면 분수가 생겨서 불편하므로 계산의 편리상 횡거를 2배하는데 이를 배횡거라 한다.

(1) 횡거

각 측선의 중점으로부터 자오선에 내린 수선의 길이

$$\overline{NN'} = \overline{N'P} + \overline{PQ} + \overline{QN}$$

$$\overline{MM'} + \frac{1}{2}\overline{BB'} + \frac{1}{2}\overline{CC'} \quad\cdots (9\cdot6)$$

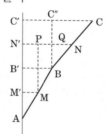

【그림 9-5】 배횡거

여기서, NN' : 측선 BC의 횡거
MM' : 측선 AB의 횡거
BB' : 측선 AB의 경거
CC' : 측선 BC의 경거

임의 측선의 횡거

$$= 하나\ 앞\ 측선의\ 횡거 + \frac{하나\ 앞\ 측선의\ 경거}{2} + \frac{그\ 측선의\ 경거}{2}$$

$$\cdots\cdots\cdots\cdots\cdots\cdots\cdots\cdots\cdots\cdots\cdots\cdots\cdots\cdots\cdots\cdots (9\cdot7)$$

(2) 임의 측선의 배횡거

= 하나 앞 측선의 배횡거+하나 앞 측선의 경거+그 측선의 경거

$$\cdots\cdots\cdots\cdots\cdots\cdots\cdots\cdots\cdots\cdots\cdots\cdots\cdots\cdots\cdots\cdots (9\cdot8)$$

(3) 첫 측선의 배횡거

첫 측선의 경거와 같다.

(4) 마지막 측선의 배횡거

마지막 측선의 경거와 같다(부호만 반대).

⑥ 면적

배면적=배횡거×위거 .... (9·9)

면적=$\dfrac{배면적}{2}$ .... (9·10)

⑦ 간편법

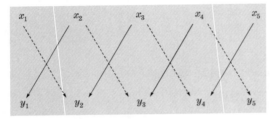

즉, 각 측점의 $X(Y)$좌표를 윗줄에, $Y(X)$좌표를 아랫줄에 순서대로 쓰고, 각 측점의 x와 그 전후의 y값을 곱하여 합계를 구하면 배면적이 구해진다.

$$\sum / - \sum \diagdown = 2A$$ .... (9·11)

$$A = \dfrac{2A}{2}$$

03 경계선이 곡선으로 된 경우 면적계산

① 사다리꼴공식

간격(d)을 좁게 나누면 곡선을 직선으로 볼 수 있다.

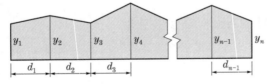

【그림 9-6】 사다리꼴의 공식에 의한 방법

$$A = d_1\left(\frac{y_1 + y_2}{2}\right) + d_2\left(\frac{y_2 + y_3}{2}\right) + \cdots + d_{n-1}\left(\frac{y_{n-1} + y_n}{2}\right)$$

$$\therefore A = d\left(\frac{y_1 + y_n}{2} + y_2 + y_3 + y_4 + \cdots + y_{n-1}\right) \quad \cdots\cdots\cdots (9\cdot12)$$

$(d_1 = d_2 = d_3 = \cdots = d_{n-1} = d$ 일 때$)$

② 심프슨(Simpson)의 제1법칙(1/3법칙)

지거간격(d)을 일정하게 나눈다.

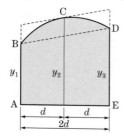
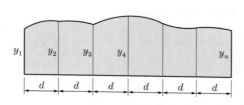

【그림 9-7】 심프슨 제1법칙에 의한 면적계산

$$A = \frac{d}{3}\{y_1 + y_n + 4(y_2 + y_4 + \cdots + y_{n-1}) + 2(y_3 + y_5 + \cdots + y_{n-2})\}$$

$$= \frac{d}{3}(y_1 + y_n + 4\sum y_{짝수} + 2\sum y_{홀수}) \quad \cdots\cdots\cdots\cdots\cdots (9\cdot13)$$

여기서, n : 지거의 수이며 홀수이어야 한다(만일 마지막 지거(n)의 수가 짝수일 때는 따로 사다리꼴공식으로 계산하여 합산한다).

③ 심프슨(Simpson)의 제2법칙(3/8법칙)

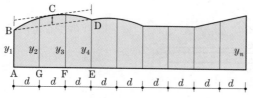

【그림 9-8】 심프슨 제2법칙에 의한 면적계산

$$A = \frac{3d}{8}\{y_1 + y_n + 3(y_2 + y_3 + y_5 + y_6 + \cdots +) + 2(y_4 + y_7 + \cdots +)\} \quad \cdots\cdots\cdots (9\cdot14)$$

여기서, n : 지거의 수이며 $n-1$이 3배수이어야 한다. 남은 면적은 사다리꼴공식으로 계산하여 합산한다.

04 구적기(플래니미터)법

(1) 극침을 도형 밖에 놓았을 때

① 도면의 축척과 구적기의 축척이 같을 경우

$$A = Cn$$ ·················· (9·15)

여기서, C : 플래니미터 정수

$n : n_2 - n_1$

② 도면의 축척과 구적기의 축척이 다를 경우

$$A = \left(\frac{S}{L}\right)^2 Cn$$ ·················· (9·16)

여기서, S : 도형의 축척분모수

L : 구적기의 축척분모수

③ 도면의 축척 종(세로), 횡(가로)이 다를 경우

$$A = \left(\frac{S}{L}\right)^2 Cn = \left(\frac{S_1 S_2}{L^2}\right) Cn$$ ·················· (9·17)

(2) 극침을 도형 안에 놓았을 때

① 도면의 축척과 구적기의 축척이 같을 경우

$$A = C(n + n_o)$$ ·················· (9·18)

② 도면의 축척과 구적기의 축척이 다를 경우

$$A = \left(\frac{S}{L}\right)^2 C(n + n_o)$$ ·················· (9·19)

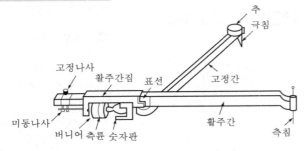

【그림 9-9】 플래니미터의 각부 명칭

▶ 축척과 단위면적과의 관계

$$a_2 = \left(\frac{m_2}{m_1}\right)^2 a_1$$

여기서, a_1 : 축척 $\frac{1}{m_1}$인 도면의 면적

a_2 : 축척 $\frac{1}{m_2}$인 도면의 면적

(3) 측간의 길이

$a = \frac{m^2}{1,000} d\pi L$에서

$$L = \frac{1,000\,a}{m^2 d\pi}$$ ·················· (9·20)

여기서, d : 측륜의 직경

L : 측간의 길이

$\dfrac{d\pi}{1,000}$: 측륜 한 눈금의 크기

(4) 플래니미터의 정밀도

① 큰 면적일 경우 : 0.1~0.2%

② 작은 면적일 경우 : 1% 이내

05 면적분할

① 삼각형의 분할

① 한 변에 평행한 직선에 따른 분할 : △ABC를 $m:n$으로 BC∥DE로 분할할 때

$$\frac{\triangle\mathrm{ADE}}{\triangle\mathrm{ABC}} = \frac{m}{m+n} = \left(\frac{\mathrm{DE}}{\mathrm{BC}}\right)^2 = \left(\frac{\mathrm{AD}}{\mathrm{AB}}\right)^2 = \left(\frac{\mathrm{AE}}{\mathrm{AC}}\right)^2$$

$$\therefore \mathrm{AD} = \mathrm{AB}\sqrt{\frac{m}{m+n}} \quad\text{.............} \quad (9\cdot21)$$

② 한 변의 임의의 정점을 통하는 분할 : △ABC를 $m:n$으로 정점 D를 통하여 분할할 때

$$\frac{\triangle\mathrm{ADE}}{\triangle\mathrm{ABC}} = \frac{m}{m+n} = \frac{\mathrm{AD}\cdot\mathrm{AE}}{\mathrm{AB}\cdot\mathrm{AC}}$$

$$\therefore \mathrm{AD} = \frac{\mathrm{AB}\cdot\mathrm{AC}}{\mathrm{AE}}\left(\frac{m}{m+n}\right) \quad\text{.............} \quad (9\cdot22)$$

③ 삼각형의 꼭짓점(정점)을 통하는 분할 : △ABC를 $m:n$으로 정점 A를 통하여 분할할 때

$$\frac{\triangle\mathrm{ABD}}{\triangle\mathrm{ABC}} = \frac{m}{m+n} = \frac{\mathrm{BD}}{\mathrm{BC}}$$

$$\left(\frac{\triangle\mathrm{ABD}}{\triangle\mathrm{ABC}} = \frac{\dfrac{\mathrm{BD}\times h}{2}}{\dfrac{\mathrm{BC}\times h}{2}}\right)$$

$$\therefore \overline{\mathrm{BD}} = \overline{\mathrm{BC}}\left(\frac{m}{m+n}\right) \quad\text{.............} \quad (9\cdot23)$$

▣ 한 변에 평행한 분할

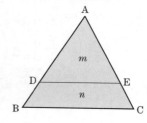

▣ 한 변의 정점(D점)을 통한 분할

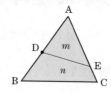

▣ 꼭짓점(정점)을 통한 분할

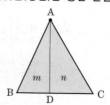

06 횡단면적을 구하는 방법

① 수평단면

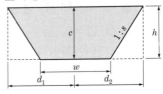

수평단면

지반이 수평인 경우

$$d_1 = d_2 = \frac{w}{2} + sh$$

$$A = c(w + sh) \quad \cdots\cdots\cdots\cdots\cdots\cdots\cdots\cdots\cdots\cdots\cdots (9\cdot24)$$

여기서, s : 경사

② 같은 경사단면

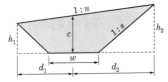

같은 경사단면

양 측점의 높이가 다르고 그 사이가 일정한 경사로 되어 있는 경우

$$d_1 = \left(c + \frac{w}{2s}\right)\left(\frac{ns}{n+s}\right)$$

$$d_2 = \left(c + \frac{w}{2s}\right)\left(\frac{ns}{n-s}\right)$$

$$A = \frac{d_1 d_2}{s} - \frac{w^2}{4s} = s h_1 h_2 + \frac{w}{2}(h_1 + h_2) \quad \cdots\cdots\cdots (9\cdot25)$$

③ 세 점의 높이가 다른 단면

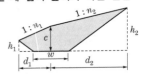

세 점의 높이가 다른 단면

세 점의 높이가 주어진 경우

(1) 방법 1

$$d_1 = \left(c + \frac{w}{2s}\right)\left(\frac{n_1 s}{n_1 + s}\right)$$

$$d_2 = \left(c + \frac{w}{2s}\right)\left(\frac{n_2 s}{n_2 - s}\right)$$

$$A = \frac{d_1 + d_2}{2}\left(c + \frac{w}{2s}\right) - \frac{w^2}{4s}$$

$$= \frac{c(d_1 + d_2)}{2} + \frac{w}{4}(h_1 + h_2) \quad \cdots\cdots\cdots\cdots\cdots\cdots (9\cdot26)$$

(2) 방법 2

사다리꼴의 넓이에서 점선의 삼각형 면적을 빼서 구한다.

$$A=\left(\frac{h_1+c}{2}\right)d_1-\text{삼각형 면적}$$

$$B=\left(\frac{h_2+c}{2}\right)d_1-\text{삼각형 면적}$$

$$\therefore\ \text{면적}=A+B$$

07 체적측량

① 단면법

(1) 양단면평균법(End area formula)

$$V=\frac{1}{2}(A_1+A_2)l \cdots (9\cdot27)$$

여기서, A_1, A_2 : 양끝단면적

A_m : 중앙단면적

l : A_1에서 A_2까지의 길이

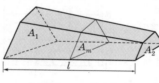

【그림 9-10】 단면법

(2) 중앙단면법(Middle area formula)

$$V=A_m l \cdots\cdots (9\cdot28)$$

(3) 각주공식(Prismoidal farmula)

$$V=\frac{l}{6}(A_1+4A_m+A_2) \cdots\cdots (9\cdot29)$$

② 점고법

(1) 직사각형으로 분할하는 경우(그림 9-11 참조)

① 토량

$$V_o=\frac{A}{4}(\Sigma h_1+2\Sigma h_2+3\Sigma h_3+4\Sigma h_4) \cdots\cdots (9\cdot30)$$

단, $A=ab$

알•아•두•기•

단면법에 의한 체적계산

① 단면법은 보통 노선측량에 많이 쓰이는 체적계산법이다.
② 측량구역에 종단측량과 횡단측량을 실시하여 종단면도와 횡단면도를 그린다.
③ 횡단면도에 그려진 성토와 절토의 면적을 플래니미터(planimeter)로 구한다.
④ 양단면평균법으로 체적을 구하고, 전 구간을 합하여 전체 체적을 구한다.

점고법에 의한 체적계산

① 점고법은 토지정리나 구획정리에 많이 쓰이는 체적계산법이다.
② 측량구역을 일정한 크기의 사각형이나 삼각형으로 나눈다.
③ 각 교점의 지반고를 측정한다.
④ 기준면을 정하고 사각형이나 삼각형 공식으로 체적을 구한다.

② 계획고

$$h = \frac{V_o}{nA}$$ ·· (9·31)

단, n : 사각형의 분할개수

(2) 삼각형으로 분할하는 경우(그림 9-12 참조)

① 토량

$$V_o = \frac{A}{3}(\Sigma h_1 + 2\Sigma h_2 + 3\Sigma h_3 + 4\Sigma h_4 + 5\Sigma h_5 + 6\Sigma h_6 + 7\Sigma h_7 + 8\Sigma h_8)$$ ················· (9·32)

단, $A = \frac{1}{2}ab$

② 계획고

$$h = \frac{V_o}{nA}$$ ·· (9·33)

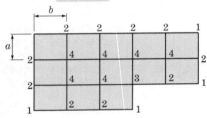

【그림 9-11】 점고법(직사각형)

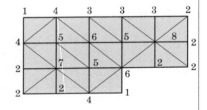

【그림 9-12】 점고법(삼각형)

❸ 등고선법

토량, 댐과 저수지의 저수량 산정

$$V_0 = \frac{h}{3}\{A_0 + A_n + 4(A_1 + A_3 + \cdots) + 2(A_2 + A_4 + \cdots)\}$$

·· (9·34)

여기서, $A_0, A_1, A_2, \cdots$: 각 등고선의 높이에 따른 면적

n : 등고선의 간격

☑ 등고선법에 의한 체적계산

① 측량구역을 평판과 데오돌라이트로 지형측량을 한다.

② 플래니미터로 등고선의 면적을 구하고, 정점의 높이를 계산한다.

③ 등고선 간격을 높이로 하고, 각주공식, 양단면평균법, 원뿔공식을 사용하여 체적을 구한다.

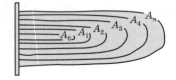

【그림 9-13】 등고선법

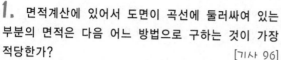

예상 및 기출문제

1. 면적계산에 있어서 도면이 곡선에 둘러싸여 있는 부분의 면적은 다음 어느 방법으로 구하는 것이 가장 적당한가? [기사 96]

① 좌표법에 의한 방법
② 배횡거법에 의한 방법
③ 삼사법에 의한 방법
④ 구적기에 의한 방법

2. 삼각형의 면적을 구하고자 할 때 두 변의 길이가 각각 60.35m, 120.82m이고 그 사이의 각이 80°45′이었다면 삼각형의 면적은? [산업 99]

① 3,598.34m²
② 4,826.42m²
③ 3,465.34m²
④ 5,027.22m²

・해설
$$A = \frac{1}{2}ab\sin\theta$$
$$= \frac{1}{2} \times 60.35 \times 120.82 \times \sin 80°45′$$
$$= 3,598.34\text{m}^2$$

3. 삼각형 토지의 3변 길이가 각각 25.4m, 40.8m, 50.6m일 때 축척 1/600 도면상의 면적은?

① 14.3cm²
② 12.8cm²
③ 0.86cm²
④ 0.74cm²

・해설 ㉮ $S = \frac{1}{2}(a+b+c)$
$$= \frac{1}{2} \times (25.4+40.8+50.6)$$
$$= 58.4\text{m}$$

㉯ $A = \sqrt{S(S-a)(S-b)(S-c)}$
$$= \sqrt{58.4 \times (58.4-25.4) \times (58.4-40.8) \times (58.4-50.6)}$$
$$= 514.36\text{m}^2$$

㉰ $\left(\frac{1}{m}\right)^2 = \dfrac{\text{도상면적}}{\text{실제 면적}}$
$$\left(\frac{1}{600}\right)^2 = \frac{x}{514.36}$$
$$\therefore\ x = 14.3\text{cm}^2$$

4. 축척 1/1,000 지형도에서 3변의 길이가 10cm, 20cm, 25cm인 삼각형 토지의 실제 면적은 얼마인가? [산업 99]

① 9,016m²
② 9,237m²
③ 9,499m²
④ 9,587m²

・해설 ㉮ $S = \frac{1}{2} \times (10+20+25)$
$$= 27.5\text{cm}$$

㉯ $A = \sqrt{27.5 \times (27.5-10) \times (27.5-20) \times (27.5-25)}$
$$= 94.99\text{cm}^2$$

㉰ $\left(\frac{1}{m}\right)^2 = \dfrac{\text{도상면적}}{\text{실제 면적}}$
$$\left(\frac{1}{1,000}\right)^2 = \frac{94.99}{x}$$
$$\therefore\ x = 9,499\text{m}^2$$

5. 심프슨의 제1법칙 $A = \dfrac{d}{3}[y_0 + y_n + 4(y_1 + y_3 + \cdots + y_{n-1}) + 2(y_2 + y_4 + \cdots + y_{n-2})]$에서 d, y_0, y_n은 다음 중 어느 것인가? [기사 95]

① d＝저변의 전장, y_0＝최초의 지거, y_n＝최후의 지거
② d＝등간격 저변장, y_0＝최초의 지거, y_n＝최후의 지거
③ d＝등간격 저변장, y_0＝2번째 지거, y_n＝최후로부터 하나 앞의 지거
④ d＝저변의 전장, y_0＝2번째 지거, y_n＝최후로부터 하나 앞의 지거

6. 지거를 5m 등간격으로 하고, 각 지거가 y_1＝3.8m, y_2＝9.4m, y_3＝11.6m, y_4＝13.8m, y_5＝7.4m이었다. 심프슨 제1법칙의 공식으로 면적을 구한 값은 얼마인가? [기사 99]

① 173.33m²
② 256.67m²
③ 156.53m²
④ 212.00m²

해설
$$A = \frac{d}{3}[처+마+4(짝)+2(홀)]$$
$$= \frac{5}{3} \times [3.8+7.4+4\times(9.4+13.8)+2\times11.6]$$
$$= 212.00\text{m}^2$$

7. 심프슨 법칙에 대한 설명으로 옳지 않은 것은?

[산업 12]

① 심프슨 법칙을 이용하는 경우 지거 간격은 균등하게 하여야 한다.
② 심프슨의 제1법칙을 1/3법칙이라고도 한다.
③ 심프슨의 제2법칙을 3/8법칙이라고도 한다.
④ 심프슨의 제2법칙은 사다리꼴 2개를 1조로 하여 3차 포물선으로 생각하여 면적을 계산한다.

해설 심프슨의 제2법칙은 사다리꼴 3개를 1조로 하여 3차 포물선으로 생각하여 면적을 계산한다.

8. 한 변의 길이가 10m인 정방형 토지를 축척 1/600 도상에서 측정한 결과, 도상의 변측정오차가 0.2mm 발생하였다. 이때 실제 면적의 면적측정오차는 몇 %가 발생하는가?

[기사 00]

① 1.2%　　　　② 2.4%
③ 4.8%　　　　④ 6.0%

해설
$$2\frac{\triangle l}{l} = \frac{\triangle A}{A}$$
$$\triangle l = 0.2 \times 600 = 120\text{mm} = 0.12\text{m}$$
$$2 \times \frac{0.12}{10} = 0.024 = 2.4\%$$

9. 지상 4km²의 면적을 도상 25cm²로 표시하기 위한 축척은 얼마인가?

[기사 99]

① 1/15,000　　　　② 1/25,000
③ 1/40,000　　　　④ 1/50,000

해설
$$\left(\frac{1}{m}\right)^2 = \frac{도상면적}{실제 면적}$$
$$= \frac{0.05 \times 0.05\text{m}}{2,000 \times 2,000\text{m}}$$
$$\therefore \frac{1}{m} = \frac{0.05}{2,000}$$
$$= \frac{1}{40,000}$$

10. 100m² 정방형 토지의 면적을 0.1m²까지 정확하게 구하기 위해 요구되는 한 변의 길이로 옳은 것은 어느 것인가?

[기사 99, 산업 99]

① 한 변의 길이를 1cm까지 정확하게 읽어야 한다.
② 한 변의 길이를 1mm까지 정확하게 읽어야 한다.
③ 한 변의 길이를 5cm까지 정확하게 읽어야 한다.
④ 한 변의 길이를 5mm까지 정확하게 읽어야 한다.

해설
$$\frac{\triangle A}{A} = 2\frac{\triangle l}{l}$$
$$\frac{0.1}{100} = 2 \times \frac{\triangle l}{10}$$
$$\therefore \triangle l = 5\text{mm}$$

11. 어떤 횡단면적의 도상면적이 40.5cm²였다. 가로축척이 1/20, 세로축척이 1/60이었다면 실제 면적은 얼마인가?

[기사 99]

① 48.6m²　　　　② 33.75m²
③ 4.86m²　　　　④ 3.375m²

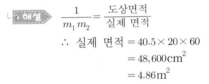

해설
$$\frac{1}{m_1 m_2} = \frac{도상면적}{실제 면적}$$
$$\therefore 실제 면적 = 40.5 \times 20 \times 60$$
$$= 48,600\text{cm}^2$$
$$= 4.86\text{m}^2$$

12. 축척 1/5,000의 도면상에서 어떤 토지정리지구의 면적을 구하였더니 86.50cm²이었다. 실제 면적은 몇 ha인가?

[기사 98]

① 648.75ha　　　　② 810.94ha
③ 1,081.25ha　　　　④ 21.625ha

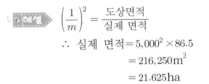

해설
$$\left(\frac{1}{m}\right)^2 = \frac{도상면적}{실제 면적}$$
$$\therefore 실제 면적 = 5,000^2 \times 86.5$$
$$= 216,250\text{m}^2$$
$$= 21.625\text{ha}$$
이때 1ha=100a, 1a=100m², 1ha=10,000m²

13. 면적이 8,100m²인 정방형의 토지를 1/3,000의 축적으로서 축도할 경우 한 변의 길이는?

[산업 96]

① 3cm　　　　② 5cm
③ 10cm　　　　④ 15cm

해설 ㉮ $a = \sqrt{8,100} = 90\text{m}$

㉯ $\dfrac{1}{m} = \dfrac{도상거리}{실제 거리}$

∴ 도상거리 $= \dfrac{90}{3,000} = 0.03\text{m} = 3\text{cm}$

$$\boxed{\begin{array}{c} a(90\text{m}) \\ a \quad 8,100\text{m}^2 \end{array}}$$

14. 축척 1/1,200 도면의 면적을 구적기로 구하려 하는데 구적기에 계수표가 기재되어 있지 않다. 따라서 한 변의 길이가 10m인 정사각형을 작도하고 이 정사각형의 면적을 구적기로 측정하여 323의 수를 얻었다. 1/1,200 도면의 면적을 구적기로 구하여 2,100의 수를 얻었다면 이 도면의 면적은 다음 중 얼마인가? [기사 97, 99]

① 450m^2 ② 650m^2

③ 850m^2 ④ $1,050\text{m}^2$

해설 $A = CN$

$C = \dfrac{A}{N} = \dfrac{10 \times 10}{323} = 0.3096$

∴ $A = CN' = 0.3096 \times 2,100 = 650\text{m}^2$

15. 절토면의 형상이 그림과 같을 때 절토면적은?

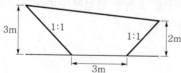

① 11.5m^2 ② 13.5m^2

③ 15.5m^2 ④ 17.5m^2

해설 ㉮

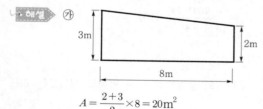

$A = \dfrac{2+3}{2} \times 8 = 20\text{m}^2$

㉯

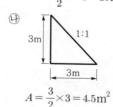

$A = \dfrac{3}{2} \times 3 = 4.5\text{m}^2$

㉰

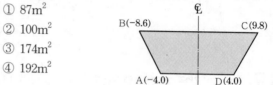

$A = \dfrac{2}{2} \times 2 = 2\text{m}^2$

㉱ 절토면적$(A) = $㉮$-$㉯$-$㉰

$= 20 - 4.5 - 2$

$= 13.5\text{m}^2$

16. 그림과 같이 네 점을 측정하였다. 이때 단면적을 구한 값 중 옳은 것은 어느 것인가? [산업 98]

① 87m^2

② 100m^2

③ 174m^2

④ 192m^2

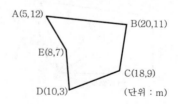

해설

측점	X	Y	$(X_{i-1} - X_{i+1})$
A	-4	0	$(4-(-8))0 = 0$
B	-8	6	$(-4-9)6 = -78$
C	9	8	$(-8-4)8 = -96$
D	4	0	$(9-(-4))0 = 0$

$2A = 174$

∴ $A = 87\text{m}^2$

17. 측량 결과 그림과 같은 지역의 면적은 얼마인가?

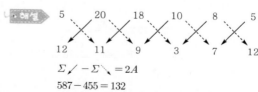

① 66m^2 ② 80m^2

③ 132m^2 ④ 160m^2

해설

$\Sigma \nearrow - \Sigma \searrow = 2A$

$587 - 455 = 132$

∴ $A = 66\text{m}^2$

18. 그림과 같은 도로 횡단면의 면적은? [산업 96]

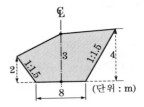

① 27.5m²

② 37.5m²

③ 55m²

④ 75m²

해설
$$A = \frac{3+2}{2} \times 3 + \frac{3+4}{2} \times 10 - \frac{1}{2} \times 2 \times 3 - \frac{1}{2} \times 4 \times 6$$
$$= 27.5 m^2$$

19. 그림과 같은 지역의 면적은? [산업 14]

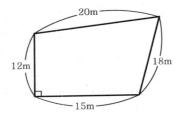

① 246.5m²

② 268.4m²

③ 275.2m²

④ 288.9m²

해설

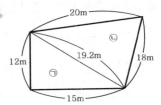

㉮ ㉠면적
$$A = \frac{1}{2} \times 12 \times 15 = 90 m^2$$

㉯ ㉡면적
$$S = \frac{1}{2} \times (20 + 19.2 + 18) = 28.6 m$$
$$A = \sqrt{28.6 \times (28.6-20) \times (28.6-19.2) \times (28.6-18)}$$
$$= 156.55 m^2$$

∴ 면적 = ㉠ + ㉡ = 246.5m²

20. 그림에서 빗금 친 부분의 넓이를 구하면 얼마인가?
(단, $R=50m$, ∠AOB=20°11′, ∠OCB=90°) [기사 00]

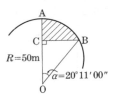

① 26.2m²

② 26.3m²

③ 35.5m²

④ 36.9m²

해설 ㉮ 부채꼴 $AOB = \pi r^2 \frac{\alpha}{360}$
$$= \pi \times 50^2 \times \frac{20°11'}{360}$$
$$= 440.1088 m^2$$

㉯ $\triangle CBO = \frac{1}{2} \times 50 \times 50 \times \sin 20°11'$
$$= 404.7980 m^2$$

㉰ 빗금 친 부분의 넓이 = 440.1088 − 404.7980
$$= 35.3 m^2$$

21. 구적기에 의하여 횡단면도 종축척 1:100, 횡축척 1:300인 도면의 면적을 구하기 위하여 구적기 축척 1:500으로 측정한 면적이 200m²이었다. 실제 면적은 얼마인가? [산업 98]

① 24m²

② 36m²

③ 48m²

④ 72m²

해설
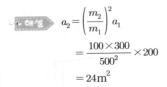
$$a_2 = \left(\frac{m_2}{m_1}\right)^2 a_1$$
$$= \frac{100 \times 300}{500^2} \times 200$$
$$= 24 m^2$$

22. 구적기의 정밀도에서 큰 면적의 정밀도는 어느 것인가? [산업 97]

① 0.1~0.5%

② 0.1~0.2%

③ 1~5%

④ 1~2%

해설 구적기의 정밀도
㉮ 큰 면적일 경우 : 0.1~0.2%
㉯ 작은 면적일 경우 : 1% 이내

23. 축척 1/1,200로 그려진 도면의 면적을 구하기 위하여 구적기(求積器)의 측간을 2m², 1：500에 맞추고 극점을 도형 외에 설치하여 정회전(正回轉)시켜 제1독수 1,728, 제2독수 1,828을 얻었다면 면적은?

[산업 97]

① 1,252m² 　　　　② 1,152m²
③ 1,235m² 　　　　④ 1,145m²

해설 $A = \left(\dfrac{S}{L}\right)^2 CN$

$\qquad = \left(\dfrac{1,200}{500}\right)^2 \times 2 \times (1,828 - 1,728)$

$\qquad = 1,152\text{m}^2$

24. 구적기를 사용하여 도면의 횡축척 1/200, 종축척 1/1,000, 구적기의 축척이 1/600일 때 면적을 구한 값 중 옳은 것은? (단, 초독 3,849, 종독 4,329, 단위면적 2m²임)

[산업 94]

① 533.3m² 　　　　② 120.4m²
③ 480.3m² 　　　　④ 160.2m²

해설 $A = \left(\dfrac{S_1 S_2}{L^2}\right) CN$

$\qquad = \dfrac{200 \times 1,000}{600^2} \times 2 \times (4,329 - 3,849)$

$\qquad = 533.3\text{m}^2$

25. 다음 측륜의 지름이 20mm인 플래니미터로 축척 1/300일 때 단위면적을 0.5m²로 만들기 위한 측간의 위치는?

[기사 98]

① 44.21mm 　　　　② 88.42mm
③ 160.49mm 　　　　④ 180.27mm

해설 $a = \left(\dfrac{\pi d m^2}{1,000}\right) l$

$\qquad \therefore l = \dfrac{1,000 a}{\pi d m^2} = \dfrac{1,000 \times (0.5 \times 1,000^2)}{\pi \times 20 \times 300^2}$

$\qquad = 88.464\text{mm}$

26. 그림과 같은 삼각형 토지를 △ABP : △APC = 2 : 7로 면적을 분할하고자 할 때 $\overline{\text{BP}}$의 길이는? (단, $\overline{\text{BC}}$의 길이는 50m임)

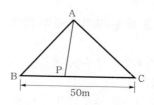

① 15.29m 　　　　② 14.29m
③ 12.11m 　　　　④ 11.11m

해설 $\overline{\text{BC}} : \overline{\text{BP}} = m + n : m$

$\qquad 50 : \overline{\text{BP}} = 9 : 2$

$\qquad \therefore \overline{\text{BP}} = 11.11\text{m}$

27. 축척 1/1,500 도면상의 면적을 축척 1/1,000으로 잘못 측정하여 24,000m²를 얻었을 때 실제 면적은?

[기사 99]

① 36,000m² 　　　　② 10,600m²
③ 54,000m² 　　　　④ 37,500m²

해설 $a_2 = \left(\dfrac{m_2}{m_1}\right)^2 a_1$

$\qquad = \left(\dfrac{1,500}{1,000}\right)^2 \times 24,000$

$\qquad = 54,000\text{m}^2$

28. 축척 1/1,200의 도면에서 구적기로 면적을 측정한 결과 17,850m²의 면적을 얻었다. 이때 제1독치는 8,364를 얻었다면 단위면적은 얼마인가? (단, 제2독치는 2,540이다.)

[산업 97]

① 30.6m² 　　　　② 4.60m²
③ 3.06m² 　　　　④ 5.06m²

해설 $A = CN$

$\qquad \therefore C = \dfrac{A}{N} = \dfrac{17,580}{8,364 - 2,540} = 3.06\text{m}^2$

29. 플래니미터로 면적을 측정할 경우 측륜의 회전속도는 어떻게 하는 것이 좋은가?

[산업 96]

① 빠르게 한다.
② 균일하게 한다.
③ 직선은 느리게, 곡선은 빠르게 한다.
④ 직선은 빠르게, 곡선은 느리게 한다.

30. 다음은 플래니미터의 주의사항이다. 옳지 않은 것은? [산업 96]

① 측정하는 도형이 너무 큰 경우는 여러 개로 나누어 측정한다.

② 측도침을 도면의 경계선 위로 이동시킬 때에는 등속도를 유지시킨다.

③ 측정을 여러 번 하면 많은 시간이 소요되므로 한 번에 끝내는 것이 바람직하다.

④ 면적을 측정하는 도면은 측도침이 등속도로 쉽게 이동할 수 있도록 구부러지거나 주름이 없도록 한다.

해설 측정을 여러 번 반복할수록 정확한 값을 얻을 수 있다.

31. 그림과 같은 토지의 1변 BC에 평행하게 $m:n$ $=1:2$의 비율로 면적을 분할하고자 한다. $\overline{AB}=30\text{m}$일 때 $\overline{AX}$는?

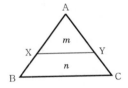

① 8.660m
③ 25.981m
② 17.321m
④ 34.641m

해설 $\overline{AX}=\overline{AB}\sqrt{\dfrac{m}{n+m}}=30\sqrt{\dfrac{1}{1+2}}=17.321\text{m}$

32. 운동장이나 비행장과 같은 시설을 건설하기 위한 넓은 지형의 정지공사에서 토량을 계산하자면 다음 방법 중 어느 것이 가장 적당한가? [기사 99]

① 점고계산법
② 양단면평균법
③ 비례중앙법
④ 외주공식에 의한 방법

33. 노선 중심선에 따른 횡단측량 결과, 1km+340m 지점은 흙쌓기 면적 50m^2이고 1km+360m 지점은 흙깎기 면적 15m^2으로 계산되었다. 양단면평균법을 사용한 두 지점 간의 토량은? [산업 15]

① 흙깎기 토량 49.4m^3
③ 흙쌓기 토량 350m^3
② 흙깎기 토량 494m^3
④ 흙쌓기 토량 494m^3

해설 토량 $=\dfrac{50-15}{2}\times20=350\text{m}^2$ (흙쌓기)

34. 대단위 신도시를 건설하기 위한 넓은 지형의 정지공사에서 토량을 계산하고자 할 때 가장 적당한 방법은?

① 점고법
② 양단면 평균법
③ 비례 중앙법
④ 각주공식에 의한 방법

해설 점고법은 토지정리나 구획정리에 많이 쓰이며 주로 정지작업에 이용된다.

35. 각 꼭짓점의 표고가 그림과 같을 때 부피를 구하면 다음 중 어느 것인가? [기사 97]

① $1,520\text{m}^3$
② $1,620\text{m}^3$
③ $1,720\text{m}^3$
④ $1,820\text{m}^3$

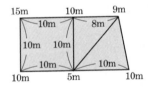

해설 ㉮ 사각형분할

$$V_1=\frac{A}{4}(\Sigma h_1+2\Sigma h_2+3\Sigma h_3+4\Sigma h_4)$$
$$=\frac{10\times10}{4}\times(10+15+10+5)=1,000\text{m}^3$$

㉯ 삼각형분할

$$V_2=\frac{A}{3}(\Sigma h_1+2\Sigma h_2+\cdots+8\Sigma h_8)$$
$$=\frac{8\times10}{6}\times(5+10+9)=320\text{m}^3$$

㉰ 삼각형분할

$$V_3=\frac{10\times10}{6}\times(5+9+10)=400\text{m}^2$$

$$\therefore\ V_1+V_2+V_3=1,000+320+400$$
$$=1,720\text{m}^3$$

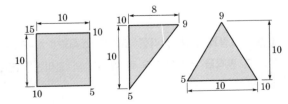

36. 토량계산공식 중 양단면의 면적차가 클 때 산출된 토량의 대소관계로 옳은 것은? (단, 중앙단면법 : A, 양단면평균법 : B, 각주공식 : C로 함)   [기사 99]

① A = C < B
② A < C = B
③ A < C < B
④ A > C < B

> **해설** 토량의 대소관계는 양단면평균법 > 각주공식 > 중앙단면법이므로 B > C > A 이다.

37. 물탱크의 부피를 구하기 위해 측량하여 다음을 얻었다. 부피와 이에 포함된 오차는?

- 가로 : $l = 40 \pm 0.05$m
- 세로 : $w = 20 \pm 0.03$m
- 높이 : $h = 15 \pm 0.02$m

① $11,951 \pm 0.1$m^3
② $11,951 \pm 49$m^3
③ $12,000 \pm 28.4$m^3
④ $12,000 \pm 14.2$m^3

> **해설** $V = 40 \times 20 \times 15 = 12,000$m^3
> $$M = \pm \sqrt{\begin{array}{c}(20 \times 15)^2 \times 0.05^2 + (40 \times 15)^2 \\ \times 0.03^2 + (40 \times 20)^2 \times 0.02^2\end{array}}$$
> $$= \pm 28.4\text{m}^3$$

38. 양단면 면적이 $A_1 = 65$m^2, $A_2 = 30$m^2, 그리고 중간단면적 $A_m = 40$m^{2}일 때 체적은? (단, 각주공식에 의하는 것으로 한다.)   [기사 97]

① 830m^2
② 850m^2
③ 870m^2
④ 890m^2

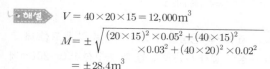

> **해설** $V = \dfrac{l}{6}(A_1 + 4A_m + A_2)$
> $$= \frac{20}{6} \times [65 + (4 \times 40) + 30]$$
> $$= 850\text{m}^2$$

39. 고속도로 공사에서 측점 10의 단면적은 318m^2, 측점 11의 단면적은 512m^2, 측점 12의 단면적은 682m^{2}일 때 측점 10에서 측점 12까지의 토량은? (단, 양단면평균법에 의하며 측점 간의 거리 = 20m)

① 15,120m^3
② 20,160m^3
③ 20,240m^3
④ 30,240m^3

> **해설** $$\text{토량}(V) = \frac{318 + 512}{2} \times 20 + \frac{512 + 682}{2} \times 20$$
> $$= 20,240\text{m}^3$$

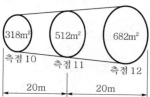

40. 그림과 같은 지역의 토공량은?   [산업 96]

① 600m^3
② 1,200m^3
③ 1,300m^3
④ 2,600m^3

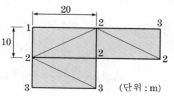

(단위 : m)

> **해설** $V = \dfrac{A}{3}(\Sigma h_1 + 2\Sigma h_2 + \cdots + 8\Sigma h_8)$
> $$= \frac{\frac{1}{2} \times 10 \times 20}{3} \times [(1 + 3 + 3)$$
> $$+ 2 \times (3 + 2) + 3 \times 2 + 4 \times 4]$$
> $$= 1,300\text{m}^3$$

41. 토량을 산정하기 위하여 아래 그림과 같이 등구형 단면(等矩形斷面)으로 나누어 각 점의 높이를 측정하였다. 시공기면(施工基面)을 0.00m로 하면 점고법(点高法)에 의하여 산출한 절취(切取)토량은 얼마인가?   [기사 96]

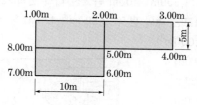

① 700m^3
② 500m^3
③ 650m^3
④ 550m^3

> **해설** $\Sigma h_1 = 1 + 3 + 4 + 6 + 7 = 21$
> $\Sigma h_2 = 2 + 8 = 10$
> $\Sigma h_3 = 5$
> $$\therefore \ V = \frac{A}{4}(\Sigma h_1 + 2\Sigma h_2 + 3\Sigma h_3)$$
> $$= \frac{5 \times 10}{4} \times (21 + 2 \times 10 + 3 \times 5) = 700\text{m}^3$$

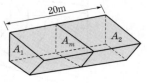

42. 다음의 부지측량결과를 이용하여 절·성토량이 같도록 지구의 계획고를 계산하면 얼마인가? [산업 00]

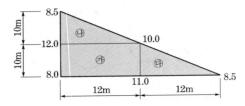

① 9.2m
② 9.5m
③ 10.0m
④ 10.5m

 해설 ㉮ $V_1 = \dfrac{10 \times 12}{4} \times (12+10+8+11)$

$\qquad = 1{,}230\text{m}^3$

㉯ $V_2 = \dfrac{10 \times 12}{6} \times (8.5+12+10) = 610\text{m}^3$

㉰ $V_3 = \dfrac{10 \times 12}{6} \times (10+11+8.5) = 590\text{m}^3$

$\qquad \therefore\ V = V_1 + V_2 + V_3 = 2{,}430\text{m}^3$

㉱ 계획고$(h) = \dfrac{V}{nA}$

$\qquad = \dfrac{2{,}430}{(10+12)+\left(\frac{1}{2}\times10\times12\right)+\left(\frac{1}{2}\times10\times12\right)}$

$\qquad = 10.125\text{m}$

43. 댐의 저수면 높이를 110m로 할 경우 저수량은? (단, 80m 등고선 내의 면적 : 1,000m², 90m 등고선 내의 면적 : 1,500m², 100m 등고선 내의 면적 : 2,000m², 110m 등고선 내의 면적 : 2,500m², 120m 등고선 내의 면적 : 3,000m²) [기사 96]

① 52,500m³
② 48,333m³
③ 45,000m³
④ 43,667m³

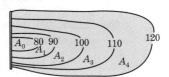

해설 $V = \dfrac{h}{3}(A_0 + A_2 + 4A_1) + \left(\dfrac{A_2 + A_3}{2}\right)h$

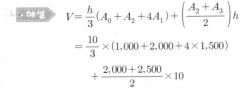

$\qquad = \dfrac{10}{3} \times (1{,}000 + 2{,}000 + 4 \times 1{,}500)$

$\qquad\quad + \dfrac{2{,}000 + 2{,}500}{2} \times 10$

$\qquad = 52{,}500\text{m}^3$

44. 그림과 같이 5m 간격의 등고선이 그려진 산에서 85m 이상의 부분에 대하여 체적을 구하였다. 각 등고선으로 이루는 면적이 다음과 같을 때 이때의 체적은 얼마인가? (단, 100m 등고선 내의 면적 : 50.25m², 95m 등고선 내의 면적 : 100.45m², 90m 등고선 내의 면적 : 800.25m², 85m 등고선 내의 면적 : 1,200.15m², 80m 등고선 내의 면적 : 2,300.26m²) [기사 98]

① 152.55m³
② 21,458.68m³
③ 214.58m³
④ 15,255.68m³

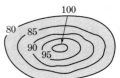

해설 $V = \dfrac{h}{3}[A_1 + A_5 + 4(A_2 + A_4) + 2A_3]$

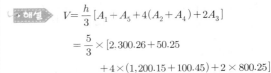

$\qquad = \dfrac{5}{3} \times [2{,}300.26 + 50.25$

$\qquad\quad + 4 \times (1{,}200.15 + 100.45) + 2 \times 800.25]$

$\qquad = 15{,}255.68\text{m}^3$

45. 저수지의 용량을 구하기 위하여 각 등고선 내 면적을 측정한 결과 다음과 같을 때 등고선 150~200m에 의한 유효수량은? (단, $A_{150}=200\text{m}^2$, $A_{160}=900\text{m}^2$, $A_{170}=3{,}500\text{m}^2$, $A_{180}=8{,}900\text{m}^2$, $A_{190}=13{,}000\text{m}^2$, $A_{200}=20{,}000\text{m}^2$)

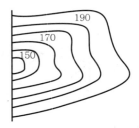

① 375,000m³
② 400,000m³
③ 363,000m³
④ 356,000m³

해설 $V = \dfrac{h}{3}[A_1 + A_5 + 4(A_2 + A_4) + 2A_3]$

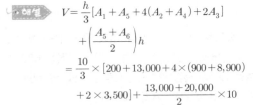

$\qquad\quad + \left(\dfrac{A_5 + A_6}{2}\right)h$

$\qquad = \dfrac{10}{3} \times [200 + 13{,}000 + 4 \times (900 + 8{,}900)$

$\qquad\quad + 2 \times 3{,}500] + \dfrac{13{,}000 + 20{,}000}{2} \times 10$

$\qquad = 363{,}000\text{m}^3$

chapter 10

하천측량

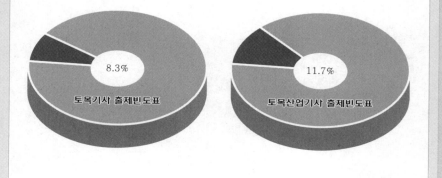

8.3%

토목기사 출제빈도표

11.7%

토목산업기사 출제빈도표

10 하천측량

01 하천측량의 개요

알 • 아 • 두 • 기 •

① 정의

하천의 개수공사나 하천공작물의 계획, 설계, 시공에 필요한 자료를 얻기 위해서 실시하는 측량을 하천측량이라 한다.

② 하천측량의 순서

도상 조사 → 자료 조사 → 현지 조사 → 평면 측량 → 수준 측량 → 유량 측량

(1) 도상조사

축척 1 : 50,000 지형도를 이용하여 유로상황, 지역면적, 지형, 지물, 토지이용상황, 교통이나 통신시설 상황을 조사한다.

(2) 자료조사

홍수피해, 물의 이용상황, 기타 모든 자료를 조사한다.

(3) 현지조사

도상조사와 자료조사를 기초로 하여 실시하는 것으로 답사, 선점을 말한다.

(4) 평면측량

삼각측량과 평판측량을 하여 평면도를 만든다.

(5) 수준측량

거리표를 중심으로 종단측량과 횡단측량을 실시하는 것으로 유수부에는 심천측량을 하여 종횡단면도를 만든다.

(6) 유량측량

각 관측점에서 수위, 유속, 심천 측량을 하여 유량을 계산하고 유량
곡선을 만든다.

02 하천측량의 분류

① 평면측량

(1) 범위

① 유제부에서는 제외지 전부와 제내지 300m 이내
② 무제부에서는 물이 흐르는 곳 전부와 홍수시 도달하는 물가선
으로부터 100m 정도로 한다.

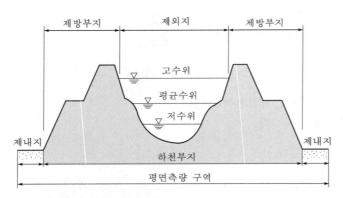

【그림 10-1】 하천의 단면 및 평면측량의 범위

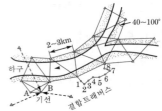

▷ 기준점측량

△ 국가 기본삼각점
△ 소삼각점
○ 트래버스점

(2) 삼각측량

① 삼각망은 국가 기본삼각점을 연결하여 구성한다.
② 삼각망은 단열삼각망으로 하고, 기선삼각망과 합류점에서 사
변형삼각망으로 한다.
③ 삼각점은 2~3km마다 설치하고, 협각은 40~100°가 되도록 한다.
④ 측각은 방향각법이나 반복법으로, 삼각형의 폐합차는 10″ 이
내로 한다.
⑤ 기선측정은 세밀하게 하며 계산된 변길이와의 차는 $\dfrac{1}{6,000}$ 이
내로 한다.

(3) 트래버스측량

① 트래버스망은 삼각점과 삼각점 사이를 연결하는 **결합트래버스**로 한다.

② 측점은 세부측량에 편리한 곳으로 정하고, 거리는 200m 이내가 되도록 한다.

③ 거리측정의 오차는 $\dfrac{1}{10,000}$, 측각오차는 20″ 이내가 되도록 한다.

(4) 세부측량

① 세부측량은 하천지역의 상황을 나타내기 위한 측량으로 평판측량과 스타디아측량을 병행하여 실시한다.

② 세부측량은 하천의 평면형상, 제방, 하천의 부속공작물, 지목별, 행정구역의 경계, 물가선, 도로, 철도, 건물, 수준점, 거리표, 수위표 등을 측정한다.

③ 하천의 물가선은 평수위로 나타낸다.

④ 평면도축척은 1 : 2,500으로 한다.

❷ 수준측량

하천의 수준측량은 거리표 설치, 종단측량, 횡단측량, 심천측량으로 나눈다.

(1) 수준점(B.M)의 설치

수준점은 지반이 침하되지 않고 교통방해가 되지 않는 견고한 장소를 택하여 양안에 5km마다 설치하고, 국가 기본수준점으로부터 높이를 측정한다.

(2) 거리표의 설치

거리의 측정기준이 되는 것으로 하구 또는 합류점으로부터 100m 또는 200m마다 설치한다.

(3) 종단측량

① 수준점을 기준으로 거리표, 수위표, 수문 등 기타 중요한 지점들의 표고를 측정한다.

② 2회 이상 왕복측정하고, 측정오차는 4km에 대하여 유조부 10mm, 무조부 15mm, 합류부 20mm 이내로 하여야 한다.

▶ 하천측량의 거리표 설치

③ 5km마다 교호수준측량으로 종단측량결과를 점검한다.

④ 종단면도 축척은 세로 1 : 100, 가로 1 : 1,000∼1 : 10,000으로 작성한다.

(4) 횡단측량

① 거리표를 기준으로 하여 유심에 직각방향으로 평면측량의 범위까지 측정한다.

② 수위표가 있는 곳이나 횡단면이 급변하는 곳에는 거리표를 새로 만들어 측정한다.

③ 지상에서는 레벨로 측정하고, 수상에서는 심천측량으로 측심추를 사용하여 측정한다.

④ 횡단면도 축척은 세로 1 : 100, 가로 1 : 1,000∼1 : 10,000으로 작성한다.

(5) 심천측량

① 심천측량은 하천의 수심 및 유수부분의 하저상황을 조사하여 횡단면도를 작성하는 측량이다.

② 수심측정에 사용되는 기계 · 기구

㉮ 측심간(Rod) : 길이 5m 정도에 10cm씩 적과 백색을 교대로 칠하여 1m마다 표를 붙이고, 하단에는 철 또는 연을 붙여서 사용하는데 수심 6m 이내 측정이 가능하다.

㉯ 측심추(Read) : 와이어 또는 로프 끝부분에 3∼5kg 무게의 연추를 달고 로프에는 20∼30cm마다 눈금을 표시하여 깊이를 측정하는 것으로 수심 6m 이상 되는 곳에 사용한다.

㉰ 음향측심기 : 수심이 30m 정도인 깊은 곳에서 사용하며 수상에서 초음파를 발사하여 하저에서 반사되어 돌아올 때까지의 시간을 측정하여 수심을 측정한다.

㉱ 수심측정 지점의 위치 : $\alpha_1(\angle P_1AB)$를 관측했을 때 배의 위치(P)는

$$BP_1 = AB \tan \alpha_1 \cdots\cdots\cdots (10 \cdot 1)$$

여기서, BC : 거리표

　　　D : BC 의 시준선상의 점

　　　AB : 육상의 기선

▣ 측심간과 측심추

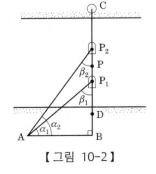

(a) 측심간　　(b) 측심추

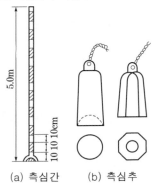

【그림 10-2】

(6) 하천의 구배측정

① 수면구배 : 수면구배는 일정한 구간에서 수위차와 구간거리의 비로 나타낸다.

② 하상구배 : 하상의 최심부를 연결한 구배를 말하며 하천개수공사에 매우 중요한 요소가 된다.

❸ 유량측량

(1) 수위관측

① 양수표 설치

㉮ 세굴이나 퇴적이 생기지 않는 장소

㉯ 상, 하류 약 100m 정도의 직선인 장소

㉰ 수위가 교각이나 기타 구조물에 의한 영향을 받지 않는 장소

㉱ 홍수시 유실이나 이동 또는 파손되지 않는 장소

㉲ 평상시는 물론 홍수시에도 용이하게 양수량을 관측할 수 있는 장소

㉳ 지천의 합류점에서는 불규칙한 수위변화가 없는 장소

㉴ 어떤 갈수시에도 양수표가 노출되지 않는 장소

㉵ 잔류 및 역류가 없는 장소

② 하천수위

㉮ 평균 최저수위 : 항선, 수력발전, 관개 등의 수리목적에 이용

㉯ 평균 최고수위 : 제방, 교량, 배수 등의 치수목적에 이용

㉰ 갈수위 : 355일 이상 이보다 적어지지 않는 수위

㉱ 저수위 : 275일 이상 이보다 적어지지 않는 수위

㉲ 평수위 : 185일 이상 이보다 적어지지 않는 수위

㉳ 홍수위 : 최대수위

㉴ 수애선(水涯線, Water Side Line) : 육지와 물과의 경계선

③ 유량측정장소

㉮ 하저의 변화가 없는 곳

㉯ 상하류 수면구배가 일정한 곳

㉰ 잠류, 역류되지 않고 지천에 불규칙한 변화가 없는 곳

㉱ 부근에 급류가 없고 유수의 상태가 균일하며 장애물이 없는 곳

㉲ 윤변의 성질이 균일하고 상, 하류를 통하여 횡단면의 형상이 급변하지 않는 곳

알·아·두·기·

▶ 하천구배

▶ 보통 수위표

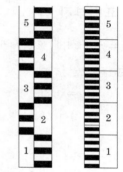

ⓑ 가능한 폭이 좁고 충분한 수심과 적당한 유속을 가질 것이며 유속계를 사용할 때에 유속이 0.3~2.0m/sec되는 곳

03 유속측정

① 부자에 의한 방법

(1) 표면부자

주로 홍수시에 사용하며 투하지점은 10m 이상, $\frac{B}{3}$ 이상, 20초 이상 (약 30초)으로 한다.

$$V_m = (0.8 \sim 0.9)v \quad \cdots\cdots\cdots\cdots\cdots\cdots\cdots\cdots \quad (10 \cdot 2)$$

여기서, V_m : 평균유속

v : 유속

0.9 : 큰 하천에서의 부자고

0.8 : 작은 하천에서의 부자고

▶ 표면부자
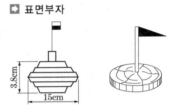

(2) 막대부자(봉부자)

대나무관 하단에 추를 넣고 연직으로 흘러보내어 평균유속을 직접 구하는 방법으로서 종평균유속 측정시 사용한다.

(3) 이중부자

표면부자에 수중부자를 끈으로 연결한 것으로 수중부표를 수면으로부터 6할쯤 되는 곳에 매달아 놓아 직접평균유속을 구하는 방법

▶ 막대부자

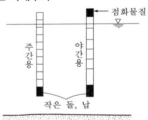

(4) 부자의 유하거리

① 하천폭의 2배

② 1~2분 흐를 수 있는 거리

③ 제1단면과 제2단면의 간격

  ㉮ 큰 하천 = 100~200m

  ㉯ 작은 하천 = 20~50m

④ 부자에 의한 평균유속

$$V_m = \frac{l}{t}$$

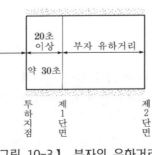

【그림 10-3】 부자의 유하거리

▶ 이중부자
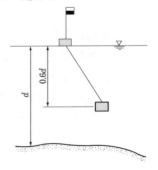

04 평균유속을 구하는 방법

① 1점법

수면에서 $0.6H$ 되는 곳의 유속으로 평균유속을 구하는 방법이다.

$$V_m = V_{0.6} \quad\text{(10·3)}$$

② 2점법

수면에서 $0.2H$, $0.8H$ 되는 곳의 유속을 측정하여 평균유속을 구하는 방법이다.

$$V = \frac{1}{2}(V_{0.2} + V_{0.8}) \quad\text{(10·4)}$$

③ 3점법

수면에서 $0.2H$, $0.6H$, $0.8H$ 되는 곳의 유속을 측정하여 평균유속을 구하는 방법이다.

$$V_m = \frac{1}{4}(V_{0.2} + 2V_{0.6} + V_{0.8}) \quad\text{(10·5)}$$

여기서, V_m : 평균유속

$V_{0.2}$: 수심 $0.2H$ 되는 곳의 유속

$V_{0.6}$: 수심 $0.6H$ 되는 곳의 유속

$V_{0.8}$: 수심 $0.8H$ 되는 곳의 유속

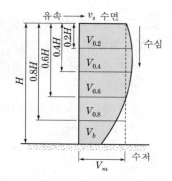

【 그림 10-4 】 하천 단면상의 평균유속

유속공식
① Chezy공식
$$V = C\sqrt{RI}$$
② Manning공식
$$V = \frac{1}{n} R^{\frac{2}{3}} I^{\frac{1}{2}}$$

예상 및 기출문제

1. 하천측량을 행할 때 평면측량의 범위 및 거리에 대한 설명 중 옳지 않은 것은? [기사 96]
① 유제부에서의 측량범위는 제내지 300m 이내로 한다.
② 무제부에서의 측량범위는 평상시 물이 차는 곳까지로 한다.
③ 선박운행을 위한 하천개수가 목적일 때 하류는 하구까지로 한다.
④ 홍수방지공사가 목적인 하천공사에서는 하구에서부터 상류의 홍수피해가 미치는 지점까지

▶해설 **무제부**
홍수가 영향을 주는 구역보다 약간 넓게 한다.

2. 하천측량을 실시하는 주목적은 어디에 있는가?
① 하천의 수위, 기울기, 단면을 알기 위함
② 하천공작물의 설계, 시공에 필요한 자료를 얻기 위함
③ 평면도, 종단면도를 작성하기 위함
④ 유속 등을 관측하여 하천의 성질을 알기 위함

▶해설 하천의 개수공사나 하천공작물의 계획, 설계, 시공에 필요한 자료를 얻기 위해서 실시하는 측량을 하천측량이라고 한다.

3. 하천측량에 대한 설명 중 옳지 않은 것은 어느 것인가? [기사 95, 99]
① 하천측량시 처음에 할 일은 도상조사로서 유로상황, 지역면적, 토지이용상황 등을 조사하여야 한다.
② 심천측량은 하천의 수심 및 유수부분의 하저사항을 조사하고, 횡단면도를 제작하는 측량을 말한다.
③ 하천측량에 수준측량을 할 때의 거리표는 하천의 중심에 직각의 방향으로 설치한다.
④ 수위관측소의 위치는 지천의 합류점 및 분류점으로 수위의 변화가 일어나기 쉬운 곳이 적당하다.

▶해설 수위관측소의 위치는 수위의 변화가 일어나기 쉬운 곳은 피한다.

4. 다음은 하천측량에 관한 설명이다. 틀린 것은 어느 것인가? [기사 99]
① 수심이 깊고, 유속이 빠른 장소에는 음향측심기와 수압측정기를 사용하며 음향측심기는 30m의 깊이를 0.5% 정도의 오차로 측정이 가능하다.
② 1점법에 의한 평균유속은 수면으로부터 수심 0.6H되는 곳의 유속을 말하며, 5% 정도의 오차가 발생한다.
③ 평면측량의 범위는 유제부에서 제내지의 전부와 제외지의 300m 정도, 무제부에서는 홍수의 영향이 있는 구역을 측량한다.
④ 하천측량은 하천개수공사나 하천공작물의 계획, 설계, 시공에 필요한 자료를 얻기 위하여 실시한다.

▶해설 **평면측량의 범위**
㉮ 유제부 : 제외지 전부와 제내지 300m 이내
㉯ 무제부 : 홍수의 영향이 있는 구역보다 약간 넓게 측량한다.

5. 국토교통부 하천측량규정에 의해 하천의 수제를 결정하는 방법은 어느 것인가? [산업 98]
① 평균 저수위에 가까울 때의 동시수위에 의하여 결정한다.
② 평균 평수위에 가까울 때의 동시수위에 의하여 결정한다.
③ 평균 수위에 가까울 때의 동시수위에 의하여 결정한다.
④ 평균 고수위에 가까울 때의 동시수위에 의하여 결정한다.

6. 하천측량에서 평면측량의 일반적인 측량범위로 가장 적합한 것은?

① 유제부에서 제외지를 제외한 제내지 300m 이내, 무제부에서는 홍수가 영향을 주는 구역보다 약간 좁게 한다.

② 유제부에서 제외지 및 제내지 300m 이내, 무제부에서는 홍수가 영향을 주는 구역보다 약간 넓게 한다.

③ 유제부에서 제외지를 제외한 제내지 20m 이내, 무제부에서는 홍수가 영향을 주는 구역보다 약간 좁게 한다.

④ 유제부에서 제외지 및 제내지 20m 이내, 무제부에서는 홍수가 영향을 주는 구역보다 약간 넓게 한다.

• 해설 하천측량의 범위
유제부에서는 제외지 전부와 제내지 300m 이내이며 무제부에서는 홍수가 영향을 주는 구역보다 약간 넓게 한다.

7. 하천측량작업을 크게 나눈 3종류에 해당되지 않는 측량은? [산업 97]

① 심천측량 ② 유량측량
③ 수준측량 ④ 평면측량

• 해설 하천측량의 종류
㉮ 평면측량 : 골조측량과 세부측량
㉯ 수준측량 : 종·횡단 수준측량을 실시
㉰ 유량측량 : 각 측점에서 수위관측, 유속관측, 심천측량을 행하여 유량을 계산하고 유량곡선을 작성

8. 하천측량에서 수준점은 적어도 몇 km마다 측설하는가? [산업 98]

① 0.5km ② 1km
③ 5km ④ 20km

• 해설 수준점은 양안에 5km마다 설치하고, 국가 기본수준점으로부터 높이를 측정한다.

9. 하천을 횡단할 때 수준측량 중 가장 정밀한 수준측량방법은? [산업 96]

① 기압수준측량
② 평판과 스타디아측량을 병용한 측량
③ 교호수준측량
④ 핸드레벨

10. 하천의 평면측량에서 삼각망의 구성 중 대삼각의 내각은 얼마면 좋은가? [산업 95]

① 30~100° ② 30~140°
③ 40~100° ④ 40~120°

• 해설 삼각점은 2~3km마다 설치하고 협각은 40~100°가 되도록 한다.

11. 평수위란 어떤 것인가? [산업 96]

① 1년을 통하여 275일, 이것보다 내려가지 않는 수위
② 1년을 통하여 355일, 이것보다 내려가지 않는 수위
③ 1년을 통하여 185일, 이것보다 내려가지 않는 수위
④ 1년을 통하여 125일, 이것보다 내려가지 않는 수위

12. 하천의 수애선은 다음 중 어떤 수위에 의하여 정해지는가? [기사 99, 00]

① 평수위 ② 저수위
③ 갈수위 ④ 고수위

13. 홍수시에 매시간 수위를 관측하는 수위는 무엇인가? [기사 98]

① 경계수위 ② 지정수위
③ 통보수위 ④ 평수위

14. 갈수위에 대한 설명으로 옳은 것은? [기사 99]

① 1년을 통하여 355일이 이것보다 내려가지 않는 수위
② 1년을 통하여 275일이 이것보다 내려가지 않는 수위
③ 1년을 통하여 185일이 이것보다 내려가지 않는 수위
④ 1년을 통하여 30일이 이것보다 내려가지 않는 수위

15. 하천의 세부측량시 평면도의 축척은 하천의 규모, 도면의 사용목적에 따라 다르겠으나 하폭 50m 이하일 때 표준으로 하는 것은? [산업 97]

① 1/5,000
② 1/2,500
③ 1/2,000
④ 1/1,000

• 해설 세부측량할 때 평면도의 축척은 일반적으로 $\frac{1}{2,500}$ 이나 하폭이 50m 이하일 경우는 $\frac{1}{1,000}$ 로 한다.

➡ 정답 6. ② 7. ① 8. ③ 9. ③ 10. ③ 11. ③ 12. ① 13. ② 14. ① 15. ④

16. 우리나라 하천측량의 규정에 의하면 급류부의 수준측량 오차범위는 4km에 대하여 다음 중 어느 것인가? [기사 94]

① ±10mm
② ±15mm
③ ±20mm
④ ±25mm

해설 4km에 대하여 유조부 10mm, 무조부 15mm, 급류부 20mm 이내

17. 하천의 종단측량에서 4km 왕복측량에 대한 폐합오차가 규정되어 있다. 8km 왕복측량에서는 허용오차가 4km 왕복측량의 몇 배가 되는가? [산업 98]

① $\frac{1}{\sqrt{2}}$ 배
② $\frac{1}{2}$ 배
③ $\sqrt{2}$ 배
④ 2배

해설 $m_1 : m_2 = \sqrt{s_1} : \sqrt{s_2}$

$$\therefore \frac{m_1}{m_2} = \frac{\sqrt{s_1}}{\sqrt{s_2}} = \frac{\sqrt{8}}{\sqrt{4}}$$

$$= \frac{\sqrt{2}}{1} = \sqrt{2}$$

18. 수위관측에 관한 설명 중 틀린 것은? [산업 95]

① 수위는 cm까지 읽고 수면구배를 측정할 때에는 $\frac{1}{4}$ cm까지 읽는다.
② 평시와 저수시에는 1일 2~3회 관측한다.
③ 최고수위 전, 후에는 1시간만큼 관측한다.
④ 홍수시에는 주야 1~1.5시간마다 관측한다.

해설 홍수시에는 주야 1시간마다 관측한다.

19. 하천의 평면측량에서 각 관측은 배각법에 의하여 몇 회 반복측정하여 평균각을 협각으로 정하는가? [산업 94]

① 1~2회
② 3~4회
③ 5~6회
④ 7~8회

해설 배각법은 반복횟수는 7~8회 이내로 한다.

20. 수심이 수십 m 이내이고 소규모의 하구의 수심도를 작성하고자 한다. 이때 사용되는 기계, 기구, 장비의 조합 중 가장 적절한 것은? [기사 94]

① 육분의, 음향측심기, 측량선
② 트랜싯, 광파측거의, 음향측심기, 측량선
③ Trisponder, 탄성파측량기, 음향측심기, 측량선
④ 유속계, 육분의, 전파측거의, 음향측심기, 측량선

21. 양수표를 설치하는 위치의 조건 중 옳지 않은 것은? [기사 97]

① 상·하류 약 500m 정도의 직선인 장소
② 잔류, 역류가 적은 장소
③ 수위가 교각이나 기타 구조물에 의한 영향을 받지 않는 장소
④ 지천의 합류점에서는 불규칙한 수위의 변화가 없는 장소

해설 양수표 설치장소 주의사항
㉮ 상·하류 약 100m 정도의 직선인 장소
㉯ 잔류, 역류가 적은 장소
㉰ 수위가 교각이나 기타 구조물에 의한 영향을 받지 않는 장소
㉱ 지천의 합류점에서는 불규칙한 수위의 변화가 없는 장소
㉲ 홍수시 유실이나 이동 또는 파손되지 않는 장소
㉳ 어떤 갈수시에도 양수표가 노출되지 않는 장소

22. 다음 중 하천측량의 설명 중 틀린 것은? [기사 96]

① 수위관측소는 수위의 변화가 생기지 않는 곳이어야 한다.
② 평면측량의 범위는 무제부에서 홍수가 영향을 주는 구역보다 넓게 한다.
③ 하천폭이 넓고 수심이 깊은 경우 배에 의해 수심을 잴 수 있다.
④ 평수위는 어떤 기간의 관측수위를 합계하여 관측 횟수로 나누어 평균값을 구한 것이다.

해설 평수위
1년간 185일 넘어가지 않는 수위

23. 다음은 유량을 측정하는 장소를 선정하는데 필요한 사항에 대하여 설명하였다. 이 중 적당하지 않은 것은? [기사 00, 산업 95]

① 측수작업(測水作業)이 쉽고 하저(河底)의 변화가 없는 곳

② 비교적 유신(流身)이 직선이고 갈수류(渴水流)가 없는 곳

③ 잠류(潛流), 역류(逆流)가 없고 유수의 장해가 균일한 곳

④ 윤변(潤邊)의 성질이 균일하고 상·하류를 통하여 횡단면의 형상이 차(差)가 있는 곳

▶ 해설
윤변의 성질이 균일하고, 상·하류를 통하여 횡단면의 형상이 차이가 없어야 한다.

24. 하천측량에서 수면구배를 구하고자 할 때 수위차는 오차가 없도록 읽고 다음 중 몇 m 이상이어야 하는가? [산업 97]

① 100m
② 200m
③ 300m
④ 500m

25. 하천의 수면기울기를 정하기 위해 200m 간격으로 동시에 수위를 측정하여 다음 결과를 얻었다. 이 구간의 평균수면경사는 얼마인가? (단, 표고의 단위는 m임) [기사 99]

측점	표고
1	85.73
2	85.55
3	85.33
4	85.12

① 1/851
② 1/909
③ 1/991
④ 1/111

▶ 해설
㉮ 측점 1, 2의 표고차 = 85.73−85.55 = 0.18m

㉯ 측점 2, 3의 표고차 = 85.55−85.33 = 0.22m

㉰ 측점 3, 4의 표고차 = 85.33−85.12 = 0.21m

평균표고차 $= \dfrac{0.18+0.22+0.21}{3} = 0.203$m

∴ 평균수면경사 $= \dfrac{0.203}{200} = \dfrac{1}{984}$

26. 해양측지에서 간출암 높이 및 해저수심의 기준이 되는 면은 다음 중 어느 것인가? [기사 96]

① 약 최고고조면
② 평균중등수위면
③ 수애면
④ 약 최저저조면

27. 심천측량에서 육상의 3개 기준점을 이용하여 측심선의 위치를 다음 2가지 방법으로 구할 때 두 방법의 비교 설명 중 틀린 것은? [기사 99]

> • 3개 기지점의 각각에 트랜싯을 정치하여 배의 위치를 동시에 관측한다. (전방교회법)
> • 3개 기준점 사이의 협각을 2개의 육분의로서 동시에 관측한다. (후방교회법)

① 후방교회법은 전방교회법보다도 작업의 능률은 좋으나 정도는 낮다.

② 후방교회법은 전방교회법보다도 작업인원이 적게 소요된다.

③ 전방교회법은 후방교회법보다도 배를 목적지점에 빨리 유도할 수 있다.

④ 후방교회법에는 각의 관측이 1개라도 빠지면 배의 위치는 구할 수 없으나 전방교회법에는 1개 각이 결측되어도 배의 위치를 구할 수 있다.

28. 어떤 하천에서 BC 직선에 따라 심천측량을 실시할 때 B점에서 CB에 직각으로 AB=96m의 기선을 잡았다. 지금 배 P 위에서 육분의(sextant)로 ∠APB를 측정한 값이 43°30′이다. BP의 거리가 100m가 될 때 배 P의 위치는? [기사 97]

① B방향으로 8.90m
② C방향으로 8.90m
③ C방향으로 1.16m
④ B방향으로 1.16m

▶ 해설
배의 위치(PB)에서 ∠PAB를 θ 라 하면

$\tan\theta = \dfrac{PB}{AB}$ 이므로

$PB = AB\tan\theta$

$= 96 \times \tan(180°−90°+43°30′) = 101.16$m

따라서 $101.16 − 100 = 1.16$m

∴ B방향으로 1.16m

29. 평균유속을 비교적 얻기 쉬운 부자는 어느 것인가? [산업 96]

① 봉(막대)부자
② 이중부자
③ 수중부자
④ 표면부자

30. 수심이 비교적 깊고 지역이 넓은 하구측량에 적절치 못한 기계 · 기구는? [기사 97]

① 음향측심기(Echo sounding)
② 측간 또는 측심간(Sounding pole)
③ 육분의(Sextant)
④ 측량선

▶해설 측간 또는 측심간은 수심이 6m 이하의 얕은 곳에서 사용한다.

31. 하천의 폭이 좁고 수심이 얕으며 유속이 느린 하천측량에 적합지 못한 기계 · 기구는? [산업 97]

① 수압측심기
② 측간(또는 측심간)
③ 측추
④ 배

32. 홍수유량(洪水流量)의 측정에 가장 알맞은 것은 어느 것인가? [기사 99]

① Price식 유속계
② Screw 유속계
③ 막대부자(俸浮子)
④ 이중부자

33. 하폭이 큰 하천의 홍수시 표면유속측정에 가장 적합한 방법은? [산업 99]

① 표면부자에 의한 측정
② 수중부자에 의한 측정
③ 막대부자에 의한 측정
④ 유속계에 의한 측정

34. 다음은 하천심천측량에 관한 설명이다. 틀린 것은 어느 것인가? [기사 96]

① 심천측량은 하천의 수심 및 유수부분의 하저 상황을 조사하고 횡단면도를 제작하는 측량이다.
② 로드(Rod)에 의한 심천측량은 수심 5m까지 사용 가능하다.
③ 레드(Lead)로 관측 불가능한 깊은 곳은 음향측심기를 사용한다.
④ 심천측량은 수위가 높은 장마철에 하는 것이 효과적이다.

▶해설 ㉮ 로드(측간) : 수심 5m까지 사용
㉯ 레드(측추) : 수심 5m 이상시 사용
㉰ 음향측심기 : 수심이 깊고 유속이 큰 장소에서 사용하며 아주 높은 정확도를 얻을 수 있다.

35. 표면부자를 이용하여 유속관측을 할 때 투하지점에서 관측지점까지 거리 중 틀리는 것은? [산업 97]

① 부자의 유하거리가 길수록 평균유속오차가 적다.
② 10m 이상 유하할 수 있는 거리이어야 한다.
③ $B/3$ m 이상 유하할 수 있는 거리이어야 한다.(단, B는 하폭)
④ 20~30초 정도 유하할 수 있는 거리이어야 한다.

36. 하천의 유량관측에서 유속을 실측하여 유량을 계산하는 것은? [산업 96]

① 유량곡선에 의한 유량관측
② 위어에 의한 유량관측
③ 하천의 기울기를 이용한 유량관측
④ 부자에 의한 유량관측

37. 하천측량에서 표면부자 사용시 표면유속에서 평균유속을 구할 경우 큰 하천에서는 얼마를 곱해주어야 하는가? [기사 94]

① 0.1
② 2
③ 0.6
④ 0.9

▶해설 ㉮ 큰 하천 : 0.9
㉯ 작은 하천 : 0.8

38. 하천측량에 대한 설명 중 틀린 것은? [기사 13]

① 평균유속계산식은 $V_m = V_{0.6}$, $V_m = \frac{1}{2}(V_{0.2} + V_{0.8})$, $V_m = \frac{1}{4}(V_{0.2} + 2V_{0.6} + V_{0.8})$ 이다.
② 하천기울기를 이용한 유량은 $V_m = C\sqrt{RI}$, $V_m = \frac{1}{n}R^{\frac{2}{3}}I^{\frac{1}{2}}$ 공식을 이용하여 구한다.
③ 유량관측에 이용되는 부자는 표면부자, 이중부자, 봉부자 등이 있다.
④ 하천구조물의 계획, 설계, 시공에 필요한 자료는 반드시 하천측량을 해서 얻은 것은 아니다.

39. 하천의 유속을 설명한 것 중 맞는 것은?

[산업 98]

① 하천의 유속은 수면보다 20% 아래의 중앙부가 가장 빠르다.

② 하천의 유속은 수면 30% 아래의 가장자리가 가장 빠르다.

③ 하천의 유속은 수면 50% 아래의 중앙부가 가장 빠르다.

④ 하천의 유속은 수면하가 가장 빠르다.

해설 ㉮ 최대유속 : $0.2H$(수면 아래부터 $0.2H$)
ㅤㅤㅤㅤㅤ ㉯ 최소유속 : $1.0H$(수면 아래부터 $1.0H$)
ㅤㅤㅤㅤㅤ ㉰ 평균유속 : $0.6H$(수면 아래부터 $0.6H$)

40. 수면으로부터 수심(H) $0.2H$, $0.4H$, $0.6H$, $0.8H$ 지점의 유속($V_{0.2}$, $V_{0.4}$, $V_{0.6}$, $V_{0.8}$)을 관측하여 평균유속을 구하는 공식으로 옳지 않은 것은?

① $V = V_{0.6}$

② $V = \dfrac{1}{2}(V_{0.4} + V_{0.8})$

③ $V = \dfrac{1}{4}(V_{0.2} + 2V_{0.6} + V_{0.8})$

④ $V = \dfrac{1}{5}\left[(V_{0.2} + V_{0.4} + V_{0.6} + V_{0.8}) + \dfrac{1}{2}\left(V_{0.2} + \dfrac{1}{2}V_{0.8}\right)\right]$

해설 ㉮ 1점법(V) $= V_{0.6}$
ㅤㅤㅤ ㉯ 2점법(V) $= \dfrac{1}{2}(V_{0.2} + V_{0.8})$
ㅤㅤㅤ ㉰ 3점법(V) $= \dfrac{1}{4}(V_{0.2} + 2V_{0.6} + V_{0.8})$
ㅤㅤㅤ ㉱ 4점법(V) $= \dfrac{1}{5}\Big[(V_{0.2} + V_{0.4} + V_{0.6} + V_{0.8})$
ㅤㅤㅤㅤㅤㅤㅤㅤㅤ $+ \dfrac{1}{2}\left(V_{0.2} + \dfrac{1}{2}V_{0.8}\right)\Big]$

41. 어느 하천의 최대수심 4m의 장소에서 깊이를 변화시켜서 유속관측을 행할 때 표와 같은 결과를 얻었다. 3점법에 의해서 유속을 구하면 그 값은 얼마인가?

[기사 95]

수심(m)	0.0	0.4	0.8	1.2	1.6	2.0
유속(m/s)	3.0	4.2	5.0	5.4	4.9	4.3
수심(m)	2.4	2.8	3.2	3.6	4.0	
유속(m/s)	4.0	3.3	2.6	1.9	1.2	

① 3.9m/s

② 4.1m/s

③ 4.3m/s

④ 5.3m/s

해설
$$V_m = \frac{V_{0.2} + V_{0.8} + 2V_{0.6}}{4}$$
$$= \frac{5.0 + 2.6 + (2 \times 4)}{4}$$
$$= 3.9\text{m/sec}$$

42. 수심이 수면으로부터 2/10, 6/10, 8/10 되는 지점에서 유속을 관측한 결과 각각 2m/sec, 1.5m/sec, 1.0m/sec를 얻었다. 이때 평균유속은?

[기사 98]

① 2.0m/sec

② 1.5m/sec

③ 1.0m/sec

④ 0.5m/sec

해설
$$V_m = \frac{V_{0.2} + 2V_{0.6} + V_{0.8}}{4}$$
$$= \frac{2 + (2 \times 15) + 1}{4}$$
$$= 1.5\text{m/sec}$$

43. 하천의 평균유속을 구하는데 수면깊이가 0.2, 0.4, 0.6, 0.8인 지점의 유속이 각각 0.54m/sec, 0.51m/sec, 0.46m/sec, 0.40m/sec일 때 2점법에 의한 평균유속은 얼마인가?

[산업 98]

① 0.44m/sec

② 0.45m/sec

③ 0.46m/sec

④ 0.47m/sec

해설
$$V_m = \frac{V_{0.2} + V_{0.8}}{2}$$
$$= \frac{0.54 + 0.40}{2}$$
$$= 0.47\text{m/sec}$$

44. 하천의 유속측정에 있어서 수면깊이가 0.2, 0.6, 0.8인 지점의 유속이 0.562m/sec, 0.497m/sec, 0.364m/sec일 때 평균유속이 0.480m/sec였다. 이 평균유속을 구한 방법 중 옳은 것은?

[산업 95]

① 1점법

② 2점법

③ 3점법

④ 4점법

해설 ㉮ 1점법 : $V_m = V_{0.6} = 0.497\text{m/sec}$
ㅤㅤㅤ ㉯ 2점법 : $V_m = \dfrac{V_{0.2} + V_{0.8}}{2} = \dfrac{0.562 + 0.364}{2}$
ㅤㅤㅤㅤㅤㅤㅤㅤㅤㅤ $= 0.463\text{m/sec}$

㉰ 3점법 : $V_m = \dfrac{V_{0.2} + 2V_{0.6} + V_{0.8}}{4}$

$$= \dfrac{0.562 + (2 \times 0.497) + 0.364}{4}$$

$$= 0.480\text{m/sec}$$

∴ 3점법

45. 해저 지형측량에서 수심이 6,000m이고 발사음이 약 10초 후에 수신되었을 때 음파의 속도는? [기사 00]

① 600m/sec ② 800m/sec

③ 1,000m/sec ④ 1,200m/sec

 $H = \dfrac{Vt}{2}$

$$6,000 = \dfrac{V \times 10}{2}$$

∴ $V = 1,200\text{m/sec}$

46. 평균유속의 일반적인 위치이다. 맞는 것은 어느 것인가? [산업 96]

① 수심의 0.45∼0.55 사이

② 수심의 0.55∼0.65 사이

③ 수심의 0.65∼0.75 사이

④ 수심의 0.75∼0.85 사이

47. 하천유량을 간접적으로 알아내기 위하여 평균유속공식을 사용할 경우 반드시 필요한 사항은 어느 것인가? [산업 99]

① 단면적, 수면구배, 하상구배, 경심

② 단면적, 수면구배, 윤변, 조도계수

③ 단면적, 하상구배, 윤변, 경심

④ 단면적, 조도계수, 윤변, 경심

해설 $Q = AV$에서 Manning의 유속공식

$$V = \dfrac{1}{n} R^{\frac{2}{3}} I^{\frac{1}{2}}$$

여기서, R(경심) $= \dfrac{\text{유적}(A)}{\text{윤변}(S)}$

I(동수경사)

48. 유량측정방법 중 유역면적을 측량하고 유역내 강우량을 기본으로 이 지역의 지질, 지형, 온도 등의 사항을 고려하여 하천의 유출량을 추정하는 방법은? [산업 99]

① 유속계사용법

② 부자사용법

③ 간접유량측정법

④ 사면구배측정법

chapter 11

위성측위시스템

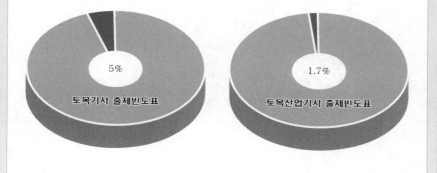

5%

토목기사 출제빈도표

1.7%

토목산업기사 출제빈도표

11 위성측위시스템

01 GPS의 개요

알·아·두·기·

❶ 정의

GPS(Global Positioning System)는 인공위성을 이용하여 정확하게 위치를 알고 있는 위성에서 발사한 전파를 수신하여 관측점까지의 소요시간을 관측함으로써 정확하게 지상의 대상물의 위치를 결정해 주는 위치결정시스템이다.

❷ GPS의 장·단점

장점	단점
① 고정밀 측량이 가능하다.	① 위성의 궤도정보가 필요하다.
② 장거리를 신속하게 측량할 수 있다.	② 전리층 및 대류권에 관한 정보를
③ 관측점간의 시통이 필요하지 않다.	필요로 한다.
④ 기상조건에 영향을 받지 않으며,	③ 우리나라 좌표계에 맞도록 변환하
야간 관측도 가능하다.	여야 한다.
⑤ XYZ(3차원) 측정이 가능하며, 움	
직이는 대상물도 측정이 가능하다.	

❸ GPS의 원리

GPS의 원리에는 코드를 해석하는 코드해석방식과 반송파를 해석하는 반송파해석방식이 있다.

(1) 코드해석방식

위성에서 발사한 코드와 수신기에서 미리 복사된 코드를 비교하여 두 코드가 완전히 일치될 때까지 걸리는 시간을 관측하고 전파속도를 곱하여 거리를 구하는 방식으로, 신속하지만 정확도가 떨어져서 항법에 주로 이용된다.

(2) 반송파해석방식

위성에서 보낸 파장과 지상에서 수신된 파장의 위상차를 관측하여 거리를 측정하는 방식으로, 코드방식에 비해 시간이 많이 소요되나 정밀도가 높아서 기준점측량에 주로 이용된다.

$R = r + \rho$

여기서, R : XYZ 또는 위도, 경도, 높이(미지량)

　　　　r : 위성에서 제공(천체역학에서 사용·계산)

　　　　ρ : 빛의 속도×경과시간(측정치)

【 코드해석방식과 반송파해석방식의 비교 】

코드해석방식	반송파해석방식
① 측정시간이 매우 신속하다. ② 정확도가 떨어진다. ③ 시간에 오차가 포함되어 있으므로 유사거리(Pseudo Range)라 한다. ④ 코드신호에는 C/A, P, 항법메세지가 있다.	① 시간이 많이 소요되나 정밀도가 높다. ② 기준점측량에 이용된다. ③ 2대 이상의 수신기로 관측하여 불명확상수를 결정한다. ④ 반송파에는 L_1, L_2파가 있다.

④ GPS의 특징

구분	내용
위치측정원리	전파의 도달시간, 3차원 후방교회법
고도 및 주기	① 고도 : 20,183km ② 주기 : 12시간(0.5항성일) 주기
신호	① L_1파 : 1,575.422MHz ② L_2파 : 1,227.60MHz
궤도경사각	55°
궤도방식	위도 60°의 6개 궤도면을 도는 34개 위성이 운행 중에 있으며, 궤도방식은 원궤도이다.
사용 좌표계	WGS 84

⑤ GPS의 구성요소

GPS는 우주부문, 제어부문, 사용자부문으로 구성되어 있다.

▶ NNSS는 인공위성의 도플러관측에 의한 위치를 결정하는 방식으로 잠수함의 항행 등을 목적으로 개발되었으며, GPS는 NNSS의 발전형이다.

구분	GPS	NNSS
개발시기	1973년	1950년
실용개시	1994년	1967년
사용 주파수	1,575MHz, 1,227MHz	150MHz, 400MHz
주기	0.5항성일 (11시간 58분)	107분
고도	20,183km	1,075km
궤도	원궤도	극궤도
거리 관측법	전파도달시간	도플러 효과
정확도	$10^{-7} \sim 10^{-6}$	수 cm
사용 좌표계	WGS 84	WGS 72

구분	주임무	구성
우주부문	전파신호발사	① 전파 송수신기 ② 원자시계 ③ 컴퓨터 등의 보조장치 탑재
제어부문	① 궤도와 시각결정을 위한 위성의 추적 및 작동상태 점검 ② 전리층 및 대류권의 주기적 모형화 ③ 위성 시간의 동일화 ④ 위성으로의 자료 전송	① 추적국 ② 주제어국 ③ 지상 안테나
사용자 부문	① 위성으로부터 전파를 수신하여 원하는 지점의 위치 결정 ② 두 점 사이의 거리계산 ③ 임의의 한 지역에서 최소 4개의 위성을 관측할 수 있음 ④ 시준고도에 다른 위성 관측수 : 15°(8개), 10°(10개), 5°(12개)	① GPS 수신기 ② 안테나 ③ 자료처리 S/W

02 측량방법

① 절대관측

4대 이상의 위성으로부터 수신한 신호 가운데 C/A 코드를 이용하여 실시간으로 위치를 결정하는 방법

① 지구상에 있는 사용자의 위치를 관측

② 실시간으로 수신기의 위치를 계산

③ 코드를 해석하므로 계산된 위치의 정확도가 낮음

④ 주로 비행기, 선박 등 항법에 이용

② 상대관측

(1) 정지측량

GPS 측량기를 사용하여 기초측량 또는 세부측량을 하고자 하는 때에는 2대의 수신기를 각각 관측점에 고정하고 4대 이상의 위성으로부터 동시에 30분 이상 전파신호를 수신하는 정지측량(static survey)방법에 의한다.

(2) 이동측량

GPS 측량기를 사용하여 지적도근측량 또는 세부측량을 하고자 하는 경우의 관측은 이동측량(kinematic)방법에 의한다.

【 정지측량과 이동측량의 비교 】

정지(Static)측량	이동(Kinematic)측량
① 2대의 수신기를 각각 관측점에 고정 ② 4대 이상의 위성으로부터 동시에 30분 이상 전파신호 수신 ③ 수신 완료 후 위치 거리계산(후처리) ④ VLBI의 역할 수행 ⑤ 정확도가 높아 지적삼각측량에 이용	① 1대의 수신기는 고정국으로 1대의 수신기는 이동국으로 한다. ② 미지측점을 이동하면서 수분~수초 전파신호 수신 ③ 지적도근측량 등에 이용

03   GPS의 오차

① 구조적 요인에 의한 거리오차

구분	내용
전리층오차	전리층오차는 약 350km 고도상에 집중적으로 분포되어 있는 자유전자(free electron)와 GPS 위성신호와의 간섭(interference) 현상에 의해 발생한다.
대류층오차	대류층오차는 고도 50km까지의 대류층에 의한 GPS 위성신호의 굴절(refraction) 현상으로 인해 발생하며, 코드측정치 및 반송파 위상측정치 모두에서 지연형태로 나타난다.
위성궤도오차 및 시계오차	위성궤도오차는 위성 위치를 구하는데 필요한 위성궤도 정보의 부정확성으로 인해 발생한다. 위성궤도오차의 크기는 1m 내외이다. 위성시계오차는 GPS 위성에 내장되어 있는 시계의 부정확성으로 인해 발생한다.
다중경로오차	다중경로오차는 GPS 위성으로부터 직접 수신된 전파 이외에 부가적으로 주위의 지형·지물에 의해 반사된(reflected) 전파로 인해 발생하는 오차이다.

② 사이클 슬립

(1) 의의

사이클 슬립은 GPS 반송파 위상추적회로(Phase Lock Loop : PLL)에서 반송파 위상치의 값을 순간적으로 놓침으로 인해 발생하는 오차이다.

(2) 원인

① 사이클 슬립은 주로 GPS 안테나 주위의 지형·지물에 의한 신호 단절

② 높은 신호잡음 및 낮은 신호강도(signal strength)

이러한 사이클 슬립은 반송파 위상데이터를 사용하는 정밀위치측정 분야에서는 매우 큰 영향을 미칠 수 있으므로 사이클 슬립의 검출은 매우 중요하다.

❸ 위성배치형태에 따른 오차

(1) 정밀도 저하율(DOP)

위성과 수신기들 간의 기하학적 배치에 따른 오차로서 측위정확도의 영향을 표시하는 계수로 정밀도 저하율(DOP)이 사용된다.

(2) DOP의 종류 및 특징

종류	특징
① GDOP : 기하학적 정밀도 저하율 ② PDOP : 위치 정밀도 저하율 ③ HDOP : 수평 정밀도 저하율 ④ VDOP : 수직 정밀도 저하율 ⑤ RDOP : 상대 정밀도 저하율 ⑥ TDOP : 시간 정밀도 저하율	① DOP는 위성의 기하학적 배치상태가 정확도에 어떻게 영향을 주는가를 추정할 수 있는 척도이다. ② 정확도를 나타내는 계수로서 수치로 표시된다. ③ 수치가 작을수록 정밀하다. ④ 지표에서 가장 배치상태가 좋을 때의 DOP 수치는 1이다. ⑤ 위성의 위치, 높이, 시간에 대한 함수관계가 있다.

❹ 선택적 가용성에 따른 오차(SA)

대부분 비군용 GPS 사용자들에게 정밀도를 의도적으로 저하시키는 조치로 위성시계, 위성궤도에 오차를 부여함으로써 위성과 수신기 사이에 거리오차가 생기도록 하는 방법이다.

04 GPS의 활용

① 군사분야

② 레저스포츠분야

③ 차량분야

④ 항법분야

⑤ 측지측량분야

1. GPS에 관한 설명이다. 틀린 것은?

① XY 결정에 이용된다.

② 관측점간의 시통에 영향을 받지 않는다.

③ 야간관측을 할 수 있다.

④ 기상조건에 영향을 받지 않는다.

해설 GPS의 장·단점

장점	단점
• 고정밀측량이 가능하다. • 장거리를 신속하게 측량할 수 있다. • 관측점 간의 시통이 필요하지 않다. • 기상조건에 영향을 받지 않으며, 야간 관측도 가능하다. • XYZ(3차원) 측정이 가능하며, 움직이는 대상물도 측정이 가능하다.	• 위성의 궤도정보가 필요하다. • 전리층 및 대류권에 관한 정보를 필요로 한다. • 우리나라 좌표계에 맞도록 변환하여야 한다.

2. 다음 설명 중 틀린 것은?

① 전파거리측정기는 기후의 영향을 받지 않는다.

② GPS는 시통이 필요없다.

③ GPS는 고정밀측정이 가능하다.

④ GPS는 2차원 측정만 가능하다.

해설 GPS의 장·단점

장점	단점
• 고정밀측량이 가능하다. • 장거리를 신속하게 측량할 수 있다. • 관측점 간의 시통이 필요하지 않다. • 기상조건에 영향을 받지 않으며, 야간 관측도 가능하다. • XYZ(3차원) 측정이 가능하며, 움직이는 대상물도 측정이 가능하다.	• 위성의 궤도정보가 필요하다. • 전리층 및 대류권에 관한 정보를 필요로 한다. • 우리나라 좌표계에 맞도록 변환하여야 한다.

3. 다음 중 GPS의 위치결정원리로 가장 타당한 것은?

① 관측점의 위치좌표가 (x, y, z)이므로 2개의 위성에서 전파를 수신하여 관측점의 위치를 구한다.

② 위성궤도에 대해 종방향으로는 정사투영에 의해, 횡방향으로는 중심투영에 의해 영상이 취득된 후 3차원 위치해석을 한다.

③ 관측점 좌표(x, y, z)와 시간 t의 4차원 좌표의 결정방식으로 4개 이상의 위성에서 전파를 수신하여 관측점의 위치를 구한다.

④ 레이저광 펄스를 이용하여 우주공간과의 관계를 감안하여 지상 관측점의 위치(x, y, z)를 구한다.

해설 GPS(Global Positioning System)는 인공위성을 이용하여 정확하게 위치를 알고 있는 위성에서 발사한 전파를 수신하여 관측점까지의 소요시간을 관측함으로써 정확하게 지상의 대상물의 위치를 결정해 주는 위치결정시스템이다.

4. 범지구측위체계(GPS)를 이용한 측량의 특징으로 옳지 않은 것은?

① 3차원 공간계측이 가능하다.

② 기상의 영향을 거의 받지 않으며 야간에도 측량이 가능하다.

③ Bessel 타원체에 기반한 경위도 좌표정보를 수집함으로 좌표정밀도가 높다.

④ 기선 결정의 경우 두 측점 간의 시통에 관계가 없다.

해설 GPS에서 사용되는 좌표계는 지구질량중심좌표계로서 WGS 84를 사용한다.

5. 정확한 위치를 알고 있는 위성에서 발사한 전파를 수신하여 관측점까지의 소요시간을 관측함으로써 관측점의 위치를 구하는 방법은?

① NNSS

② GPS

③ VLBI

④ GSIS

해설 GPS(Global Positioning System)는 인공위성을 이용하여 정확하게 위치를 알고 있는 위성에서 발사한 전파를 수신하여 관측점까지의 소요시간을 관측함으로써 정확하게 지상의 대상물의 위치를 결정해 주는 위치결정시스템이다.

6. GPS 위성에 의한 측량의 특성을 잘못 설명한 것은?

① 야간 관측이 가능하나 날씨의 영향을 받는 단점이 있다.
② 관측점 간의 시통이 필요치 않다.
③ 전리층의 영향에 대한 보정이 필요하다.
④ 수신기와 내장된 프로그램에 의해 전산처리되므로 관측이 용이하다.

해설 GPS의 장·단점

장점	단점
• 고정밀측량이 가능하다. • 장거리를 신속하게 측량할 수 있다. • 관측점 간의 시통이 필요하지 않다. • 기상조건에 영향을 받지 않으며, 야간 관측도 가능하다. • XYZ(3차원) 측정이 가능하며, 움직이는 대상물도 측정이 가능하다.	• 위성의 궤도정보가 필요하다. • 전리층 및 대류권에 관한 정보를 필요로 한다. • 우리나라 좌표계에 맞도록 변환하여야 한다.

7. GPS와 SPOT에서 이용하는 좌표계는?

① WGS 84
② WGS 72
③ 경·위도좌표계
④ 위성좌표계

해설 GPS의 특징

구분	내용
위치측정원리	전파의 도달시간, 3차원 후방교회법
고도 및 주기	20,183km, 12시간(0.5항성일) 주기
신호	• L₁파 : 1,575.422MHz • L₂파 : 1,227.60MHz
궤도경사각	55°
궤도방식	위도 60°의 6개 궤도면을 도는 34개 위성이 운행 중에 있으며, 궤도방식은 원궤도이다.
사용좌표계	WGS 84

8. 범세계적 위치결정체계(GPS)에 대한 설명 중 옳지 않은 것은?

① 기상에 관계없이 위치결정이 가능하다.
② NNSS의 발전형으로 관측소요시간 및 정확도를 향상시킨 체계이다.
③ 우주부분, 제어부분, 사용자부분으로 구성되어 있다.
④ 사용되는 좌표계는 WGS 72이다.

해설 GPS측량의 특징

구분	내용
위치측정원리	전파의 도달시간, 3차원 후방교회법
고도 및 주기	20,183km, 12시간(0.5항성일) 주기
신호	• L₁파 : 1,575.422MHz • L₂파 : 1,227.60MHz
궤도경사각	55°
궤도방식	위도 60°의 6개 궤도면을 도는 34개 위성이 운행 중에 있으며, 궤도방식은 원궤도이다.
사용좌표계	WGS 84

9. GPS 측량에서 사용자의 위치결정은 어떤 방법을 이용하는가?

① 후방교회법
② 전방교회법
③ 측방교회법
④ 도플러 효과

해설 GPS는 인공위성을 이용하여 정확하게 위치를 알고 있는 위성에서 발사한 전파를 수신하여 관측점까지의 소요시간을 관측함으로써 정확하게 지상의 대상물의 위치를 결정해 주는 시스템으로, 후방교회법을 이용한다.

10. 다음 사항 중 잘못 설명된 것은?

① 탐측기(sensor)는 수동적인 것과 능동적인 것이 있다.
② 지구자원측량에 관한 위성으로는 LANDSET, SPOT 등이 있다.
③ GPS는 인공위성에 의한 3차원 위치결정에 관한 체계로서, 정지된 대상에만 가능하다.
④ 지형공간정보체계(GSIS)는 GIS, LIS, UIS로 나눌 수 있다.

해설 GPS 측량은 인공위성에 의한 측량방식으로, 4차원 측량이 가능하므로 동적측량이 가능하다.

11. 정밀 측지를 위하여 GPS를 이용하고자 할 때 가장 관계없는 것은?

① 항법용 수신기에 의한 코드측정방식을 이용하는 1점 측위

② 동시에 4개 이상의 위성신호수신과 위성의 양호한 기하학적 배치상태 고려

③ 최소 2대 이상의 수신기에 의한 상대측위방식

④ 반송파 위상측정

해설 코드해석방식과 반송파해석방식의 비교

코드해석방식	반송파해석방식
• 측정시간이 매우 신속하다. • 정확도가 떨어진다. • 시간에 오차가 포함되어 있으므로 유사거리(Pseudo Range)라 한다. • 코드신호에는 C/A, P, 항법 메세지가 있다.	• 시간이 많이 소요되나 정밀도가 높다. • 기준점측량에 이용한다. • 2대 이상의 수신기로 관측하여 불명확상수를 결정한다. • 반송파에는 L_1, L_2파가 있다.

따라서 항법용 수신기에 의한 코드측정방식을 이용하는 1점 측위는 정밀측지를 위한 GPS에는 적당하지 않다.

12. 범세계 위치결정체계(GPS)에 대한 설명 중 틀린 것은?

① 관측점의 위치는 정확한 위치를 알고 있는 위성에서 발사한 전파의 소요시간을 관측함으로써 결정한다.

② GPS 위성은 약 20,000km의 고도에서 24시간의 주기로 운행한다.

③ 구성은 우주부문, 제어부문, 사용자부문으로 이루어진다.

④ GPS 위성은 1,575.42MHz의 주파수를 가진 L_1과 1,227.60MHz의 주파수를 가진 L_2 신호를 전송한다.

해설 GPS 위성은 약 20,000km의 고도에서 12시간의 주기로 운행한다.

13. GPS의 구성을 크게 3개의 부분으로 구분할 때 3개 부분이 옳게 짝지어진 것은?

① 송신부분 − 제어부분 − 사용자부분

② 우주부분 − 수신부분 − 동기화부분

③ 우주부분 − 제어부분 − 사용자부분

④ 수신부분 − 송신부분 − 동기화부분

해설 GPS의 구성요소 : 우주부분 − 제어부분 − 사용자부분

14. 인공위성의 궤도요소에 포함되지 않는 것은?

① 승교점의 적경   ② 궤도 경사각

③ 관측점의 위도   ④ 근지점의 독립변수

해설 인공위성의 궤도요소

궤도면의 공간위치를 결정하는 요소	궤도의 크기와 형을 결정하는 요소
• 승교점의 적경 • 근지점의 독립변수 • 궤도 경사각	• 장반경 • 궤도주기 • 이심률

15. GPS의 주요 구성 중 위성으로의 자료전송을 담당하는 부문은?

① 우주부문   ② 제어부문

③ 사용자부문   ④ 위성부문

해설

제어부문 ┬ 추적국 ─ 궤도와 시각 결정을 위한 위성의 추적 및 작동상태 점검

├ 주제어국 ┬ 전리층 및 대류권의 주기적 모형화
│   └ 위성시간의 동일화

└ 지상 안테나 ─ 위성으로의 자료 전송

16. GPS 위성은 L파장 내 주파수를 이용하여 L_1, L_2 두 개의 신호를 전송한다. L_1에서 변조할 수 있는 코드와 관련있는 것은?

① C/A코드, L_2

② C/A코드, P코드

③ P코드, S코드

④ P코드, G코드

해설 L_1파

㉮ 사용주파수 : 1,575.42MHz

㉯ 파장길이 : 19cm

㉰ 운반코드 : C/A코드, P코드, 항법 메시지

17. 지적위성측량에 기지점의 역할을 하는 GPS 위성의 궤도방식은?

① 원궤도   ② 극궤도

③ 타원궤도   ④ 정지궤도

해설 GPS와 NNSS와의 비교

구분	GPS	NNSS
개발시기	1973년	1950년
실용개시	1994년	1967년
사용주파수	1,575MHz, 1,227MHz	150MHz, 400MHz
주기	0.5항성일 (11시간 58분)	107분
고도	20,183km	1,075km
궤도	원궤도	극궤도
거리관측법	전파도달시간	도플러 효과
정확도	$10^{-7} \sim 10^{-6}$	수 cm
사용좌표계	WGS 84	WGS 72

18. GPS 위성의 공전주기는 약 얼마인가?

① 6시간

② 10시간

③ 12시간

④ 18시간

해설 고도 및 주기 : 20,183km, 12시간(0.5항성일) 주기

19. GPS의 위치결정방법 중 절대관측방법(1점 측위)과 관계가 없는 것은?

① 지구상에 있는 사용자의 위치를 관측하는 방법이다.

② GPS의 가장 일반적이고 기초적인 응용단계이다.

③ VLBI의 보완 또는 대체가 가능하다.

④ 선박, 자동차, 항공기 등에 주로 이용된다.

해설 VLBI의 보완 또는 대체가 가능한 측정방법은 정지측량(static survey)이다.

20. GPS를 이용한 측량 중 가장 정밀한 위치결정 방법은?

① 스태틱(Static)측량

② 키네마틱(Kinematic)측량

③ DGPS

④ 절대관측

해설 정지측량과 이동측량의 특징

정지(Static)측량	이동(Kinematic)측량
•2대의 수신기를 각각 관측점에 고정 •4대 이상의 위성으로부터 동시에 30분 이상 전파신호 수신 •수신 완료 후 위치거리계산(후처리) •VLBI의 역할 수행 •정확도가 높아 지적삼각측량에 이용	•1대의 수신기는 고정국으로, 1대의 수신기는 이동국으로 이용 •미지측점을 이동하면서 수분~수초 전파신호 수신 •지적도근측량 등에 이용

21. 다음 GPS 측량방법 중 후처리과정을 거쳐야 측정의 좌표나 거리를 알 수 있는 것은?

① Static 방법

② 절대관측방법

③ Psuedo-Kinematic 방법

④ Real-Time Kinematic 방법

해설 정지(Static)측량

㉠ 2대의 수신기를 각각 관측점에 고정

㉡ 4대 이상의 위성으로부터 동시에 30분 이상 전파신호 수신

㉢ 수신 완료 후 위치거리계산(후처리)

㉣ VLBI의 역할 수행

㉤ 정확도가 높아 지적삼각측량에 이용

22. 다음의 GPS 현장관측방법 중에서 일반적으로 정확도가 가장 높은 관측방법은?

① 정적 관측법   ② 동적 관측법

③ 실시간 동적 관측법   ④ 의사 동적 관측법

해설 GPS 측량방법 중 가장 정밀도가 높은 것은 정지측량이다.

23. 좌표를 알고 있는 기지점에 고정용 수신기를 설치하여 보정자료를 생성하고 동시에 미지점에 또 다른 수신기를 설치하여 고정점에서 생성된 보정자료를 이용해 미지점의 관측자료를 보정함으로써 높은 정확도를 확보하는 GPS 측위방법은? [기사 15]

① KINEMATIC   ② STATIC

③ SPOT   ④ DGPS

해설 DGPS는 이미 알고 있는 기지점 좌표를 이용하여 오차를 최대한 줄여서 이동하기 위한 위치결정방법으로 기지점에서 기준국용 GPS 수신기를 설치. 위성을 관측하여 각 위성의 의사거리 보정값을 구하고 이 보정값을 이용하여 이동국용 GPS수신기의 위치결정오차를 개선하는 위치결정방식이다.

24. 정확한 위치에 기준국을 두고 GPS 위성신호를 받아 기준국 주위에서 움직이는 사용자에게 위성신호를 넘겨주어 정확한 위치를 계산하는 방법은?

① DOP
② DGPS
③ SPS
④ S/A

해설 DGPS는 정확한 위치에 기준국을 두고 GPS 위성신호를 받아 기준국 주위에서 움직이는 사용자에게 위성신호를 넘겨주어 정확한 위치를 계산하는 방법이다.

25. 기준국과 이동국간의 거리가 짧을 경우 상대측위를 수행하면 절대측위에 비해 정확도가 현격히 향상되게 되는데 그 이유로 부적합한 것은?

① 위성궤도오차가 제거된다.
② 다중경로오차(multipath)를 제거할 수 있다.
③ 전리층에 의한 신호의 전파지연이 보정된다.
④ 위성시계오차가 제거된다.

해설 다중경로오차는 GPS 위성으로부터 직접 수신된 전파 이외에 부가적으로 주위의 지형·지물에 의해 반사된(reflected) 전파로 인해 발생하는 오차로 기준국과 이동국 간의 거리와는 상관없다.

26. GPS 위성으로부터 직접 수신된 전파 이외에 부가적으로 주위의 지형·지물에 의해 반사된 전파로 인해 발생하는 오차는?

① Multipath
② Cycle slip
③ CEP
④ DOP

해설 다중경로오차(Multipath)는 GPS 위성으로부터 직접 수신된 전파 이외에 부가적으로 주위의 지형·지물에 의해 반사된(reflected) 전파로 인해 발생하는 오차이다.

27. 사이클 슬립에 대한 설명이다. 틀린 것은?

① 반송파 위상치의 값을 순간적으로 놓침으로 인해 발생하는 오차이다.
② 주로 GPS 안테나 주위의 지형·지물에 의한 주파 단절로 발생된다.
③ 사이클 슬립은 이동측량에서 많이 발생하며, 위성의 고도가 높은 경우에도 많이 발생한다.
④ 사이클 슬립은 기선 소프트웨어에서 자동처리할 수 있다.

해설 사이클 슬립
㉮ 의의 : 사이클 슬립은 GPS 반송파 위상추적회로(Phase Lock Loop : PLL)에서 반송파 위상치의 값을 순간적으로 놓침으로 인해 발생하는 오차이다.
㉯ 원인
  ㉠ 사이클 슬립은 주로 GPS 안테나 주위의 지형·지물에 의한 신호 단절
  ㉡ 높은 신호잡음 및 낮은 신호강도(signal strength)로 인해 발생한다.
  이러한 사이클 슬립은 반송파 위상데이터를 사용하는 정밀위치측정분야에서는 매우 큰 영향을 미칠 수 있으므로 사이클 슬립의 검출은 매우 중요하다.

28. 다음 중 GPS측량에 있어서 사이클 슬립(cycle slip)의 주된 원인은?

① 위성의 높은 고도각
② 낮은 신호잡음
③ 나무, 교량 밑 등의 장애물
④ 높은 신호강도

해설 사이클 슬립의 원인
㉮ 낮은 위성의 고도각
㉯ 높은 신호잡음
㉰ 낮은 신호강도(signal strength)
㉱ 이동차량에서 주로 발생
㉲ 지형·지물에 의한 신호 단절

29. 지적위성측량시 2주파 관측데이터를 이용하여 처리하는 이유는?

① 위성의 궤도오차를 보정하기 위하여
② 위성의 시계오차를 보정하기 위하여
③ 전리층의 오차를 보정하기 위하여
④ 수신기에서 발생하는 오차를 보정하기 위하여

> **해설** 지적위성측량시 2주파 관측데이터를 이용하여 처리하는 이유는 전리층의 오차를 보정하기 위해서이다.

30. GPS측량시 측위의 정확도를 나타내는 계수 중 기하학적 정밀도 저하율을 나타내는 것은?

① HDOP   ② VDOP
③ RDOP   ④ GDOP

> **해설** DOP의 종류 및 특징

종류	특징
• GDOP : 기하학적 정밀도 저하율 • PDOP : 위치 정밀도 저하율 • HDOP : 수평 정밀도 저하율 • VDOP : 수직 정밀도 저하율 • RDOP : 상대 정밀도 저하율 • TDOP : 시간 정밀도 저하율	• DOP는 위성의 기하학적 배치상태가 정확도에 어떻게 영향을 주는가를 추정할 수 있는 척도이다. • 정확도를 나타내는 계수로서 수치로 표시된다. • 수치가 작을수록 정밀하다. • 지표에서 가장 배치상태가 좋을 때의 DOP수치는 1이다. • 위성의 위치, 높이, 시간에 대한 함수관계가 있다.

31. GPS에서 DOP에 대한 설명이다. 이 중 틀린 것은?

① GPS 측량의 정확도를 나타내는 계수로서 수치로 표시된다.
② 수치가 작을수록 정밀하다.
③ 지표에서 가장 배치상태가 좋을 때의 DOP수치는 1이다.
④ DOP에는 세부적으로 GDOP, PDOP, HDOP, VDOP 및 SDOP 등이 있다.

> **해설** DOP의 특징
> ㉮ DOP는 위성의 기하학적 배치상태가 정확도에 어떻게 영향을 주는가를 추정할 수 있는 척도이다.
> ㉯ 정확도를 나타내는 계수로서 수치로 표시된다.
> ㉰ 수치가 작을수록 정밀하다.
> ㉱ 지표에서 가장 배치상태가 좋을 때의 DOP수치는 1이다.

㉲ 위성의 위치, 높이, 시간에 대한 함수관계가 있다.

32. 다음 중 GPS의 자료교환에 사용되는 표준형식으로 서로 다른 기종 간의 기선해석이 가능하도록 한 것은?

① RINEX   ② SDTS
③ DXF   ④ IGES

> **해설** RINEX
> GPS의 자료교환에 사용되는 표준형식으로 서로 다른 기종 간의 기선해석이 가능하도록 한다.

33. 다음 중 GPS의 활용분야가 아닌 것은?

① 절대좌표 해석   ② 상대좌표 해석
③ 변위량보정   ④ 영상복원

> **해설** GPS의 활용

활용분야	활용분야(×)
• 군사분야 • 레저스포츠분야 • 차량분야 • 항법분야 • 측지측량분야	• 영상복원 • 잠수함의 위치결정 • 지하철의 위치결정

34. 현재 GPS의 의사거리 결정에 영향을 주는 오차와 거리가 먼 것은? [기사 13]

① 위성의 궤도 오차
② 위성의 시계 오차
③ 위성의 기하학적 위치에 따른 오차
④ SA 오차

> **해설** SA는 비군용 GPS 사용자들에게 정밀도를 의도적으로 저하시키는 조치로 위성시계, 위성궤도에 오차를 부여함으로써 위성과 수신기 사이에 거리오차가 생기도록 하는 방법이다.

35. 다음 중 GPS시스템 오차원인과 가장 거리가 먼 것은?

① 위성 시계오차
② 위성 궤도오차
③ 코드오차
④ 전리층과 대류권에 의한 오차

해설 구조적 요인에 의한 거리오차

구분	내용
전리층 오차	전리층오차는 약 350km 고도상에 집중적으로 분포되어 있는 자유전자(free electron)와 GPS 위성신호와의 간섭(interference) 현상에 의해 발생한다.
대류층 오차	대류층오차는 고도 50km까지의 대류층에 의한 GPS 위성신호의 굴절(refraction) 현상으로 인해 발생하며, 코드측정치 및 반송파 위상측정치 모두에서 지연형태로 나타난다.
위성궤도 오차 및 시계오차	위성궤도오차는 위성위치를 구하는데 필요한 위성궤도정보의 부정확성으로 인해 발생한다. 위성궤도오차의 크기는 1m 내외이다. 위성시계오차는 GPS 위성에 내장되어 있는 시계의 부정확성으로 인해 발생한다.
다중경로 오차	다중경로오차는 GPS 위성으로부터 직접 수신된 전파 이외에 부가적으로 주위의 지형·지물에 의해 반사된(reflected) 전파로 인해 발생하는 오차이다.

36. 다음 중 위성의 기하학적 배치상태에 따른 정밀도 저하율을 뜻하는 것은?
① 멀티패스(Multi path)
② DOP
③ 사이클 슬립(Cycle Slip)
④ S/A

해설 위성과 수신자들 간의 기하학적 배치에 따른 오차로서 측위정확도의 영향을 표시하는 계수로 정밀도 저하율(DOP)이 사용된다.

37. 위성측량에서 GPS시스템에서 사용하고 있는 측지기준계로 맞는 것은?
① WGS 72
② WGS 84
③ Bessel 1841
④ Hayford 1924

해설 GPS 사용좌표계 : WGS 84

38. GPS를 이용해 지적측량을 실시할 때 WGS 84 좌표계를 쓰는데 이 좌표계는 다음 중 어느 것에 해당하는가?

① 국지좌표계
② 극좌표계
③ 적도좌표계
④ 지심좌표계

해설 WGS 84는 지구질량중심을 원점으로 하는 지구질량중심(지심)좌표계이다.

39. 다음 중 GPS 측량의 응용분야로 가장 거리가 먼 것은?
① 측지측량분야
② 차량분야
③ 군사분야
④ 실내인테리어분야

40. 해안지역의 장대교량공사 중 교각의 정밀 위치 시공에 가장 유리한 측량방법은? [산업 12]
① 레이저측량
② GPS측량
③ 토털스테이션을 이용한 지상측량
④ 레벨측량

해설 GPS는 인공위성을 이용하여 정확하게 위치를 알고 있는 위성에서 발사한 전파를 수신하여 관측점까지의 소요시간을 관측하여 정확하게 지상의 대상물의 위치를 결정하는 시스템이다.

41. NNSS와 GPS에 대한 설명 중 잘못된 것은 어느 것인가?
① NNSS는 전파의 도달소요시간을 이용하여 거리를 관측한다.
② NNSS는 극궤도운동을 하는 위성을 이용하여 지상위치결정을 한다.
③ GPS는 원궤도운동을 하는 위성을 이용하여 지상위치를 결정한다.
④ GPS는 범지구의 위치결정시스템이다.

해설 GPS와 NNSS의 비교

구분	GPS	NNSS
거리측정	전파의 도달시간	도플러효과
궤도	원궤도	극궤도

42. GPS측량으로 측점의 표고를 구하였더니 89.123m
이었다. 이 지점의 지오이드 높이가 40.150m라면 실제
표고(정표고)는?   [산업 14]

① 129.273m   ② 48.973m
③ 69.048m   ④ 89.123m

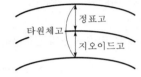

정표고 =타원체고−지오이드고
      = 89.123 − 40.150
      = 48.973m

chapter 12

지형공간정보체계 (GSIS)

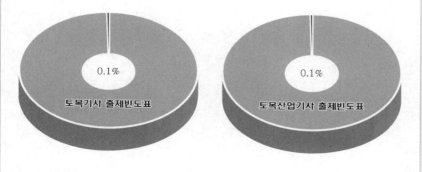

토목기사 출제빈도표

토목산업기사 출제빈도표

12 지형공간정보체계(GSIS)

01 총론

① GSIS의 개요

(1) 의의

지형공간정보체계(GSIS)는 국토계획, 지역계획, 자원개발계획, 공사계획 등 각종 계획을 성공적으로 입안·추진하기 위해서는 토지·자원·환경 또는 이와 관련된 사회·경제적 현황에 대한 방대한 양의 정보가 필요하며, 이를 충족하기 위하여 이와 관련된 각종 정보를 수집·저장·조작·분석·출력하는 시스템을 말한다. 이 체계는 지리정보체계(GIS), 토지정보체계(LIS), 도시정보체계(UIS), 도면자동화(AM) 및 시설물관리(FM) 등의 상호 연관성과 의존성을 고려하여 통합 운영되는 정보체계이다.

(2) GSIS의 도입효과

① 정량적 효과
  ㉮ 효과적인 계획과 설계로 인한 비용 절감
  ㉯ 자료취득시간의 절감
  ㉰ 지도의 생산 및 수정시간 단축
  ㉱ 유지·관리 비용 절감
  ㉲ 물류비용 절감
② 정성적 효과
  ㉮ 의사결정의 정확성 향상
  ㉯ 공공분야의 서비스 질 향상
  ㉰ 정보의 표준화로 인한 정보의 질적 안정
  ㉱ 신뢰도 향상

【GSIS의 도입효과】

정량적 효과	정성적 효과
① 효과적인 계획과 설계로 인한 비용 절감 ② 자료취득시간의 절감 ③ 지도의 생산 및 수정시간 단축 ④ 유지·관리 비용 절감 ⑤ 물류비용 절감	① 의사결정의 정확성 향상 ② 공공분야의 서비스 질 향상 ③ 정보의 표준화로 인한 정보의 질적 안정 ④ 신뢰도 향상

(3) GSIS의 소체계

구분	내용
토지정보체계 : LIS (Land Information System)	다목적 국토정보, 토지이용계획수립, 지형분석 및 경관정보추출, 토지부동산관리, 지적정보구축에 활용
도시정보체계 : UIS (Urban Information System)	도시현황파악, 도시계획, 도시정비, 도시기반시설관리, 도시행정, 도시방재 등의 분야에 활용
지역정보체계 : RIS (Regional Information System)	건설공사계획수립을 위한 지질, 지형자료의 구축, 각종 토지이용계획의 수립 및 관리에 활용
도면자동화 및 시설물관리체계 : AM/FM (Automated Mapping /Facility Management)	도면작성자동화, 상하수도시설관리, 통신시설관리 등에 활용
기상정보체계 : MIS (Meteorological Information System)	기상변동추적 및 일기예보, 기상정보의 실시간처리, 태풍경로추적 및 피해예측 등에 활용
측량정보체계 : SIS (Surveying Information System)	측지정보, 사진측량정보, 원격탐사정보를 체계화하는데 활용
도형 및 영상정보체계 : GIIS (Graphic/Image Information System)	수치영상처리, 전산도형해석, 전산지원설계, 모의관측분야에 활용
환경정보체계 : EIS (Environ mental Information System)	대기, 수질, 폐기물 관련 정보관리에 활용
자원정보체계 : RIS (Resource Information System)	농수산자원, 삼림자원, 수자원, 에너지자원을 관리하는데 활용
재해정보체계 : DIS (Disaster Information System)	각종 자연재해방제, 대기오염경보, 해저지질정보, 해양에너지 조사에 활용
해양정보체계 : MIS (Marine Information System)	해저영상수집, 해저지형정보, 해저지질정보, 해양에너지 조사에 활용

② GSIS의 구성요소

(1) 의의

인간의 생활에 필요한 지형공간정보를 효율적으로 활용하기 위한 GSIS의 주요 5가지 구성요소는 데이터, 소프트웨어, 하드웨어, 인적자원, 방법(애플리케이션)으로 구성되어 있다.

(2) 구성요소

1) 자료

GSIS의 구성요소 중 데이터는 매우 중요하면서 핵심적인 요소이다. GSIS는 많은 자료를 입력하거나 관리하는 것으로 이루어지며 입력된 자료를 활용하여 GSIS의 응용시스템을 구축할 수 있으며 이러한 자료들은 속성정보와 도형정보로 분류된다.

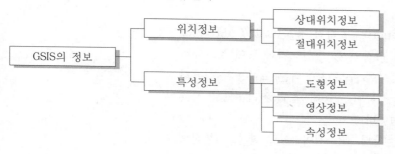

2) 소프트웨어

GSIS의 주요 구성요소 중 소프트웨어는 데이터와 함께 핵심 요소로 기능하고 있다. GSIS의 자료를 입력, 출력, 관리하기 위해 프로그램인 소프트웨어가 반드시 필요하며 자료입력 소프트웨어, 자료출력 소프트웨어 그리고 데이터베이스 관리 소프트웨어 등이 있으며 각종 통계, 문서 작성기, 그래프 작성기 등과 같은 지원 프로그램 등도 이에 포함된다. 각종 정보를 저장·분석·출력할 수 있는 기능을 지원하는 도구로써 정보의 입력 및 중첩기능, 데이터베이스 관리기능, 질의 분석, 시각화기능 등의 주요기능을 갖는다.

① 운영체제 : MS-DOS, Windows 2000, Windows XP, Windows NT, UNIX 등
② GIS용 소프트웨어 : Arc-view, Arc-map, Auto CAD 등

3) 하드웨어

GSIS를 운용하는데 필요한 컴퓨터와 각종 입・출력장치 및 자료관리장치를 말하며 워크스테이션, 컴퓨터 등과 같은 주작업 장치들이 있으며 스캐너, 프린터, 플로터, 디지타이저를 비롯한 각종 주변장치들을 포함하며 정보의 공유를 위한 네트워크 장비들도 포함된다.

① **입력장비** : 디지타이저, 스캐너 등

【그림 12-1】 디지타이저와 스캐너

② **저장장치**

㉮ 워크스테이션(workstation) : 공학적 용도(CAD/CAM)나 소프트웨어 개발, 그래픽 디자인 등 연산능력과 뛰어난 그래픽 능력을 필요로 하는 업무에 주로 사용되는 고성능의 컴퓨터로서 일반 컴퓨터보다 성능이 월등히 높고 처리속도가 빠른 반면에 가격은 비싼 편이다.

㉯ 개인용 컴퓨터 : 퍼스널컴퓨터, 퍼스컴이라고도 한다. 기본적으로는 사무실용 컴퓨터와 같으나, 일반적으로 소형이고 값도 저렴하다. 소프트웨어로는 운영체계(Operating System : OS)를 가지고 있으며, 언어로는 어셈블리어(assembly language)와 고급수준의 언어로 베이직(basic) 등의 언어가 제공되고 있다.

㉰ 자기디스크 : 대용량 보조기억장치로서 자기테이프장치와는 달리 자료를 직접 또는 임의로 처리할 수 있는 지적접근 저장장치(DASD)이다. 주변에서 흔히 볼 수 있는 레코드판과 같은 형태의 알루미늄과 같은 금속성 표면에 자성물질을 입혀서 그 위에 데이터를 기록하고 기록된 데이터를 읽어낸다. 회전축을 중심으로 자료가 저장되는 동심원을 트랙(track)이라고 하며 하나의 트랙을 여러 개로 구분한 것을 섹터(sector)라고 하고, 동일 위치의 트랙 집합을 실린더(cylinder)라고 한다. 안쪽의 트랙과 바깥쪽의 트랙이 길이는 다르지만 정보량은 같게 되어 있다. 실린더, 트랙, 섹터의 번호는 자료를 저장하는 장소, 즉 주소로 이용된다.

【그림 12-2】 자기디스크, 개인용 컴퓨터, 워크스테이션

③ 출력장비 : 플로터, 프린터, 모니터 등

【그림 12-3】 플로터, 프린터, 모니터

4) 인적자원

조직체 또는 사람(인력)이 없다면 GSIS를 구동시킬 수 없기 때문에, 조직과 인력은 GSIS의 구성요소 중에서 가장 중요한 요소이며 데이터 (data)를 구축하고 실제 업무에 활용하는 사람으로 전문적인 기술을 필요로 하므로 이에 전념할 수 있는 숙련된 전담요원과 기관을 필요로 한다. 시스템을 설계하고 관리하는 전문 인력과 일상 업무에 GSIS를 활용하는 사용자 모두가 포함된다.

5) 방법(애플리케이션)

하나의 공간문제를 해결하고 지역 및 공간 관련 계획수립에 대한 솔루션을 제공하기 위한 GIS 시스템은 그 목표 및 구체적인 목적에 따라 적용되는 방법론이나 절차, 구성, 내용 등이 달라지게 된다. 또한 적용되는 분야가 매우 다양하며, 적용되는 GIS 시스템은 각 분야에 적합한 업무분석, 내용 정의 등을 토대로 수행되므로 이에 적합한 방법이 요구된다.

02 자료처리체계

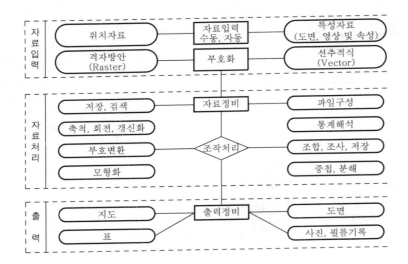

① 입력(data input)

(1) 정보

① 위치정보

구분	내용
절대위치정보	절대 변하지 않는 실제 공간에서의 위치정보로 경·위도 및 표고 등을 말하며, 지상, 지하, 해양, 공중 등 지구공간 및 우주공간에서의 위치의 기준이 된다.
상대위치정보	가변성을 지니고 있으며 주변 정세에 따라 변할 수 있는 관계적 위치 즉, 모형공간(model space)에서의 위치로 임의의 기준으로부터 결정되는 위치 또는 위상관계를 부여하는 기준이 된다.

② 특성정보

구분	내용
도형정보	위치정보를 이용하여 대상을 가시화하여 지도형상의 수치적 설명으로 특정한 지도 요소를 설명하는 것으로, 좌표 체계를 기준으로 하여 지형지물의 위치와 모양을 나타내는 정보이다.
영상정보	센서(일반사진기, 지상 및 항공사진기, 비디오사진기, 수치사진기, 스캐너, Radar, 레이저 등)에 의해 얻은 사진 등으로 인공위성에서 직접 취득한 수치영상과 항공사진측량에서 획득한 사진을 디지타이징 또는 스캐닝하여 컴퓨터에 적합하도록 변환된 정보를 말한다.
속성정보	도형이나 영상 속에 있는 내용 등으로 대상물의 성격이나 그와 관련된 사항들을 기술하는 자료이며, 지형도상의 특성이나 지질, 지형, 지물의 관계를 나타낸다.

(2) 입력

구분	내용
디지타이저 (수동방식)	디지타이저라는 테이블 위에 컴퓨터와 연결된 마우스를 이용하여 필요한 주제(도로, 하천 등)의 형태를 컴퓨터에 입력시키는 것으로서 지적도면과 같은 자료를 수동으로 입력할 수 있으며, 대상물의 형태를 따라 마우스를 움직이면 X, Y좌표가 자동적으로 기록된다.
스캐너 (자동방식)	일정 파장의 레이저광선을 지도에 주사하고, 반사되는 값에 수치값을 부여하여 컴퓨터에 저장시킴으로서 기존의 지도를 영상의 형태로 만드는 방식이다.

【 스캐너와 디지타이저의 비교 】

구분	스캐너	디지타이저
입력방식	자동방식	수동방식
결과물	래스터	벡터
비용	고가	저렴
시간	신속	시간이 많이 소요
도면상태	영향을 받음	영향을 적게 받음

② 부호화(encoding)

구분	내용
벡터방식	공간데이터를 표현하는 방법의 하나로 점(0), 선(1차원), 면(2차원)으로 공간형상을 표현한다.
래스터방식	실세계를 일정 크기의 최소지도화 단위인 셀로 분할하고 각 셀에 속성값을 입력하고 저장하여 연산하는 자료구조이다.

❸ 자료정비(DBMS)

① 데이터베이스의 의의 : 하나의 조직 내에서 다수의 이용자가 서로 다수의 목적으로도 공유할 수 있도록 저장해 놓은 Data 파일의 집합체이다.

② 데이터베이스의 장·단점

장점	단점
① 중앙제어 가능 ② 효율적인 자료호환 ③ 데이터의 독립성 ④ 새로운 응용프로그램 개발의 용이성 ⑤ 반복성의 제거 ⑥ 많은 사용자의 자료 공유 ⑦ 다양한 응용 프로그램에서 다른 목적으로 편집 및 저장	① 초기 구축비용과 유지비용이 고가 ② 초기 구축시 관련 전문가 필요 ③ 시스템의 복잡성 ④ 자료의 공유로 인해 자료의 분실이나 잘못된 자료가 사용될 가능성이 있어 보완조치 마련 ⑤ 통제의 집중화에 따른 위험성 존재

❹ 조작처리(manipulative operation)

구분	내용
표면분석 (surface analysis)	하나의 자료층상에 있는 변량들 간의 관계분석에 이용
중첩분석 (overlay analysis)	① 둘 이상의 자료층에 있는 변량들 간의 관계분석에 적용 ② 변량들의 상대적 중요도에 따라 경중율을 부가하여, 정밀중첩분석에 실행

❺ 출력(data output)

(1) 출력

① 도면, 도표, 지도, 영상 등으로 다양한 방식으로의 결과물을 표현
② **인쇄복사** : 종이, 도화용 물질, film 등에 정보인쇄
③ **영상복사** : 영상모니터에 의한 영상표시. 하나의 자료층상에 있는 변량들 간의 관계분석에 이용

알 • 아 • 두 • 기 •

(2) 출력 설계시 고려사항

① 자료에 대한 보안성

② 판독의 용이성

③ 원시자료의 완전성

⑥ 지형공간정보체계의 오차

입력자료의 품질에 따른 오차	데이터베이스 구축시 발생되는 오차
① 위치정확도에 따른 오차	① 절대위치자료 생성시 기준점의 오차
② 속성정확도에 따른 오차	② 위치자료 생성시 발생되는 항공사진 및 위성영상의 정확도에 따른 오차
③ 논리적 일관성에 따른 오차	③ 디지타이징시 발생되는 오차
④ 완결성에 따른 오차	④ 좌표변환시 투영법에 따른 오차
⑤ 자료변환과정에 따른 오차	⑤ 사회자료 부정확성에 따른 오차
	⑥ 자료처리시 발생되는 오차

▶ ① 논리적 일관성 : 선들이 의도된 곳에서 교차하는가, 두 번 입력된 선은 없는가, 모든 영역이 완전하게 나타났는가, 오버숫, 언더숫된 선이 없는가 등
② 완결성 : 모든 지형 · 지물이 모두 표현되었는가에 관한 것으로 실제 지형 · 지물은 변화하므로 원자료와 비교한다.

예상 및 기출문제

1. 지형공간정보체계의 필요성과 관계가 없는 것은?
① 통계담당부서와 각 전문부서 간의 업무의 유기적 관계를 갖기 위하여
② 시간적, 공간적 자료의 부족, 개념 및 기준의 불일치로 신뢰도 저하 측면
③ 자료 중복조사 및 분산 관리를 하기 위한 측면
④ 행정환경변화의 수동적 대응을 하기 위한 측면

> **해설** GSIS의 필요성
> ㉮ 통계담당부서와 각 전문부서 간의 업무의 유기적 관계를 갖기 위하여
> ㉯ 시간적, 공간적 자료의 부족, 개념 및 기준의 불일치로 신뢰도 저하 측면
> ㉰ 자료 중복조사 및 분산 관리를 하기 위한 측면
> ㉱ 행정환경변화의 능동적 대응을 하기 위한 측면

2. GIS의 특징을 설명한 것 중 틀린 것은?
① 숙련된 기술자가 없는 상황에서도 지도의 제작이 가능하다.
② 특정한 사용자의 요구에 부응하는 특수지도를 쉽게 제작할 수 있다.
③ 자료의 통계적 분석이 원활하며 통계지도의 제작에 유리하다.
④ 자료가 수치적으로 구성되어 축척 변경이 어렵다.

> **해설** GIS는 자료가 수치적으로 구성되어 축척변경이 용이하다.

3. 지리정보시스템(GIS)에 관한 설명으로 잘못된 것은?
① 효율적인 수치지도를 제작할 수 있다.
② 실세계의 공간현상에 대한 공간모델링이 가능하다.
③ 입지분석을 위한 공간분석 기능을 제공한다.
④ 다양한 자료유형을 통합할 수 있지만, 3차원 표현은 불가능하다.

> **해설** 지리정보시스템(GIS)은 국토계획, 지역계획, 자원개발계획, 공사계획 등 각종 계획의 입안과 추진을 성공적으로 추진하기 위하여 토지, 자원, 환경 또는 이와 관련된 사회, 경제적 현황에 대한 방대한 양의 정보가 필요하다. 이러한 요구를 충족하기 위하여 이와 관련된 각종 정보 등을 전산기(Computer)에 의해 종합적, 연계적으로 처리하는 방식으로 2차원뿐만 아니라 3차원까지도 표현이 가능하다.

4. 인간의 생활에 필요한 토지정보를 효율적으로 활용하기 위해 지형분석, 토지의 이용, 개발, 행정, 다목적 지적 등 토지자원에 관련된 문제해결을 위한 정보시스템을 무엇이라 하는가?
① 토지정보체계
② 지형공간정보체계
③ 토지이용체계
④ 토지개발체계

> **해설** 토지정보체계(Land Information System)는 주로 토지와 관련된 위치정보와 속성정보를 수집, 처리, 저장, 관리하기 위한 정보체계로서 지형분석, 토지의 이용, 다목적 지적 등 토지자원 관련문제 해결에 이용되며, 지적, 토지의 이용, 자원, 환경정보 등을 포함한 지구표면의 속성 및 이용을 나타낸다.

5. 지형 및 표고라고도 하는 자연조건에 토지의 이용, 소유 가치까지 포함시켜 토지의 이용, 개발 등을 위한 정보 분석체계는?
① 토지정보체계   ② 교통정보체계
③ 재해관리체계   ④ 시설물관리체계

> **해설** 토지정보체계(Land Information System)는 주로 토지와 관련된 위치정보와 속성정보를 수집, 처리, 저장, 관리하기 위한 정보체계로서 지형분석, 토지의 이용, 다목적 지적 등 토지자원 관련문제 해결에 이용되며, 지적, 토지의 이용, 자원, 환경정보 등을 포함한 지구표면의 속성 및 이용을 나타낸다.

6. 국토계획, 지역계획, 자원개발계획, 공사계획 등의 계획을 성공적으로 수행하기 위해 그에 필요한 각종 정보를 컴퓨터에 의해 종합적, 연계적으로 처리하는 방법은?

① 수치지형모형(DTM)
② 지형공간정보체계(GSIS)
③ 원격탐측(RS)
④ 행정 정보망

> **해설** ㉮ 수치지형모형(DTM : Digital Terrain Model) : 적당한 밀도로 분포하는 지점들의 위치 및 표고의 수치값을 자기테이프에 기록하고 그 수치값을 이용하여 지형을 수치적으로 근사하게 표현하는 모형
> ㉯ 원격탐측(RS : Remote Sensing) : 조사하고자 하는 대상으로 지역 및 현상에 접촉하지 않고 지상, 항공기 및 인공위성 등의 탑재기(Platform)에 설치된 탐사기(Sensor)를 이용하여 지표, 지상, 지하, 대기권 및 우주공간의 대상물에서 반사 혹은 방사되는 전자기파를 탐지하여 토지, 자원 및 환경 등에 대해 정성적, 정량적으로 해석하여 정보를 수집 및 분석하는 것

7. 다음의 영어표기 중 설명이 틀린 것은?

① NGIS : 국가지리정보체계
② GIS : 지리정보체계
③ UIS : 도시정보체계
④ LIS : 지역정보체계

> **해설** ㉮ NGIS(National Geographic Information System) : 국가지리정보체계
> ㉯ GIS(Geographic Information System) : 지리정보체계
> ㉰ UIS(Urban Information System) : 도시정보체계
> ㉱ LIS(Land Information System) : 토지정보체계
> ㉲ RIS(Regional Information System) : 지역정보체계

8. 공간좌표 또는 지리좌표와 관련된 도형 및 속성자료를 효율적으로 수집, 저장, 갱신, 분석하기 위한 정보분석체계는?

① 도시 및 지역정보체계
② 지리정보체계
③ 지도정보체계
④ 측량정보체계

> **해설** 지리정보체계(GIS : Geographic Information System)은 복잡한 계획과 관리 문제를 해결하기 위해 컴퓨터를 기반으로 공간자료를 입력, 저장, 관리, 분석, 표현하는 체계이다.

9. 지형공간정보체계의 활용분야 중 토목분야의 시설물을 관리하는 정보체계는? [기사 14]

① TIS
② LIS
③ NDIS
④ FM

> **해설** 시설물관리체계(FM)는 공공시설물이나 대규모의 공장, 관로망 등에 대한 지도 및 도면 등 제반 정보를 수치 입력하여 시설물에 대해 효율적인 운영관리를 하는 종합체계이다.

10. 지형공간정보체계의 적용분야에 따른 명칭 약어의 해설로서 합당하지 않은 것은?

① LIS : 토지 및 지적관련 정보관리
② UIS : 도시관련 정보관리
③ SIS : 공간관련 정보관리
④ AM/FM : 무선관련 정보관리

> **해설** ㉮ 도면자동화(AM : Automated Mapping) : 지도를 그리거나 생산해내는 전산기 체계, 도면자동화는 효율적인 위치정보의 처리와 출력을 위해 고안되었으며, 지형에 대한 분석능력이 없으며 단지 위치정보에 의한 영상만을 조작할 수 있다.
> ㉯ 시설물관리(FM : Facility Management) : 공공시설물이나 대규모의 공장, 관로망 등에 대한 지도 및 도면 등 제반 정보를 수치 입력하여 시설물에 대해 효율적인 운영관리를 하는 종합체계, FMS라고도 한다. 시설물에 관한 자료목록이 전산화된 형태로 구성되어 사용자가 원하는 대로 정보를 분류, 갱신, 출력할 수 있다.

정답 6. ② 7. ④ 8. ② 9. ④ 10. ④

11. 도시현황의 파악 및 도시계획, 도시정비, 도시기반시설의 관리를 효과적으로 수행할 수 있는 시스템은 무엇인가?

① 교통정보시스템(TIS) ② 도시정보시스템(UIS)
③ 환경정보시스템(EIS) ④ 자원정보시스템(RIS)

▶**해설** 도시정보체계(UIS : Urban Information System)는 도시를 대상으로 하는 공간자료와 속성자료를 통합하여 토지 및 시설물의 관리, 도로의 계획 및 보수, 자원활용 및 환경보존 등 다양한 사용목적에 맞게 구축된 공간정보 데이터베이스로서, 컴퓨터기술을 이용하여 자료입력 및 갱신, 자료의 처리, 자료검색 및 관리, 조작 및 분석, 그리고 출력하는 시스템을 말한다.

12. 도로, 상하수도, 전기 등의 자료를 수치지도화하고 시설물의 속성을 입력하여 데이터베이스를 구축함으로써 시설물 관리활동을 효율적으로 지원하는 시스템은?

① LIS(Land Information System)
② FM(Facility Management)
③ UIS(Urban Information System)
④ CAD(Comupter-Aided Drafting)

▶**해설** ① LIS(Land Information System) : 지형분석, 토지의 이용, 개발, 행정, 다목적 지적 등 토지자원에 관련된 문제해결을 위한 정보분석체계
② FM(Facility Management) : 사회기반시설이나 각종 생산시설에 대한 제반정보를 수치입력하여 효율적인 운영, 관리를 하는 종합적인 체계
③ UIS(Urban Information System) : 도시계획 및 도시화현상에서 발생하는 인구, 자원 및 교통관리, 건물면적, 지명, 환경변화 등에 관한 자료를 다루는 체계로 도시 현황파악 및 도시계획, 도시정비, 도시기반 시설 관리를 할 수 있는 정보분석체계
④ CAD(Comupter-Aided Drafting) : 컴퓨터 원용(援用) 설계

13. DEM에 대한 설명으로 옳지 않은 것은?
① Digital Elevation Model(수치표고모델)의 약어이다.
② 균일한 간격의 격자점(X, Y)에 대해 높이값 Z를 가지고 있는 데이터이다.

③ DEM을 이용하여 등고선을 제작하기도 한다.
④ DEM에는 건물의 3차원 모델이 포함된다.

▶**해설** DEM은 지표면상에서 규칙 및 불규칙적으로 관측된 3차원 좌표값을 보간법 등의 자료처리과정을 통하여 불규칙한 지형을 기하학적으로 재현하고 수치적으로 해석하는 기법이며 건물의 3차원 모델을 나타내지 않는다.

14. GSIS의 구성요소와 관련이 없는 것은?
① 조직과 인력   ② 정보
③ 자료   ④ 소프트웨어

▶**해설** 인간의 생활에 필요한 토지정보를 효율적으로 활용하기 위한 토지정보체계는 조직과 인력, 자료, 소프트웨어 그리고 하드웨어의 4가지로 구성되어 있다.

15. GSIS의 구성요소의 하드웨어 중 입력장비에 해당되지 않는 것은?
① 디지타이저   ② 스캐너
③ 키보드   ④ 자기테이프

▶**해설** 저장장치
자기테이프, 자기디스크, 개인용 컴퓨터, 워크스테이션 등

16. GSIS의 하드웨어구조는 목적에 따라 분류할 수 있는데 전산작업의 가장 핵심이 되는 부분은 어느 것인가?
① 자료입력   ② 자료관리와 분석
③ 자료출력   ④ 자료가공

▶**해설** GSIS의 하드웨어구조는 목적에 따라 자료입력, 자료관리와 분석, 자료출력의 3그룹으로 구분되며 자료를 관리하고 분석하는 전산작업이 핵심이며 자료를 관리하고 분석하기 위해 개인용 컴퓨터 또는 워크스테이션 등이 이용된다.

17. GSIS에서 자료의 저장, 조작, 검색, 변화를 조작하는 특별한 소프트웨어를 갖는 시스템을 무엇이라 하는가?
① 자료관리체계
② 전문가체계
③ 운영체계
④ 응용소프트웨어 개발도구

해설 ㉮ Database 관리체계 : 자료의 저장, 조작, 검색, 변화를 조작하는 특별한 소프트웨어를 가지는 시스템

【DBMS의 장·단점】

장점	단점
• 중앙제어 가능 • 효율적인 자료호환 • 데이터의 독립성 • 새로운 응용 프로그램 개발의 용이성 • 반복성의 제거 • 많은 사용자의 자료 공유 • 다양한 응용 프로그램에서 다른 목적으로 편집 및 저장	• 초기 구축비용과 유지비용이 고가 • 초기 구축시 관련 전문가 필요 • 시스템의 복잡성 • 자료의 공유로 인해 자료의 분실이나 잘못된 자료가 사용될 가능성이 있어 보완조치 마련 • 통제의 집중화에 따른 위험성 존재

ㄴ 의사결정지원체계 : 의사결정에 해석적 모델링과 같은 결정 탐색과정을 도입하여 의사결정에 도움을 줄 수 있는 시스템

ㄷ 전문가체계(Expert System)는 전문가의 지식이나 경험을 전산기체계 내에 배치함으로써 이용이 용이하도록 설계한 시스템

18. 다음 중 자료기반(Databae)의 장점이 아닌 것은 어느 것인가?

① 자료의 독립성이 보장된다.
② 자료의 중복을 방지할 수 있다.
③ 자료의 효율적인 분리가 가능하게 된다.
④ 집중된 통제로 인한 자료휘손의 위험성이 작아진다.

해설 데이터베이스의 장·단점

장점	단점
• 중앙제어 가능 • 효율적인 자료호환(표준화) • 데이터의 독립성 • 새로운 응용 프로그램 개발의 용이성 • 반복성의 제거(중복제거) • 많은 사용자의 자료 공유 • 데이터의 무결성 유지 • 데이터의 보안을 보장	• 초기 구축비용과 유지비용이 고가 • 초기 구축시 관련 전문가 필요 • 시스템의 복잡성 • 자료의 공유로 인해 자료의 분실이나 잘못된 자료가 사용될 가능성이 있어 보완조치 마련 • 통제의 집중화에 따른 위험성 존재

19. 다음 중 GSIS에 이용되는 GIS 소프트웨어의 모듈 기능이 아닌 것은?

① 자료의 입력과 확인
② 자료의 저장과 데이터베이스관리
③ 자료의 출력
④ 자료를 전송하기 위한 전화선으로 구성된 네트워크시스템

해설 GSIS의 주요 구성요소 중 소프트웨어는 데이터와 함께 핵심 요소로 기능하고 있다. GSIS의 자료를 입력, 출력, 관리하기 위해 프로그램인 소프트웨어가 반드시 필요하며 자료입력 소프트웨어, 자료출력 소프트웨어 그리고 데이터베이스 관리 소프트웨어 등이 있으며 각종 통계, 문서 작성기, 그래프 작성기 등과 같은 지원 프로그램 등도 이에 포함된다(입력·저장·출력).

20. 다음 중 GSIS에서 출력장치에 해당하는 것은?

① 마이크
② 터치스크린
③ 모니터
④ 키보드

해설 출력장치 : 플로터, 프린터, 모니터

21. 다음 중 GSIS의 기본적인 구성요소와 거리가 먼 것은?

① 데이터베이스
② 하드웨어
③ 소프트웨어
④ 보안시스템

해설 인간의 생활에 필요한 토지정보를 효율적으로 활용하기 위한 토지정보체계를 주요 5가지 구성요소인 데이터, 소프트웨어, 하드웨어, 인적자원, 방법(애플리케이션)으로 구성되어 있다.

22. 토지와 관련된 모든 정보인 토지정보에 대한 설명 중 틀린 것은?

① 법률적, 행정적, 경제적, 지리적 측면에 기초하여 수집된 토지에 관한 정보
② 토지정보는 광의의 토지정보와 협의의 토지정보로 분류된다.
③ 기술적 사항으로 토지에 영향을 미치는 수질, 공해, 소음 등에 관한 자료
④ 소유권의 확인, 토지평가의 기초, 토지과세 및 거래의 기준, 토지이용계획의 기초가 되는 자료 등 공식적인 성격의 정보

해설 토지정보의 기술적 사항은 지형, 지질, 경계 등을 확인하는 측지자료와 지하매설물 및 공공시설 등을 확인하는 각종 시설자료이며 환경적 사항으로 토지에 영향을 미치는 수질, 공해, 소음 등에 관한 자료 등이 있다.

23. GSIS에서 출력 설계시 고려하지 않아도 되는 것은 어느 것인가?
① 자료에 대한 보안성
② 판독의 용이성
③ DB의 효율성
④ 원시자료의 완전성

해설 GSIS에서 출력 설계시 고려사항
㉮ 자료에 대한 보안성
㉯ 판독의 용이성
㉰ 원시자료의 완전성

24. 수학적인 정확도의 부족이나 공간적인 정확도의 부족으로 인해 발생하는 오차는 지형공간정보체계 내의 다음 중 어느 단계에서 발생하는가?
① 자료수집　　　　② 자료입력
③ 자료저장　　　　④ 자료출력

해설 지형공간정보체계에서 발생하는 오차는 주로 자료입력단계에서 발생되는데, 입력자료의 질에 따른 오차는 위치정확도에 따른 오차, 속성정확도에 따른 오차, 논리적 일관성에 따른 오차, 완결성에 따른 오차, 자료변천과정에 따른 오차 등이 있다.

25. 지형공간정보체계의 실제 업무에서 요구되는 전문적인 기술을 프로그램에 내장시켜 사용자로 하여금 전문기술이 없어도 업무를 수행할 수 있게 하는 것을 무엇이라 하는가?
① 자료관리체계
② 전문가체계
③ 운영체계
④ 응용 소프트웨어 개발도구

해설 ㉮ Database 관리체계 : 자료의 저장, 조작, 검색, 변화를 조작하는 특별한 소프트웨어를 가지는 시스템

㉯ 의사결정지원체계 : 의사결정에 해석적 모델링과 같은 결정 탐색과정을 도입하여 의사결정에 도움을 줄 수 있는 시스템
㉰ 전문가체계(Expert System) : 전문가의 지식이나 경험을 전산기 체계 내에 배치함으로써 이용이 용이하도록 설계한 시스템

26. 다음 학문분야 중 GSIS의 자료 취득방법이 아닌 것은?
① 범지구위치결정체계(GPS)
② 자료기반(DB)
③ 원격탐측(RS)
④ 사진측량

해설 토지정보체계에서의 데이터 취득방법에는 기존지도를 이용하여 데이터를 취득하는 방법, 지상측량에 의하여 데이터를 취득하는 방법, 항공사진측량 자료를 이용하는 방법, 인공위성측량에 의한 방법 등이 있다.

27. 다음 중 지형공간정보체계의 단계를 순서대로 바르게 표시한 것은?
① 자료의 수치화 → 자료의 조작 및 관리 → 응용분석 → 출력
② 자료의 조작 및 관리 → 자료의 수치화 → 응용분석 → 출력
③ 자료의 수치화 → 응용분석 → 자료의 조작 및 관리 → 출력
④ 자료의 조작 및 관리 → 응용분석 → 자료의 수치화 → 출력

해설 GSIS의 자료처리체계

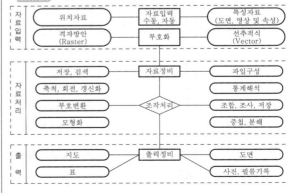

28. GSIS의 자료처리 흐름으로 자료처리과정에서 포함되지 않는 것은?

① 부호화   ② 모형화
③ 중첩, 분해   ④ 통계해석

> **해설** 데이터 입력을 위해 자료를 부호화하여 격자방식이나 선추적방식에 의해 입력한다.

29. 2개 이상의 주제도로부터 새로운 자료를 추출하기 위해 사용되는 분석기법은?

① 중첩분석
② 표면분석
③ 인접성분석
④ 조직망(Network)분석

> **해설** 표면분석과 중첩분석의 비교

구분	내용
표면분석 (surface analysis)	하나의 자료층상에 있는 변량들 간의 관계분석에 이용
중첩분석 (overlay analysis)	• 둘 이상의 자료층에 있는 변량들 간의 관계분석에 적용 • 변량들의 상대적 중요도에 따라 경중율을 부가하여 정밀중첩분석에 실행

30. 각각의 자료집단이 주어진 기본도를 기초로 좌표계의 통일이 되면 둘 또는 그 이상의 자료관측에 대하여 분석할 수 있는 기법은?

① 중첩   ② 저장
③ 통계해석   ④ 조사

> **해설** 중첩(overlay)
> 각각의 자료집단이 주어진 기본도를 기초로 좌표계의 통일이 되면 둘 또는 그 이상의 자료관측에 대하여 분석할 수 있는 기법

31. 지형공간정보체계의 조작처리과정 중에서 하나의 자료층상에 있는 변량들 간의 관계분석에 적용되는 분석기법은?

① 중첩분석   ② 표면분석
③ 합성분석   ④ 검색분석

> **해설** 표면분석과 중첩분석의 비교

구분	내용
표면분석 (surface analysis)	하나의 자료층상에 있는 변량들 간의 관계분석에 이용
중첩분석 (overlay analysis)	• 둘 이상의 자료층에 있는 변량들 간의 관계분석에 적용 • 변량들의 상대적 중요도에 따라 경중율을 부가하여 정밀중첩분석에 실행

32. 지형공간정보체계의 자료에 대한 설명으로 옳지 않은 것은?

① 자료는 위치자료(도형자료)와 특성자료(속성자료)로 대별된다.
② 위치자료의 기반은 도면이나 자료와 같은 도형에서 위치의 값이 수록하는 정보의 파일이다.
③ 특성자료의 기반은 일반적인 통계자료 또는 영상자료의 파일이 아니다.
④ 위치자료 기반과 특성자료 기반은 서로 연관성을 가지고 있어야 한다.

> **해설** GSIS의 자료형태
> 서류, 지도, 항공사진, 위성영상자료, 통계자료, 설문자료 등

33. 지리정보시스템의 구축단계는?

① 수집 → 자료관리 → 변환 → 분석 → 모델링 → 저장 → 출력
② 수집 → 저장 → 자료관리 → 변환 → 분석 → 모델링 → 출력
③ 수집 → 분석 → 모델링 → 저장 → 자료관리 → 변환 → 출력
④ 수집 → 모델링 → 저장 → 자료관리 → 변환 → 분석 → 출력

> **해설** 수집 → 저장 → 자료관리 → 변환 → 분석 → 모델링 → 출력

34. 지형공간정보체계의 자료입력과정에서 도면과 같은 자료를 수동적으로 입력할 수 있는 장비는?

① 스캐너   ② 디지타이저
③ 마우스   ④ 좌판기

해설 디지타이저라는 테이블 위에 컴퓨터와 연결된 마우스를 이용하여, 필요한 주제(도로, 하천 등)의 형태를 컴퓨터에 입력시키는 것으로서 지적도면과 같은 자료를 수동으로 입력할 수 있으며, 대상물의 형태를 따라 마우스를 움직이면 X, Y좌표가 자동적으로 기록된다.

35. 디지타이저를 이용한 수치지도제작방법의 특징에 대한 설명 중 바르지 못한 것은 어느 것인가?

① 일반적으로 테이블이 클수록 정확도가 높으며 mm단위 이하까지 위치를 기록한다.

② 마우스를 이동시키면서 클릭하는 곳의 위치값이 저장된다.

③ 작업자의 신중함과 정밀함이 요구된다.

④ 디지타이징의 결과물로 생성되는 결과물은 래스터 구조이다.

해설 스캐너와 디지타이저의 비교

구분	스캐너	디지타이저
입력방식	자동방식	수동방식
결과물	래스터	벡터
비용	고가	저렴
시간	신속	시간이 많이 소요
도면상태	영향을 받음	영향을 적게 받음

36. 다음 중 GIS 자료를 입력하기 위한 컴퓨터 입력장비가 아닌 것은?

① 디지타이저   ② 스캐너

③ 비디오 좌표관측기   ④ 잉크젯 프린터

해설 입력장비

디지타이저, 스캐너 등

37. GIS 기반의 지능형 교통정보시스템(ITS)에 관한 설명으로 가장 거리가 먼 것은?   [기사 15]

① 고도의 정보처리기술을 이용하여 교통운용에 적용한 것으로 운전자, 차량, 신호체계 등 매순간의 교통상황에 따른 대응책을 제시하는 것

② 도심 및 교통수요의 통제와 조정을 통하여 교통량을 노선별로 적절히 분산시키고 지체시간을 줄여 도로의 효율성을 증대시키는 것

③ 버스, 지하철, 자전거 등 대중교통을 효율적으로 운행관리하며 운행상태를 파악하여 대중교통의 운영과 운영사의 수익을 목적으로 하는 체계

④ 운전자의 운전행위를 도와주는 것으로 주행 중 차량간격, 차선위반 여부 등의 안전운행에 관한 체계

해설 교통정보시스템은 고도의 정보처리기술을 이용하여 교통운용에 적용하는 것으로 운전자, 차량, 신호체계 등 매 순간의 교통상황에 따른 대응책을 제시하는 시스템으로 운영사의 수입을 목적으로 하기 보다는 공공의 편리함을 목적으로 한다.

부 록 I

과년도 출제문제

1. 클로소이드곡선에서 곡선반지름(R) 450m, 매개변수(A) 300m일 때 곡선길이(L)는?

① 100m   ② 150m

③ 200m   ④ 250m

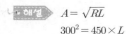 $A = \sqrt{RL}$

$$300^2 = 450 \times L$$

$$\therefore\ L = 200\text{m}$$

2. 축척 1 : 25,000 지형도에서 거리가 6.73cm인 두 점 사이의 거리를 다른 축척의 지형도에서 측정한 결과 11.21cm이었다면 이 지형도의 축척은 약 얼마인가?

① 1 : 20,000   ② 1 : 18,000

③ 1 : 15,000   ④ 1 : 13,000

 ㉮ $\dfrac{1}{m} = \dfrac{\text{도상거리}}{\text{실제 거리}}$

$$\dfrac{1}{25,000} = \dfrac{0.0673}{x}$$

$$\therefore\ x = 1,682.5\text{m}$$

㉯ $\dfrac{1}{m} = \dfrac{0.1121}{1,682.5} = \dfrac{1}{15,000}$

3. 다음은 폐합트래버스측량성과이다. 측선 CD의 배횡거는?

측선	위거(m)	경거(m)
AB	65.39	83.57
BC	−34.57	19.68
CD	−65.43	−40.60
DA	34.61	−62.65

① 60.25m   ② 115.90m

③ 135.45m   ④ 165.90m

해설 ㉮ AB측선의 배횡거
= 첫 측선의 경거 = 83.57m

㉯ BC측선의 배횡거
= 83.57 + 83.57 + 19.68 = 186.82m

㉰ CD측선의 배횡거
= 186.82 + 19.68 − 40.60 = 165.90m

4. 어떤 횡단면의 도상면적이 40.5cm²이었다. 가로축척이 1 : 20, 세로축척이 1 : 60이었다면 실제 면적은?

① 48.6m²   ② 33.75m²

③ 4.86m²   ④ 3.375m²

해설 $\dfrac{1}{20 \times 60} = \dfrac{40.5}{\text{실제 면적}}$

$$\therefore\ \text{실제 면적} = 4.86\text{m}^2$$

5. 수심 H인 하천의 유속측정에서 수면으로부터 깊이 0.2H, 0.6H, 0.8H인 점의 유속이 각각 0.663m/s, 0.532m/s, 0.467m/s이었다면 3점법에 의한 평균유속은?

① 0.565m/s   ② 0.554m/s

③ 0.549m/s   ④ 0.543m/s

해설 $V_m = \dfrac{1}{4}(V_{0.2} + 2V_{0.6} + V_{0.8})$

$$= \dfrac{1}{4} \times (0.663 + 2 \times 0.532 + 0.467)$$

$$= 0.549\text{m/s}$$

6. 동일한 지역을 같은 조건에서 촬영할 때 비행고도만을 2배로 높게 하여 촬영할 경우 전체 사진매수는?

① 사진매수는 1/2만큼 늘어난다.

② 사진매수는 1/2만큼 줄어든다.

③ 사진매수는 1/4만큼 늘어난다.

④ 사진매수는 1/4만큼 줄어든다.

해설 $\dfrac{1}{m} = \dfrac{f}{H}$ 이므로 비행고도(H)를 두 배로 하면 축척이 두 배로 되므로 사진의 매수는 1/4만큼 줄어든다.

7. 교점(I.P)은 도로기점에서 500m의 위치에 있고 교각 $I = 36°$일 때 외선길이(외할) 5.00m라면 시단현의 길이는? (단, 중심말뚝거리는 20m이다.)

① 10.43m   ② 11.57m

③ 12.36m   ④ 13.25m

해설 ㉮ $5.00 = R \times \left(\sec\dfrac{36°}{2} - 1\right)$

$\therefore R = 97.16\text{m}$

㉯ 접선장(T.L) $= 97.16 \times \tan\dfrac{36°}{2}$

$= 31.57\text{m}$

㉰ 곡선의 시점(B.C) $= \text{I.P} - \text{T.L}$

$= 500 - 31.57$

$= 468.43\text{m}$

㉱ 시단현의 길이 $= 480 - 468.43$

$= 11.57\text{m}$

8. 단일삼각형에 대해 삼각측량을 수행한 결과 내각이 $\alpha = 54°25'32''$, $\beta = 68°43'23''$, $\gamma = 56°51'14''$이었다면 β의 각조건에 의한 조정량은?

① $-4''$

② $-3''$

③ $+4''$

④ $+3''$

해설 ㉮ 오차(E)

$= (\alpha + \beta + \gamma) - 180°$

$= (54°25'32'' + 68°43'23'' + 56°51'14'') - 180°$

$= 9''$

㉯ β의 보정량 $= \dfrac{E}{3} = \dfrac{9}{3} = -3''$

9. 30m당 0.03m가 짧은 줄자를 사용하여 정사각형 토지의 한 변을 측정한 결과 150m이었다면 면적에 대한 오차는?

① 41m^2

② 43m^2

③ 45m^2

④ 47m^2

해설 $\dfrac{\Delta A}{A} = 2\dfrac{\Delta l}{l}$

$\dfrac{\Delta A}{22{,}500} = 2 \times \dfrac{0.03}{30}$

$\therefore \Delta A = 45\text{m}^2$

10. 사진측량의 특징에 대한 설명으로 옳지 않은 것은?

① 기상조건에 상관없이 측량이 가능하다.

② 정량적 관측이 가능하다.

③ 측량의 정확도가 균일하다.

④ 정성적 관측이 가능하다.

해설 사진측량은 기상조건에 영향을 받는다.

11. 직사각형의 가로, 세로의 거리가 다음 그림과 같다. 면적 A의 표현으로 가장 적절한 것은?

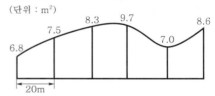

$75 \pm 0.003\text{m}$

A

$100 \pm 0.008\text{m}$

① $7{,}500 \pm 0.67\text{m}^2$

② $7{,}500 \pm 0.41\text{m}^2$

③ $7{,}500.9 \pm 0.67\text{m}^2$

④ $7{,}500.9 \pm 0.41\text{m}^2$

해설 ㉮ $A = ab = 75 \times 100 = 7{,}500\text{m}^2$

㉯ $\Delta A = \pm\sqrt{(75 \times 0.008)^2 + (100 \times 0.003)^2}$

$= \pm 0.67\text{m}^2$

12. 중심말뚝의 간격이 20m인 도로구간에서 각 지점에 대한 횡단면적을 표시한 결과가 다음 그림과 같을 때 각주공식에 의한 전체 토공량은?

(단위 : m²)

8.3 9.7

7.5   8.6

6.8   7.0

20m

① 156m^3

② 672m^3

③ 817m^3

④ 920m^3

해설 $V = \left[\dfrac{20}{3} \times (6.8 + 7.0 + 4 \times (7.5 + 9.7) + 2 \times 8.3)\right]$

$+ \dfrac{7.0 + 8.6}{2} \times 20$

$= 817\text{m}^3$

13. 다음 그림과 같이 4개의 수준점 A, B, C, D에서 각각 1km, 2km, 3km, 4km 떨어진 P점의 표고를 직접 수준측량한 결과가 다음과 같을 때 P점의 최확값은?

| • A → P = 125.762m |
| • B → P = 125.750m |
| • C → P = 125.755m |
| • D → P = 125.771m |

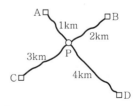

① 125.755m

② 125.759m

③ 125.762m

④ 125.765m

• 해설 ㉮ 경중률계산

$$P_A : P_B : P_C : P_D = \frac{1}{1} : \frac{1}{2} : \frac{1}{3} : \frac{1}{4}$$
$$= 12 : 6 : 4 : 3$$

㉯ 최확값계산

$$H_o = 125 + \frac{\begin{array}{c}12 \times 0.762 + 6 \times 0.750 \\ + 4 \times 0.755 + 3 \times 0.771\end{array}}{12 + 6 + 4 + 3}$$
$$= 125.759m$$

14. GNSS관측성과로 틀린 것은?

① 지오이드모델　② 경도와 위도
③ 지구중심좌표　④ 타원체고

• 해설 GNSS측위를 이용할 경우 경도와 위도는 알 수 없다.

15. 삼각망의 종류 중 유심삼각망에 대한 설명으로 옳은 것은?

① 삼각망 가운데 가장 간단한 형태이며 측량의 정확도를 얻기 위한 조건이 부족하므로 특수한 경우 외에는 사용하지 않는다.
② 가장 높은 정확도를 얻을 수 있으나 조정이 복잡하고 포함된 면적이 작으며, 특히 기선을 확대할 때 주로 사용한다.
③ 거리에 비하여 측점수가 가장 적으므로 측량이 간단하며 조건식의 수가 적어 정확도가 낮다.
④ 광대한 지역의 측량에 적합하며 정확도가 비교적 높은 편이다.

• 해설 유심삼각망의 경우 평탄한 지역 또는 광대한 지역의 측량에 적합하며 정확도가 비교적 높다.

16. 노선측량에 대한 용어 설명 중 옳지 않은 것은?

① 교점 : 방향이 변하는 두 직선이 교차하는 점
② 중심말뚝 : 노선의 시점, 종점 및 교점에 설치하는 말뚝
③ 복심곡선 : 반지름이 서로 다른 두 개 또는 그 이상의 원호가 연결된 곡선으로 공통접선의 같은 쪽에 원호의 중심이 있는 곡선
④ 완화곡선 : 고속으로 이동하는 차량이 직선부에서 곡선부로 진입할 때 차량의 원심력을 완화하기 위해 설치하는 곡선

• 해설 노선측량에서 중심말뚝 간의 거리는 일반적으로 20m 또는 10m 간격으로 설치한다.

17. 트래버스측량(다각측량)에 관한 설명으로 옳지 않은 것은?

① 트래버스 중 가장 정밀도가 높은 것은 결합트래버스로서 오차점검이 가능하다.
② 폐합오차조정에서 각과 거리측량의 정확도가 비슷한 경우 트랜싯법칙으로 조정하는 것이 좋다.
③ 오차의 배분은 각 관측의 정확도가 같을 경우 각의 대소에 관계없이 등분하여 배분한다.
④ 폐합트래버스에서 편각을 관측하면 편각의 총합은 언제나 360°가 되어야 한다.

• 해설 다각측량에서 폐합오차의 조정 시 거리의 정밀도와 각의 정밀도가 동일한 경우 컴퍼스법칙을 사용하며, 거리의 정밀도보다 각의 정밀도가 클 경우 트랜싯법칙을 사용하여 조정한다.

18. 등고선의 성질에 대한 설명으로 옳지 않은 것은?

① 등고선은 도면 내외에서 폐합하는 폐곡선이다.
② 등고선은 분수선과 직각으로 만난다.
③ 동굴지형에서 등고선은 서로 만날 수 있다.
④ 등고선의 간격은 경사가 급할수록 넓어진다.

• 해설 등고선의 간격은 경사가 급할수록 좁고, 경사가 완만할수록 넓어진다.

19. 하천측량을 실시하는 주목적에 대한 설명으로 가장 적합한 것은?

① 하천 개수공사나 공작물의 설계, 시공에 필요한 자료를 얻기 위하여
② 유속 등을 관측하여 하천의 성질을 알기 위하여
③ 하천의 수위, 기울기, 단면을 알기 위하여
④ 평면도, 종단면도를 작성하기 위하여

• 해설 하천측량은 하천 개수공사나 공작물의 설계, 시공에 필요한 자료를 얻기 위해 실시한다.

20. 지반의 높이를 비교할 때 사용하는 기준면은?

① 표고(elevation)
② 수준면(level surface)
③ 수평면(horizontal plane)
④ 평균해수면(mean sea level)

• 해설 우리나라 높이측정의 기준은 인천만의 평균해수면을 기준으로 한다.

1. 다음 그림과 같이 표면부자를 하천 수면에 띄워 A점을 출발하여 B점을 통과할 때 소요시간이 1분 40초였다면 하천의 평균유속은? (단, 평균유속을 구하기 위한 계수는 0.8로 한다.)

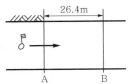

① 0.09m/sec   ② 0.19m/sec
③ 0.21m/sec   ④ 0.36m/sec

 해설

㉮ $V = \dfrac{26.4}{100} = 0.264$m/s

㉯ 평균유속(V_m)

$V_m = 0.264 \times 0.8 = 0.21$m/s

2. 폐합다각형의 관측결과 위거오차 −0.005m, 경거오차 −0.042m, 관측길이 327m의 성과를 얻었다면 폐합비는?

① $\dfrac{1}{20}$ ② $\dfrac{1}{330}$
③ $\dfrac{1}{770}$ ④ $\dfrac{1}{7,730}$

 해설

$\dfrac{1}{m} = \dfrac{\sqrt{0.005^2 + 0.042^2}}{327} = \dfrac{1}{7,730}$

3. 다음 그림에서 A, B 사이에 단곡선을 설치하기 위하여 ∠ADB의 2등분선 상의 C점을 곡선의 중점으로 선택하였다면 곡선의 접선길이는? (단, DC=20m, I= 80°20′이다.)

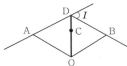

① 64.80m   ② 54.70m
③ 32.40m   ④ 27.34m

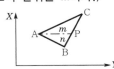 해설

㉮ $E = R\left(\sec\dfrac{I}{2} - 1\right)$

$20 = R \times \left(\sec\dfrac{80°20′}{2} - 1\right)$

∴ $R = 64.81$m

㉯ T.L $= 64.81 \times \tan\dfrac{80°20′}{2} = 54.70$m

4. 다음 그림과 같은 삼각형의 꼭짓점 A, B, C의 좌표가 A(50, 20), B(20, 50), C(70, 70)일 때 A를 지나며 △ABC의 넓이를 $m:n = 4:3$으로 분할하는 P점의 좌표는? (단, 좌표의 단위는 m이다.)

① (58.6, 41.4)   ② (41.4, 58.6)
③ (50.6, 63.4)   ④ (50.4, 65.6)

해설

측점	X	Y	$(X_{i-1} - X_{i+1})Y_i$
A	50	20	$(70-20) \times 20 = 1,000$
B	20	50	$(50-70) \times 50 = -1,000$
C	70	70	$(20-50) \times 70 = -2,100$
계			$2A = -2,100$ ∴ $A = 1,050$m²

측점	X	Y	$(X_{i-1} - X_{i+1})Y_i$
A	50	20	$(x-20) \times 20 = 20x - 400$
B	20	50	$(50-x) \times 50 = 2,500 - 50x$
P	x	y	$(20-50)y = -30y$
계			$-30x - 30y + 2,100 = -900$ ∴ $-30x - 30y = -3,000$ ⋯ ㉠

측점	X	Y	$(X_{i-1} - X_{i+1})Y_i$
A	50	20	$(70-x) \times 20 = 1,400 - 20x$
P	x	y	$(50-70)y = -20y$
C	70	70	$(x-50) \times 70 = 70x - 3,500$
계			$30x - 20y - 2,100 = -1,200$ ∴ $50x - 20y = 900$ ⋯⋯⋯⋯ ㉡

식 ㉠과 ㉡을 연립해서 풀면

∴ $x = 41.4$m, $y = 58.6$m

5. 1 : 5,000 축척 지형도를 이용하여 1 : 25,000 축척 지형도 1매를 편집하고자 한다면 필요한 1 : 5,000 축척 지형도의 총매수는?

① 25매   ② 20매
③ 15매   ④ 10매

해설 매수 $= \left(\dfrac{25,000}{5,000}\right)^2 = 25$ 매

6. 클로소이드곡선에 대한 설명으로 옳은 것은?

① 곡선의 반지름 R, 곡선길이 L, 매개변수 A의 사이에는 $RL = A^2$의 관계가 성립한다.
② 곡선의 반지름에 비례하여 곡선길이가 증가하는 곡선이다.
③ 곡선길이가 일정할 때 곡선의 반지름이 크면 접선각도 커진다.
④ 곡선반지름과 곡선길이가 같은 점을 동경이라 한다.

해설 클로소이드곡선은 곡률이 곡선장에 비례하는 곡선으로 $RL = A^2$의 관계가 성립한다.

7. 삼각측량을 실시하려고 할 때 가장 정밀한 방법으로 각을 측정할 수 있는 방법은?

① 단각법
② 배각법
③ 방향각법
④ 각관측법

해설 수평각측정법에서 정밀도가 가장 높아 삼각측량에 적합한 방법은 방향관측법(조합각관측법)이다.

8. 하천 양안의 고저차를 관측할 때 교호수준측량을 하는 가장 주된 이유는?

① 개인오차를 제거하기 위하여
② 기계오차(시준축오차)를 제거하기 위하여
③ 과실에 의한 오차를 제거하기 위하여
④ 우연오차를 제거하기 위하여

해설 교호수준측량을 실시하는 목적은 기계오차를 소거하기 위함이다. 즉, 기포관축과 시준축이 평행하지 않아 발생하는 시준축오차를 소거하기 위함이다.

9. 항공삼각측량에 대한 설명으로 옳은 것은?

① 항공연직사진으로 세부측량이 기준이 될 사진망을 짜는 것을 말한다.
② 항공사진측량 중 정밀도가 높은 사진측량을 말한다.
③ 정밀도화기로 사진모델을 연결시켜 도화작업을 하는 것을 말한다.
④ 지상기준점을 기준으로 사진좌표나 모델좌표를 측정하여 측지좌표로 환산하는 측량이다.

해설 항공삼각측량은 지상기준점을 기준으로 사진좌표나 모델좌표를 측정하여 측지좌표로 환산하는 측량이다.

10. 다음 중 토공작업을 수반하는 종단면도에 계획선을 넣을 때 고려하여야 할 사항으로 옳지 않은 것은 어느 것인가?

① 계획선은 필요와 요구에 맞게 한다.
② 절토는 성토로 이용할 수 있도록 운반거리를 고려해야 한다.
③ 단조로움을 피하기 위하여 경사와 곡선을 병설하여 가능한 많이 설치한다.
④ 절토량과 성토량은 거의 같게 한다.

해설 종단면도에 계획선을 넣을 때 경사와 곡선을 병설하는 것은 바람직하지 않다.

11. 지상 100m×100m의 면적을 4cm² 로 나타내기 위한 도면의 축적은?

① 1 : 250   ② 1 : 500
③ 1 : 2,500   ④ 1 : 5,000

해설 $\dfrac{1}{m} = \dfrac{0.02}{100} = \dfrac{1}{5,000}$

12. 30m당 ±1.0mm의 오차가 발생하는 줄자를 사용하여 480m의 기선을 측정하였다면 총오차는?

① ±3.0mm
② ±3.5mm
③ ±4.0mm
④ ±4.5mm

해설 $e = \pm m\sqrt{n} = \pm 1.0\sqrt{16} = \pm 4.0$ mm

13. 다음 그림과 같은 개방트래버스에서 CD측선의 방위는?

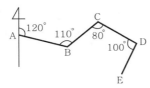

① N50°W
② S30°E
③ S50°W
④ N30°E

> **해설**　㉮ AB측선의 방위각 = 120°
> ㉯ BC측선의 방위각 = 120° − 180° + 110° = 50°
> ㉰ CD측선의 방위각 = 50° + 180° − 80° = 150°
> ㉱ CD측선의 방위 = S30°E

14. 비행고도 3km에서 초점거리 15cm인 사진기로 항공사진을 촬영하였다면 길이 40m 교량의 사진상 길이는?

① 0.2cm
② 0.4cm
③ 0.6cm
④ 0.8cm

> **해설**
> $$\frac{1}{m} = \frac{f}{H} = \frac{l}{L}$$
> $$\frac{0.15}{3,000} = \frac{x}{40}$$
> $$\therefore 도상거리(x) = 0.2cm$$

15. 등고선의 성질에 대한 설명으로 옳지 않은 것은?
① 어느 지점의 최대경사방향은 등고선과 평행한 방향이다.
② 경사가 급한 지역은 등고선간격이 좁다.
③ 동일 등고선 위의 지점들은 높이가 같다.
④ 계곡선(합수선)은 등고선과 직교한다.

> **해설**　최대경사방향은 등고선과 직교한다.

16. GNSS위성을 이용한 측위에 측점의 3차원적 위치를 구하기 위하여 수신이 필요한 최소위성의 수는?
① 2
② 4
③ 6
④ 8

> **해설**　GNSS위성을 이용한 측위에 측점의 3차원적 위치를 구하기 위하여 최소 4개의 위성이 필요하다.

17. 수심 h인 하천의 유속측정에서 수면으로부터 $0.2h$, $0.6h$, $0.8h$의 유속이 각각 0.625m/sec, 0.564m/sec, 0.382m/sec일 때 3점법에 의한 평균유속은?
① 0.498m/sec
② 0.505m/sec
③ 0.511m/sec
④ 0.533m/sec

> **해설**
>

18. 직접수준측량을 하여 다음 그림과 같은 결과를 얻었을 때 B점의 표고는? (단, A점의 표고는 100m이고, 단위는 m이다.)

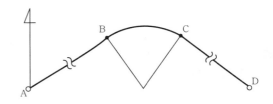

① 101.1m
② 101.5m
③ 104.1m
④ 105.2m

> **해설**　$H_B = 100 + 1.5 + 2.6 = 104.1m$

19. 다음 그림과 같이 2개의 직선구간과 1개의 원곡선 부분으로 이루어진 노선을 계획할 때 직선구간 AB의 거리 및 방위각이 700m, 80°이고, CD의 거리 및 방위각은 1,000m, 110°이었다. 원곡선의 반지름이 500m라면 A점으로부터 D점까지의 노선거리는?

① 1,830.8m
② 1,874.4m
③ 1,961.8m
④ 2,048.9m

> **해설**　㉮ 교각(I) = 110° − 80° = 30°
> ㉯ AD거리 = AB + BC + CD
> = 700 + 0.01745 × 700 × 30 + 100
> = 1,961.8m

20. 유심삼각망에 관한 설명으로 옳은 것은?

① 삼각망 중 가장 정밀도가 높다.

② 대규모 농지, 단지 등 방대한 지역의 측량에 적합하다.

③ 기선을 확대하기 위한 기선삼각망측량에 주로 사용된다.

④ 하천, 철도, 도로와 같이 측량구역의 폭이 좁고 긴 지형에 적합하다.

해설 유심삼각망의 경우 평탄한 지역 또는 광대한 지역의 측량에 적합하며 정확도가 비교적 높다.

1. 지형의 표시법에서 자연적 도법에 해당하는 것은?

① 점고법   ② 등고선법

③ 영선법   ④ 채색법

> **해설** 지형의 표시법
> ㉮ 자연적인 도법 : 우모법(영선법), 음영법
> ㉯ 부호적인 도법 : 점고법, 등고선법, 채색법

2. 기지의 삼각점을 이용하여 새로운 도근점들을 매설하고자 할 때 결합트래버스측량(다각측량)의 순서는?

① 도상계획 → 답사 및 선점 → 조표 → 거리관측 → 각관측 → 거리 및 각의 오차분배 → 좌표계산 및 측점전개

② 도상계획 → 조표 → 답사 및 선점 → 각관측 → 거리관측 → 거리 및 각의 오차분배 → 좌표계산 및 측점전개

③ 답사 및 선점 → 도상계획 → 조표 → 각관측 → 거리관측 → 거리 및 각의 오차분배 → 좌표계산 및 측점전개

④ 답사 및 선점 → 조표 → 도상계획 → 거리관측 → 각관측 → 좌표계산 및 측점전개 → 거리 및 각의 오차분배

3. 다각측량에 관한 설명 중 옳지 않은 것은?

① 각과 거리를 측정하여 점의 위치를 결정한다.

② 근거리이고 조건식이 많아 삼각측량에서 구한 위치보다 정확도가 높다.

③ 선로와 같이 좁고 긴 지역의 측량에 편리하다.

④ 삼각측량에 비해 시가지 또는 복잡한 장애물이 있는 곳의 측량에 적합하다.

> **해설** 다각측량은 삼각측량보다 정확도가 낮다.

4. 클로소이드(clothoid)의 매개변수(A)가 60m, 곡선길이(L)가 30m일 때 반지름(R)은?

① 60m   ② 90m

③ 120m   ④ 150m

> **해설**
> $A = \sqrt{RL}$
> $60^2 = R \times 30$
> $\therefore R = 120m$

5. 다음 그림과 같은 터널 내 수준측량의 관측결과에서 A점의 지반고가 20.32m일 때 C점의 지반고는? (단, 관측값의 단위는 m이다.)

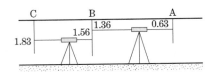

① 21.32m   ② 21.49m

③ 16.32m   ④ 16.49m

> **해설** $H_C = 20.32 - 0.63 + 1.36 - 1.56 + 1.83 = 21.32m$

6. 비행고도 6,000m에서 초점거리 15cm인 사진기로 수직항공사진을 획득하였다. 길이가 50m인 교량의 사진상의 길이는?

① 0.55mm   ② 1.25mm

③ 3.60mm   ④ 4.20mm

> **해설**
> $\dfrac{1}{m} = \dfrac{f}{H} = \dfrac{\text{도상거리}}{\text{실제 거리}}$
> $\dfrac{0.15}{6,000} = \dfrac{\text{도상거리}}{50}$
> $\therefore$ 도상거리 $= 1.25mm$

7. 축척 1 : 600인 지도상의 면적을 축척 1 : 500으로 계산하여 38.675m² 를 얻었다면 실제 면적은?

① 26.858m²

② 32.229m²

③ 46.410m²

④ 55.692m²

> **해설** $a_2 = \left(\dfrac{m_2}{m_1}\right)^2 a_1 = \left(\dfrac{600}{500}\right)^2 \times 38,675 = 55,692m^2$

8. 도로설계 시에 단곡선의 외할(E)은 10m, 교각은 60°일 때 접선장(T.L)은?

① 42.4m   ② 37.3m

③ 32.4m   ④ 27.3m

해설 ㉮ $E = R\left(\sec\dfrac{I}{2} - 1\right)$

$10 = R \times \left(\sec\dfrac{60°}{2} - 1\right)$

$\therefore R = 64.64\text{m}$

㉯ $\text{T.L} = 64.64 \times \tan\dfrac{60°}{2} = 37.3\text{m}$

9. 완화곡선에 대한 설명으로 옳지 않은 것은?

① 완화곡선은 모든 부분에서 곡률이 동일하지 않다.

② 완화곡선의 반지름은 무한대에서 시작한 후 점차 감소되어 원곡선의 반지름과 같게 된다.

③ 완화곡선의 접선은 시점에서 원호에 접한다.

④ 완화곡선의 연한 곡선반지름의 감소율은 캔트의 증가율과 같다.

해설 완화곡선은 시점에서는 직선에, 종점에서는 원호에 접한다.

10. 다음 그림에서 $\overline{AB} = 500\text{m}$, $\angle a = 71°33'54''$, $\angle b_1 = 36°52'12''$, $\angle b_2 = 39°05'38''$, $\angle c = 85°36'05''$ 를 관측하였을 때 $\overline{BC}$의 거리는?

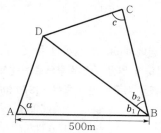

① 391m   ② 412m

③ 422m   ④ 427m

해설 ㉮ BD거리

$\dfrac{500}{\sin 71°33'54''} = \dfrac{\text{BD거리}}{\sin 71°33'54''}$

$\therefore \text{BD거리} = 500\text{m}$

㉯ BC거리

$\dfrac{500}{\sin 55°18'17''} = \dfrac{\text{BC거리}}{\sin 85°36'05''}$

$\therefore \text{BC거리} = 412\text{m}$

11. 구하고자 하는 미지점에 평판을 세우고 3개의 기지점을 이용하여 도상에서 그 위치를 결정하는 방법은?

① 방사법

② 계선법

③ 전방교회법

④ 후방교회법

해설 후방교회법 : 구하고자 하는 점에 평판을 세우고 2~3개의 기지점을 이용하여 도상의 위치를 결정하는 방법

12. 하천측량에 대한 설명으로 틀린 것은?

① 제방중심선 및 종단측량은 레벨을 사용하여 직접 수준측량방식으로 실시한다.

② 심천측량은 하천의 수심 및 유수 부분의 하저상황을 조사하고 횡단면도를 제작하는 측량이다.

③ 하천의 수위경계선인 수애선은 평균수위를 기준으로 한다.

④ 수위관측은 지천의 합류점이나 분류점 등 수위변화가 생기지 않는 곳을 선택한다.

해설 하천의 수위경계선인 수애선은 평수위를 기준으로 한다.

13. 항공사진의 특수 3점에 해당되지 않는 것은?

① 주점   ② 연직점

③ 등각점   ④ 표정점

해설 항공사진의 특수 3점 : 주점, 등각점, 연직점

14. 다음 그림의 다각측량성과를 이용한 C점의 좌표는? (단, $\overline{AB} = \overline{BC} = 100\text{m}$이고 좌표단위는 m이다.)

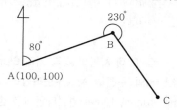

① $X = 48.27\text{m}$, $Y = 256.28\text{m}$

② $X = 53.08\text{m}$, $Y = 275.08\text{m}$

③ $X = 62.31\text{m}$, $Y = 281.31\text{m}$

④ $X = 69.49\text{m}$, $Y = 287.49\text{m}$

해설 ㉮ B점의 좌표

$$X_B = 100 + 100 \times \cos 80° = 117.36\text{m}$$

$$Y_B = 100 + 100 \times \sin 80° = 198.48\text{m}$$

㉯ C점의 좌표

$$X_C = 111.36 + 100 \times \cos 130° = 53.08\text{m}$$

$$Y_C = 198.48 + 100 \times \sin 130° = 275.08\text{m}$$

15. 레벨을 이용하여 표고가 53.85m인 A점에 세운 표척을 시준하여 1.34m를 얻었다. 표고 50m의 등고선을 측정하려면 시준하여야 할 표척의 높이는?

① 3.51m
② 4.11m
③ 5.19m
④ 6.25m

해설 $53.85 + 1.34 - x = 50$

$$\therefore x = 5.19\text{m}$$

16. 지형의 토공량 산정방법이 아닌 것은?

① 각주공식
② 양단면평균법
③ 중앙단면법
④ 삼변법

해설 삼변법의 경우 면적 산정방법에 해당한다.

17. A, B 두 점 간의 거리를 관측하기 위하여 다음 그림과 같이 세 구간으로 나누어 측량하였다. 측선 $\overline{AB}$의 거리는? (단, Ⅰ : 10±0.01m, Ⅱ : 20±0.03m, Ⅲ : 30±0.05m이다.)

A ├─── Ⅰ ───┼─── Ⅱ ───┼─── Ⅲ ───┤ B

① 60±0.09m
② 30±0.06m
③ 60±0.06m
④ 30±0.09m

해설 $AB = 10 + 20 + 30 \pm \sqrt{0.01^2 + 0.03^2 + 0.05^2}$

$$= 60 \pm 0.06\text{m}$$

18. A, B, C, D 네 사람이 각각 거리 8km, 12.5km, 18km, 24.5km의 구간을 왕복수준측량하여 폐합차를 7mm, 8mm, 10mm, 12mm 얻었다면 4명 중에서 가장 정밀한 측량을 실시한 사람은?

① A
② B
③ C
④ D

해설 $e = \pm m \sqrt{n}$ 이므로

㉮ $m_A = \dfrac{7}{\sqrt{16}} = 1.75\text{mm}$

㉯ $m_B = \dfrac{8}{\sqrt{25}} = 1.60\text{mm}$

㉰ $m_C = \dfrac{10}{\sqrt{36}} = 1.67\text{mm}$

㉱ $m_D = \dfrac{12}{\sqrt{49}} = 1.71\text{mm}$

$\therefore$ B가 오차가 가장 적으므로 정밀도가 가장 높다.

19. 수준점 A, B, C에서 수준측량을 하여 P점의 표고를 얻었다. 관측거리를 경중률로 사용한 P점 표고의 최확값은?

노선	P점 표고값	노선거리
A → P	57.583m	2km
B → P	57.700m	3km
C → P	57.680m	4km

① 57.641m
② 57.649m
③ 57.654m
④ 57.706m

해설 ㉮ 경중률계산

$$P_A : P_B : P_C = \frac{1}{2} : \frac{1}{3} : \frac{1}{4} = 6 : 4 : 3$$

㉯ 최확값계산

$$H_o = 57 + \frac{6 \times 0.583 + 4 \times 0.700 + 3 \times 0.680}{6 + 4 + 3}$$

$$= 57.641\text{m}$$

20. 지구상에서 50km 떨어진 두 점의 거리를 지구 곡률을 고려하지 않은 평면측량으로 수행한 경우의 거리오차는? (단, 지구의 반지름은 6,370km이다.)

① 0.257m
② 0.138m
③ 0.069m
④ 0.005m

해설 $\Delta l = \dfrac{l^3}{12R^2} = \dfrac{50^3}{12 \times 6,370^2} = 0.257\text{m}$

1. 곡선부를 주행하는 차의 뒷바퀴가 앞바퀴보다 항상 안쪽을 지나게 되므로 직선부보다 도로폭을 크게 해주는 것은?

① 편경사 ② 길 어깨
③ 확폭 ④ 측구

해설 차량이 곡선부를 통과할 경우 뒷바퀴는 앞바퀴의 안쪽을 통과하므로 직선부보다 곡선부의 도로폭을 크게 해야 한다. 이를 확폭이라 한다.

2. 하천의 수위관측소의 설치장소로 적당하지 않은 것은?

① 하상과 하안이 안전한 곳
② 수위가 구조물의 영향을 받지 않는 곳
③ 홍수 시에도 수위를 쉽게 알아볼 수 있는 곳
④ 수위의 변화가 크게 발생하여 그 변화가 뚜렷한 곳

해설 수위관측소 설치 시 수위의 변화가 크게 발생하는 곳은 피해야 한다.

3. 원곡선에 의한 종곡선 설치에서 상향기울기 4.5/1,000와 하향기울기 35/1,000의 종단선형에 반지름 3,000m의 원곡선을 설치할 때 종단곡선의 길이(L)는?

① 240.5m ② 150.2m
③ 118.5m ④ 60.2m

해설 $L = 3,000 \times \left(\dfrac{4.5}{1,000} - \left(-\dfrac{35}{1,000} \right) \right) = 118.5\text{m}$

4. 캔트(C)인 원곡선에서 곡선반지름을 3배로 하면 변화된 캔트(C')는?

① $\dfrac{C}{9}$ ② $\dfrac{C}{3}$

③ $3C$ ④ $9C$

해설 캔트(C) $= \dfrac{SV^2}{Rg}$ 이므로 곡선반지름을 3배로 하면 새로운 캔트는 $\dfrac{1}{3}$ 배가 된다.

5. 수준측량에서 사용되는 기고식 야장기입방법에 대한 설명으로 틀린 것은?

① 종·횡단수준측량과 같이 후시보다 전시가 많을 때 편리하다.
② 승강식보다 기입사항이 많고 상세하여 중간점이 많을 때에는 시간이 많이 걸린다.
③ 중간시가 많은 경우 편리한 방법이나 그 점에 대한 검산을 할 수가 없다.
④ 지반고에 후시를 더하여 기계고를 얻고 다른 점의 전시를 빼면 그 지점에 지반고를 얻는다.

해설 기고식 야장기입법은 승강식보다 기입사항이 적다.

6. 교각이 60°, 교점까지의 추가거리가 356.21m, 곡선 시점까지의 추가거리가 183.00m이면 단곡선의 곡선반지름은?

① 616.97m ② 300.01m
③ 205.66m ④ 100.00m

해설

$$\text{T.L} = R \tan \frac{I}{2}$$

$$356.21 - 183.00 = R \times \tan \frac{60°}{2}$$

$$\therefore R = 300.01\text{m}$$

7. 측지측량의 용어에 대한 설명 중 옳지 않은 것은?

① 지오이드란 평균해수면을 육지 부분까지 연장한 가상곡면으로 요철이 없는 미끈한 타원체이다.
② 연직선편차는 연직선과 기준타원체 법선 사이의 각을 의미한다.
③ 구과량은 구면삼각형의 면적에 비례한다.
④ 기준타원체는 수평위치를 나타내는 기준면이다.

해설 지오이드는 내부 밀도의 불균일로 인하여 불규칙한 지형을 이루고 있다.

8. 삼각망 중 정확도가 가장 높은 삼각망은?

① 단열삼각망   ② 단삼각망

③ 유심삼각망   ④ 사변형삼각망

▶ 해설 ▶ 삼각망에서 가장 정밀도가 높은 것은 사변형삼각망이다.

9. P점의 좌표가 $X_P = -1,000$m, $Y_P = 2,000$m이고 PQ의 거리가 1,500m, PQ의 방위각이 120°일 때 Q점의 좌표는?

① $X_Q = -1,750$m, $Y_Q = +3,299$m

② $X_Q = +1,750$m, $Y_Q = +3,299$m

③ $X_Q = +1,750$m, $Y_Q = -3,299$m

④ $X_Q = -1,750$m, $Y_Q = -3,299$m

▶ 해설 ▶ $X_Q = -1,000 + 1,500 \times \cos 120° = -1,750$m

$Y_Q = 2,000 + 1,500 \times \sin 120° = 3,299$m

10. 다음 그림과 같은 지역을 표고 190m 높이로 성토하여 정지하려 한다. 양단면평균법에 의한 토공량은? (단, 160m 이하의 부피는 생략한다.)

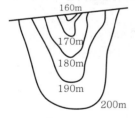

- 160m : 300m²
- 170m : 900m²
- 180m : 1,800m²
- 190m : 3,500m²
- 200m : 8,000m²

① 103,500m³   ② 74,000m³

③ 46,000m³   ④ 29,000m³

▶ 해설 ▶

$$V = \frac{300 + 900}{2} \times 10 + \frac{900 + 1,800}{2} \times 10$$
$$+ \frac{1,800 + 3,500}{2} \times 10$$
$$= 46,000\text{m}^3$$

11. 1km²의 면적이 도면상에서 4cm²일 때의 축척은?

① 1 : 2,500   ② 1 : 5,000

③ 1 : 25,000   ④ 1 : 50,000

▶ 해설 ▶ $\dfrac{1}{m} = \dfrac{0.02 \times 0.02}{1,000 \times 1,000} = \dfrac{1}{50,000}$

12. 삼각점 A에 기계를 세웠을 때 삼각점 B가 보이지 않아 P를 관측하여 $T' = 65°42'39''$의 결과를 얻었다면 $T = \angle DAB$는? (단, $S = 2$km, $e = 40$cm, $\phi = 256°40'$)

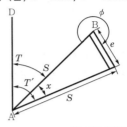

① 65°39′58″   ② 65°40′20″

③ 65°41′59″   ④ 65°42′20″

▶ 해설 ▶ ㉮ $\dfrac{2,000}{\sin(360 - 256°40')} = \dfrac{0.4}{\sin x}$

∴ $x = 0°0'40''$

㉯ $T = T' - x = 65°42'39'' - 0°0'40'' = 65°41'59''$

13. 초점거리 153mm의 카메라로 고도 800m에서 촬영한 수직사진 1장에 찍히는 실제 면적은? (단, 사진의 크기는 23cm×23cm이다.)

① 1.446km²   ② 1.840km²

③ 5.228km²   ④ 5.290km²

▶ 해설 ▶ ㉮ 축척

$$\frac{1}{m} = \frac{f}{H}$$
$$= \frac{0.153}{800}$$
$$\therefore m = 5,229$$

㉯ 면적

$$A = (ma)^2 = (5,229 \times 0.23)^2 = 1.446\text{km}^2$$

14. 항공사진의 중복도에 대한 설명으로 옳지 않은 것은?

① 종중복도는 동일 촬영경로에서 30% 이하로 동일할 경우 허용될 수 있다.

② 중복도는 입체시를 위하여 촬영진행방향으로 60%를 표준으로 한다.

③ 촬영경로 사이의 인접코스 간 중복도는 30%를 표준으로 한다.

④ 필요에 따라 촬영진행방향으로 80%, 인접코스중복을 50%까지 중복하여 촬영할 수 있다.

해설 종중복도는 일반적으로 60% 이상 최소 50% 이상으로 중복해야 한다.

15.
1 : 25,000 지형도에서 표고 621.5m와 417.5m 사이에 주곡선간격의 등고선 수는?

① 5　　　　　　　② 11
③ 15　　　　　　　④ 21

해설 1 : 25,000의 지형도에서 주곡선의 간격은 10m 이므로 621.5m와 417.5m 사이에 들어갈 등고선의 개수는 21개이다.

$$\therefore 등고선의 개수 = \frac{620-420}{10}+1 = 21개$$

16.
거리관측의 정밀도와 각관측의 정밀도가 같다고 할 때 거리관측의 허용오차를 1/3,000로 하면 각관측의 허용오차는?

① 4″　　　　　　　② 41″
③ 1′9″　　　　　　④ 1′23″

해설
$$\frac{\Delta l}{l} = \frac{\theta''}{\rho''}$$
$$\frac{1}{3,000} = \frac{\theta''}{206,265''}$$
$$\therefore \theta = 69'' = 1'9''$$

17.
A점은 30m 등고선 상에 있고, B점은 40m 등고선 상에 있다. AB의 경사가 25%일 때 AB경사면의 수평거리는?

① 10m　　　　　　② 20m
③ 30m　　　　　　④ 40m

해설 100 : 25 = x : 10
　∴ 수평거리(x) = 40m

18.
교호수준측량을 하는 주된 이유로 옳은 것은?

① 작업속도가 빠르다.
② 관측인원을 최소화할 수 있다.
③ 전시, 후시의 거리차를 크게 둘 수 있다.
④ 굴절오차 및 시준축오차를 제거할 수 있다.

해설 교호수준측량의 목적
㉮ 시준축오차 소거
㉯ 지구의 곡률오차(구차) 소거
㉰ 굴절오차(기차) 소거

19.
하천의 연직선 내의 평균유속을 구하기 위한 2점법의 관측위치로 옳은 것은?

① 수면으로부터 수심의 10%, 90% 지점
② 수면으로부터 수심의 20%, 80% 지점
③ 수면으로부터 수심의 30%, 70% 지점
④ 수면으로부터 수심의 40%, 60% 지점

해설 평균유속 산정방식 중 2점법은 수면으로부터의 수심 20%, 80% 지점의 유속을 이용하여 평균유속을 산정한다. 따라서 $V_m = \frac{1}{2}(V_{0.2}+V_{0.8})$이다.

20.
두 지점의 거리($\overline{AB}$)를 관측하는 데 갑은 4회 관측하고, 을은 5회 관측한 후 경중률을 고려하여 최확값을 계산할 때 갑과 을의 경중률(갑 : 을)은?

① 4 : 5　　　　　② 5 : 4
③ 16 : 25　　　　④ 25 : 16

해설 경중률은 관측횟수에 비례한다. 따라서 갑과 을의 경중률은 4 : 5이다.

1. 트래버스 ABCD에서 각 측선에 대한 위거와 경거값이 다음 표와 같을 때 측선 BC의 배횡거는?

측선	위거(m)	경거(m)
AB	+75.39	+81.57
BC	−33.57	+18.78
CD	−61.43	−45.60
DA	+44.61	−52.65

① 81.57m   ② 155.10m
③ 163.14m   ④ 181.92m

해설

측선	위거(m)	경거(m)	배횡거
AB	+75.39	+81.57	81.57
BC	−33.57	+18.78	81.57+81.57+18.78 =181.92
CD	−61.43	−45.60	
DA	+44.61	−52.65	

㉮ 첫 측선의 배횡거＝전 측선의 경거
㉯ 임의의 측선의 배횡거
 ＝전 측선의 배횡거＋전 측선의 경거
 ＋그 측선의 경거

2. DGPS를 적용할 경우 기지점과 미지점에서 측정한 결과로부터 공통오차를 상쇄시킬 수 있기 때문에 측량의 정확도를 높일 수 있다. 이때 상쇄되는 오차요인이 아닌 것은?

① 위성의 궤도정보오차   ② 다중경로오차
③ 전리층 신호지연   ④ 대류권 신호지연

해설 DGPS방식으로는 다중경로오차를 제거할 수 없다.

3. 사진축척이 1 : 5,000이고 종중복도가 60%일 때 촬영기선길이는? (단, 사진크기는 23cm×23cm이다.)

① 360m   ② 375m
③ 435m   ④ 460m

해설
$$B = ma\left(1 - \frac{p}{100}\right)$$
$$= 5,000 \times 0.23 \times \left(1 - \frac{60}{100}\right) = 460\text{m}$$

4. 완화곡선에 대한 설명으로 옳지 않은 것은?

① 모든 클로소이드(clothoid)는 닮은꼴이며 클로소이드요소는 길이의 단위를 가진 것과 단위가 없는 것이 있다.
② 완화곡선의 접선은 시점에서 원호에, 종점에서 직선에 접한다.
③ 완화곡선의 반지름은 그 시점에서 무한대, 종점에서 원곡선의 반지름과 같다.
④ 완화곡선에 연한 곡선반지름의 감소율은 캔트(cant)의 증가율과 같다.

해설 완화곡선의 접선은 시점에서 직선에, 종점에서는 원호에 접한다.

5. 삼변측량에 관한 설명 중 틀린 것은?

① 관측요소는 변의 길이뿐이다.
② 관측값에 비하여 조건식이 적은 단점이 있다.
③ 삼각형의 내각을 구하기 위해 cosine 제2법칙을 이용한다.
④ 반각공식을 이용하여 각으로부터 변을 구하여 수직위치를 구한다.

해설 삼변측량 시 반각공식을 이용하여 변으로부터 각을 구하여 수평위치를 구한다.

6. 교호수준측량에서 A점의 표고가 55.00m이고 a_1= 1.34m, b_1=1.14m, a_2=0.84m, b_2=0.56m일 때 B점의 표고는?

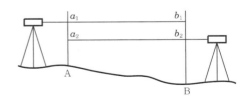

① 55.24m   ② 56.48m
③ 55.22m   ④ 56.42m

해설
⑦ $h = \dfrac{(1.34-1.14)+(0.84-0.56)}{2} = 0.24\text{m}$

⑭ $H_B = H_A + h = 55.00 + 0.24 = 55.24\text{m}$

7. 하천측량 시 무제부에서의 평면측량범위는?
① 홍수가 영향을 주는 구역보다 약간 넓게
② 계획하고자 하는 지역의 전체
③ 홍수가 영향을 주는 구역까지
④ 홍수영향구역보다 약간 좁게

해설 하천측량 시 무제부에서 평면측량의 범위는 홍수가 영향을 주는 구역보다 약간 넓게 한다.

8. 어떤 거리를 10회 관측하여 평균 2,403.557m의 값을 얻고 잔차의 제곱의 합 8,208mm²을 얻었다면 1회 관측의 평균제곱근오차는?
① ±23.7mm
② ±25.5mm
③ ±28.3mm
④ ±30.2mm

해설 $m_0 = \pm\sqrt{\dfrac{\Sigma v^2}{n-1}} = \pm\sqrt{\dfrac{8,208}{10-1}} = \pm30.2\text{mm}$

9. 지반고(H_A)가 123.6m인 A점에 토털스테이션을 설치하여 B점의 프리즘을 관측하여 기계고 1.5m, 관측사거리(S) 150m, 수평선으로부터의 고저각(α) 30°, 프리즘고(P_h) 1.5m를 얻었다면 B점의 지반고는?
① 198.0m
② 198.3m
③ 198.6m
④ 198.9m

해설 $H_B = H_A + I + h - s$
$= 123.6 + 1.5 + 150 \times \sin 30° - 1.5$
$= 198.6\text{m}$

10. 측량성과표에 측점 A의 진북방향각은 0°06′17″이고 측점 A에서 측점 B에 대한 평균방향각은 263°38′26″로 되어 있을 때에 측점 A에서 측점 B에 대한 역방위각은?
① 83°32′09″
② 83°44′43″
③ 263°32′09″
④ 263°44′43″

해설
⑦ AB방위각 = 263°38′26″ − 0°06′17″
= 263°32′09″
⑭ BA방위각 = 263°32′09″ − 180° = 83°32′09″

11. 수심이 h인 하천의 평균유속을 구하기 위하여 수면으로부터 0.2h, 0.6h, 0.8h가 되는 깊이에서 유속을 측량한 결과 0.8m/s, 1.5m/s, 1.0m/s이었다. 3점법에 의한 평균유속은?
① 0.9m/s
② 1.0m/s
③ 1.1m/s
④ 1.2m/s

해설 $V_m = \dfrac{1}{4}(V_{0.2} + 2V_{0.6} + V_{0.8})$
$= \dfrac{1}{4} \times (0.8 + 2 \times 1.5 + 1.0) = 1.2\text{m/s}$

12. 위성에 의한 원격탐사(Remote Sensing)의 특징으로 옳지 않은 것은?
① 항공사진측량이나 지상측량에 비해 넓은 지역의 동시측량이 가능하다.
② 동일 대상물에 대해 반복측량이 가능하다.
③ 항공사진측량을 통해 지도를 제작하는 경우보다 대축적지도의 제작에 적합하다.
④ 여러 가지 분광파장대에 대한 측량자료수집이 가능하므로 다양한 주제도 작성이 용이하다.

해설 위성을 이용한 원격탐사를 통해 지도를 제작하는 경우 소축척지도의 제작에 작합하다.

13. 교각이 60°이고 반지름이 300m인 원곡선을 설치할 때 접선의 길이(T.L)는?
① 81.603m
② 173.205m
③ 346.412m
④ 519.615m

해설 $\text{T.L} = R\tan\dfrac{I}{2} = 300 \times \dfrac{\tan 60°}{2} = 173.205\text{m}$

14. 수준측량에서 레벨의 조정이 불완전하여 시준선이 기포관축과 평행하지 않을 때 생기는 오차의 소거방법으로 옳은 것은?
① 정위, 반위로 측정하여 평균한다.
② 지반이 견고한 곳에 표척을 세운다.
③ 전시와 후시의 시준거리를 같게 한다.
④ 시작점과 종점에서의 표척을 같은 것을 사용한다.

해설 시준선이 기포관축과 평행하지 않을 때 발생하는 오차는 시준축오차이며, 이는 전시와 후시의 거리를 같게 취하면 소거할 수 있다.

15. 지상 1km²의 면적을 지도상에서 4cm²로 표시하기 위한 축척으로 옳은 것은?

① 1 : 5,000

② 1 : 50,000

③ 1 : 25,000

④ 1 : 250,000

 해설 $\left(\dfrac{1}{m}\right)^2 = \dfrac{도상면적}{실제\ 면적} = \dfrac{0.02 \times 0.02}{1,000 \times 1,000} = \dfrac{1}{50,000}$

16. △ABC의 꼭짓점에 대한 좌표값이 (30, 50), (20, 90), (60, 100)일 때 삼각형 토지의 면적은? (단, 좌표의 단위 : m)

① 500m²

② 750m²

③ 850m²

④ 960m²

해설

측점	X	Y	$(X_{i-1} - X_{i+1})Y_i$
A	30	50	$(60-20) \times 50 = 2,000$
B	20	90	$(30-20) \times 90 = 900$
C	60	100	$(20-30) \times 100 = -1,000$
			$\Sigma = 1,900 (= 2A)$
			$\therefore A = 850\text{m}^2$

17. GNSS상대측위방법에 대한 설명으로 옳은 것은?

① 수신기 1대만을 사용하여 측위를 실시한다.

② 위성과 수신기 간의 거리는 전파의 파장개수를 이용하여 계산할 수 있다.

③ 위상차의 계산은 단순차, 2중차, 3중차와 같은 차분기법으로는 해결하기 어렵다.

④ 전파의 위상차를 관측하는 방식이나 절대측위방법보다 정확도가 낮다.

해설 ① 수신기 2대를 이용하여 측위를 실시한다.
③ 위상차의 계산은 단순차, 2중차, 3중차와 같은 차분기법으로 해결할 수 있다.
④ 전파의 위상차를 관측하는 방식이 절대관측보다 정확도가 높다.

18. 노선측량의 일반적인 작업순서로 옳은 것은?

A : 종 · 횡단측량	B : 중심선측량
C : 공사측량	D : 답사

① A → B → D → C

② D → B → A → C

③ D → C → A → B

④ A → C → D → B

 해설 노선측량의 순서

답사 → 중심선측량 → 종·횡단측량 → 공사측량

19. 삼각형의 토지면적을 구하기 위해 밑변 a와 높이 h를 구하였다. 토지의 면적과 표준오차는? (단, $a=15\pm 0.015$m, $h=25\pm 0.025$m)

① 187.5 ± 0.04m²

② 187.5 ± 0.27m²

③ 375.0 ± 0.27m²

④ 375.0 ± 0.53m²

해설 ㉮ $A = \dfrac{1}{2} \times 15 \times 25 = 187.5\text{m}^2$

㉯ 표준오차
$= \pm \dfrac{1}{2} \times \sqrt{(15 \times 0.025)^2 + (25 \times 0.015)^2}$
$= \pm 0.27\text{m}^2$

20. 축척 1 : 5,000 수치지형도의 주곡선간격으로 옳은 것은?

① 5m

② 10m

③ 15m

④ 20m

해설 등고선의 간격

구분	표시	등고선의 간격(m)			
		$\dfrac{1}{5,000}$	$\dfrac{1}{10,000}$	$\dfrac{1}{25,000}$	$\dfrac{1}{50,000}$
주곡선	가는 실선	5	5	10	20
간곡선	가는 파선	2.5	2.5	5	10
조곡선	가는 점선	1.25	1.25	2.5	5
계곡선	굵은 실선	25	25	50	100

1. 거리의 정확도 1/10,000을 요구하는 100m 거리측량에서 사거리를 측정해도 수평거리로 허용되는 두 점 간의 고저차한계는?

① 0.707m   ② 1.414m

③ 2.121m   ④ 2.828m

해설
$$C_h = -\frac{h^2}{2L}$$
$$0.01 = -\frac{h^2}{2 \times 100}$$
$$\therefore h = 1.414m$$

2. 완화곡선에 대한 설명으로 틀린 것은?

① 곡률반지름이 큰 곡선에서 작은 곡선으로의 완화구간 확보를 위하여 설치한다.

② 완화곡선에 연한 곡선반지름의 감소율은 캔트의 증가율과 동일하다.

③ 캔트를 완화곡선의 횡거에 비례하여 증가시킨 완화곡선은 클로소이드이다.

④ 완화곡선의 반지름은 시점에서 무한대이고, 종점에서 원곡선의 반지름과 같아진다.

해설 곡률이 곡선장에 비례하는 곡선을 클로소이드 곡선이라 한다.

3. 측선 AB의 방위가 N50°E일 때 측선 BC의 방위는? (단, 내각 ABC=120°이다.)

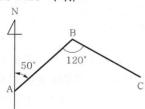

① S70°E   ② N110°E

③ S60°W   ④ E20°S

해설 ㉮ BC의 방위각 = 50° + 180° - 120° = 110°
㉯ BC의 방위 = S70°E

4. 삼각측량에서 사용되는 대표적인 삼각망의 종류가 아닌 것은?

① 단열삼각망   ② 귀심삼각망

③ 사변형망   ④ 유심다각망

해설 삼각망의 종류
사변형삼각망, 유심삼각망, 단열삼각망

5. 수위표의 설치장소로 적합하지 않은 곳은?

① 상·하류 최소 300m 정도 곡선인 장소

② 교각이나 기타 구조물에 의한 수위변동이 없는 장소

③ 홍수 시 유실 또는 이동이 없는 장소

④ 지천의 합류점에서 상당히 상류에 위치한 장소

해설 수위표 설치 시 상·하류 약 100m 정도 직선인 장소를 택하여야 한다.

6. 수심 H인 하천의 유속측정에서 평균유속을 구하기 위한 1점의 관측위치로 가장 적당한 수면으로부터 깊이는?

① 0.2H ② 0.4H

③ 0.6H ④ 0.8H

해설 평균유속 산정 시 1점법은 수면으로부터 0.6H 지점의 유속($V_m = V_{0.6}$)을 평균유속으로 본다.

7. 다음 표와 같은 횡단수준측량성과에서 우측 12m 지점의 지반고는? (단, 측점 No.10의 지반고는 100.00m 이다.)

좌(m)		No.	우(m)	
2.50	3.40	No.10	2.40	1.50
12.00	6.00		6.00	12.00

① 101.50m   ② 102.40m

③ 102.50m   ④ 103.40m

해설 우측 12m 지점의 지반고 = 100 + 1.5 = 101.50m

8. 다음 그림과 같이 O점에서 같은 정확도로 각 x_1, x_2, x_3를 관측하여 $x_3 - (x_1 + x_2) = +45''$ 의 결과를 얻었다면 보정값으로 옳은 것은?

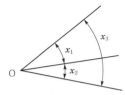

① $x_1 = +15''$, $x_2 = +15''$, $x_3 = +15''$
② $x_1 = -15''$, $x_2 = -15''$, $x_3 = +15''$
③ $x_1 = +15''$, $x_2 = +15''$, $x_3 = -15''$
④ $x_1 = -10''$, $x_2 = -10''$, $x_3 = -10''$

> **해설** $e = x_3 - (x_1 + x_2) = +45''$이므로 보정량 $= \dfrac{45}{3} = 15''$
> 씩 보정하되 $x_1 = +15''$, $x_2 = +15''$, $x_3 = -15''$로 보정한다.

9. 노선측량에서 원곡선에 의한 종단곡선을 상향기울기 5%, 하향기울기 2%인 구간에 설치하고자 할 때 원곡선의 반지름은? (단, 곡선시점에서 곡선종점까지의 거리 = 30m)

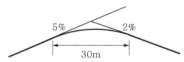

① 900.24m
② 857.14m
③ 775.20m
④ 428.57m

> **해설** $L = \dfrac{R}{2}(m - n)$
> $\therefore R = \dfrac{2L}{m - n} = \dfrac{2 \times 30}{0.05 + 0.02} = 857.14m$

10. 완화곡선 중 곡률이 곡선길이에 비례하는 곡선은?
① 3차 포물선
② 클로소이드(clothoid)곡선
③ 반파장 사인(sine)체감곡선
④ 렘니스케이트(lemniscate)곡선

> **해설** 곡률이 곡선장에 비례하는 곡선을 클로소이드 곡선이라 한다.

11. 축척 1:5,000의 통경사지에 위치한 A, B점의 수평거리가 270m이고, A점의 표고가 39m, B점의 표고가 27m이었다. 35m 표고의 등고선과 A점 간의 도상거리는?
① 18mm
② 20mm
③ 22mm
④ 24mm

> **해설** ㉮ BP의 거리
> $270 : 12 = x : 8$
> $\therefore x = 180m$
> ㉯ AP $= 270 - 180 = 90m$
> ㉰ AP의 도상거리
> $\dfrac{1}{5,000} = \dfrac{도상거리}{90}$
> $\therefore 도상거리 = 18mm$

12. 종단면도를 이용하여 유토곡선(mass curve)을 작성하는 목적과 가장 거리가 먼 것은?
① 토량의 운반거리 산출
② 토공장비의 선정
③ 토량의 배분
④ 교통로 확보

> **해설** 유토곡선을 작성하는 이유
> ㉮ 토량의 운반거리 산출
> ㉯ 토공장비의 선정
> ㉰ 토량의 배분

13. 각측량 시 방향각에 6″의 오차가 발생한다면 3km 떨어진 측점의 거리오차는?
① 5.6m
② 8.7m
③ 10.8m
④ 12.6m

> **해설** $\dfrac{\Delta l}{l} = \dfrac{\theta''}{\rho''}$
> $\dfrac{\Delta l}{3,000} = \dfrac{6''}{206,265''}$
> $\therefore \Delta l = 8.7cm$

14. 접선과 현이 이루는 각을 이용하여 곡선을 설치하는 방법으로 정확도가 비교적 높은 단곡선설치법은?
① 현편거법
② 지거설치법
③ 중앙종거법
④ 편각설치법

> **해설** 접선과 현이 이루는 각을 편각이라 하며, 편각을 이용하여 곡선을 설치하는 방법을 편각설치법이라 한다.

15. 항공사진의 특수 3점이 아닌 것은?

① 표정점   ② 주점

③ 연직점   ④ 등각점

 항공사진의 특수 3점

㉮ 주점 : 사진의 중심점으로, 렌즈의 중심점으로부터 화면에 내린 수선의 길이로 렌즈의 광축과 화면이 교차하는 점

㉯ 연직점 : 중심투영점 0을 지나는 중력선이 사진면과 마주치는 점으로, 카메라렌즈의 중심으로부터 기준면에 수선을 내렸을 때 만나는 점

㉰ 등각점 : 사진면에 직교하는 광선과 중력선이 이루는 각을 2등분하는 광선이 사진면에 마주치는 점

16. 축척 1 : 5,000인 도면상에서 택지개발지구의 면적을 구하였더니 34.98cm²이었다면 실제 면적은?

① 1,749m²   ② 87,450m²

③ 174,900m²   ④ 8,745,000m²

해설

$$\left(\frac{1}{5,000}\right)^2 = \frac{34.98}{\text{실제 면적}}$$

$$\therefore \text{실제 면적} = 87,450\text{m}^2$$

17. 다음 중 위성에 탑재된 센서의 종류가 아닌 것은?

① 초분광센서(Hyper Spectral Sensor)

② 다중분광센서(Multispectral Sensor)

③ SAR(Synthetic Aperture Radar)

④ IFOV(Instantaneous Field Of View)

해설 IFOV(Instantaneous Field Of View, 순간시야각) 탐측기가 일순간에 커버하는 영역이며, 원격탐사영상체계의 공간해상도측정으로 공간해상도의 가장 일반적인 측정이다. 어떤 주어진 순간에 탐측기(Detector)가 반사 또는 방사에너지를 검출하는 단위지역으로, 면적 또는 공간각으로 표시된다.

18. 삼각측량에서 내각을 60°에 가깝도록 정하는 것을 원칙으로 하는 이유로 가장 타당한 것은?

① 시각적으로 보기 좋게 배열하기 위하여

② 각 점이 잘 보이도록 하기 위하여

③ 측각의 오차가 변의 길이에 미치는 영향을 최소화하기 위하여

④ 선점작업의 효율성을 위하여

해설 삼각측량에서 내각을 60°에 가깝도록 정하는 이유는 측각의 오차가 변의 길이에 미치는 영향을 최소화하기 위함이다.

19. 우리나라의 축척 1 : 50,000 지형도에서 주곡선의 간격은?

① 5m   ② 10m

③ 20m   ④ 25m

해설 등고선의 간격

구분	표시	등고선의 간격(m)			
		$\frac{1}{5,000}$	$\frac{1}{10,000}$	$\frac{1}{25,000}$	$\frac{1}{50,000}$
주곡선	가는 실선	5	5	10	20
간곡선	가는 파선	2.5	2.5	5	10
조곡선	가는 점선	1.25	1.25	2.5	5
계곡선	굵은 실선	25	25	50	100

20. 기포관의 기포를 중앙에 있게 하여 100m 떨어져 있는 곳의 표척높이를 읽고 기포를 중앙에서 5눈금 이동하여 표척의 눈금을 읽은 결과 그 차가 0.05m이었다면 감도는?

① 19.6″   ② 20.6″

③ 21.6″   ④ 22.6″

해설

$$\theta = \frac{0.05}{5 \times 100} \times 206,265″ = 20.6″$$

1. 위성측량의 DOP(Dilution of Precision)에 관한 설명 중 옳지 않은 것은?

① 기하학적 DOP(GDOP), 3차원 위치 DOP(PDOP), 수직위치 DOP(VDOP), 평면위치 DOP(HDOP), 시간 DOP(TDOP) 등이 있다.

② DOP는 측량할 때 수신 가능한 위성의 궤도정보를 항법메세지에서 받아 계산할 수 있다.

③ 위성측량에서 DOP가 작으면 클 때보다 위성의 배치상태가 좋은 것이다.

④ 3차원 위치 DOP(PDOP)는 평면위치 DOP(HDOP)와 수직위치 DOP(VDOP)의 합으로 나타난다.

> **해설** 3차원 위치 DOP(PDOP)는 $\sqrt{\sigma_x^2 + \sigma_y^2 + \sigma_z^2}$ 으로 나타낸다.

2. 수준측량에서 발생하는 오차에 대한 설명으로 틀린 것은?

① 기계의 조정에 의해 발생하는 오차는 전시와 후시의 거리를 같게 하여 소거할 수 있다.

② 표척의 영눈금오차는 출발점의 표척을 도착점에서 사용하여 소거할 수 있다.

③ 측지삼각수준측량에서 곡률오차와 굴절오차는 그 양이 미소하므로 무시할 수 있다.

④ 기포의 수평조정이나 표척면의 읽기는 육안으로 한계가 있으나, 이로 인한 오차는 일반적으로 허용오차범위 안에 들 수 있다.

> **해설** 측지삼각수준측량에서 곡률오차(구차)와 굴절오차(기차)를 무시할 수 없으며, 이를 고려하여 표고를 결정하여야 한다.

3. A, B, C 세 점에서 P점의 높이를 구하기 위해 직접수준측량을 실시하였다. A, B, C점에서 구한 P점의 높이는 각각 325.13m, 325.19m, 325.02m이고 $\overline{AP} = \overline{BP} = 1km$, $\overline{CP} = 3km$일 때 P점의 표고는?

① 325.08m ② 325.11m
③ 325.14m ④ 325.21m

> **해설** 경중률은 노선거리에 반비례한다.
> ㉮ $P_A : P_B : P_C = \dfrac{1}{1} : \dfrac{1}{1} : \dfrac{1}{3} = 3 : 3 : 1$
> ㉯ $H_0 = \dfrac{3 \times 325.13 + 3 \times 325.19 + 1 \times 325.02}{3 + 3 + 1}$
> $\qquad = 325.14m$

4. 다각측량결과 측점 A, B, C의 합위거, 합경거가 다음 표와 같다면 삼각형 A, B, C의 면적은?

측점	합위거(m)	합경거(m)
A	100.0	100.0
B	400.0	100.0
C	100.0	500.0

① 40,000m^2 ② 60,000m^2
③ 80,000m^2 ④ 120,000m^2

> **해설**
>
> | 측점 | 합위거 (m) | 합경거 (m) | $(X_{i-1} + X_{i+1})Y_i$ |
> |------|------------|------------|---------------------------|
> | A | 100.0 | 100.0 | $(100 - 400) \times 100 = -30,000$ |
> | B | 400.0 | 100.0 | $(100 - 100) \times 100 = 0$ |
> | C | 100.0 | 500.0 | $(400 - 100) \times 500 = 150,000$ |
> | | | | $\Sigma = 120,000 (= 2A)$ |
> | | | | $\therefore A = 60,000m^2$ |

5. 지오이드(Geoid)에 대한 설명으로 옳은 것은?

① 육지와 해양의 지형면을 말한다.

② 육지 및 해저의 요철(凹凸)을 평균한 매끈한 곡면이다.

③ 회전타원체와 같은 것으로서 지구의 형상이 되는 곡면이다.

④ 평균해수면을 육지 내부까지 연장했을 때의 가상적인 곡면이다.

> **해설** 지오이드는 평균해수면을 육지 내부까지 연장했을 때의 가상적인 곡면이다.

6. 항공사진의 주점에 대한 설명으로 옳지 않은 것은?

① 주점에서는 경사사진의 경우에도 경사각에 관계없이 수직사진의 축척과 같은 축척이 된다.

② 인접사진과의 주점길이가 과고감에 영향을 미친다.

③ 주점은 사진의 중심으로 경사사진에서는 연직점과 일치하지 않는다.

④ 주점은 연직점, 등각점과 함께 항공사진의 특수 3점이다.

해설 경사사진의 경우에는 수직사진의 축척과 축척이 다르다.

7. 교각(I) 60°, 외선길이(E) 15m인 단곡선을 설치할 때 곡선길이는?

① 85.2m   ② 91.3m
③ 97.0m   ④ 101.5m

해설 ㉮ $E = R\left(\sec\dfrac{I}{2} - 1\right)$

$$\therefore R = \frac{E}{\sec\dfrac{I}{2} - 1} = \frac{15}{\sec\dfrac{60°}{2} - 1} = 96.96\text{m}$$

㉯ $C.L = \dfrac{\pi}{180} RI = \dfrac{\pi}{180} \times 96.96 \times 60° = 101.5\text{m}$

8. 거리와 각을 동일한 정밀도로 관측하여 다각측량을 하려고 한다. 이때 각측량기의 정밀도가 $10''$라면 거리측량기의 정밀도는 약 얼마 정도이어야 하는가?

① $\dfrac{1}{15,000}$ ② $\dfrac{1}{18,000}$

③ $\dfrac{1}{21,000}$ ④ $\dfrac{1}{25,000}$

해설 $\dfrac{\Delta l}{l} = \dfrac{\theta''}{\rho''} = \dfrac{10''}{206,265''} = \dfrac{1}{21,000}$

9. 비행장이나 운동장과 같이 넓은 지형의 정지공사 시에 토량을 계산하고자 할 때 적당한 방법은?

① 점고법   ② 등고선법
③ 중앙 단면법   ④ 양단면 평균법

해설 점고법은 운동장이나 비행장과 같은 시설을 건설하기 위한 넓은 지형의 정지공사에서 토량을 계산할 때 적합한 방법이다.

10. 일반적으로 단열삼각망으로 구성하기에 가장 적합한 것은?

① 시가지와 같이 정밀을 요하는 골조측량

② 복잡한 지형의 골조측량

③ 광대한 지역의 지형측량

④ 하천조사를 위한 골조측량

해설 동일 측점수에 비하여 도달거리가 가장 길기 때문에 노선측량, 하천측량, 터널측량 등과 같이 폭이 좁고 거리가 먼 지역에 적합한 삼각망은 단열삼각망이다.

11. 삼각측량의 각 삼각점에 있어 모든 각의 관측 시 만족되어야 하는 조건이 아닌 것은?

① 하나의 측점을 둘러싸고 있는 각의 합은 360°가 되어야 한다.

② 삼각망 중에서 임의의 한 변의 길이는 계산의 순서에 관계없이 같아야 한다.

③ 삼각망 중 각각 삼각형 내각의 합은 180°가 되어야 한다.

④ 모든 삼각점의 포함면적은 각각 일정하여야 한다.

해설 삼각망 조정

조정조건	내용
각조건	각 다각형의 내각의 합은 $180(n-2)$이다.
점조건	• 한 측점에서 측정한 여러 각의 합은 그들 각을 한 각으로 하여 측정한 값과 같다. • 점방정식 : 한 측점둘레에 있는 모든 각을 합한 값은 360°이다.
변조건	삼각망 중의 임의의 한 변의 길이는 계산해가는 순서와 관계없이 같은 값이어야 한다.

12. 100m²인 정사각형 토지의 면적을 0.1m²까지 정확하게 구하고자 한다면 이에 필요한 거리관측의 정확도는?

① $\dfrac{1}{2,000}$ ② $\dfrac{1}{1,000}$

③ $\dfrac{1}{500}$ ④ $\dfrac{1}{300}$

$$\frac{\Delta A}{A} = 2\frac{\Delta l}{l}$$

$$\frac{0.1}{100} = 2 \times \frac{\Delta l}{l}$$

$$\therefore \ \frac{\Delta l}{l} = \frac{1}{2,000}$$

13. 초점거리 20cm의 카메라로 평지로부터 6,000m의 촬영고도로 찍은 연직사진이 있다. 이 사진에 찍혀 있는 평균표고 500m인 지형의 사진축척은?

① 1 : 5,000 ② 1 : 27,500
③ 1 : 29,750 ④ 1 : 30,000

⑦ $\dfrac{1}{m} = \dfrac{l}{L} = \dfrac{f}{H \pm h}$

⑭ $\dfrac{1}{m} = \dfrac{0.2}{6,000 - 500} = \dfrac{1}{27,500}$

14. 지형측량에서 지성선(地性線)에 대한 설명으로 옳은 것은?

① 등고선이 수목에 가려져 불명확할 때 이어주는 선을 의미한다.
② 지모(地貌)의 골격이 되는 선을 의미한다.
③ 등고선에 직각방향으로 내려 그은 선을 의미한다.
④ 곡선(谷線)이 합류되는 점들을 서로 연결한 선을 의미한다.

지성선이란 지모의 골격이 되는 선을 의미한다.

15. 철도의 궤도간격 $b = 1.067m$, 곡선반지름 $R = 600m$인 원곡선상을 열차가 100km/h로 주행하려고 할 때 캔트는?

① 100mm ② 140mm
③ 180mm ④ 220mm

$C = \dfrac{SV^2}{Rg}$

$= \dfrac{1.067 \times \left(\dfrac{100 \times 1,000}{3,600}\right)^2}{600 \times 9.8}$

$= 0.14m = 140mm$

16. 방위각 265°에 대한 측선의 방위는?

① S85°W ② E85°W
③ N85°E ④ E85°N

방위각 265°에 대한 측선의 방위는 3상한에 속하므로 S265° − 180°W이다. 그러므로 방위는 S85°W이다.

17. 평야지대에서 어느 한 측점에서 중간 장애물이 없는 26km 떨어진 측점을 시준할 때 측점에 세울 표척의 최소 높이는? (단, 굴절계수는 0.14이고, 지구곡률반지름은 6,370km이다.)

① 16m ② 26m
③ 36m ④ 46m

양차$(h) = \dfrac{D^2}{2R}(1 - K)$

$= \dfrac{26^2}{2 \times 6,370} \times (1 - 0.14) = 46m$

18. 수준측량의 야장기입법에 관한 설명으로 옳지 않은 것은?

① 야장기입법에는 고차식, 기고식, 승강식이 있다.
② 고차식은 단순히 출발점과 끝점의 표고차만 알고자 할 때 사용하는 방법이다.
③ 기고식은 계산과정에서 완전한 검산이 가능하여 정밀한 측량에 적합한 방법이다.
④ 승강식은 앞 측점의 지반고에 해당 측점의 승강을 합하여 지반고를 계산하는 방법이다.

야장기입법
⑦ 고차식 : 전시와 후시만 있을 때 사용하며 2점 간의 고저차를 구할 경우 사용한다.
⑭ 기고식 : 중간점이 많을 때 적당하나 완전한 검산을 할 수 없는 단점이 있다.
⑭ 승강식 : 중간점이 많을 때 불편하나 완전한 검산을 할 수 있다.

19. 축척 1 : 500 지형도를 기초로 하여 축척 1 : 5,000의 지형도를 같은 크기로 편찬하려 한다. 축척 1 : 5,000 지형도 1장을 만들기 위한 축척 1 : 500 지형도의 매수는?

① 50매 ② 100매
③ 150매 ④ 250매

매수 $= \left(\dfrac{5,000}{500}\right)^2 = 100$매

20. 완화곡선에 대한 설명으로 옳지 않은 것은?

① 곡선반지름은 완화곡선의 시점에서 무한대, 종점에서 원곡선의 반지름으로 된다.

② 완화곡선의 접선은 시점에서 직선에, 종점에서 원호에 접한다.

③ 완화곡선에 연한 곡선반지름의 감소율은 캔트의 증가율의 2배가 된다.

④ 완화곡선 종점의 캔트는 원곡선의 캔트와 같다.

해설 완화곡선의 성질

㉮ 곡선반지름은 완화곡선의 시점에서 무한대, 종점에서 원곡선의 반지름으로 된다.

㉯ 완화곡선의 접선은 시점에서 직선에, 종점에서 원호에 접한다.

㉰ 완화곡선에 연한 곡선반지름의 감소율은 캔트의 증가율과 같다.

㉱ 완화곡선의 종점의 캔트와 원곡선의 시점의 캔트는 같다.

토목산업기사 (2019년 3월 3일 시행)

1. 반지름 500m인 단곡선에서 시단현 15m에 대한 편각은?

① 0°51′34″ ② 1°4′27″
③ 1°13′33″ ④ 1°17′42″

 해설

$$\delta_1 = \frac{l_1}{R}\frac{90°}{\pi} = \frac{15}{500} \times \frac{90°}{\pi} = 0°51′34″$$

2. 다음 중 기지의 삼각점을 이용한 삼각측량의 순서로 옳은 것은?

㉠ 도상계획	㉡ 답사 및 선점
㉢ 계산 및 성과표 작성	㉣ 각관측
㉤ 조표	

① ㉠ → ㉡ → ㉤ → ㉣ → ㉢
② ㉠ → ㉤ → ㉡ → ㉣ → ㉢
③ ㉡ → ㉠ → ㉤ → ㉣ → ㉢
④ ㉡ → ㉤ → ㉠ → ㉣ → ㉢

해설 삼각측량의 순서
도상계획 → 답사 및 선점 → 조표 → 관측 →
계산 및 성과표 작성

3. 지구자전축과 연직선을 기준으로 천체를 관측하여 경위도와 방위각을 결정하는 측량은?

① 지형측량 ② 평판측량
③ 천문측량 ④ 스타디아측량

해설 천문측량은 지구자전축과 연직선을 기준으로 천체를 관측하여 경위도와 방위각을 결정하는 측량이다.

4. A점의 표고가 179.45m이고 B점의 표고가 223.57m이면 축척 1 : 5,000의 국가기본도에서 두 점 사이에 표시되는 주곡선간격의 등고선 수는?

① 7개 ② 8개
③ 9개 ④ 10개

해설 1 : 5,000의 지형도에서 주곡선의 간격은 5m이 므로 등고선개수 = $\frac{220-180}{5}+1 = 9$개이다.

5. 평면직교좌표계에서 P점의 좌표가 $x = 500$m, $y = 1,000$m이다. P점에서 Q점까지의 거리가 1,500m이고 PQ측선의 방위각이 240°라면 Q점의 좌표는?

① $x = -750$m, $y = -1,299$m
② $x = -750$m, $y = -299$m
③ $x = -250$m, $y = -1,299$m
④ $x = -250$m, $y = -299$m

해설 $x = 500 + 1,500 \times \cos 240° = -250$m
$y = 1,000 + 1,500 \times \sin 240° = -299$m

6. 고속도로의 노선설계에 많이 이용되는 완화곡선은?

① 클로소이드곡선
② 3차 포물선
③ 렘니스케이트곡선
④ 반파장 sin곡선

해설 완화곡선의 종류 및 이용
㉮ 3차 포물선 : 철도
㉯ 렘니스케이트곡선 : 시가지 지하철
㉰ 클로소이드곡선 : 도로
※ 2차 포물선(종곡선) : 도로

7. 하천의 수위표 설치장소로 적당하지 않은 곳은?

① 수위가 교각 등의 영향을 받지 않는 곳
② 홍수 시 쉽게 양수표가 유실되지 않는 곳
③ 상·하류가 곡선으로 연결되어 유속이 크지 않은 곳
④ 하상과 하안이 세굴이나 퇴적이 되지 않는 곳

해설 양수표 설치장소 선정 시 주의사항
㉮ 상·하류 약 100m 정도의 직선인 장소
㉯ 잔류, 역류가 적은 장소
㉰ 수위가 교각이나 기타 구조물에 의한 영향을 받지 않는 장소

㉣ 지천의 합류점에서는 불규칙한 수위의 변화
가 없는 장소

㉤ 홍수 시 유실이나 이동 또는 파손되지 않는
장소

㉥ 어떤 갈수시에도 양수표가 노출되지 않는
장소

8. 다음 그림과 같은 교호수준측량의 결과에서 B점의 표고는? (단, A점의 표고는 60m이고, 관측결과의 단위는 m이다.)

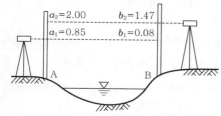

① 59.35m   ② 60.65m
③ 61.82m   ④ 61.27m

해설

$$H = \frac{(a_1 - b_1) + (a_2 - b_2)}{2}$$
$$= \frac{(0.85 - 0.08) + (2.00 - 1.47)}{2} = 0.65m$$

(B점이 높다.)

∴ $H_B = H_A + H = 60 + 0.65 = 30.65m$

9. 수준측량의 야장기입법 중 중간점(IP)이 많을 경우 가장 편리한 방법은?

① 승강식   ② 기고식
③ 횡단식   ④ 고차식

해설 야장기입법

㉮ 고차식 : 전시와 후시만 있을 때 사용하며 2점
간의 고저차를 구할 경우 사용한다.

㉯ 기고식 : 중간점이 많을 때 적당하나 완전한
검산을 할 수 없는 단점이 있다.

㉰ 승강식 : 중간점이 많을 때 불편하나 완전한
검산을 할 수 있다.

10. 다각측량(traverse survey)의 특징에 대한 설명으로 옳지 않은 것은?

① 좁고 긴 선로측량에 편리하다.

② 다각측량을 통해 3차원(x, y, z) 정밀위치를 결정한다.

③ 세부측량의 기준이 되는 기준점을 추가 설치할 경우에 편리하다.

④ 삼각측량에 비하여 복잡한 시가지 및 지형기복이 심해 시준이 어려운 지역의 측량에 적합하다.

해설 다각측량은 각과 거리를 관측하여 위거와 경거
를 구해서 점의 수평위치를 결정하는 것이 주목적으로 높이는 구할 수 없다.

11. 삼각측량의 삼각점에서 행해지는 각관측 및 조정에 대한 설명으로 옳지 않은 것은?

① 한 측점의 둘레에 있는 모든 각의 합은 360°가 되어야 한다.

② 삼각망 중 어느 한 변의 길이는 계산순서에 관계없이 동일해야 한다.

③ 삼각형 내각의 합은 180°가 되어야 한다.

④ 각관측방법은 단측법을 사용하여야 한다.

해설 삼각측량은 고정밀을 요하므로 수평각측정 시
각관측법(조합각관측법)을 사용하여야 하며 단측법을 사용할 수 없다.

12. 축척 1 : 1,200 지형도상의 지역을 축척 1 : 1,000으로 잘못 보고 면적을 계산하여 10.0m²를 얻었다면 실제 면적은?

① 12.5m²   ② 13.3m²
③ 13.8m²   ④ 14.4m²

해설

$$a_2 = \left(\frac{m_2}{m_1}\right)^2 a_1 = \left(\frac{1,200}{1,000}\right)^2 \times 10 = 14.4m^2$$

13. 노선의 종단측량결과는 종단면도에 표시하고 그 내용은 기록해야 한다. 이때 종단면도에 포함되지 않는 내용은?

① 지반고와 계획고의 차   ② 측점의 추가거리
③ 계획선의 경사   ④ 용지폭

해설 종단면도 및 횡단면도의 기재사항

㉮ 종단면도 : 측점, 거리(추가거리), 지반고,
계획고, 구배, 절토고, 성토고 등

㉯ 횡단면도 : 측점번호 및 거리, 횡단구배, 용
지폭, 절토면적, 성토면적

14. 레벨의 조정이 불완전할 경우 오차를 소거하기 위한 가장 좋은 방법은?

① 시준거리를 길게 한다.

② 왕복측량하여 평균을 취한다.

③ 가능한 한 거리를 짧게 측량한다.

④ 전시와 후시의 거리를 같도록 측량한다.

> **해설** 전시와 후시의 거리를 같게 취하는 이유
> ㉮ 기계오차(시준축오차) 소거(주목적)
> ㉯ 구차(지구의 곡률에 의한 오차) 소거
> ㉰ 기차(광선의 굴절에 의한 오차) 소거
> ※ 시준축오차 : 기포관축과 시준선이 평행하지 않기 때문에 생기는 오차

15. 원격탐사(Remote sensing)의 정의로 가장 적합한 것은?

① 지상에서 대상물체의 전파를 발생시켜 그 반사파를 이용하여 관측하는 것

② 센서를 이용하여 지표의 대상물에서 반사 또는 방사된 전자스펙트럼을 관측하고, 이들의 자료를 이용하여 대상물이나 현상에 관한 정보를 얻는 기법

③ 물체의 고유스펙트럼을 이용하여 각각의 구성성분을 지상의 레이더망으로 수집하여 처리하는 방법

④ 지상에서 찍은 중복사진을 이용하여 항공사진측량의 처리와 같은 방법으로 판독하는 작업

> **해설** 원격탐사는 센서를 이용하여 지표의 대상물에서 반사 또는 방사된 전자스펙트럼을 관측하고, 이들의 자료를 이용하여 대상물이나 현상에 관한 정보를 얻는 기법이다.

16. 양 단면의 면적이 $A_1 = 80m^2$, $A_2 = 40m^2$, 중간 단면적 $A_m = 70m^2$이다. A_1, A_2 단면 사이의 거리가 30m이면 체적은? (단, 각주공식 사용)

① $2,000m^3$

② $2,060m^3$

③ $2,460m^3$

④ $2,640m^3$

> **해설** $$V = \frac{l}{6}(A_1 + 4A_m + A_2)$$
> $$= \frac{20}{6} \times (80 + 4 \times 70 + 40) = 2,000m^3$$

17. 클로소이드의 기본식은 $A^2 = RL$이다. 이때 매개변수(parameter) A값을 A^2으로 쓰는 이유는?

① 클로소이드의 나선형을 2차 곡선형태로 구성하기 위하여

② 도로에서의 완화곡선(클로소이드)은 2차원이기 때문에

③ 양변의 차원(dimension)을 일치시키기 위하여

④ A값의 단위가 2차원이기 때문에

> **해설** 매개변수 A는 클로소이드의 파라미터로 길이는 단위를 갖는다.

18. 어떤 거리를 같은 조건으로 5회 관측한 결과가 다음과 같다면 최확값은?

[관측값]
121.573m, 121.575m, 121.572m, 121.574m, 121.571m

① 121.572m ② 121.573m

③ 121.574m ④ 121.575m

> **해설** $$L_0 = 121.57 + \frac{0.003 + 0.005 + 0.002 + 0.004 + 0.001}{5}$$
> $$= 121.573m = 156°13'28.8''$$

19. 다음 그림은 레벨을 이용한 등고선측량도이다. (a)에 알맞은 등고선의 높이는?

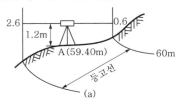

① 55m ② 57m

③ 58m ④ 59m

> **해설** $a = 59.40 + 1.2 - 2.6 = 58m$

20. 트래버스측량에서는 각관측의 정도와 거리관측의 정도가 서로 같은 정밀도로 되어야 이상적이다. 이때 각이 $30''$의 정밀도로 관측되었다면 각관측과 같은 정도의 거리관측의 정밀도는?

① 약 $\dfrac{1}{12,500}$

② 약 $\dfrac{1}{10,000}$

③ 약 $\dfrac{1}{8,200}$

④ 약 $\dfrac{1}{6,800}$

● 해설 ▶ $\dfrac{\Delta l}{l} = \dfrac{\theta''}{\rho''} = \dfrac{30''}{206,265''} \fallingdotseq \dfrac{1}{6,800}$

1. 사진측량에 대한 설명 중 틀린 것은?

① 항공사진의 축척은 카메라의 초점거리에 비례하고, 비행고도에 반비례한다.

② 촬영고도가 동일한 경우 촬영기선길이가 증가하면 중복도는 낮아진다.

③ 입체시된 영상의 과고감은 기선고도비가 클수록 커지게 된다.

④ 과고감은 지도축척과 사진축척의 불일치에 의해 나타난다.

> **해설** 항공사진을 입체시한 경우 과고감은 촬영에 사용한 렌즈의 초점거리와 사진의 중복도에 따라 변한다.

2. 캔트(cant)의 크기가 C인 노선의 곡선반지름을 2배로 증가시키면 새로운 캔트 C'의 크기는?

① $0.5C$ ② C

③ $2C$ ④ $4C$

> **해설** $C = \dfrac{SV^2}{Rg}$ 에서 R을 2배로 하면 새로운 캔트(C') 는 $\dfrac{1}{2}C(=0.5C)$가 된다.

3. 대상구역을 삼각형으로 분할하여 각 교점의 표고를 측량한 결과가 다음 그림과 같을 때 토공량은?

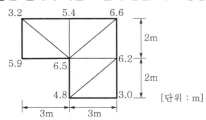

[단위 : m]

① 98m^3 ② 100m^3

③ 102m ④ 104m^3

> **해설**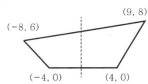
$$V = \frac{2\times 3}{6}\times[(5.9+3.0)$$
$$+2\times(3.2+5.4+6.6+4.8)+3\times6.2+5\times6.5]$$
$$= 100\text{m}^3$$

4. 수심 h인 하천의 수면으로부터 $0.2h$, $0.6h$, $0.8h$인 곳에서 각각의 유속을 측정한 결과 0.562m/s, 0.497m/s, 0.364m/s이었다. 3점법을 이용한 평균유속은?

① 0.45m/s   ② 0.48m/s

③ 0.51m/s   ④ 0.54m/s

> **해설**
$$V_m = \frac{V_{0.2}+2V_{0.6}+V_{0.8}}{4}$$
$$= \frac{0.562+2\times0.497+0.364}{4}$$
$$= 0.48\text{m/s}$$

5. 다음 그림과 같은 단면의 면적은? (단, 좌표의 단위는 m이다.)

(−8, 6)   (9, 8)

(−4, 0)   (4, 0)

① 174m^2 ② 148m^2

③ 104m^2 ④ 87m^2

> **해설**

측점	X	Y	$(X_{i-1}+X_{i+1})Y_i$
a	−4	0	$(4-(-8))\times0=0$
b	−8	6	$(-4-9)\times6=-78$
c	9	8	$(-8-4)\times8=-96$
d	4	0	$(9-(-4))\times0=0$
			$\sum=-174(=2A)$ $\therefore\ A=87\text{m}^2$

6. 각의 정밀도가 ±20″인 각측량기로 각을 관측할 경우 각오차와 거리오차가 균형을 이루기 위한 줄자의 정밀도는?

① 약 $\dfrac{1}{10,000}$

② 약 $\dfrac{1}{50,000}$

③ 약 $\dfrac{1}{100,000}$

④ 약 $\dfrac{1}{500,000}$

해설 $\dfrac{\Delta l}{l} = \dfrac{\theta''}{\rho''} = \dfrac{20''}{206,265''} ≒ \dfrac{1}{10,000}$

7. 노선의 곡선반지름이 100m, 곡선길이가 20m일 경우 클로소이드(clothoid)의 매개변수(A)는?

① 22m ② 40m

③ 45m ④ 60m

해설 $A = \sqrt{RL} = \sqrt{100 \times 20} = 45\text{m}$

8. 수준점 A, B, C에서 P점까지 수준측량을 한 결과가 다음 표와 같다. 관측거리에 대한 경중률을 고려한 P점의 표고는?

측량경로	거리	P점의 표고
A → P	1km	135.487m
B → P	2km	135.563m
C → P	3km	135.603m

① 135.529m ② 135.551m

③ 135.563m ④ 135.570m

해설 경중률은 노선거리에 반비례한다.

㉮ $P_A : P_B : P_C = \dfrac{1}{1} : \dfrac{1}{2} : \dfrac{1}{3} = 6 : 3 : 2$

㉯ $H_0 = \dfrac{6 \times 135.487 + 3 \times 135.563 + 2 \times 135.603}{6+3+2}$
$= 135.529\text{m}$

9. 다음 그림과 같이 교호수준측량을 실시한 결과 $a_1 = 3.835\text{m}$, $b_1 = 4.264\text{m}$, $a_2 = 2.375\text{m}$, $b_2 = 2.812\text{m}$ 이었다. 이때 양안의 두 점 A와 B의 높이차는? (단, 양안에서 시준점과 표척까지의 거리 CA=DB)

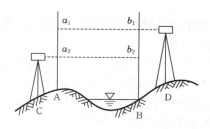

① 0.429m ② 0.433m

③ 0.437m ④ 0.441m

해설 $H = \dfrac{(a_1 - b_1) + (a_2 - b_2)}{2}$

$= \dfrac{(3.835 - 4.264) + (2.375 - 2.812)}{2}$

$= -0.433\text{m}$

10. GNSS가 다중주파수(multi-frequency)를 채택하고 있는 가장 큰 이유는?

① 데이터 취득속도의 향상을 위해

② 대류권 지연효과를 제거하기 위해

③ 다중경로오차를 제거하기 위해

④ 전리층 지연효과의 제거를 위해

해설 GNSS가 다중주파수를 채택하고 있는 가장 큰 이유는 전리층의 지연효과를 제거하기 위함이다.

11. 트래버스측량(다각측량)의 폐합오차조정방법 중 컴퍼스법칙에 대한 설명으로 옳은 것은?

① 각과 거리의 정밀도가 비슷할 때 실시하는 방법이다.

② 위거와 경거의 크기에 비례하여 폐합오차를 배분한다.

③ 각 측선의 길이에 반비례하여 폐합오차를 배분한다.

④ 거리보다는 각의 정밀도가 높을 때 활용하는 방법이다.

해설 트래버스의 조정

㉮ 컴퍼스법칙 : 거리의 정밀도와 각의 정밀도가 같은 경우 $\left(\dfrac{\Delta l}{l} = \dfrac{\theta''}{\rho''}\right)$

㉯ 트랜싯법칙 : 거리의 정밀도보다 각의 정밀도가 좋은 경우 $\left(\dfrac{\Delta l}{l} < \dfrac{\theta''}{\rho''}\right)$

12. 트래버스측량(다각측량)의 종류와 그 특징으로 옳지 않은 것은?

① 결합트래버스는 삼각점과 삼각점을 연결시킨 것으로 조정계산의 정확도가 가장 높다.

② 폐합트래버스는 한 측점에서 시작하여 다시 그 측점에 돌아오는 관측형태이다.

③ 폐합트래버스는 오차의 계산 및 조정이 가능하나, 정확도는 개방트래버스보다 낮다.

④ 개방트래버스는 임의의 한 측점에서 시작하여 다른 임의의 한 점에서 끝나는 관측형태이다.

해설 폐합트래버스는 오차의 계산 및 조정이 가능하며 개방트래버스보다 정확도가 높다.

13. 삼각망 조정계산의 경우에 하나의 삼각형에 발생한 각오차의 처리방법은? (단, 각관측 정밀도는 동일하다.)

① 각의 크기에 관계없이 동일하게 배분한다.

② 대변의 크기에 비례하여 배분한다.

③ 각의 크기에 반비례하여 배분한다.

④ 각의 크기에 비례하여 배분한다.

해설 삼각망 조정계산의 경우에 하나의 삼각형에 발생한 각오차가 허용범위 이내인 경우 각의 크기에 관계없이 동일하게 배분한다.

14. 종단수준측량에서는 중간점을 많이 사용하는 이유로 옳은 것은?

① 중심말뚝의 간격이 20m 내외로 좁기 때문에 중심말뚝을 모두 전환점으로 사용할 경우 오차가 더욱 커질 수 있기 때문이다.

② 중간점을 많이 사용하고 기고식 야장을 작성할 경우 완전한 검산이 가능하여 종단수준측량의 정확도를 높일 수 있기 때문이다.

③ B.M점 좌우의 많은 점을 동시에 측량하여 세밀한 종단면도를 작성하기 위해서이다.

④ 핸드레벨을 이용한 작업에 적합한 측량방법이기 때문이다.

해설 종단수준측량에서는 중간점을 많이 사용하는 이유는 중심말뚝의 간격이 20m 내외로 좁기 때문에 중심말뚝을 모두 전환점으로 사용할 경우 오차가 더욱 커질 수 있기 때문이다.

15. 표고 또는 수심을 숫자로 기입하는 방법으로 하천이나 항만 등에서 수심을 표시하는데 주로 사용되는 방법은?

① 영선법   ② 채색법

③ 음영법   ④ 점고법

해설 지형의 표시법

㉮ 자연적인 도법

  ㉠ 우모법 : 선의 굵기와 길이로 지형을 표시하는 방법으로 경사가 급하면 굵고 짧게, 경사가 완만하면 가늘고 길게 표시한다.

  ㉡ 영선법 : 태양광선이 서북쪽에서 45°로 비친다고 가정하고, 지표의 기복에 대해서 그 명암을 도상에 2~3색 이상으로 지형의 기복을 표시하는 방법이다.

㉯ 부호적 도법

  ㉠ 점고법 : 지표면상에 있는 임의점의 표고를 도상에서 숫자로 표시해 지표를 나타내는 방법으로 하천, 항만, 해양 등의 심천을 나타내는 경우에 사용한다.

  ㉡ 등고선법 : 등고선에 의하여 지표면의 형태를 표시하는 방법으로 비교적 지형을 쉽게 표현할 수 있어 가장 널리 쓰이는 방법이다.

  ㉢ 채색법 : 지형도에 채색을 하여 지형을 표시하는 방법으로 높은 곳은 진하게, 낮은 곳은 연하게 표시하며 지리관계의 지도나 소축척지도에 사용된다.

16. 다음 그림과 같은 유심삼각망에서 점조건 조정식에 해당하는 것은?

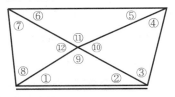

① ①+②+⑨=180°

② ①+②=⑤+⑥

③ ⑨+⑩+⑪+⑫=360°

④ ①+②+③+④+⑤+⑥+⑦+⑧=360°

해설 점조건 방정식

한 측점둘레에 있는 모든 각을 합한 값은 360°이다. 따라서 ⑨+⑩+⑪+⑫=360°이다.

17. 120m의 측선을 30m 줄자로 관측하였다. 1회 관측에 따른 우연오차가 ±3mm이었다면 전체 거리에 대한 오차는?

① ±3mm
② ±6mm
③ ±9mm
④ ±12mm

> **해설** 우연오차$(e) = \pm m \sqrt{n} = \pm 3 \sqrt{4} = \pm 6\text{mm}$

18. 완화곡선에 대한 설명으로 틀린 것은?

① 곡선반지름은 완화곡선의 시점에서 무한대, 종점에서 원곡선의 반지름이 된다.
② 완화곡선에 연한 곡선반지름의 감소율은 캔트의 증가율과 같다.
③ 완화곡선의 접선은 시점에서 원호에, 종점에서 직선에 접한다.
④ 종점에 있는 캔트는 원곡선의 캔트와 같게 된다.

> **해설** 완화곡선의 성질
> ㉮ 곡선반지름은 완화곡선의 시점에서 무한대, 종점에서 원곡선의 반지름으로 된다.
> ㉯ 완화곡선의 접선은 시점에서 직선에, 종점에서 원호에 접한다.
> ㉰ 완화곡선에 연한 곡선반지름의 감소율은 캔트의 증가율과 같다.
> ㉱ 완화곡선의 종점의 캔트와 원곡선의 시점의 캔트는 같다.

19. 축척 1:500 지형도를 기초로 하여 축척 1:3,000 지형도를 제작하고자 한다. 축척 1:3,000 도면 한 장에 포함되는 축척 1:500 도면의 매수는? (단, 1:500 지형도와 1:3,000 지형도의 크기는 동일하다.)

① 16매
② 25매
③ 36매
④ 49매

> **해설** 매수 $= \left(\dfrac{3,000}{500} \right)^2 = 36$매

20. 지오이드(Geoid)에 관한 설명으로 틀린 것은?

① 중력장이론에 의한 물리적 가상면이다.
② 지오이드면과 기준타원체면은 일치한다.
③ 지오이드는 어느 곳에서나 중력방향과 수직을 이룬다.
④ 평균해수면과 일치하는 등퍼텐셜면이다.

> **해설** 지오이드와 타원체는 거의 일치한다.

1. 캔트(cant)계산에서 속도 및 반지름을 모두 2배로 하면 캔트는?

① $\frac{1}{2}$로 감소한다.　　② 2배로 증가한다.

③ 4배로 증가한다.　　④ 8배로 증가한다.

해설 $C = \dfrac{SV^2}{Rg}$에서 캔트(C)는 곡선반경(R)에 반비례하고, 속도(V)의 제곱에 비례한다. 따라서 속도 및 반지름을 모두 2배로 하면 캔트는 2배로 증가한다.

2. 도로선형계획 시 교각이 25°, 반지름 300m인 원곡선과 교각 20°, 반지름 400m인 원곡선의 외선길이(E)의 차이는?

① 6.284m　　② 7.284m

③ 2.113m　　④ 1.113m

해설
㉮ 외할(E_1) $= R\left(\sec\dfrac{I}{2} - 1\right)$
　　$= 300 \times \left(\sec\dfrac{25°}{2} - 1\right) = 7.28\text{m}$

㉯ 외할(E_2) $= R\left(\sec\dfrac{I}{2} - 1\right)$
　　$= 400 \times \left(\sec\dfrac{20°}{2} - 1\right) = 6.17\text{m}$

㉰ 두 외할(E)의 차이 $= 7.28 - 6.17 = 1.11\text{m}$

3. 두 점 간의 고저차를 레벨에 의하여 직접 관측할 때 정확도를 향상시키는 방법이 아닌 것은?

① 표척을 수직으로 유지한다.
② 전시와 후시의 거리를 같게 한다.
③ 시준거리를 짧게 하여 레벨의 설치횟수를 늘린다.
④ 기계가 침하되거나 교통에 방해가 되지 않는 견고한 지반을 택한다.

해설 시준거리를 짧게 하여 레벨의 설치횟수를 늘리면 그로 인해 오차가 더 많이 발생한다.

4. 두 변이 각각 82m와 73m이며 그 사이에 낀 각이 67°인 삼각형의 면적은?

① 1.169m²　　② 2.339m²

③ 2.755m²　　④ 5.510m²

5. 반지름 150m의 단곡선을 설치하기 위하여 교각을 측정한 값이 57°36′일 때 접선장과 곡선장은?

① 접선장=82.46m, 곡선장=150.80m
② 접선장=82.46m, 곡선장=75.40m
③ 접선장=236.36m, 곡선장=75.40m
④ 접선장=236.36m, 곡선장=150.80m

해설
㉮ 접선장(T.L) $= R\tan\dfrac{I}{2}$
　　$= 150 \times \tan\dfrac{57°36′}{2} = 82.46\text{m}$

㉯ 곡선장(C.L) $= RI\dfrac{\pi}{180}$
　　$= 150 \times 57°36′ \times \dfrac{\pi}{180} = 150.80\text{m}$

6. 다각측량에서는 측각의 정도와 거리의 정도가 균형을 이루어야 한다. 거리 100m에 대한 오차가 ±2mm일 때 이에 균형을 이루기 위한 측각의 최대 오차는?

① ±1″　　② ±4″

③ ±8″　　④ ±10″

해설
$\dfrac{\Delta l}{l} = \dfrac{\theta''}{\rho''}$

$\dfrac{0.002}{100} = \dfrac{\theta''}{206,265''}$

∴ $\theta = 4$초

7. GNSS관측오차 중 주변의 구조물에 위성신호가 반사되어 수신되는 오차를 무엇이라고 하는가?

① 다중경로오차　　② 사이클슬립오차

③ 수신기시계오차　　④ 대류권오차

해설 구조적 요인에 의한 거리오차

구분	내용
전리층오차	약 350km 고도상에 집중적으로 분포되어 있는 자유전자(free electron)와 GPS위성신호와의 간섭(interference) 현상에 의해 발생한다.
대류층오차	고도 50km까지의 대류층에 의한 GPS 위성신호의 굴절(refraction)현상으로 인해 발생하며, 코드측정치 및 반송파 위상측정치 모두에서 지연형태로 나타난다.
위성궤도오차	위성위치를 구하는데 필요한 위성궤도정보의 부정확성으로 인해 발생한다. 위성궤도오차의 크기는 1m 내외이다.
위성시계오차	GPS위성에 내장되어 있는 시계의 부정확성으로 인해 발생한다.
다중경로오차	GPS위성으로부터 직접 수신된 전파 이외에 부가적으로 주위의 지형·지물에 의해 반사된(reflected) 전파로 인해 발생하는 오차이다.

8. 축척 1:5,000의 지형도에서 두 점 A, B 간의 도상거리가 24mm이었다. A점의 표고가 115m, B점의 표고가 145mm이며 두 점 간은 등경사라 할 때 120m 등고선이 통과하는 지점과 A점 간의 지상 수평거리는?

① 5m
② 20m
③ 60m
④ 100m

해설 ㉮ 도상거리

$$24:30=x:5$$
$$\therefore x=4\text{mm}$$

㉯ 실제 거리

$$\frac{1}{m}=\frac{\text{도상거리}}{\text{실제 거리}}$$
$$\frac{1}{5,000}=\frac{4}{\text{실제 거리}}$$
$$\therefore \text{실제 거리}=20\text{m}$$

9. 측지학을 물리학적 측지학과 기하학적 측지학으로 구분할 때 물리학적 측지학에 속하는 것은?

① 면적의 산정
② 체적의 산정
③ 수평위치의 결정
④ 지자기측정

해설 측지학의 분류

기하학적 측지학	물리학적 측지학
• 길이 및 시의 결정 • 수평위치의 결정 • 높이의 결정 • 측지학적 3차원 위치 결정 • 천문측량 • 위성측지 • 면적 및 체적측정 • 지도제작 • 사진측량	• 지구의 형상해석 • 중력측정 • 지자기측정 • 탄성파측정 • 지구의 극운동 및 자전운동 • 지각변동 및 균형 • 지구의 열측정 • 대륙의 부동 • 지구의 조석측량

10. 지구의 반지름이 6,370km이며 삼각형의 구과량이 20″일 때 구면삼각형의 면적은?

① 1,934km^2
② 2,934km^2
③ 3,934km^2
④ 4,934km^2

해설 구과량$=\dfrac{F}{R^2}\rho''$

$$20''=\frac{F}{6,370^2}\times206,265''$$
$$\therefore F=3,934\text{km}^2$$

11. 노선측량의 완화곡선에 대한 설명 중 옳지 않은 것은?

① 완화곡선의 접선은 시점에서 원호에, 종점에서 직선에 접한다.
② 완화곡선의 반지름은 시점에서 무한대, 종점에서 원곡선의 반지름(R)으로 된다.
③ 클로소이드의 조합형식에는 S형, 복합형, 기본형 등이 있다.
④ 모든 클로소이드는 닮은꼴이며, 클로소이드요소는 길이의 단위를 가진 것과 단위가 없는 것이 있다.

해설 완화곡선의 성질
㉮ 곡선반지름은 완화곡선의 시점에서 무한대, 종점에서 원곡선의 반지름으로 된다.
㉯ 완화곡선의 접선은 시점에서 직선에, 종점에서 원호에 접한다.
㉰ 완화곡선에 연한 곡선반지름의 감소율은 캔트의 증가율과 같다.
㉱ 완화곡선의 종점의 캔트와 원곡선의 시점의 캔트는 같다.

12. 하천측량의 고저측량에 해당되지 않는 것은?

① 종단측량

② 유량관측

③ 횡단측량

④ 심천측량

> **해설** 하천의 유량관측은 유속과 단면적을 이용하여 구하기 때문에 고저측량과는 관련이 없다.

13. 지형도상의 등고선에 대한 설명으로 틀린 것은?

① 등고선의 간격이 일정하면 경사가 일정한 지면을 의미한다.

② 높이가 다른 두 등고선은 절벽이나 동굴의 지형에서 교차하거나 만날 수 있다.

③ 지표면의 최대 경사의 방향은 등고선에 수직한 방향이다.

④ 등고선은 어느 경우라도 도면 내에서 항상 폐합된다.

> **해설** 등고선의 성질
> ㉮ 동일 등고선상에 있는 모든 점은 같은 높이이다.
> ㉯ 등고선은 도면 안이나 밖에서 폐합하는 폐합곡선이다.
> ㉰ 도면 내에서 등고선이 폐합하는 경우 폐합된 등고선 내부에는 산꼭대기 또는 분지가 있다.
> ㉱ 두 쌍의 등고선 볼록부가 마주하고, 다른 한 쌍의 등고선이 바깥쪽으로 향할 때 그곳은 안부(고개)이다.
> ㉲ 높이가 다른 두 등고선은 동굴이나 절벽의 지형이 아닌 곳에서는 교차하지 않는다. 즉 동굴이나 절벽에서는 교차한다.
> ㉳ 동등한 경사의 지표에서 양 등고선의 수평거리는 같다.
> ㉴ 최대 경사의 방향은 등고선과 직각으로 교차한다.
> ㉵ 등고선은 경사가 급한 곳에서는 간격이 좁고, 완만한 경사에서는 넓다.

14. 삼각측량 시 삼각망 조정의 세 가지 조건이 아닌 것은?

① 각조건

② 변조건

③ 측점조건

④ 구과량조건

> **해설** 삼각망 조정

조정조건	내용
각조건	각 다각형의 내각의 합은 $180(n-2)$이다.
점조건	• 한 측점에서 측정한 여러 각의 합은 그들 각을 한 각으로 하여 측정한 값과 같다. • 점방정식 : 한 측점둘레에 있는 모든 각을 합한 값은 360°이다.
변조건	삼각망 중의 임의의 한 변의 길이는 계산해가는 순서와 관계없이 같은 값이어야 한다.

15. 삼각형의 면적을 계산하기 위해 변길이를 관측한 결과가 다음 그림과 같은 때 이 삼각형의 면적은?

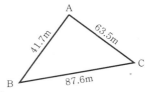

① $1,072.7\text{m}^2$

② $1,235.6\text{m}^2$

③ $1,357.9\text{m}^2$

④ $1,435.6\text{m}^2$

> **해설** ㉮ $S = \dfrac{1}{2}(a+b+c)$
> $$= \dfrac{1}{2} \times (87.6 + 63.5 + 41.7) = 96.4$$
> ㉯ $A = \sqrt{S(S-A)(S-B)(S-C)}$
> $$= \sqrt{96.4 \times (96.4-87.6) \times (96.4-63.5) \times (96.4-41.7)}$$
> $$= 1,235.6\text{m}^2$$

16. 다각측량의 특징에 대한 설명으로 옳지 않은 것은?

① 삼각측량에 비하여 복잡한 시가지나 지형의 기복이 심해 시준이 어려운 지역의 측량에 적합하다.

② 도로, 수로, 철도와 같이 폭이 좁고 긴 지역의 측량에 편리하다.

③ 국가평면기준점의 결정에 이용되는 측량방법이다.

④ 거리와 각을 관측하여 측점의 위치를 결정하는 측량이다.

> **해설** 국가평면기준점의 결정에 이용되는 측량방법은 삼각측량이다.

17. 항공사진측량에서 관측되는 지형지물의 투영원리로 옳은 것은?

① 정사투영   ② 평행투영

③ 등적투영   ④ 중심투영

해설 항공사진측량에서 관측되는 지형지물의 투영원리는 중심투영이며, 지도는 정사투영이다.

18. 어떤 노선을 수준측량한 결과가 다음 표와 같을 때 측점 1, 2, 3, 4의 지반고값으로 틀린 것은?

〔단위 : m〕

측점	후시	전시		기계고	지반고
		이기점	중간점		
0	3.121			126.688	123.567
1			2.586		
2	2.428	4.065			
3			0.664		
4		2.321			

① 측점 1 : 124.102m   ② 측점 2 : 122.623m

③ 측점 3 : 124.374m   ④ 측점 4 : 122.730m

해설

측점	후시	전시		기계고	지반고
		이기점	중간점		
0	3.121			126.688	123.567
1			2.586		126.688−2.568 =124.102
2	2.428	4.065		122.623+2.428 =125.051	126.688−4.065 =122.623
3			0.664		125.051−0.664 =124.378
4		2.321			125.051−2.321 =122.730

19. C점의 표고를 구하기 위해 A코스에서 관측한 표고가 83.324m, B코스에서 관측한 표고가 83.341m였다면 C점의 표고는?

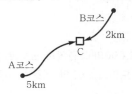

① 83.341m   ② 83.336m

③ 83.333m   ④ 83.324m

해설 경중률은 노선거리에 반비례한다.

㉮ $P_A : P_B = \dfrac{1}{5} : \dfrac{1}{2} = 2 : 5$

㉯ $H_0 = \dfrac{2 \times 83.324 + 5 \times 83.341}{2+5} = 83.336 \text{m}$

20. A점에서 출발하여 다시 A점으로 되돌아오는 다각측량을 실시하여 위거오차 20cm, 경거오차 30cm가 발생하였고 전측선길이가 800m라면 다각측량의 정밀도는?

① $\dfrac{1}{1,000}$ ② $\dfrac{1}{1,730}$

③ $\dfrac{1}{2,220}$ ④ $\dfrac{1}{2,630}$

해설
$$\frac{1}{m} = \frac{\sqrt{위거오차^2 + 경거오차^2}}{\sum L}$$
$$= \frac{\sqrt{0.2^2 + 0.3^2}}{800}$$
$$= \frac{1}{2,220}$$

토목기사(2019년 8월 4일 시행)

1. 축척 1 : 2,000의 도면에서 관측한 면적이 2,500m² 이었다. 이때 도면의 가로와 세로가 각각 1% 줄었다면 실제 면적은?

① 2,451m²

② 2,475m²

③ 2,525m²

④ 2,551m²

> **해설** 도면이 가로와 세로가 각각 1% 줄었다면 결국 전체적으로 2% 줄어든 것이다. 따라서 보정한 면적 $=2,500+(2,500\times0.02)=2,550\text{m}^2$이다.

2. 삼각수준측량에 의해 높이를 측정할 때 기지점과 미지점의 쌍방에서 연직각을 측정하여 평균하는 이유는?

① 연직축오차를 최소화하기 위하여

② 수평분도원의 편심오차를 제거하기 위하여

③ 연직분도원의 눈금오차를 제거하기 위하여

④ 공기의 밀도변화에 의한 굴절오차의 영향을 소거하기 위하여

> **해설** 삼각수준측량 시 양 측점에서 관측하여 평균을 취하는 이유는 기차(굴절오차)와 구차(곡률오차)를 소거하기 위함이다.

3. 시가지에서 25변형 트래버스측량을 실시하여 $2'50''$의 각관측오차가 발생하였다면 오차의 처리방법으로 옳은 것은? (단, 시가지의 측각허용범위$=\pm20''\sqrt{n}\sim30''\sqrt{n}$, 여기서 n은 트래버스의 측점수)

① 오차가 허용오차 이상이므로 다시 관측하여야 한다.

② 변의 길이의 역수에 비례하여 배분한다.

③ 변의 길이에 비례하여 배분한다.

④ 각의 크기에 따라 배분한다.

> **해설** 시가지의 측각허용범위$=20''\sqrt{25}\sim30''\sqrt{25}$
> $=100''\sim150''$
> $=1'40''\sim2'30''$
> ∴ 오차가 $2'50''$이므로 허용오차를 초과하였다. 따라서 재측량하여야 한다.

4. 삼각점 C에 기계를 세울 수 없어서 2.5m를 편심하여 B에 기계를 설치하고 $T'=31°15'40''$를 얻었다면 T는? (단, $\phi=300°20'$, $S_1=2\text{km}$, $S_2=3\text{km}$)

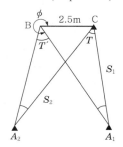

① $31°14'49''$

② $31°15'18''$

③ $31°15'29''$

④ $31°15'41''$

> **해설**
> ㉮ x계산
> $$\frac{2,000}{\sin(360°-300°20')}=\frac{2.5}{\sin x}$$
> $$\therefore x=\sin^{-1}\left(\frac{\sin(360°-300°20')\times2.5}{2,000}\right)$$
> $$=0°3'43''$$
> ㉯ y계산
> $$\frac{3,000}{\sin(360°-300°20'+31°15'40'')}=\frac{2.5}{\sin y}$$
> $$\therefore y=\sin^{-1}\left(\frac{\sin(360°-300°20'+31°15'40'')\times2.5}{3,000}\right)$$
> $$=0°2'52''$$
> ㉰ T계산
> $T+x=T'+y$
> $\therefore T=T'+y-x$
> $=31°15'40''+0°2'52''-0°3'43''$
> $=31°14'50''$

5. 승강식 야장이 다음 표와 같이 작성되었다고 가정할 때 성과를 검산하는 방법으로 옳은 것은? (여기서, @-ⓑ는 두 값의 차를 의미한다.)

측점	후시	전시		승 (+)	강 (−)	지반고
		T.P.	I.P.			
BM	0.175					ⓑ
No.1			0.154	−		−
No.2	1.098	1.237			−	−
No.3			0.948	−		−
No.4		1.175			−	⊗
합계	㉠	㉡	㉢	㉣	㉤	

① ⊗−ⓑ=㉠−㉡=㉣−㉤
② ⊗−ⓑ=㉠−㉢=㉣−㉤
③ ⊗−ⓑ=㉠−㉣=㉡−㉤
④ ⊗−ⓑ=㉡−㉢=㉣−㉤

🔖 **해설** ㉮ ∑후시−∑전시=지반고차
∴ ㉠−㉡=⊗−ⓑ
㉯ ∑승−∑강=지반고차
∴ ㉣−㉤=⊗−ⓑ
∴ ㉠−㉡=㉣−㉤=⊗−ⓑ

6. 완화곡선 중 클로소이드에 대한 설명으로 옳지 않은 것은? (단, R : 곡선반지름, L : 곡선길이)

① 클로소이드는 곡률이 곡선길이에 비례하여 증가하는 곡선이다.
② 클로소이드는 나선의 일종이며 모든 클로소이드는 닮은꼴이다.
③ 클로소이드의 종점좌표 x, y는 그 점의 접선각의 함수로 표시된다.
④ 클로소이드에서 접선각 τ를 라디안으로 표시하면 $\tau = \dfrac{R}{2L}$이 된다.

🔖 **해설** 클로소이드에서 접선각 τ를 라디안으로 표시하면 $\tau = \dfrac{L}{2R}$이 된다.

7. 1 : 50,000 지형도의 주곡선간격은 20m이다. 지형도에서 4% 경사의 노선을 선정하고자 할 때 주곡선 사이의 도상 수평거리는?

① 5mm
② 10mm
③ 15mm
④ 20mm

🔖 **해설** ㉮ 비례식에 의해
$100 : 4 = x : 20$
∴ $x = 500m$

㉯ $\dfrac{1}{m} = \dfrac{도상거리}{실제 거리}$

$\dfrac{1}{50,000} = \dfrac{도상거리}{500}$

∴ 도상거리 = 10mm

8. 곡선반지름이 400m인 원곡선을 설계속도 70km/h로 하려고 할 때 캔트(cant)는? (단, 궤간 b = 1.065m)

① 73mm
② 83mm
③ 93mm
④ 103mm

🔖 **해설**
$$C = \frac{SV^2}{Rg} = \frac{1.065 \times \left(\dfrac{70 \times 1,000}{3,600}\right)^2}{400 \times 9.8} = 103mm$$

9. 수애선의 기준이 되는 수위는?

① 평수위
② 평균수위
③ 최고수위
④ 최저수위

🔖 **해설** 수애선은 육지와 물가의 경계로 평수위로 나타낸다.

10. 측점 M의 표고를 구하기 위하여 수준점 A, B, C로부터 수준측량을 실시하여 다음 표와 같은 결과를 얻었다면 M의 표고는?

구분	표고(m)	관측방향	고저차(m)	노선길이
A	13.03	A→M	+1.10	2km
B	15.60	B→M	−1.30	4km
C	13.64	C→M	+0.45	1km

① 14.13m
② 14.17m
③ 14.22m
④ 14.30m

🔖 **해설** ㉮ A, B, C점을 이용한 M점의 표고

A점 이용	$H_M = 13.03 + 1.10 = 14.13m$
B점 이용	$H_M = 15.60 - 1.30 = 14.30m$
C점 이용	$H_M = 13.64 + 0.45 = 14.09m$

㉯ 경중률
$$P_A : P_B : P_C = \frac{1}{2} : \frac{1}{4} : \frac{1}{1} = 2 : 1 : 4$$

㉰ 최확값
$$H_M = \frac{2 \times 14.13 + 1 \times 14.30 + 4 \times 14.09}{2 + 1 + 4} = 14.13m$$

11. 다각측량에서 어떤 폐합다각망을 측량하여 위거 및 경거의 오차를 구하였다. 거리와 각을 유사한 정밀도로 관측하였다면 위거 및 경거의 폐합오차를 배분하는 방법으로 가장 적합한 것은?

① 측선의 길이에 비례하여 분배한다.

② 각각의 위거 및 경거에 등분배한다.

③ 위거 및 경거의 크기에 비례하여 배분한다.

④ 위거 및 경거 절대값의 총합에 대한 위거 및 경거 크기에 비례하여 배분한다.

해설 폐합오차의 배분(종선오차, 횡선오차의 배분)
㉮ 트랜싯법칙 : 거리의 정밀도보다 각의 정밀도가 높은 경우 위거, 경거에 비례배분
$$\frac{\Delta l}{l} < \frac{\theta''}{\rho''}$$
㉯ 컴퍼스법칙 : 각의 정밀도와 각의 정밀도가 같은 경우 측선장에 비례배분
$$\frac{\Delta l}{l} = \frac{\theta''}{\rho''}$$

12. 방위각 $153°20'25''$에 대한 방위는?

① $E63°20'25''S$

② $E26°39'35''S$

③ $S26°39'35''E$

④ $S63°20'25''E$

해설 방위 $= S180° - 153°20'25''E = S26°39'35''E$

13. 고속도로공사에서 각 측점의 단면적이 다음 표와 같을 때 측점 10에서 측점 12까지의 토량은? (단, 양단면평균법에 의해 계산한다.)

측점	단면적(m^2)	비고
No.10	318	측점 간의 거리$=20m$
No.11	512	
No.12	682	

① $15,120m^3$

② $20,160m^3$

③ $20,240m^3$

④ $30,240m^3$

해설 ㉮ No.10~No.11구간의 토량
$$V_1 = \frac{318+512}{2} \times 20 = 8,300m^3$$
㉯ No.11~No.12구간의 토량
$$V_2 = \frac{512+682}{2} \times 20 = 11,940m^3$$
$$\therefore V = V_1 + V_2 = 8,300 + 11,940 = 20,240m^3$$

14. 어느 각을 10번 관측하여 $52°12'$을 2번, $52°13'$을 4번, $52°14'$을 4번 얻었다면 관측한 각의 최확값은?

① $52°12'45''$

② $52°13'00''$

③ $52°13'12''$

④ $52°13'45''$

해설
$$\alpha_0 = \frac{2 \times 52°12' + 4 \times 52°13' + 4 \times 52°14'}{2+4+4}$$
$$= 52°13'12''$$

15. 100m의 측선을 20m 줄자로 관측하였다. 1회의 관측에 +4mm의 정오차와 ±3mm의 부정오차가 있었다면 측선의 거리는?

① $100.010 \pm 0.007m$

② $100.010 \pm 0.015m$

③ $100.020 \pm 0.007m$

④ $100.020 \pm 0.015m$

해설 ㉮ 정오차 $= 0.004 \times 5 = 0.02m$
㉯ 우연오차 $= \pm 0.003 \times \sqrt{5} = \pm 0.007m$
㉰ 측선의 거리 $= 100.02 \pm 0.007m$

16. 삼각측량을 위한 기준점성과표에 기록되는 내용이 아닌 것은?

① 점번호

② 도엽명칭

③ 천문경위도

④ 평면직각좌표

해설 삼각측량을 위한 기준점성과표에는 측지경위도가 기록되며 천문경위도는 기록되지 않는다.

17. 기준면으로부터 어느 측점까지의 연직거리를 의미하는 용어는?

① 수준선(level line)

② 표고(elevation)

③ 연직선(plumb line)

④ 수평면(horizontal plane)

해설 기준면으로부터 어느 측점까지의 연직거리를 표고라 한다.

18. 곡률이 급변하는 평면곡선부에서의 탈선 및 심한 흔들림 등의 불안정한 주행을 막기 위해 고려하여야 하는 사항과 가장 거리가 먼 것은?

① 완화곡선

② 종단곡선

③ 캔트

④ 슬랙

해설 캔트란 곡선부를 통과하는 차량에 원심력이 발생하여 접선방향으로 탈선하는 것을 방지하기 위해 바깥쪽의 노면을 안쪽보다 높이는 정도를 말한다.

19. 지성선에 관한 설명으로 옳지 않은 것은?

① 철(凸)선을 능선 또는 분수선이라 한다.
② 경사변환선이란 동일 방향의 경사면에서 경사의 크기가 다른 두 면의 접합선이다.
③ 요(凹)선은 지표의 경사가 최대로 되는 방향을 표시한 선으로 유하선이라고 한다.
④ 지성선은 지표면이 다수의 평면으로 구성되었다고 할 때 평면 간 접합부, 즉 접선을 말하며 지세선이라고도 한다.

해설 최대 경사선은 지표의 경사가 최대로 되는 방향을 표시한 선으로 유하선이라고도 한다.

20. 하천의 평균유속(V_m)을 구하는 방법 중 3점법으로 옳은 것은? (단, V_2, V_4, V_6, V_8은 각각 수면으로부터 수심(h)의 0.2h, 0.4h, 0.6h, 0.8h인 곳의 유속이다.)

① $V_m = \dfrac{V_2 + V_4 + V_8}{3}$ ② $V_m = \dfrac{V_2 + V_6 + V_8}{3}$

③ $V_m = \dfrac{V_2 + 2V_4 + V_8}{4}$ ④ $V_m = \dfrac{V_2 + 2V_6 + V_8}{4}$

해설 ㉮ 1점법 : 수면에서 $\dfrac{6}{10}$ 되는 곳의 유속($V_{0.6}$)을 평균유속으로 취하는 방법

$V_m = V_{0.6}$

㉯ 2점법 : 수면에서 $\dfrac{2}{10}$, $\dfrac{8}{10}$ 되는 곳의 유속($V_{0.2}$, $V_{0.8}$)을 산술평균하여 평균유속으로 취하는 방법

$V_m = \dfrac{V_{0.2} + V_{0.8}}{2}$

㉰ 3점법 : 수면에서 $\dfrac{2}{10}$, $\dfrac{6}{10}$, $\dfrac{8}{10}$ 되는 곳의 유속($V_{0.2}$, $V_{0.6}$, $V_{0.8}$)을 산술평균하여 평균유속으로 취하는 방법

$V_m = \dfrac{V_{0.2} + 2V_{0.6} + V_{0.8}}{4}$

1. 측량지역의 대소에 의한 측량의 분류에 있어서 지구의 곡률로부터 거리오차에 따른 정확도를 1/10⁷까지 허용한다면 반지름 몇 km 이내를 평면으로 간주하여 측량할 수 있는가? (단, 지구의 곡률반지름은 6,372km이다.)

① 3.49km
② 6.98km
③ 11.03km
④ 22.07km

> **해설**
> $$\frac{\Delta l}{l} = \frac{l^2}{12R^2}$$
> $$\frac{1}{10^7} = \frac{l^2}{12 \times 6,370^2}$$
> l(직경)=6.98km
> ∴ 반경=3.49km

2. 지형도를 작성할 때 지형표현을 위한 원칙과 거리가 먼 것은?

① 기복을 알기 쉽게 할 것
② 표현을 간결하게 할 것
③ 정량적 계획을 엄밀하게 할 것
④ 기호 및 도식은 많이 넣어 세밀하게 할 것

> **해설** 지형도를 작성할 경우 기호 및 도식은 가급적 간략하게 한다.

3. 수준측량에서 도로의 종단측량과 같이 중간시가 많은 경우에 현장에서 주로 사용하는 야장기입법은?

① 기고식
② 고차식
③ 승강식
④ 회귀식

> **해설** 야장기입법
> ㉮ 고차식 : 전시와 후시만 있을 때 사용하며 2점 간의 고저차를 구할 경우 사용한다.
> ㉯ 기고식 : 중간점이 많을 때 적당하나 완전한 검산을 할 수 없는 단점이 있다.
> ㉰ 승강식 : 중간점이 많을 때 불편하나 완전한 검산을 할 수 있다.

4. $\overline{AB}$측선의 방위각이 50°30′이고 다음 그림과 같이 각관측을 실시하였다. $\overline{CD}$측선의 방위각은?

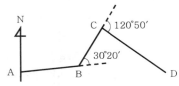

① 139°00′
② 141°00′
③ 151°40′
④ 201°40′

> **해설**
> ㉮ $\overline{AB}$방위각=50°30′
> ㉯ $\overline{BC}$방위각=50°30′−30°20′=20°10′
> ㉰ $\overline{CD}$방위각=20°10′+120°50′=141°00′

5. 삼각점 표석에서 반석과 주석에 관한 내용 중 틀린 것은?

① 반석과 주석의 재질은 주로 금속을 이용한다.
② 반석과 주석의 십자선 중심은 동일 연직선상에 있다.
③ 반석과 주석의 설치를 위해 인조점을 설치한다.
④ 반석과 주석의 두부상면은 서로 수평이 되도록 설치한다.

> **해설** 삼각점 설치 시 주석과 반석의 재질은 모두 콘크리트이다.

6. 다음 그림과 같은 도로의 횡단면도에서 AB의 수평거리는?

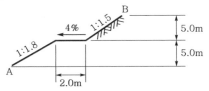

① 8.1m
② 12.3m
③ 14.3m
④ 18.5m

> **해설** $\overline{AB}$= 1.8×5 + 2.0 + 1.5×5 = 18.5m

7. 표고 100m인 촬영기준면을 초점거리 150mm 카메라로 사진축척 1 : 20,000의 사진을 얻기 위한 촬영 비행고도는?

① 1,333m ② 2,900m

③ 3,000m ④ 3,100m

$$\frac{1}{m} = \frac{f}{H \pm h}$$
$$\frac{1}{20,000} = \frac{0.15}{H - 100}$$
$$\therefore H = 3,100\text{m}$$

8. 다음 조건에 따른 C점의 높이 최확값은?

- A점에서 관측한 C점의 높이 : 243.43m
- B점에서 관측한 C점의 높이 : 243.31m
- A~C의 거리 : 5km
- B~C의 거리 : 10km

① 243.35m ② 243.37m

③ 243.39m ④ 243.41m

㉮ 경중률 : $P_A : P_B = \dfrac{1}{5} : \dfrac{1}{10} = 2 : 1$

㉯ 최확값 : $H_0 = 243 + \dfrac{2 \times 0.43 + 1 \times 0.31}{2 + 1}$
$$= 243.39\text{m}$$

9. 수준측량에서 전시와 후시의 시준거리를 같게 하여 소거할 수 있는 오차는?

① 표척의 눈금읽기오차

② 표척의 침하에 의한 오차

③ 표척의 눈금조정 부정확에 의한 오차

④ 시준선과 기포관축이 평행하지 않기 때문에 발생되는 오차

전시와 후시의 거리를 같게 취하는 이유
㉮ 기계오차(시준축오차) 소거(주목적)
㉯ 구차(지구의 곡률에 의한 오차) 소거
㉰ 기차(광선의 굴절에 의한 오차) 소거
※ 시준축오차 : 기포관축과 시준선이 평행하지 않기 때문에 생기는 오차

10. 종단 및 횡단측량에 대한 설명으로 옳은 것은?

① 종단도의 종축척과 횡축척은 일반적으로 같게 한다.

② 노선의 경사도형태를 알려면 종단도를 보면 된다.

③ 횡단측량은 종단측량보다 높은 정확도가 요구된다.

④ 노선의 횡단측량을 종단측량보다 먼저 실시하여 횡단도를 작성한다.

11. 다음 그림의 등고선에서 AB의 수평거리가 40m일 때 AB의 기울기는?

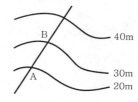

① 10% ② 20%

③ 25% ④ 30%

경사$(i) = \dfrac{H}{D} \times 100\% = \dfrac{10}{40} \times 100\% = 25\%$

12. 편각법에 의하여 원곡선을 설치하고자 한다. 곡선반지름이 500m, 시단현이 12.3m일 때 시단현의 편각은?

① 36′27″ ② 39′42″

③ 42′17″ ④ 43′43″

편각$(\delta_1) = \dfrac{l_1}{R} \dfrac{90°}{\pi} = \dfrac{12.3}{500} \times \dfrac{90°}{\pi} = 42′17″$

13. 축척 1 : 1,000에서의 면적을 측정하였더니 도상 면적이 3cm²이었다. 그런데 이 도면 전체가 가로, 세로 모두 1%씩 수축되어 있었다면 실제 면적은?

① 29.4m² ② 30.6m²

③ 294m² ④ 306m²

㉮ $\left(\dfrac{1}{1,000}\right)^2 = \dfrac{3}{\text{실제 면적}}$
∴ 실제 면적 = 300m²

㉯ 1%씩 보정된 실제 면적 = 300 + (300 × 0.02)
$$= 306\text{m}^2$$

14. 어느 지역의 측량결과가 다음 그림과 같다면 이 지역의 전체 토량은? (단, 각 구역의 크기는 같다.)

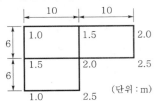

① 200m³

② 253m³

③ 315m³

④ 353m³

해설 $V = \dfrac{A}{4}(\sum h_1 + 2\sum h_2 + 3\sum h_3 + 4\sum h_4)$

$= \dfrac{10 \times 6}{4} \times [(1.0 + 2.0 + 2.5 + 2.5 + 1.0) + 2$

$\times (1.5 + 1.5) + 3 \times 2.0] = 315\text{m}^3$

15. 하천의 평균유속을 구할 때 횡단면의 연직선 내에서 일점법으로 가장 적합한 관측위치는?

① 수면에서 수심의 2/10 되는 곳

② 수면에서 수심의 4/10 되는 곳

③ 수면에서 수심의 6/10 되는 곳

④ 수면에서 수심의 8/10 되는 곳

해설 1점법은 수면에서 $\dfrac{6}{10}$ 되는 곳의 유속($V_{0.6}$)을 평균유속으로 취하는 방법이다.

16. 산지에서 동일한 각관측의 정확도로 폐합트래버스를 관측한 결과 관측점수(n)가 11개, 각관측오차가 1′15″이었다면 오차의 배분방법으로 옳은 것은? (단, 산지의 오차한계는 $\pm 90'' \sqrt{n}$ 을 적용한다.)

① 오차가 오차한계보다 크므로 재관측하여야 한다.

② 각의 크기에 상관없이 등분하여 배분한다.

③ 각의 크기에 반비례하여 배분한다.

④ 각의 크기에 비례하여 배분한다.

해설 산지의 허용오차$= 90'' \sqrt{11} = 298'' = 4'58''$

∴ 오차가 1′15″이므로 허용오차범위 이내이다. 따라서 각의 크기에 상관없이 등분하여 배분한다.

17. 매개변수 $A = 100$m인 클로소이드곡선길이 $L = 50$m에 대한 반지름은?

① 20m

② 150m

③ 200m

④ 500m

해설 $A = \sqrt{RL}$

$100 = \sqrt{R \times 50}$

∴ $R = 200$m

18. 위성의 배치상태에 따른 GNSS의 오차 중 단독측위(독립측위)와 관련이 없는 것은?

① GDOP

② RDOP

③ PDOP

④ TDOP

해설 RDOP는 상대정밀도 저하율로 단독측위(독립측위)와는 관련이 없다.

19. 지구 전체를 경도는 6°씩 60개로 나누고, 위도는 8°씩 20개(남위 80°~북위 84°)로 나누어 나타내는 좌표계는?

① UPS좌표계

② UTM좌표계

③ 평면직각좌표계

④ WGS84좌표계

해설 UTM좌표계는 UTM투영법에 의하여 표현되는 좌표계로서 적도를 횡축으로, 자오선을 종축으로 한다. 이 방법은 지구를 회전타원체로 보고 지구 전체를 경도 6°씩 60개 구역(종대, column)으로 나누고, 그 각 종대의 중앙자오선과 적도의 교점을 원점으로 하여 원통도법인 횡Mercator(TM)투영법으로 등각투영한다.

20. 다음 그림과 같은 관측값을 보정한 ∠AOC는?

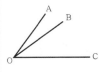

• ∠AOB = 23°45′30″ (1회 관측)

• ∠BOC = 46°33′20″ (2회 관측)

• ∠AOC = 70°19′11″ (4회 관측)

① 70°19′08″

② 70°19′10″

③ 70°19′11″

④ 70°19′18″

해설 ㉮ 오차 : ∠AOB+∠BOC=∠AOC에서 23°45′30″ +46°33′20″≠70°19′11″이다. 따라서 오차는 −21″이다.

㉯ 경중률 : 관측횟수에 반비례$\left(\dfrac{1}{N}\right)$하므로

$$P_\alpha : P_\beta : P_\gamma = \frac{1}{N_\alpha} : \frac{1}{N_\beta} : \frac{1}{N_\gamma}$$

$$= \frac{1}{1} : \frac{1}{2} : \frac{1}{4}$$

$$= 4 : 2 : 1$$

㉰ 보정량$=\dfrac{\text{오차}}{\text{경중률의 합}}\times$조정할 각의 경중률

$$= \frac{\omega}{\sum P}P = \frac{21}{4+2+1}\times 1 = -3″$$

∴ ∠AOC=70°19′11″−3″=70°19′08″

1. 종단측량과 횡단측량에 관한 설명으로 틀린 것은?

① 종단도를 보면 노선의 형태를 알 수 있으나 횡단도를 보면 알 수 없다.

② 종단측량은 횡단측량보다 높은 정확도가 요구된다.

③ 종단도의 횡축척과 종축척은 서로 다르게 잡는 것이 일반적이다.

④ 횡단측량은 노선의 종단측량에 앞서 실시한다.

> **해설** 횡단측량은 종단측량을 선행한 후 진행방향에 직각방향으로 거리와 고저차를 관측하여 횡단면도를 제작하기 위하여 실시하는 측량이다.

2. 위성측량의 DOP(Dilution of Precision)에 관한 설명으로 옳지 않은 것은?

① DOP는 위성의 기하학적 분포에 따른 오차이다.

② 일반적으로 위성들 간의 공간이 더 크면 위치정밀도가 낮아진다.

③ DOP를 이용하여 실제 측량 전에 위성측량의 정확도를 예측할 수 있다.

④ DOP값이 클수록 정확도가 좋지 않은 상태이다.

> **해설** 위성배치형태에 따른 오차
> ㉮ 의의 : 위성과 수신기들 간의 기하학적 배치에 따른 오차로서 측위정확도의 영향을 표시하는 계수로 정밀도 저하율(DOP)이 사용된다.
> ㉯ 특징
> ㉠ DOP는 위성의 기하학적 배치상태가 정확도에 어떻게 영향을 주는가를 추정할 수 있는 척도이다.
> ㉡ 정확도를 나타내는 계수로서 수치로 표시된다.
> ㉢ 수치가 작을수록 정밀하다.
> ㉣ 지표에서 가장 배치상태가 좋을 때의 DOP수치는 1이다.
> ㉤ 위성의 위치, 높이, 시간에 대한 함수관계가 있다.

3. 지표상 P점에서 9km 떨어진 Q점을 관측할 때 Q점에 세워야 할 측표의 최소 높이는? (단, 지구반지름 $R=6,370$km이고 P, Q점은 수평면상에 존재한다.)

① 10.2m
② 6.4m
③ 2.5m
④ 0.6m

> **해설** 구차 $= \dfrac{D^2}{2R} = \dfrac{9,000^2}{2\times 6,370,000} = 6.4$m

4. 캔트(cant)의 계산에서 속도 및 반지름을 2배로 하면 캔트는 몇 배가 되는가?

① 2배
② 4배
③ 8배
④ 16배

> **해설** 캔트$(C) = \dfrac{SV^2}{Rg}$에서 속도(V) 및 반지름(R)을 2배로 하면 새로운 캔트(C)는 2배가 된다.

5. 한 측선의 자오선(종축)과 이루는 각이 60°00′이고 계산된 측선의 위거가 −60m, 경거가 −103.92m일 때 이 측선의 방위와 거리는?

① 방위=S 60°00′ E, 거리=130m

② 방위=N 60°00′ E, 거리=130m

③ 방위=N 60°00′ W, 거리=120m

④ 방위=S 60°00′ W, 거리=120m

> **해설** ㉮ 방위 : 위거의 부호가 −이고, 경거의 부호가 −이므로 이는 3상한에 해당한다. 따라서 방위는 S 60°00′ W이다.
> ㉯ 거리 $= \sqrt{(-60)^2 + (-103.92)^2} ≒ 120$m

6. 종단점법에 의한 등고선 관측방법을 사용하는 가장 적당한 경우는?

① 정확한 토량을 산출할 때

② 지형이 복잡할 때

③ 비교적 소축척으로 산지 등의 지형측량을 행할 때

④ 정밀한 등고선을 구하려 할 때

해설 등고선측정법

㉮ 좌표점고법 : 측량하는 지역을 종횡으로 나누어 각 점의 표고를 기입해서 등고선을 삽입하는 방법이다. 토지의 정지작업, 정밀한 등고선이 필요할 때 많이 쓴다.

㉯ 종단점법 : 지성선과 같은 중요한 선의 방향에 여러 개의 측선을 내고 그 방향을 측정한다. 다음에는 이에 따라 여러 점의 표고와 거리를 구하여 등고선을 그리는 방법이다.

㉰ 횡단점법 : 종단측량을 하고 좌우에 횡단면을 측정하는데 줄자와 핸드레벨로 하는 때가 많다. 측정방법은 중심선에서 좌우방향으로 수선을 그어 그 수선상의 거리와 표고를 측정해서 등고선을 삽입하는 방법이다.

㉱ 기준점법 : 변화가 있는 지점을 선정하여 거리와 고저차를 구한 후 등고선을 그리는 방법으로 지모변화가 심한 경우에도 정밀한 결과를 얻을 수 있다.

7. 삼각측량을 위한 삼각망 중에서 유심다각망에 대한 설명으로 틀린 것은?

① 농지측량에 많이 사용된다.
② 방대한 지역의 측량에 적합하다.
③ 삼각망 중에서 정확도가 가장 높다.
④ 동일 측점수에 비하여 포함면적이 가장 넓다.

해설 유심삼각망

㉮ 한 점을 중심으로 여러 개의 삼각형을 결합시킨 삼각망이다.
㉯ 넓은 지역에 주로 이용한다.
㉰ 농지측량 및 평탄한 지역에 사용된다.
㉱ 정밀도는 비교적 높은 편이다.

8. 다음 그림과 같은 토지의 $\overline{BC}$에 평행한 $\overline{XY}$로 $m : n = 1 : 2.5$의 비율로 면적을 분할하고자 한다. $\overline{AB} = 35m$일 때 $\overline{AX}$는?

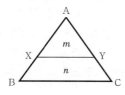

① 17.7m
③ 18.7m
② 18.1m
④ 19.1m

해설

$$\overline{AX} = \overline{AB}\sqrt{\frac{m}{n+m}}$$

$$= 35 \times \sqrt{\frac{1}{1+2.5}}$$

$$= 18.7m$$

9. 종중복도 60%, 횡중복도 20%일 때 촬영종기선의 길이와 촬영횡기선길이의 비는?

① 1 : 2
② 1 : 3
③ 2 : 3
④ 3 : 1

해설

$$B : C = ma\left(1 - \frac{p}{100}\right) : ma\left(1 - \frac{q}{100}\right)$$

$$= ma\left(1 - \frac{60}{100}\right) : ma\left(1 - \frac{20}{100}\right)$$

$$= 0.4ma : 0.8ma$$

$$= 1 : 2$$

10. 트래버스측량에서 거리관측의 오차가 관측거리 100m에 대하여 ±1.0mm인 경우 이에 상응하는 각관측오차는?

① ±1.1″
② ±2.1″
③ ±3.1″
④ ±4.1″

해설

$$\frac{\Delta l}{l} = \frac{\theta''}{\rho''}$$

$$\frac{0.001}{100} = \frac{\theta''}{206,265''}$$

$$\therefore \theta'' = 2.1''$$

11. 지형도의 이용법에 해당되지 않는 것은?

① 저수량 및 토공량 산정
② 유역면적의 도상측정
③ 직접적인 지적도 작성
④ 등경사선 관측

해설 등고선 이용

㉮ 종단면도 및 횡단면도 작성
㉯ 노선의 도상 선정
㉰ 유역면적 산정(저수량 산정)
㉱ 등경사선 관측(구배계산)
㉲ 성토 및 절토범위 결정

12. 노선측량에서 단곡선의 설치방법에 대한 설명으로 옳지 않은 것은?

① 중앙종거를 이용한 설치방법은 터널 속이나 삼림 지대에서 벌목량이 많을 때 사용하면 편리하다.
② 편각설치법은 비교적 높은 정확도로 인해 고속도로나 철도에 사용할 수 있다.
③ 접선편거와 현편거에 의하여 설치하는 방법은 줄자만을 사용하여 원곡선을 설치할 수 있다.
④ 장현에 대한 종거와 횡거에 의하는 방법은 곡률반지름이 짧은 곡선일 때 편리하다.

> **해설** 산림지에서 벌채량을 줄일 목적으로 사용되는 곡선설치법은 접선에서 지거를 이용하는 방법이다.

13. 다음 그림과 같이 수준측량을 실시하였다. A점의 표고는 300m이고, B와 C구간은 교호수준측량을 실시하였다면 D점의 표고는? (표고차 : A → B=+1.233m, B → C=+0.726m, C → B=−0.720m, C → D=−0.926m)

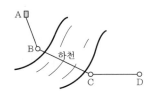

① 300.310m
② 301.030m
③ 302.153m
④ 302.882m

> **해설** $H_D = 300 + 1.233 + \dfrac{0.726 + 0.720}{2} - 0.926$
> $= 301.03\text{m}$

14. 삼변측량에서 △ABC에서 세 변의 길이가 $a = 1{,}200.00\text{m}$, $b = 1{,}600.00\text{m}$, $c = 1{,}442.22\text{m}$라면 변 c의 대각인 ∠C는?

① 45°
② 60°
③ 75°
④ 90°

> **해설** $\angle C = \cos^{-1} \dfrac{1{,}200^2 + 1{,}600^2 - 1{,}442.22^2}{2 \times 1{,}200 \times 1{,}600}$
> $= 60°$

15. 중력이상에 대한 설명으로 옳지 않은 것은?

① 중력이상에 의해 지표면 밑의 상태를 추정할 수 있다.
② 중력이상에 대한 취급은 물리학적 측지학에 속한다.
③ 중력이상이 양(+)이면 그 지점 부근에 무거운 물질이 있는 것으로 추정할 수 있다.
④ 중력식에 의한 계산값에서 실측값을 뺀 것이 중력이상이다.

> **해설** 중력이상은 관측한 중력값을 기준면상의 값으로 환산한 다음 표준중력값을 뺀 값을 말한다.

16. 초점거리 210mm의 카메라로 지면의 비고가 15m인 구릉지에서 촬영한 연직사진의 축척이 1 : 5,000이었다. 이 사진에서 비고에 의한 최대 변위량은? (단, 사진의 크기는 24cm×24cm이다.)

① ±1.2mm
② ±2.4mm
③ ±3.8mm
④ ±4.6mm

> **해설** $\Delta r_{\max} = \dfrac{h}{H} r_{\max}$
> $= \dfrac{15}{5{,}000 \times 0.21} \times \dfrac{\sqrt{2}}{2} \times 0.24$
> $= 2.4\text{mm}$

17. 다음 종단수준측량의 야장에서 ㉠, ㉡, ㉢에 들어갈 값으로 옳은 것은?

〔단위 : m〕

측점	후시	기계고	전시 전환점	전시 이기점	지반고
BM	0.175	㉠			37.133
No. 1				0.154	
No. 2				1.569	
No. 3				1.143	
No. 4	1.098	㉡	1.237		㉢
No. 5				0.948	
No. 6				1.175	

① ㉠ 37.308, ㉡ 37.169 ㉢ 36.071
② ㉠ 37.308, ㉡ 36.071 ㉢ 37.169
③ ㉠ 36.958, ㉡ 35.860 ㉢ 37.097
④ ㉠ 36.958, ㉡ 37.097 ㉢ 35.860

측점	후시	기계고	전시 이기점	전시 중간점	지반고
BM	0.175	37.133+0.175 =37.308			37.133
No. 1				0.154	
No. 2				1.569	
No. 3				1.143	
No. 4	1.098	36.071+1.098 =37.169	1.237		36.071
No. 5				0.948	
No. 6				1.175	

18. 종단곡선에 대한 설명으로 옳지 않은 것은?

① 철도에서는 원곡선을, 도로에서는 2차 포물선을 주로 사용한다.

② 종단경사는 환경적, 경제적 측면에서 허용할 수 있는 범위 내에서 최대한 완만하게 한다.

③ 설계속도와 지형조건에 따라 종단경사의 기준값이 제시되어 있다.

④ 지형의 상황, 주변 지장물 등의 한계가 있는 경우 10% 정도 증감이 가능하다.

▶해설 종단곡선은 지형의 상황, 주변 지장물 등의 한계가 있는 경우 10% 정도 증감은 할 수 없다.

19. 트래버스측량에서 선점 시 주의하여야 할 사항이 아닌 것은?

① 트래버스의 노선은 가능한 폐합 또는 결합이 되게 한다.

② 결합트래버스의 출발점과 결합점 간의 거리는 가능한 단거리로 한다.

③ 거리측량과 각측량의 정확도가 균형을 이루게 한다.

④ 측점 간 거리는 다양하게 선점하여 부정오차를 소거한다.

▶해설 트래버스 선점 시 측점 간 거리는 가급적 동일하게 해야 한다.

20. 토량 계산공식 중 양단면의 면적차가 클 때 산출된 토량의 일반적인 대소관계로 옳은 것은? (단, 중앙단면법 : A, 양단면평균법 : B, 각주공식 : C)

① A=C<B

② A<C=B

③ A<C<B

④ A>C>B

▶해설 토공량 산정방법에 따른 대소관계 : 중앙단면법 <각주공식<양단면평균법

1. 경사가 일정한 경사지에서 두 점 간의 경사거리를 관측하여 150m를 얻었다. 두 점 간의 고저차가 20m이었다면 수평거리는?

① 148.3m ② 148.5m
③ 148.7m ④ 148.9m

해설 $D = \sqrt{150^2 - 20^2} \fallingdotseq 148.7m$

2. 폐합트래버스측량을 실시하여 각 측선의 경거, 위거를 계산한 결과 측선 34의 자료가 없었다. 측선 34의 방위각은? (단, 폐합오차는 없는 것으로 가정한다.)

측선	위거(m)		경거(m)	
	N	S	E	W
12		2.33		8.55
23	17.87			7.03
34				
41		30.19	5.97	

① 64°10′44″ ② 33°15′50″
③ 244°10′44″ ④ 115°49′14″

해설

측선	위거(m)		경거(m)	
	N	S	E	W
12		2.33		8.55
23	17.87			7.03
34	14.65		9.61	
41		30.19	5.97	

㉮ 34측선의 위거의 경우 위거의 합이 0이 나와야 하므로 14.65m

㉯ 34측선의 경거의 경우 경거의 합이 0이 나와야 하므로 9.61m

㉰ 방위각 $= \tan^{-1}\dfrac{9.61}{14.65} = 33°15′50″$ (1상한)

∴ 34측선의 방위각은 33°15′50″이다.

3. 50m에 대해 20mm 늘어나 있는 줄자로 정사각형의 토지를 측량한 결과 면적이 62,500m²이었다면 실제 면적은?

① 62,450m² ② 62,475m²
③ 62,525m² ④ 62,550m²

해설
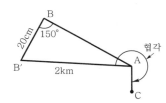
$$A_0 = A\left(1 + \frac{\Delta l}{l}\right)^2$$
$$= 62,500 \times \left(1 + \frac{0.02}{50}\right)^2$$
$$= 62,550m^2$$

4. 측선 AB를 기준으로 하여 C방향의 협각을 관측하였더니 257°36′37″이었다. 그런데 B점에 편위가 있어 다음 그림과 같이 실제 관측한 점이 B′이었다면 정확한 협각은? (단, BB′=20cm, ∠B′BA=150°, AB′= 2km)

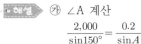

① 257°36′17″ ② 257°36′27″
③ 257°36′37″ ④ 257°36′47″

해설 ㉮ ∠A 계산

$$\frac{2,000}{\sin150°} = \frac{0.2}{\sin A}$$
∴ ∠A=0°0′10″

㉯ 정확한 협각=257°36′37″-0°0′10″
$$= 257°36′27″$$

5. 하천의 종단측량에서 4km 왕복측량에 대한 허용오차가 C라고 하면 8km 왕복측량의 허용오차는?

① $\dfrac{C}{2}$ ② $\sqrt{2}\,C$
③ $2C$ ④ $4C$

해설 $\sqrt{8} : C = \sqrt{16} : x$
∴ $x = \sqrt{2}\,C$

6. 최소 제곱법의 원리를 이용하여 처리할 수 있는 오차는?

① 정오차 ② 우연오차
③ 착오 ④ 물리적 오차

해설 부정오차(우연오차)
㉮ 일어나는 원인이 불분명하여 주의하여도 제거할 수 없다.
㉯ 이 오차를 계산하거나 소거할 수 있는 절대적인 방법은 없다.
㉰ 착오와 정오차를 모두 제거하고도 남은 오차가 우연오차에 해당된다.
㉱ 통계학오차론에서 오차처리의 대상이 되는 오차는 우연오차이다.
㉲ 오차의 원인을 모르기 때문에 그 오차를 제거할 수 없으며, 따라서 충분한 수의 잉여 관측을 통하여 통계적 기법(평균, 최소제곱법 등)으로 관측대상의 최확값을 구한다. 이 우연오차가 조정(adjustment)의 대상이 되는 오차이다.
㉳ 측정횟수의 제곱근에 비례하여 보정한다.

7. 다음 그림과 같이 원곡선을 설치할 때 교점(P)에 장애물이 있어 ∠ACD=150°, ∠CDB=90° 및 CD의 거리 400m를 관측하였다. C점으로부터 곡선시점(A)까지의 거리는? (단, 곡선의 반지름은 500m이다.)

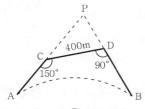

① 404.15m ② 425.88m
③ 453.15m ④ 461.88m

해설 ㉮ 교각(I) 계산
$$I = 30 + 90 = 120°$$
㉯ 접선장(T.L)
$$T.L = R\tan\frac{I}{2} = 500 \times \tan\frac{120°}{2} = 866.025m$$
㉰ CP거리
$$\frac{400}{\sin 60°} = \frac{CP}{\sin 90°}$$
$$\therefore CP = 461.880m$$
㉱ AC거리
$$AC = 866.025 - 461.880 = 404.145m$$

8. 수준측량의 오차 최소화방법으로 틀린 것은?

① 표척의 영점오차는 기계의 설치횟수를 짝수로 세워 오차를 최소화한다.
② 시차는 망원경의 접안경 및 대물경을 명확히 조절한다.
③ 눈금오차는 기준자와 비교하여 보정값을 정하고 온도에 대한 온도보정도 실시한다.
④ 표척기울기에 대한 오차는 표척을 앞뒤로 흔들 때의 최대값을 읽음으로 최소화한다.

해설 표척의 기울기에 대한 오차를 최소화하기 위해서는 표척을 앞뒤로 흔들 때의 최소값을 읽음으로써 이를 소거할 수 있다.

9. 원곡선의 설치에서 교각이 35°, 원곡선반지름이 500m일 때 도로기점으로부터 곡선시점까지의 거리가 315.45m이면 도로기점으로부터 곡선종점까지의 거리는?

① 593.38m ② 596.88m
③ 620.88m ④ 625.36m

해설
$$E.C = B.C + C.L$$
$$= 315.45 + 0.01745 \times 500 \times 35°$$
$$= 620.83m$$

10. 매개변수(A)가 90m인 클로소이드곡선에서 곡선길이(L)가 30m일 때 곡선의 반지름(R)은?

① 120m ② 150m
③ 270m ④ 300m

해설
$$A = \sqrt{RL}$$
$$90 = \sqrt{R \times 30}$$
$$\therefore R = 270m$$

11. 삼각점을 선점할 때의 유의사항에 대한 설명으로 틀린 것은?

① 정삼각형에 가깝도록 할 것
② 영구보존할 수 있는 지점을 택할 것
③ 지반은 가급적 연약한 곳으로 선정할 것
④ 후속작업에 편리한 지점일 것

해설 삼각점을 선점할 경우 지반은 견고한 곳으로 선정하여야 한다.

12. 삼각점으로부터 출발하여 다른 삼각점에 결합시키는 형태로써 측량결과의 검사가 가능하며 높은 정확도의 다각측량이 가능한 트래버스의 형태는?

① 결합트래버스   ② 개방트래버스
③ 폐합트래버스   ④ 기지트래버스

해설 트래버스의 종류

㉮ 결합트래버스 : 기지점에서 출발하여 다른 기지점으로 결합하는 방식으로 출발기지점과 도착기기점의 방위각을 산출, 비교하여 각오차를 소거하며 대규모지역에서 높은 정밀도를 얻을 수 있다.

㉯ 폐합트래버스 : 기지점에서 출발하여 신설점을 순차적으로 연결하여 출발점으로 다시 돌아오는 형태로 소규모 지역에 적합하다.

㉰ 개방트래버스 : 임의의 한 점이나 기지점에서 출발하여 최후에 기지점에 폐합시키지 아니하고 관측점에서 도선이 끝나는 방식으로 오차를 점검할 수 없기 때문에 노선측량의 답사 등에 사용된다.

13. 수심 H인 하천에서 수면으로부터 수심이 $0.2H$, $0.4H$, $0.6H$, $0.8H$인 지점의 유속이 각각 0.562m/s, 0.497m/s, 0.429m/s, 0.364m/s일 때 평균유속을 구한 것이 0.463m/s이었다면 평균유속을 구한 방법으로 옳은 것은?

① 1점법   ② 2점법
③ 3점법   ④ 4점법

해설 평균유속 계산

㉮ 1점법

$$V_m = V_{0.6} = 0.429\text{m/s}$$

㉯ 2점법

$$V_m = \frac{V_{0.2} + V_{0.8}}{2}$$
$$= \frac{0.562 + 0.364}{2}$$
$$= 0.463\text{m/s}$$

㉰ 3점법

$$V_m = \frac{V_{0.2} + 2V_{0.6} + V_{0.8}}{4}$$
$$= \frac{0.562 + 2 \times 0.429 + 0.364}{4}$$
$$= 0.446\text{m/s}$$

따라서 2점법에 해당한다.

14. 측량결과 다음 그림과 같은 지역의 면적은?

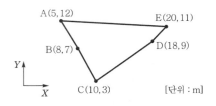

① 66m^2 ② 80m^2
③ 132m^2 ④ 160m^2

해설

측점	X	Y	$(X_{i-1} - X_{i+1})Y_i$
A	5	12	$(20-8) \times 12 = 144$
B	8	7	$(5-10) \times 7 = -35$
C	10	3	$(8-18) \times 3 = -30$
D	18	9	$(10-20) \times 9 = -90$
E	20	11	$(18-5) \times 11 = 143$
			$\Sigma = 132(=2A)$
			$\therefore A = 66\text{m}^2$

15. 어느 측선의 방위가 S 60° W이고, 측선길이가 200m일 때 경거는?

① 173.2m
② 100m
③ −100m
④ −173.20m

해설 경거 $= 200 \times \sin 240°$
$= -173.20\text{m}$

16. 갑, 을 두 사람이 A, B 두 점 간의 고저차를 구하기 위하여 왕복수준측량한 결과가 갑은 38.994±0.008m, 을은 39.003±0.004m일 때 두 점 간 고저차의 최확값은?

① 38.995m   ② 38.999m
③ 39.001m   ④ 39.003m

해설 ㉮ 경중률 계산

$$P_1 : P_2 = \frac{1}{8^2} : \frac{1}{4^2} = 1 : 4$$

㉯ 최확값 계산

$$H_0 = \frac{1 \times 38.994 + 4 \times 39.003}{1 + 4}$$
$$= 39.001\text{m}$$

17. 30m 줄자의 길이를 표준자와 비교하여 검증하였더니 30.03m이었다면 이 줄자를 사용하여 관측 후 계산한 면적의 정밀도는?

① $\dfrac{1}{50}$ ② $\dfrac{1}{100}$

③ $\dfrac{1}{500}$ ④ $\dfrac{1}{1,000}$

▸ 해설 $\dfrac{\Delta A}{A} = 2\dfrac{\Delta l}{l} = 2 \times \dfrac{0.03}{30} = \dfrac{1}{500}$

18. 초점길이가 210mm인 카메라를 사용하여 비고 600m인 지점을 사진축적 1 : 20,000으로 촬영한 수직사진의 촬영고도는?

① 1,200m ② 2,400m

③ 3,600m ④ 4,800m

▸ 해설 $\dfrac{1}{m} = \dfrac{f}{H-h}$

$\dfrac{1}{20,000} = \dfrac{0.21}{H-600}$

$\therefore H = 4,800\text{m}$

19. 노선측량에서 노선 선정을 할 때 가장 중요한 요소는?

① 곡선의 대소(大小) ② 수송량 및 경제성

③ 곡선 설치의 난이도 ④ 공사기일

▸ 해설 노선측량 시 노선 선정을 할 때 가장 중요한 것은 수송량과 경제성이다.

20. 지형을 보다 자세하게 표현하기 위해 다양한 크기의 삼각망을 이용하여 수치지형을 표현하는 모델은?

① TIN ② DEM

③ DSM ④ DTM

▸ 해설 불규칙삼각망(TIN)은 지형을 보다 자세하게 표현하기 위해 다양한 크기의 삼각망을 이용하여 지형을 표현함으로써 경사도, 방향, 3차원 입체지형 등을 생성할 수 있다.

토목기사 (2020년 8월 22일 시행)

1. 다음 그림과 같이 $\overset{\frown}{A_0 B_0}$의 노선을 $e=10\text{m}$만큼 이동하여 내측으로 노선을 설치하고자 한다. 새로운 반지름 R_N은? (단, $R_o=200\text{m}$, $I=60°$)

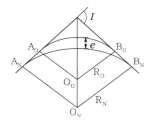

① 217.64m
② 238.26m
③ 250.50m
④ 264.64m

해설 ㉮ 구곡선의 외할

$$외할(E) = R\left(\sec\frac{I}{2}-1\right)$$
$$= 200 \times \left(\sec\frac{60°}{2}-1\right) = 30.94\text{m}$$

㉯ 신곡선의 반지름

$$외할(E+e) = R_N\left(\sec\frac{I}{2}-1\right)$$
$$30.94 + 10 = R_N \times \left(\sec\frac{60°}{2}-1\right)$$
$$\therefore R_N = 264.64\text{m}$$

2. 하천측량에 대한 설명으로 옳지 않은 것은?

① 수위관측소의 위치는 지천의 합류점 및 분류점으로서 수위의 변화가 일어나기 쉬운 곳이 적당하다.
② 하천측량에서 수준측량을 할 때의 거리표는 하천의 중심에 직각방향으로 설치한다.
③ 심천측량은 하천의 수심 및 유수 부분의 하저상황을 조사하고 횡단면도를 제작하는 측량을 말한다.
④ 하천측량 시 처음에 할 일은 도상조사로서 유로상황, 지역면적, 지형, 토지이용상황 등을 조사하여야 한다.

해설 양수표 설치 시 장소주의사항
㉮ 상·하류 약 100m 정도의 직선인 장소

㉯ 잔류, 역류가 적은 장소
㉰ 수위가 교각이나 기타 구조물에 의한 영향을 받지 않는 장소
㉱ 지천의 합류점에서는 불규칙한 수위의 변화가 없는 장소
㉲ 홍수 시 유실이나 이동 또는 파손되지 않는 장소
㉳ 어떤 갈수 시에도 양수표가 노출되지 않는 장소

3. 다음 그림과 같이 곡선반지름 $R=500\text{m}$인 단곡선을 설치할 때 교점에 장애물이 있어 $\angle\text{ACD}=150°$, $\angle\text{CDB}$ $=90°$, $\overline{\text{CD}}=100\text{m}$를 관측하였다. 이때 C점으로부터 곡선의 시점까지의 거리는?

① 530.27m
② 657.04m
③ 750.56m
④ 796.09m

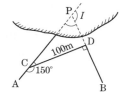

해설 ㉮ 교각(I) = $30° + 90° = 120°$

㉯ $\dfrac{100}{\sin 60°} = \dfrac{\text{CP}}{\sin 90°}$
$\therefore$ CP = 115.47m

㉰ T.L = $500 \times \tan\dfrac{120°}{2} = 866.03\text{m}$

㉱ C점에서 BC까지의 거리 = 866.03 − 115.47
$= 750.56\text{m}$

4. 다음 그림의 다각망에서 C점의 좌표는? (단, $\overline{\text{AB}} = \overline{\text{BC}} = 100\text{m}$이다.)

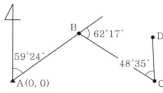

① $X_C = -5.31\text{m}$, $Y_C = 160.45\text{m}$
② $X_C = -1.62\text{m}$, $Y_C = 171.17\text{m}$
③ $X_C = -10.27\text{m}$, $Y_C = 89.25\text{m}$
④ $X_C = 50.90\text{m}$, $Y_C = 86.07\text{m}$

→ 정답   1. ④   2. ①   3. ③   4. ②

⊙해설 ㉮ 방위각계산
  ㉠ $\overline{AB}$측선의 방위각$=59°24'$
  ㉡ $\overline{BC}$측선의 방위각$=59°24'+62°17'$
    $=121°41'$
㉯ 좌표계산
  ㉠ B점의 좌표
    $X_B=0+100×\cos59°24'=50.90m$
    $Y_B=0+100×\sin59°24'=86.07m$
  ㉡ C점의 좌표
    $X_C=50.90+100×\cos121°41'=-1.62m$
    $Y_C=86.07+100×\sin121°41'=171.17m$

5. 각관측방법 중 배각법에 관한 설명으로 옳지 않은 것은?

① 방향각법에 비하여 읽기오차의 영향을 적게 받는다.
② 수평각관측법 중 가장 정확한 방법으로 정밀한 삼각측량에 주로 이용된다.
③ 시준할 때의 오차를 줄일 수 있고 최소 눈금 미만의 정밀한 관측값을 얻을 수 있다.
④ 1개의 각을 2회 이상 반복관측하여 관측한 각도의 평균을 구하는 방법이다.

⊙해설 배각법
  ㉮ 방향관측법에 비해 읽기오차의 영향을 적게 받는다.
  ㉯ 눈금을 측정할 수 없는 작은 양의 값을 누적하여 반복횟수로 나누면 세밀한 값을 얻을 수 있다.
  ㉰ 눈금의 불량에 의한 오차를 최소로 하기 위해 n회의 반복결과가 $360°$에 가깝도록 한다.
  ㉱ 방향수가 적은 경우에 편리하며 삼각측량과 같이 많은 방향이 있는 경우에는 적합하지 않다.

6. 수준측량에서 시준거리를 같게 함으로써 소거할 수 있는 오차에 대한 설명으로 틀린 것은?

① 기포관축과 시준선이 평행하지 않을 때 생기는 시준선오차를 소거할 수 있다.
② 지구곡률오차를 소거할 수 있다.
③ 표척시준 시 초점나사를 조정할 필요가 없으므로 이로 인한 오차인 시준오차를 줄일 수 있다.
④ 표척의 눈금 부정확으로 인한 오차를 소거할 수 있다.

⊙해설 전시와 후시의 거리를 같게 취하는 이유
  ㉮ 기계오차(시준축오차) 소거(주목적)
  ㉯ 구차(지구의 곡률에 의한 오차) 소거
  ㉰ 기차(광선의 굴절에 의한 오차) 소거

7. 삼각측량을 위한 삼각점의 위치 선정에 있어서 피해야 할 장소와 가장 거리가 먼 것은?

① 측표를 높게 설치해야 되는 곳
② 나무의 벌목면적이 큰 곳
③ 편심관측을 해야 되는 곳
④ 습지 또는 하상인 곳

⊙해설 삼각측량을 위한 삼각점의 위치 선정에 있어서 피해야 할 장소
  ㉮ 측표를 높게 설치해야 되는 곳
  ㉯ 나무의 벌목면적이 큰 곳
  ㉰ 습지 또는 하상인 곳

8. 폐합다각측량을 실시하여 위거오차 30cm, 경거오차 40cm를 얻었다. 다각측량의 전체 길이가 500m라면 다각형의 폐합비는?

① $\dfrac{1}{100}$ ② $\dfrac{1}{125}$

③ $\dfrac{1}{1,000}$ ④ $\dfrac{1}{1,250}$

⊙해설 ㉮ 폐합오차$=\sqrt{위거오차^2+경거오차^2}$
    $=\sqrt{0.3^2+0.4^2}=0.5m$
㉯ 폐합비(정도)$=\dfrac{E}{\sum L}=\dfrac{0.5}{500}=\dfrac{1}{1,000}$

9. 직접고저측량을 실시한 결과가 다음 그림과 같을 때 A점의 표고가 10m라면 C점의 표고는? (단, 그림은 개략도로 실제 치수와 다를 수 있음)

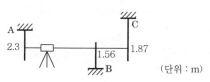

① 9.57m ② 9.66m
③ 10.57m ④ 10.66m

⊙해설 $H_C=10-2.3+1.87=9.57m$

10. 하천측량에서 유속관측에 대한 설명으로 옳지 않은 것은?

① 유속계에 의한 평균유속계산식은 1점법, 2점법, 3점법 등이 있다.

② 하천기울기(I)를 이용하여 유속을 구하는 식에는 Chezy식과 Manning식 등이 있다.

③ 유속관측을 위해 이용되는 부자는 표면부자, 2중부자, 봉부자 등이 있다.

④ 위어(weir)는 유량관측을 위해 직접적으로 유속을 관측하는 장비이다.

> **해설** 위어는 유량관측을 위해 설치된 것으로 둑을 말한다.

11. 직사각형의 두 변의 길이를 $\frac{1}{100}$ 정밀도로 관측하여 면적을 산출할 경우 산출된 면적의 정밀도는?

① $\frac{1}{50}$

② $\frac{1}{100}$

③ $\frac{1}{200}$

④ $\frac{1}{300}$

> **해설** $\frac{\Delta A}{A} = 2\frac{\Delta L}{L} = 2 \times \frac{1}{100} = \frac{1}{50}$

12. 전자파거리측량기로 거리를 측량할 때 발생되는 관측오차에 대한 설명으로 옳은 것은?

① 모든 관측오차는 거리에 비례한다.

② 모든 관측오차는 거리에 비례하지 않는다.

③ 거리에 비례하는 오차와 비례하지 않는 오차가 있다.

④ 거리가 어떤 길이 이상으로 커지면 관측오차가 상쇄되어 길이에 대한 영향이 없어진다.

> **해설** 전자파거리측정기의 오차
> ㉮ 거리에 비례하는 오차 : 광속도오차, 광변조주파수오차, 굴절률오차
> ㉯ 거리에 반비례하는 오차 : 위상차관측오차, 영점오차(기계정수, 반사경정수), 편심오차

13. 토적곡선(mass curve)을 작성하는 목적으로 가장 거리가 먼 것은?

① 토량의 배분

② 교통량 산정

③ 토공기계의 선정

④ 토량의 운반거리 산출

> **해설** 토적곡선(mass curve)을 작성하는 목적
> ㉮ 토량의 배분
> ㉯ 토공기계의 선정
> ㉰ 토량의 운반거리 산출

14. 지반의 높이를 비교할 때 사용하는 기준면은?

① 표고(elevation)

② 수준면(level surface)

③ 수평면(horizontal plane)

④ 평균해수면(mean sea level)

> **해설** 우리나라의 높이기준은 인천만의 평균해수면이다.

15. 축척 1:50,000 지형도상에서 주곡선 간의 도상길이가 1cm이었다면 이 지형의 경사는?

① 4%

② 5%

③ 6%

④ 10%

> **해설** ㉮ $\frac{1}{m} = \frac{도상거리}{실제거리}$
> $\frac{1}{50,000} = \frac{0.01}{실제거리}$
> ∴ 실제거리=500m
> ㉯ $i = \frac{H}{D} \times 100\%$
> $= \frac{20}{500} \times 100\% = 4\%$

여기서 1:50,000의 경우 주곡선의 간격은 20m 이다. 따라서 H에 20m를 대입한다.

16. 노선설치에서 곡선반지름 R, 교각 I인 단곡선을 설치할 때 곡선의 중앙종거(M)를 구하는 식으로 옳은 것은?

① $M = R\left(\sec\frac{I}{2} - 1\right)$

② $M = R\tan\frac{I}{2}$

③ $M = 2R\sin\frac{I}{2}$

④ $M = R\left(1 - \cos\frac{I}{2}\right)$

> **해설** 중앙종거(M) $= R\left(1 - \cos\frac{I}{2}\right)$

 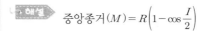

17. 다음 우리나라에서 사용되고 있는 좌표계에 대한 설명 중 옳지 않은 것은?

> 우리나라의 평면직각좌표는 ⊙ 4개의 평면직각좌표계(서부, 중부, 동부, 동해)를 사용하고 있다. 각 좌표계의 ⓒ 원점은 위도 38°선과 경도 125°, 127°, 129°, 131°선의 교점에 위치하며, ⓒ 투영법은 TM(Transverse Mercator)을 사용한다. 좌표의 음수표기를 방지하기 위해 ② 횡좌표에 200,000m, 종좌표에 500,000m를 가산한 가좌표를 사용한다.

① ⊙   ② ⓒ
③ ⓒ   ④ ②

해설 우리나라의 평면직각좌표는 4개의 평면직각좌표계(서부, 중부, 동부, 동해)를 사용하고 있다. 각 좌표계의 원점은 위도 38°선과 경도 125°, 127°, 129°, 131°선의 교점에 위치하며, 투영법은 TM(Transverse Mercator)을 사용한다. 좌표의 음수표기를 방지하기 위해 횡좌표에 200,000m, 종좌표에 600,000m를 가산한 가좌표를 사용한다.

18. 다음 그림과 같은 편심측량에서 ∠ABC는? (단, $\overline{AB}=2.0$km, $\overline{BC}=1.5$km, $e=0.5$m, $t=54°30'$, $\rho=300°30'$)

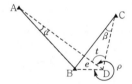

① 54°28′45″   ② 54°30′19″
③ 54°31′58″   ④ 54°33′14″

해설 ㉮ △BAD에서

$$\frac{e}{\sin\alpha}=\frac{\overline{AB}}{\sin(360°-\rho)}$$

$$\sin\alpha=\frac{e\sin(360°-\rho)}{\overline{AB}}$$

$$\therefore \ \alpha=\sin^{-1}\frac{e\sin(360°-\rho)}{\overline{AB}}$$

$$=\sin^{-1}\frac{0.5\times\sin(360°-300°30')}{2,000}$$

$$=0°0'44''$$

㉯ △BCD에서

$$\frac{e}{\sin\beta}=\frac{\overline{BC}}{\sin(360°-\rho+t)}$$

$$\sin\alpha=\frac{e\sin(360°-\rho+t)}{\overline{BC}}$$

$$\therefore \ \beta=\sin^{-1}\frac{e\sin(360°-\rho+t)}{\overline{BC}}$$

$$=\sin^{-1}\frac{0.5\times\sin(360°-300°30'+54°30')}{1,500}$$

$$=0°1'03''$$

㉰ ∠ABC $=t+\beta-\alpha=54°30'19''$

19. 지형의 표시방법 중 하천, 항만, 해안측량 등에서 심천측량을 할 때 측점에 숫자로 기입하여 고저를 표시하는 방법은?

① 점고법
② 음영법
③ 연선법
④ 등고선법

해설 지형의 표시법
㉮ 자연적인 도법
  ⊙ 우모법 : 선의 굵기와 길이로 지형을 표시하는 방법으로 경사가 급하면 굵고 짧게, 경사가 완만하면 가늘고 길게 표시한다.
  ⓒ 영선법 : 태양광선이 서북쪽에서 45°로 비친다고 가정하고 지표의 기복에 대해서 그 명암을 도상에 2~3색 이상으로 지형의 기복을 표시하는 방법이다.
㉯ 부호적 도법
  ⊙ 점고법 : 지표면상에 있는 임의점의 표고를 도상에서 숫자로 표시해 지표를 나타내는 방법으로 하천, 항만, 해양 등의 심천을 나타내는 경우에 사용한다.
  ⓒ 등고선법 : 등고선에 의하여 지표면의 형태를 표시하는 방법으로 비교적 지형을 쉽게 표현할 수 있어 가장 널리 쓰이는 방법이다.
  ⓒ 채색법 : 지형도에 채색을 하여 지형을 표시하는 방법으로 높은 곳은 진하게, 낮은 곳은 연하게 표시하며 지리관계의 지도나 소축척 지도에 사용된다.

20. 다각측량에서 거리관측 및 각관측의 정밀도는 균형을 고려해야 한다. 거리관측의 허용오차가 $\pm\dfrac{1}{10,000}$ 이라고 할 때 각관측의 허용오차는?

① $\pm 20''$ ② $\pm 10''$

③ $\pm 5''$ ④ $\pm 1'$

해설

$$\frac{\Delta l}{l}=\frac{\theta''}{\rho''}$$

$$\frac{1}{10,000}=\frac{\theta''}{206,265''}$$

$$\therefore\ \theta''=\pm 20''$$

1. 수평각측정법 중에서 가장 정확한 값을 얻을 수 있는 방법은?

① 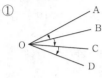 ②

③ 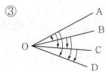 ④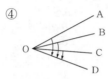

• 해설 수평각측정법에서 가장 정밀도가 높은 것은 각 관측법(조합각관측법)이다.

각의 수 $=\frac{1}{2}n(n-1)$, 조건식 수 $=\frac{1}{2}(n-2)(n-1)$

2. 수준측량장비인 레벨의 기포관이 구비해야 할 조건으로 가장 거리가 먼 것은?

① 유리관의 질은 오랜 시간이 흘러도 내부 액체의 영향을 받지 않을 것

② 유리관의 곡률반지름이 중앙 부위로 갈수록 작아질 것

③ 동일 경사에 대해서는 기포의 이동이 동일할 것

④ 기포의 이동이 민감할 것

• 해설 기포관의 구비조건

㉮ 유리관의 질은 장시일 변치 않아야 한다.

㉯ 기포관 내면의 곡률반경이 모든 점에서 균일해야 한다.

㉰ 기포의 이동이 민감해야 한다.

㉱ 액체는 표면장력과 점착력이 적어야 한다.

㉲ 곡률반경이 커야 한다.

3. 완화곡선에 대한 설명으로 옳지 않은 것은?

① 완화곡선의 곡선반지름(R)은 시점에서 무한대이다.

② 완화곡선의 접선은 시점에서 직선에 접한다.

③ 완화곡선의 종점에 있는 캔트(cant)는 원곡선의 캔트(cant)와 같다.

④ 완화곡선의 길이(L)는 도로폭에 따라 결정된다.

• 해설 완화곡선의 길이(L)는 도로폭과는 무관하며 곡선반경과 매개변수에 따라 결정된다.

4. 우리나라의 노선측량에서 고속도로에 주로 이용되는 완화곡선은?

① 렘니스케이트곡선 ② 클로소이드곡선

③ 2차 포물선 ④ 3차 포물선

• 해설 우리나라의 노선측량에서 고속도로에 주로 이용되는 완화곡선은 클로소이드곡선이며, 철도에서는 3차 포물선을 사용한다.

5. 지상고도 2,000m의 비행기 위에서 초점거리 152.7mm의 사진기로 촬영한 수직항공사진에서 길이 560m인 교량의 사진상의 길이는?

① 2.6mm ② 3.8mm

③ 26mm ④ 38mm

• 해설
$$\frac{1}{m}=\frac{f}{H}=\frac{l}{L}$$
$$\frac{0.1527}{2,000}=\frac{l}{560}$$
$$\therefore l=3.8\text{mm}$$

6. 항공사진측량의 특징에 대한 설명으로 틀린 것은?

① 분업에 의해 작업하므로 능률적이다.

② 정밀도가 대체로 균일하며 상대오차가 양호하다.

③ 축척변경이 용이하다.

④ 대축척측량일수록 경제적이다.

해설 사진측량의 장단점

장점	단점
• 정량적, 정성적 측정이 가능하다. • 정확도가 균일하다. • 대규모 지역에서는 경제적이다. • 4차원(X, Y, Z, T) 측정이 가능하다. • 축척변경이 용이하다. • 분업화로 작업이 능률적이다.	• 소규모 지역에서는 비경제적이다. • 기자재가 고가이다. • 피사체에 대한 식별이 난해하다. • 기상조건에 영향을 받는다. • 태양고도 등에 영향을 받는다. • 대축척일 경우 매수가 늘어나므로 비경제적이다.

7. 노선의 횡단측량에서 No.1+15m측점의 절도 단면적이 100m^2, No.2측점의 절토 단면적이 40m^{2}일 때 두 측점 사이의 절토량은? (단, 중심말뚝간격=20m)

① 350m^3 ② 700m^3
③ 1,200m^3 ④ 1,400m^3

해설 양단면 평균법에 의해 계산하면

$$절토량 = \left(\frac{A_1 + A_2}{2}\right) l = \frac{100 + 40}{2} \times 5 = 350m^3$$

8. 교점(I.P)의 위치가 기점으로부터 200.12m, 곡선반지름 200m, 교각 45°00′인 단곡선의 시단현의 길이는? (단, 측점 간 거리는 20m로 한다.)

① 2.72m ② 2.84m
③ 17.16m ④ 17.28m

해설 ㉮ 접전장(T.L) $= R\tan\dfrac{I}{2}$

$$= 200 \times \tan\frac{45°}{2} = 82.84m$$

㉯ B.C의 길이 = I.P − T.L
$$= 200.12 - 82.84 = 117.28m$$

㉰ 시단현길이(l_1) = 120 − 117.28 = 2.72m

9. 기지점 A로부터 기지점 B에 결합하는 트래버스측량을 실시하여 X좌표의 결합오차 +0.15m, Y좌표의 결합오차 +0.20m를 얻었다면 이 측량의 결합비는? (단, 전체 노선거리는 2,750m이다.)

① $\dfrac{1}{18,330}$ ② $\dfrac{1}{13,750}$

③ $\dfrac{1}{12,000}$ ④ $\dfrac{1}{11,000}$

해설 ㉮ 폐합오차 $= \sqrt{위거오차^2 + 경거오차^2}$
$$= \sqrt{0.15^2 + 0.2^2} = 0.25m$$

㉯ 폐합비(정도) $= \dfrac{E}{\sum L} = \dfrac{0.25}{2,750} = \dfrac{1}{11,000}$

10. 등고선의 성질에 대한 설명으로 틀린 것은?

① 등고선은 도면 내·외에서 반드시 폐합한다.
② 최대 경사방향은 등고선과 직각방향으로 교차한다.
③ 등고선은 급경사지에서는 간격이 넓어지며, 완경사지에서는 간격이 좁아진다.
④ 등고선은 경사가 같은 곳에서는 간격이 같다.

해설 등고선
㉮ 동일 등고선상에 있는 모든 점은 같은 높이이다.
㉯ 등고선은 도면 안이나 밖에서 폐합하는 폐곡선이다.
㉰ 도면 내에서 등고선이 폐합하는 경우 폐합된 등고선 내부에는 산꼭대기 또는 분지가 있다.
㉱ 두 쌍의 등고선 볼록부가 마주하고 다른 한 쌍의 등고선이 바깥쪽으로 향할 때 그곳은 안부(고개)이다.
㉲ 높이가 다른 두 등고선은 동굴이나 절벽의 지형이 아닌 곳에서는 교차하지 않는다. 즉 동굴이나 절벽에서는 교차한다.
㉳ 동등한 경사의 지표에서 양 등고선의 수평거리는 같다.
㉴ 최대 경사의 방향은 등고선과 직각으로 교차한다.
㉵ 등고선은 경사가 급한 곳에서는 간격이 좁고, 완만한 경사에서는 넓다.

11. 폐합트래버스측량에서 각관측의 정밀도가 거리관측의 정밀도보다 높을 때 오차를 배분하는 방법으로 옳은 것은?

① 해당 측선길이에 비례하여 배분한다.
② 해당 측선길이에 반비례하여 배분한다.
③ 해당 측선의 위거와 경거의 크기에 비례하여 배분한다.
④ 해당 측선의 위거와 경거의 크기에 반비례하여 배분한다.

해설 트래버스의 조정

㉮ 컴퍼스법칙 : 거리의 정밀도와 각의 정밀도가 같은 경우$\left(\dfrac{\Delta l}{l}=\dfrac{\theta''}{\rho''}\right)$ 측선길이에 비례하여 배분

㉯ 트랜싯법칙 : 거리의 정밀도보다 각의 정밀도가 좋은 경우$\left(\dfrac{\Delta l}{l}<\dfrac{\theta''}{\rho''}\right)$ 해당 측선의 위거와 경거의 크기에 비례하여 배분

12. 측선 $\overline{AB}$의 관측거리가 100m일 때 다음 중 B점의 $X(N)$좌표값이 가장 큰 경우는? (단, A의 좌표 $X_A=0$m, $Y_A=0$m)

① $\overline{AB}$의 방위각(α)=30°
② $\overline{AB}$의 방위각(α)=60°
③ $\overline{AB}$의 방위각(α)=90°
④ $\overline{AB}$의 방위각(α)=120°

해설 좌표의 계산

① $\alpha=30° \rightarrow X_B=0+100\times\cos30°=86.60$m
② $\alpha=60° \rightarrow X_B=0+100\times\cos60°=50.00$m
③ $\alpha=90° \rightarrow X_B=0+100\times\cos90°=0.00$m
④ $\alpha=120° \rightarrow X_B=0+100\times\cos120°$
$\qquad\qquad\qquad\qquad\qquad =-50.00$m

∴ B점의 $X(N)$좌표값이 가장 큰 경우는 방위각이 30°일 경우이다.

13. 축척 1:50,000 지도상에서 4cm²인 영역의 지상에서 실제 면적은?

① 1km²
② 2km²
③ 100km²
④ 200km²

해설
$$\left(\dfrac{1}{m}\right)^2 = \dfrac{\text{도상면적}}{\text{실제 면적}}$$
$$\left(\dfrac{1}{50,000}\right)^2 = \dfrac{4\text{cm}^2}{\text{실제 면적}}$$
∴ 실제 면적=1km²

14. 다음 그림과 같이 A점에서 편심점 B′점을 시준하여 T_B'를 관측했을 때 B점의 방향각 T_B를 구하기 위한 보정량 x의 크기를 구하는 식으로 옳은 것은?

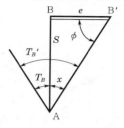

① $\rho''\,\dfrac{e\sin\phi}{S}$　　　② $\rho''\,\dfrac{e\cos\phi}{S}$

③ $\rho''\,\dfrac{S\sin\phi}{e}$　　　④ $\rho''\,\dfrac{S\cos\phi}{e}$

해설 $x = \rho''\,\dfrac{e\sin\phi}{S}$

15. 축척 1:5,000 지형도(30cm×30cm)를 기초로 하여 축척이 1:50,000인 지형도(30cm×30cm)를 제작하기 위해 필요한 1:5,000 지형도의 수는?

① 50장　　　　　② 100장
③ 150장　　　　　④ 200장

해설 지형도의 수=$\left(\dfrac{50,000}{5,000}\right)^2=100$장

16. 기하학적 측지학에 속하지 않는 것은?

① 측지학적 3차원 위치의 결정
② 면적 및 체적의 산정
③ 길이 및 시(時)의 결정
④ 지구의 극운동과 자전운동

해설 측지학의 분류

㉮ 기하학적 측지학 : 길이 및 시의 결정, 수평 위치의 결정, 높이의 결정, 측지학적 3차원 위치결정, 천문측량, 위성측지, 면적 및 체적측정, 지도제작, 사진측량

㉯ 물리학적 측지학 : 지구의 형상해석, 중력측정, 지자기측정, 탄성파측정, 지구의 극운동 및 자전운동, 지각변동 및 균형, 지구의 열측정, 대륙의 부동, 지구의 조석측량

17. 교호수준측량에서 A점의 표고가 60.00m일 때 a_1=0.75m, b_1=0.55m, a_2=1.45m, b_2=1.24m이면 B점의 표고는?

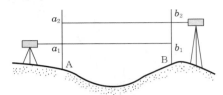

① 60.205m   ② 60.210m

③ 60.215m   ④ 60.200m

> **해설**
>
> $$H = \frac{(a_1 - b_1) + (a_2 - b_2)}{2}$$
> $$= \frac{(0.75 - 0.55) + (1.45 - 1.24)}{2} = 0.205\text{m}$$
> (B점이 높다.)
> $$\therefore H_B = H_A + H = 60 + 0.205 = 60.205\text{m}$$

18. 곡선반지름이 200m인 단곡선을 설치하기 위하여 다음 그림과 같이 교각 I를 관측할 수 없어 ∠AA′B′, ∠BB′A′의 두 각을 관측하여 각각 141°40′과 90°20′의 값을 얻었다. 교각 I는? (단, A : 곡선시점, B : 곡선 종점)

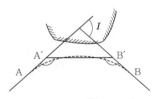

① 38°20′   ② 38°40′

③ 89°40′   ④ 128°00′

> **해설** $I = (180° - 141°40′) + (180° - 90°20′) = 128°00′$

19. 거리측량의 허용정밀도를 $\frac{1}{10^5}$이라 할 때 반지름 몇 km까지를 평면으로 볼 수 있는가? (단, 지구반지름 r=6,400km이다.)

① 11km   ② 22km

③ 35km   ④ 70km

> **해설**
>
> $$\frac{\Delta l}{l} = \frac{L - l}{l} = \frac{l^2}{12R^2} = \frac{1}{M}$$
> $$\frac{1}{100,000} = \frac{l}{12 \times 6,370^2}$$
> $$\therefore l = 70\text{km(직경)}$$
> 따라서 반경은 35km이다.

20. 수준측량에서 전시와 후시의 시준거리를 같게 하여 소거할 수 있는 오차는?

① 표척눈금의 오독으로 발생하는 오차

② 표척을 연직방향으로 세우지 않아 발생하는 오차

③ 시준축이 기포관축과 평행하지 않기 때문에 발생하는 오차

④ 시차(조준의 불완전)에 의해 발생하는 오차

> **해설**   전시와 후시의 거리를 같게 취하는 이유
> ⑦ 기계오차(시준축오차) 소거(주목적)
> ⑭ 구차(지구의 곡률에 의한 오차) 소거
> ⑮ 기차(광선의 굴절에 의한 오차) 소거
> ※ 시준축오차 : 기포관축과 시준선이 평행하지 않기 때문에 생기는 오차

1. 노선측량의 일반적인 작업순서로 옳은 것은?

㉠ 종·횡단측량	㉡ 중심선측량
㉢ 공사측량	㉣ 답사

① ㉠ → ㉡ → ㉣ → ㉢
② ㉠ → ㉢ → ㉣ → ㉡
③ ㉣ → ㉡ → ㉠ → ㉢
④ ㉣ → ㉢ → ㉠ → ㉡

• 해설 　노선측량의 순서
　　　답사 → 종·횡단측량 → 중심선측량 → 공사측량

2. 2,000m의 거리를 50m씩 끊어서 40회 관측하였다. 관측결과 총오차가 ±0.14m이었고 40회 관측의 정밀도가 동일하다면 50m 거리관측의 오차는?

① ±0.022m
② ±0.019m
③ ±0.016m
④ ±0.013m

• 해설 　우연오차$(e) = \pm m\sqrt{n}$
　　　$0.14 = \pm m\sqrt{40}$
　　　$\therefore m = \pm 0.022$m

3. 지형측량의 순서로 옳은 것은?

① 측량계획 – 골조측량 – 측량원도 작성 – 세부측량
② 측량계획 – 세부측량 – 측량원도 작성 – 골조측량
③ 측량계획 – 측량원도 작성 – 골조측량 – 세부측량
④ 측량계획 – 골조측량 – 세부측량 – 측량원도 작성

• 해설 　지형측량의 순서
　　　측량계획 – 골조측량 – 세부측량 – 측량원도 작성

4. 교호수준측량을 한 결과로 $a_1 = 0.472$m, $a_2 = 2.656$m, $b_1 = 2.106$m, $b_2 = 3.895$m를 얻었다. A점의 표고가 66.204m일 때 B점의 표고는?

① 64.130m
② 64.768m
③ 65.238m
④ 67.641m

• 해설 　$H = \dfrac{(a_1 - b_1) + (a_2 - b_2)}{2}$
　　　$= \dfrac{(0.472 - 2.106) + (2.656 - 3.895)}{2} = -1.436$m
　　　$\therefore H_B = H_A + H = 66.204 - 1.436 = 64.768$m

5. 항공사진의 특수 3점이 아닌 것은?

① 주점
② 보조점
③ 연직점
④ 등각점

• 해설 　항공사진의 특수 3점
　　㉮ 주점 : 사진의 중심점으로 렌즈의 중심으로부터 화면에 내린 수선의 길이, 즉 렌즈의 광축과 화면이 교차하는 점(거의 수직사진)
　　㉯ 연직점 : 중심투영점 0을 지나는 중력선이 사진면과 마주치는 점. 카메라렌즈의 중심으로부터 기준면에 수선을 내렸을 때 만나는 점(고저차가 큰 지형의 수직 및 경사사진)
　　㉰ 등각점 : 사진면에 직교되는 광선과 중력선이 이루는 각을 2등분하는 광선이 사진면에 마주치는 점(평탄한 지역의 경사사진)

6. 도로의 노선측량에서 반지름(R) 200m인 원곡선을 설치할 때 도로의 기점으로부터 교점(I.P)까지의 추가거리가 423.26m, 교각(I)이 42°20′일 때 시단현의 편각은? (단, 중심말뚝간격은 20m이다.)

① 0°50′00″
② 2°01′52″
③ 2°03′11″
④ 2°51′47″

• 해설 　㉮ $T.L = R\tan\dfrac{I}{2} = 200 \times \tan\dfrac{42°20′}{2} = 77.44$m
　　㉯ $B.C = I.P - T.L = 423.26 - 77.44 = 345.82$m
　　㉰ $l_1 = 360 - 345.82 = 14.18$m
　　㉱ $\delta_1 = \dfrac{l_1}{R}\dfrac{90°}{\pi} = \dfrac{14.18}{200} \times \dfrac{90°}{\pi} = 2°01′52″$

7. 구면삼각형의 성질에 대한 설명으로 틀린 것은?

① 구면삼각형 내각의 합은 180°보다 크다.

② 2점 간 거리가 구면상에서는 대원의 호길이가 된다.

③ 구면삼각형의 한 변은 다른 두 변의 합보다는 작고, 차보다는 크다.

④ 구과량은 구 반지름의 제곱에 비례하고, 구면삼각형의 면적에 반비례한다.

해설 **구과량**

㉮ 구과량은 구면삼각형의 면적(F)에 비례하고, 구의 반경(R)의 제곱에 반비례한다.

㉯ 세 변이 대원의 호로 된 삼각형을 구면삼각형이라 한다.

㉰ 일반측량에서는 구과량이 미소하므로 구면삼각형 대신에 평면삼각형의 면적을 사용해도 지장 없다.

㉱ 측량대상지역이 넓은 경우에는 곡면각의 성질이 필요하다.

㉲ 구면삼각형의 세 변의 길이는 대원호의 중심각과 같은 각거리이다.

8. 수평각관측을 할 때 망원경의 정위, 반위로 관측하여 평균하여도 소거되지 않는 오차는?

① 수평축오차　　　　② 시준축오차

③ 연직축오차　　　　④ 편심오차

해설 연직축오차는 연직축과 기포관축이 평행하지 않아 발생하는 오차로 어떠한 방법으로도 소거할 수 없다.

9. 다음 그림과 같은 횡단면의 면적은?

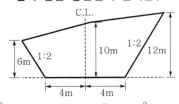

① 196m^2　　　　② 204m^2

③ 216m^2　　　　④ 256m^2

해설 ㉮ A면적

$$A = \frac{6+10}{2} \times 16 - \frac{1}{2} \times 12 \times 6 = 92\text{m}^2$$

㉯ B면적

$$B = \frac{10+12}{2} \times 28 - \frac{1}{2} \times 24 \times 12 = 164\text{m}^2$$

㉰ A+B의 면적(횡단면적)=A면적+B면적

$$= 92 + 164$$
$$= 256\text{m}^2$$

10. 삼변측량을 실시하여 길이가 각각 $a=1{,}200$m, $b=1{,}300$m, $c=1{,}500$m이었다면 ∠ACB는?

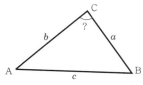

① 73°31′02″　　　　② 73°33′02″

③ 73°35′02″　　　　④ 73°37′02″

해설 $\cos C = \dfrac{a^2+b^2-c^2}{2ab} = \dfrac{1{,}200^2+1{,}300^2-1{,}500^2}{2 \times 1{,}200 \times 1{,}300}$

$$\therefore \angle C = 73°37′02″$$

11. 30m에 대하여 3mm 늘어나 있는 줄자로써 정사각형의 지역을 측정한 결과 80,000m^{2}이었다면 실제의 면적은?

① 80,016m^2　　　　② 80,008m^2

③ 79,984m^2　　　　④ 79,992m^2

해설 ㉮ $\dfrac{\Delta A}{A} = 2\dfrac{\Delta l}{l} = 2 \times \dfrac{0.003}{30} = \dfrac{1}{5{,}000}$

㉯ $\dfrac{1}{5{,}000} = \dfrac{\Delta A}{80{,}000}$

$$\therefore \Delta A = 16\text{m}^2$$

㉰ $A_0 = A + \Delta A = 80{,}000 + 16 = 80{,}016\text{m}^2$

12. GNSS데이터의 교환 등에 필요한 공통적인 형식으로 원시데이터에서 측량에 필요한 데이터를 추출하여 보기 쉽게 표현한 것은?

① Bernese　　　　② RINEX

③ Ambiguity　　　　④ Binary

해설 RINEX : 정지측량 시 기종이 서로 다른 GPS수신기를 혼합하여 사용하였을 경우 어떤 종류의 후처리 소프트웨어를 사용하더라도 수집된 GPS데이터의 기선해석이 용이하도록 고안된 세계표준의 GPS데이터포맷

13. 수준망의 관측결과가 다음 표와 같을 때 관측의 정확도가 가장 높은 것은?

구분	총거리(km)	폐합오차(mm)
Ⅰ	25	±20
Ⅱ	16	±18
Ⅲ	12	±15
Ⅳ	8	±13

① Ⅰ   ② Ⅱ
③ Ⅲ   ④ Ⅳ

해설

$$\text{Ⅰ 구간} = \delta = \frac{20}{\sqrt{25}} = 4.0\text{mm}$$

$$\text{Ⅱ 구간} = \delta = \frac{18}{\sqrt{16}} = 4.50\text{mm}$$

$$\text{Ⅲ 구간} = \delta = \frac{15}{\sqrt{12}} = 4.33\text{mm}$$

$$\text{Ⅳ 구간} = \delta = \frac{13}{\sqrt{8}} = 4.60\text{mm}$$

∴ Ⅰ 구간이 가장 정확도가 높다.

14. GPS위성측량에 대한 설명으로 옳은 것은?
① GPS를 이용하여 취득한 높이는 지반고이다.
② GPS에서 사용하고 있는 기준타원체는 GRS80타원체이다.
③ 대기 내 수증기는 GPS위성신호를 지연시킨다.
④ GPS측량은 별도의 후처리 없이 관측값을 직접 사용할 수 있다.

해설
  ① GPS를 이용하여 취득한 높이는 타원체고이다.
  ② GPS에서 사용되는 기준타원체는 WGS84이다.
  ④ GPS측량은 관측한 데이터를 후처리과정을 거쳐 위치를 결정한다.

15. 완화곡선에 대한 설명으로 옳지 않은 것은?
① 완화곡선의 접선은 시점에서 원호에, 종점에서 직선에 접한다.
② 완화곡선에 연한 곡선반지름의 감소율은 캔트(cant)의 증가율과 같다.
③ 완화곡선의 반지름은 그 시점에서 무한대, 종점에서는 원곡선의 반지름과 같다.

④ 모든 클로소이드(clothoid)는 닮음꼴이며, 클로소이드요소는 길이의 단위를 가진 것과 단위가 없는 것이 있다.

해설 완화곡선
  ㉮ 곡선반지름은 완화곡선의 시점에서 무한대, 종점에서 원곡선의 반지름으로 된다.
  ㉯ 완화곡선의 접선은 시점에서 직선에, 종점에서 원호에 접한다.
  ㉰ 완화곡선에 연한 곡선반지름의 감소율은 캔트의 증가율과 같다.
  ㉱ 완화곡선의 종점의 캔트와 원곡선의 시점의 캔트는 같다.

16. 축척 1 : 1,500 지도상의 면적을 축척 1 : 1,000으로 잘못 관측한 결과가 10,000m²이었다면 실제 면적은?
① 4,444m²   ② 6,667m²
③ 15,000m²   ④ 22,500m²

해설 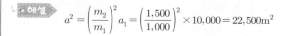
$$a^2 = \left(\frac{m_2}{m_1}\right)^2 a_1 = \left(\frac{1,500}{1,000}\right)^2 \times 10,000 = 22,500\text{m}^2$$

17. 수준측량에서 전시와 후시의 거리를 같게 하여 소거할 수 있는 오차가 아닌 것은?
① 지구의 곡률에 의해 생기는 오차
② 기포관축과 시준축이 평행되지 않기 때문에 생기는 오차
③ 시준선상에 생기는 빛의 굴절에 의한 오차
④ 표척의 조정불완전으로 인해 생기는 오차

해설 전시와 후시의 거리를 같게 취하는 이유
  ㉮ 기포관축과 시준축이 평행하지 않기 때문에 발생하는 오차(시준축오차) 소거
  ㉯ 지구곡률오차 소거
  ㉰ 대기굴절오차 소거

18. 초점거리가 210mm인 사진기로 촬영한 항공사진의 기선고도비는? (단, 사진크기는 23cm×23cm, 축척은 1 : 10,000, 종중복도 60%이다.)
① 0.32   ② 0.44
③ 0.52   ④ 0.61

• 해설 ▶

$$기선고도비 = \frac{B}{H} = \frac{ma\left(1 - \frac{p}{100}\right)}{mf} = \frac{a\left(1 - \frac{p}{100}\right)}{f}$$

$$= \frac{23 \times \left(1 - \frac{60}{100}\right)}{21} = 0.44$$

19. 폐합트래버스 ABCD에서 각 측선의 경거, 위거가 다음 표와 같을 때 $\overline{AD}$ 측선의 방위각은?

측선	위거		경거	
	+	−	+	−
AB	50		50	
BC		30	60	
CD		70		60
DA				

① 133°　　　　　② 135°
③ 137°　　　　　④ 145°

• 해설 ▶

측선	위거		경거	
	+	−	+	−
AB	50		50	
BC		30	60	
CD		70		60
DA	50			50

폐합트래버스에서는 위거의 합이 0, 경거의 합의 0이 되어야 하므로 DA측선의 위거는 50, 경거는 −50이다.

㉮ $\overline{DA}$ 방위각 $= \tan^{-1}\dfrac{-50}{50} = 45°$ (4상한)

　∴ $\overline{DA}$ 방위각 $= 360° - 45° = 315°$

㉯ $\overline{AD}$ 방위각 $= 315° - 180° = 135°$

20. 트래버스측량의 일반적인 사항에 대한 설명으로 옳지 않은 것은?

① 트래버스종류 중 결합트래버스는 가장 높은 정확도를 얻을 수 있다.
② 각관측방법 중 방위각법은 한번 오차가 발생하면 그 영향은 끝까지 미친다.
③ 폐합오차조정방법 중 컴퍼스법칙은 각관측의 정밀도가 거리관측의 정밀도보다 높을 때 실시한다.
④ 폐합트래버스에서 편각의 총합은 반드시 360°가 되어야 한다.

• 해설 ▶ 트래버스측량에서 폐합오차조정
　㉮ 트랜싯법칙 : 각의 정밀도가 거리의 정밀도보다 클 때
　㉯ 컴퍼스법칙 : 각의 정밀도와 거리의 정밀도가 같을 때

1. 원격탐사(remote sensing)의 정의로 옳은 것은?

① 지상에서 대상물체에 전파를 발생시켜 그 반사파를 이용하여 측정하는 방법

② 센서를 이용하여 지표의 대상물에서 반사 또는 방사된 전자스펙트럼을 측정하고 이들의 자료를 이용하여 대상물이나 현상에 관한 정보를 얻는 기법

③ 우주에 산재해 있는 물체의 고유스펙트럼을 이용하여 각각의 구성성분을 지상의 레이더망으로 수집하여 처리하는 방법

④ 우주선에서 찍은 중복된 사진을 이용하여 지상에서 항공사진의 처리와 같은 방법으로 판독하는 작업

▸ 해설 원격탐측이란 지상이나 항공기 및 인공위성 등의 탑재기(Platform)에 설치된 탐측기(Sensor)를 이용하여 지표, 지상, 지하, 대기권 및 우주공간의 대상들에서 반사 혹은 방사되는 전자기파를 탐지하고, 이들 자료로부터 토지, 환경 및 자원에 대한 정보를 얻어 이를 해석하는 기법이다.

2. 원곡선에 대한 설명으로 틀린 것은?

① 원곡선을 설치하기 위한 기본요소는 반지름(R)과 교각(I)이다.

② 접선길이는 곡선반지름에 비례한다.

③ 원곡선은 평면곡선과 수직곡선으로 모두 사용할 수 있다.

④ 고속도로와 같이 고속의 원활한 주행을 위해서는 복심곡선 또는 반향곡선을 주로 사용한다.

▸ 해설 ㉮ 복심곡선 : 반지름이 다른 2개의 단곡선이 그 접속면에서 공통접선을 갖고 그것들의 중심이 공통접선과 같은 방향에 있는 곡선

㉯ 반향곡선 : 반지름이 다른 2개의 단곡선이 그 접속면에서 공통접선을 갖고 그것들의 중심이 공통접선과 반대방향에 있는 곡선

㉰ 복심곡선과 반향곡선은 고속도로에서 잘 사용하지 않는다.

3. 삼각망 조정에 관한 설명으로 옳지 않은 것은?

① 임의의 한 변의 길이는 계산경로에 따라 달라질 수 있다.

② 검기선은 측정한 길이와 계산된 길이가 동일하다.

③ 1점 주위에 있는 각의 합은 360°이다.

④ 삼각형의 내각의 합은 180°이다.

▸ 해설 삼각망 조정

조정조건	내용
각조건	각 다각형의 내각의 합은 $180(n-2)$이다.
점조건	• 한 측점에서 측정한 여러 각의 합은 그들 각을 한 각으로 하여 측정한 값과 같다. • 점방정식 : 한 측점둘레에 있는 모든 각을 합한 값은 360°이다.
변조건	삼각망 중의 임의의 한 변의 길이는 계산해가는 순서와 관계없이 같은 값이어야 한다.

4. 조정계산이 완료된 조정각 및 기선으로부터 처음 신설하는 삼각점의 위치를 구하는 계산순서로 가장 적합한 것은?

① 편심조정계산 → 삼각형계산(변, 방향각) → 경위도 결정 → 좌표조정계산 → 표고계산

② 편심조정계산 → 삼각형계산(변, 방향각) → 좌표조정계산 → 표고계산 → 경위도 결정

③ 삼각형계산(변, 방향각) → 편심조정계산 → 표고계산 → 경위도 결정 → 좌표조정계산

④ 삼각형계산(변, 방향각) → 편심조정계산 → 표고계산 → 좌표조정계산 → 경위도 결정

▸ 해설 삼각점계산순서
편심조정계산 → 삼각형계산(변, 방향각) → 좌표조정계산 → 표고계산 → 경위도 결정

5. 삼각측량과 삼변측량에 대한 설명으로 틀린 것은?

① 삼변측량은 변길이를 관측하여 삼각점의 위치를 구하는 측량이다.

② 삼각측량의 삼각망 중 가장 정확도가 높은 망은 사변형삼각망이다.

③ 삼각점의 선점 시 기계나 측표가 동요할 수 있는 습지나 하상은 피한다.

④ 삼각점의 등급을 정하는 주된 목적은 표석 설치를 편리하게 하기 위함이다.

▶해설 삼각점의 등급은 정밀도에 따라 1등, 2등, 3등, 4등 삼각점으로 구분한다.

6. 직사각형 토지의 면적을 산출하기 위해 두 변 a, b의 거리를 관측한 결과가 $a = 48.25 \pm 0.04$m, $b = 23.42 \pm 0.02$m이었다면 면적의 정밀도($\Delta A / A$)는?

① $\dfrac{1}{420}$

② $\dfrac{1}{630}$

③ $\dfrac{1}{840}$

④ $\dfrac{1}{1,080}$

▶해설 ㉮ 면적오차 : 오차전파법칙에 의하여

$$M = \pm \sqrt{(L_1 m_2)^2 + (L_2 m_1)^2}$$
$$= \pm \sqrt{(48.25 \times 0.02)^2 + (23.42 \times 0.04)^2}$$
$$= \pm 1.344 \text{m}^2$$

㉯ 면적의 정밀도

$$\frac{A}{\Delta A} = \frac{1.344}{48.24 \times 23.42} = \frac{1}{840}$$

7. 노선측량에서 단곡선 설치 시 필요한 교각이 95°30′, 곡선반지름이 200m일 때 장현(L)의 길이는?

① 296.087m ② 302.619m

③ 417.131m ④ 597.238m

▶해설 장현(L) $= 2R \sin \dfrac{I}{2}$

$$= 2 \times 200 \times \sin \frac{95°30'}{2}$$
$$= 296.087 \text{m}$$

8. 레벨의 불완전 조정에 의하여 발생한 오차를 최소화하는 가장 좋은 방법은?

① 왕복 2회 측정하여 그 평균을 취한다.

② 기포를 항상 중앙에 오게 한다.

③ 시준선의 거리를 짧게 한다.

④ 전시, 후시의 표척거리를 같게 한다.

▶해설 레벨의 불완전 조정에 의한 오차는 전시와 후시의 거리를 같게 취함으로써 소거할 수 있다.

9. 어느 두 지점 사이의 거리를 A, B, C, D 4명의 사람이 각각 10회 관측한 결과가 다음과 같다면 가장 신뢰성이 낮은 관측자는?

- A : 165.864±0.002m
- B : 165.867±0.006m
- C : 165.862±0.007m
- D : 165.864±0.004m

① A ② B

③ C ④ D

▶해설 관측값의 신뢰도를 나타내는 척도를 경중률이라 한다. 이 경중률은 오차의 제곱에 반비례하므로 오차가 가장 많은 C가 가장 신뢰도가 낮다.

10. 초점거리 153mm, 사진크기 23cm×23cm인 카메라를 사용하여 동서 14km, 남북 7km, 평균표고 250m인 거의 평탄한 지역을 축척 1:5,000으로 촬영하고자 할 때 필요한 모델수는? (단, 종중복도=60%, 횡중복도=30%)

① 81 ② 240

③ 279 ④ 961

▶해설 ㉮ 종모델수 $= \dfrac{S_1}{B} = \dfrac{14,000}{5,000 \times 0.23 \times \left(1 - \frac{60}{100}\right)}$

$$= 30.4 = 31 \text{모델}$$

㉯ 횡모델수 $= \dfrac{S_2}{C} = \dfrac{7,000}{5,000 \times 0.23 \times \left(1 - \frac{30}{100}\right)}$

$$= 8.7 = 9 \text{모델}$$

㉰ 총모델수 = 종모델수 × 횡모델수

$$= 31 \times 9 = 279 \text{모델}$$

11. 측지학에 관한 설명 중 옳지 않은 것은?

① 측지학이란 지구 내부의 특성, 지구의 형상, 지구 표면의 상호위치관계를 결정하는 학문이다.

② 물리학적 측지학은 중력측정, 지자기측정 등을 포함한다.

③ 기하학적 측지학에는 천문측량, 위성측량, 높이의 결정 등이 있다.

④ 측지측량이란 지구의 곡률을 고려하지 않는 측량으로 11km 이내를 평면으로 취급한다.

◆해설　㉮ 평면측량(소지측량) : 측량구역이 상대적으로 협소하고 요구하는 정밀도가 낮아서 지구의 곡률을 고려하지 않고 지구표면을 완전한 평면으로 간주하여 실시하는 측량을 말한다.

㉯ 측지측량(대지측량) : 측량구역이 넓거나 상대적으로 높은 정밀도가 필요할 때 지구의 곡률을 고려하여 실시하는 측량을 말한다.

12. 다음 그림과 같이 한 점 O에서 A, B, C방향의 각관측을 실시한 결과가 다음과 같을 때 ∠BOC의 최확값은?

- ∠AOB 2회 관측결과 40°30′25″
　　　　3회 관측결과 40°30′20″
- ∠AOC 6회 관측결과 85°30′20″
　　　　4회 관측결과 85°30′25″

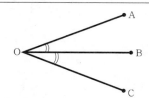

① 45°00′05″ 　　　　② 45°00′02″
③ 45°00′03″ 　　　　④ 45°00′00″

◆해설　㉮ ∠AOB 최확값

$$\angle AOB = 40°30′ + \frac{2 \times 25″ + 3 \times 20″}{2+3} = 40°30′20″$$

㉯ ∠AOC 최확값

$$\angle AOC = 85°30′ + \frac{6 \times 20″ + 4 \times 25″}{6+4} = 85°30′20″$$

㉰ ∠BOC 최확값
　∠BOC = 85°30′20″ − 40°30′20″ = 45°00′00″

13. 교호수준측량의 결과가 다음과 같고 A점의 표고가 10m일 때 B점의 표고는?

- 레벨 P에서 A → B 관측표고차 : −1.256m
- 레벨 Q에서 B → A 관측표고차 : +1.238m

① 8.753m 　　　　② 9.753m
③ 11.238m 　　　　④ 11.247m

◆해설　$$H_B = 10 + \frac{-1.256 - 1.238}{2} = 8.753m$$

14. 각관측장비의 수평축이 연직축과 직교하지 않기 때문에 발생하는 측각오차를 최소화하는 방법으로 옳은 것은?

① 직교에 대한 편차를 구하여 더한다.
② 배각법을 사용한다.
③ 방향각법을 사용한다.
④ 망원경의 정·반위로 측정하여 평균한다.

◆해설　수평축과 연직축이 직교하지 않은 경우 수평축 오차가 발생하며, 이는 정위와 반위로 관측 후 평균하여 소거할 수 있다.

15. 설계속도 80km/h의 고속도로에서 클로소이드곡선의 곡선반지름이 360m, 완화곡선길이가 40m일 때 클로소이드 매개변수 A는?

① 100m 　　　　② 120m
③ 140m 　　　　④ 150m

◆해설　$$A = \sqrt{RL} = \sqrt{360 \times 40} = 120m$$

16. 해도와 같은 지도에 이용되며 주로 하천이나 항만 등의 심천측량을 한 결과를 표시하는 방법으로 가장 적당한 것은?

① 채색법
② 영선법
③ 점고법
④ 음영법

◆해설　점고법
지표면상에 있는 임의점의 표고를 도상에 숫자로 표시해 지표를 나타내는 방법으로 하천, 항만, 해양 등의 심천을 나타내는 경우에 사용한다.

17. 기지점의 지반고가 100m이고 기지점에 대한 후시는 2.75m, 미지점에 대한 전시가 1.40m일 때 미지점의 지반고는?

① 98.65m 　　② 101.35m

③ 102.75m 　　④ 104.15m

>●해설 미지점의 지반고＝100＋2.75－1.40＝101.35m

18. 다음 그림과 같은 유토곡선(mass curve)에서 하향구간이 의미하는 것은?

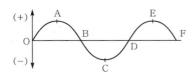

① 성토구간 　　② 절토구간

③ 운반토량 　　④ 운반거리

>●해설 유토곡선에서 상향은 절토구간, 하향은 성토구간이다.

19. 트래버스측량에서 1회 각관측의 오차가 ±10″라면 30개의 측점에서 1회씩 각관측하였을 때의 총 각관측오차는?

① ±15″ 　　② ±17″

③ ±55″ 　　④ ±70″

>●해설 $e = \pm m \sqrt{n} = \pm 10 \sqrt{30} = \pm 55''$

20. 등고선에 관한 설명으로 옳지 않은 것은?

① 높이가 다른 등고선은 절대 교차하지 않는다.

② 등고선 간의 최단거리방향은 최대 경사방향을 나타낸다.

③ 지도의 도면 내에서 폐합되는 경우에 등고선의 내부에는 산꼭대기 또는 분지가 있다.

④ 동일한 경사의 지표에서 등고선 간의 간격은 같다.

>●해설 등고선의 성질
> ㉮ 동일 등고선상에 있는 모든 점은 같은 높이이다.
> ㉯ 등고선은 도면 안이나 밖에서 폐합하는 폐합곡선이다.
> ㉰ 도면 내에서 등고선이 폐합하는 경우 폐합된 등고선 내부에는 산꼭대기(산정) 또는 분지가 있다.
> ㉱ 2쌍의 등고선 볼록부가 마주하고, 다른 한 쌍의 등고선이 바깥쪽으로 향할 때 그곳은 고개(안부)이다.
> ㉲ 높이가 다른 두 등고선은 동굴이나 절벽의 지형이 아닌 곳에서는 교차하지 않는다. 즉 동굴이나 절벽은 반드시 두 점에서 교차한다.
> ㉳ 동등한 경사의 지표에서 양 등고선의 수평거리는 같다.
> ㉴ 최대 경사의 방향은 등고선과 직각으로 교차한다.
> ㉵ 등고선은 경사가 급한 곳에서는 간격이 좁고, 완만한 경사에서는 넓다.

토목기사 (2021년 5월 15일 시행)

1. 수로조사에서 간출지의 높이와 수심의 기준이 되는 것은?

① 약최고고저면
② 평균중등수위면
③ 수애면
④ 약최저저조면

해설 수로조사에서 간출지의 수심과 높이는 약최저저조면을 기준으로 한다.

2. 다음 그림과 같이 각 격자의 크기가 10m×10m로 동일한 지역의 전체 토량은?

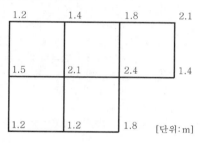

① 877.5m³
② 893.6m³
③ 913.7m³
④ 926.1m³

해설
$$V = \frac{10 \times 10}{4} \times [1.2 + 2.1 + 1.4 + 1.8 + 1.2 + 2 \\ \times (1.4 + 1.8 + 1.2 + 1.5) + 3 \times 2.4 + 4 \times 2.1]$$
$$= 877.5 \text{m}^3$$

3. 동일 구간에 대해 3개의 관측군으로 나누어 거리관측을 실시한 결과가 다음 표와 같을 때 이 구간의 최확값은?

관측군	관측값(m)	관측횟수
1	50.362	5
2	50.348	2
3	50.359	3

① 50.354m
② 50.356m
③ 50.358m
④ 50.362m

해설
$$L_0 = 50 + \frac{5 \times 0.362 + 2 \times 0.348 + 3 \times 0.359}{5 + 2 + 3}$$
$$= 50.358 \text{m}$$

4. 클로소이드곡선(clothoid curve)에 대한 설명으로 옳지 않은 것은?

① 고속도로에 널리 이용된다.
② 곡률이 곡선의 길이에 비례한다.
③ 완화곡선의 일종이다.
④ 클로소이드요소는 모두 단위를 갖지 않는다.

해설 모든 클로소이드는 닮은 꼴이며, 클로소이드요소에는 길이의 단위를 가진 것과 단위가 없는 것이 있다.

5. 표척이 앞으로 3° 기울어져 있는 표척의 읽음값이 3.645m이었다면 높이의 보정량은?

① 5mm
② −5mm
③ 10mm
④ −10mm

해설 보정량 = $\cos 3° \times 3.645 - 3.645$
$$= -0.005 \text{m}$$
$$= -5 \text{mm}$$

6. 최근 GNSS측량의 의사거리결정에 영향을 주는 오차와 거리가 먼 것은?

① 위성의 궤도오차
② 위성의 시계오차
③ 위성의 기하학적 위치에 따른 오차
④ SA(selective availability)오차

해설 SA(Selective Availability)는 위성시계에 의도적으로 오차를 유발시켜 관측된 유사거리의 정밀도를 저하시키는 방법이다.

7. 도로의 단곡선 설치에서 교각이 60°, 반지름이 150m이며 곡선시점이 No.8+17m(20m×8+17m)일 때 종단현에 대한 편각은?

① 0°02′45″
② 2°41′21″
③ 2°57′54″
④ 3°15′23″

해설 ㉮ 곡선종점길이

$$E.C = B.C + C.L = 177 + 0.01745 \times 150 \times 60$$
$$= 334.05m$$

㉯ 종단현의 길이

$$l_2 = 334.05 - 320.00 = 13.05m$$

㉰ 종단편각

$$\sigma_2 = \frac{13.05}{150} \times \frac{90°}{\pi} = 2°41'21''$$

8. 평탄한 지역에서 9개 측선으로 구성된 다각측량에서 2′의 각관측오차가 발생되었다면 오차의 처리방법으로 옳은 것은? (단, 허용오차는 $60'' \sqrt{N}$으로 가정한다.)

① 오차가 크므로 다시 관측한다.
② 측선의 거리에 비례하여 배분한다.
③ 관측각의 크기에 역비례하여 배분한다.
④ 관측각에 같은 크기로 배분한다.

해설 측각오차의 허용범위가 $60'' \sqrt{N}$이므로

$$60'' \sqrt{9} = 180'' = 3'$$

∴ 오차가 2′이므로 허용범위 이내이다. 따라서 각의 크기와 상관없이 등배분한다.

9. 표고가 300m인 평지에서 삼각망의 기선을 측정한 결과 600m이었다. 이 기선에 대하여 평균해수면상의 거리로 보정할 때 보정량은? (단, 지구반지름 $R = 6,370km$)

① +2.83cm
② +2.42cm
③ −2.42cm
④ −2.83cm

해설 표고보정량 $= -\dfrac{L}{R}H$

$$= -\frac{600}{6,370,000} \times 300$$
$$= -0.0283m = -2.83cm$$

10. 수치지형도(Digital Map)에 대한 설명으로 틀린 것은?

① 우리나라는 축척 1 : 5,000 수치지형도를 국토기본도로 한다.
② 주로 필지정보와 표고자료, 수계정보 등을 얻을 수 있다.
③ 일반적으로 항공사진측량에 의해 구축된다.
④ 축척별 포함사항이 다르다.

해설 수치지형도를 이용해서는 필지정보를 얻을 수 없다.

11. 등고선의 성질에 대한 설명으로 옳지 않은 것은?

① 등고선은 분수선(능선)과 평행하다.
② 등고선은 도면 내·외에서 폐합하는 폐곡선이다.
③ 지도의 도면 내에서 등고선이 폐합하는 경우에 등고선의 내부에는 산꼭대기 또는 분지가 있다.
④ 절벽에서 등고선은 서로 만날 수 있다.

해설 등고선의 성질
㉮ 동일 등고선상에 있는 모든 점은 같은 높이이다.
㉯ 등고선은 도면 안이나 밖에서 폐합하는 폐합곡선이다.
㉰ 도면 내에서 등고선이 폐합하는 경우 폐합된 등고선 내부에는 산꼭대기(산정) 또는 분지가 있다.
㉱ 2쌍의 등고선 볼록부가 마주하고, 다른 한 쌍의 등고선이 바깥쪽으로 향할 때 그곳은 고개(안부)이다.
㉲ 높이가 다른 두 등고선은 동굴이나 절벽의 지형이 아닌 곳에서는 교차하지 않는다. 즉 동굴이나 절벽은 반드시 두 점에서 교차한다.
㉳ 동등한 경사의 지표에서 양 등고선의 수평거리는 같다.
㉴ 최대 경사의 방향은 등고선과 직각으로 교차한다.
㉵ 등고선은 경사가 급한 곳에서는 간격이 좁고, 완만한 경사에서는 넓다.

12. 다각측량의 특징에 대한 설명으로 옳지 않은 것은?

① 삼각점으로부터 좁은 지역의 세부측량기준점을 측설하는 경우에 편리하다.
② 삼각측량에 비해 복잡한 시가지나 지형의 기복이 심한 지역에는 알맞지 않다.
③ 하천이나 도로 또는 수로 등의 좁고 긴 지역의 측량에 편리하다.
④ 다각측량의 종류에는 개방, 폐합, 결합형 등이 있다.

해설 다각측량의 특징
㉮ 복잡한 시가지나 지형의 기복이 심해 시준이 어려운 지역의 측량에 적합하다.
㉯ 도로, 수로, 철도와 같이 폭이 좁고 긴 지역의 측량에 편리하다.
㉰ 거리와 각을 관측하여 도식해법에 의하여 모든 점의 위치를 결정할 때 편리하다.

13. 트래버스측량의 작업순서로 알맞은 것은?

① 선점 – 계획 – 답사 – 조표 – 관측
② 계획 – 답사 – 선점 – 조표 – 관측
③ 답사 – 계획 – 조표 – 선점 – 관측
④ 조표 – 답사 – 계획 – 선점 – 관측

🔹 해설 트래버스측량의 순서
계획 → 준비 → 답사 및 선점 → 조표 → 관측 →
계산 → 정리

14. 지오이드(Geoid)에 대한 설명으로 옳지 않은 것은?

① 평균해수면을 육지까지 연장하여 지구 전체를 둘러싼 곡면이다.
② 지오이드면은 등퍼텐셜면으로 중력방향은 이 면에 수직이다.
③ 지표 위 모든 점의 위치를 결정하기 위해 수학적으로 정의된 타원체이다.
④ 실제로 지오이드면은 굴곡이 심하므로 측지측량의 기준으로 채택하기 어렵다.

🔹 해설 지오이드는 평균해수면으로 전 지구를 덮었다고 생각할 때 가상적인 곡면으로 타원체와 거의 일치한다.

15. 장애물로 인하여 접근하기 어려운 2점 P, Q를 간접거리측량한 결과가 다음 그림과 같다. $\overline{AB}$의 거리가 216.90m일 때 $\overline{PQ}$의 거리는?

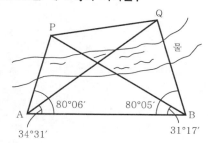

① 120.96m
② 142.29m
③ 173.39m
④ 194.22m

🔹 해설 ㉮ $\overline{AP}$의 거리

$\angle APB = 80°06' + 31°17' - 180° = 68°37'$

$$\frac{\overline{AP}}{\sin 30°17'} = \frac{216.90}{\sin 68°37'}$$

$$\therefore \overline{AP} = \frac{\sin 31°17'}{\sin 68°37'} \times 216.90 = 120.96m$$

㉯ $\overline{AQ}$의 거리

$\angle AQB = 34°31' + 80°05' - 180° = 65°24'$

$$\frac{\overline{AQ}}{\sin 80°05'} = \frac{216.90}{\sin 65°24'}$$

$$\therefore \overline{AQ} = \frac{\sin 80°05'}{\sin 65°24'} \times 216.90 = 234.99m$$

㉰ $\overline{PQ}$의 거리

$\angle PAQ = 80°06' - 34°31' = 45°35'$

$$\therefore \overline{PQ} = \sqrt{\overline{AP}^2 + \overline{AQ}^2 - 2\overline{AP}\,\overline{AQ}\cos\angle PAQ}$$

$$= \sqrt{120.96^2 + 234.99^2 - 2\times120.96\times234.99\times\cos 45°35'}$$

$$= 173.39m$$

16. 수준측량야장에서 측점 3의 지반고는?

(단위 : m)

측점	후시	전시		지반고
		T.P	I.P	
1	0.95			10.0
2			1.03	
3	0.90	0.36		
4			0.96	
5		1.05		

① 10.59m
② 10.46m
③ 9.92m
④ 9.56m

🔹 해설

측점	후시	전시		지반고
		T.P	I.P	
1	0.95			10.0
2			1.03	10.0+0.95−1.03 =9.92
3	0.90	0.36		10.0+0.95−0.36 =10.59
4			0.96	10.59+0.90−0.96 =10.53
5		1.05		10.59+0.90−1.05 =10.44

17. 표준길이에 비하여 2cm 늘어난 50m 줄자로 사각형 토지의 길이를 측정하여 면적을 구하였을 때 그 면적이 88m²이었다면 토지의 실제 면적은?

① 87.30m²
② 87.93m²
③ 88.07m²
④ 88.71m²

🔹 해설 $$A_0 = A\left(1 + \frac{\Delta l}{l}\right)^2 = 88 \times \left(1 + \frac{0.02}{50}\right)^2 = 88.07m^2$$

18. 항공사진측량에서 사진상에 나타난 두 점 A, B의 거리를 측정하였더니 208mm이었으며, 지상좌표는 다음과 같았다면 사진축척(S)은? (단, X_A=205,346.39m, Y_A=10,793.16m, X_B=205,100.11m, Y_B=11,587.87m)

① S=1 : 3000
② S=1 : 4000
③ S=1 : 5000
④ S=1 : 6000

 ⑦ 실제 거리 계산

$$AB = \sqrt{(X_B - X_A)^2 + (Y_B - Y_A)^2}$$
$$= \sqrt{(205,100.11 - 205,346.39)^2 + (11,587.87 - 10,793.16)^2}$$
$$= 831.996m$$

⑭ 축척 계산

$$\frac{1}{m} = \frac{도상거리}{실제 거리} = \frac{0.208}{831.996} = \frac{1}{4,000}$$

19. 도로의 곡선부에서 확폭량(slack)을 구하는 식으로 옳은 것은? (단, L : 차량 앞면에서 차량의 뒤축까지의 거리, R : 차선 중심선의 반지름)

① $\dfrac{L}{2R^2}$
② $\dfrac{L^2}{2R^2}$
③ $\dfrac{L^2}{2R}$
④ $\dfrac{L}{2R}$

해설 확폭(ε)$= \dfrac{L_2}{2R}$

20. 다음 그림과 같은 수준망에서 높이차의 정확도가 가장 낮은 것으로 추정되는 노선은? (단, 수준환의 거리 I =4km, II =3km, III =2.4km, IV(⑭⑯⑰)=6km)

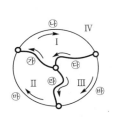

노선	높이차(m)
⑦	+3.600
⑭	+1.385
⑮	−5.023
⑯	+1.105
⑰	+2.523
⑱	−3.912

① ⑦
② ⑭
③ ⑮
④ ⑯

해설 오차 계산

• I =⑦+⑭+⑮=3.600+1.285−5.023
   =−0.038m
• II =⑦+⑰+⑯=3.600−2.523−1.105
   =−0.028m
• III =⑮+⑯+⑱=−5.023+1.105+3.912
   =−0.006m

따라서 오차가 I 구간과 II 구간에서 많이 발생하므로 두 구간에 공통으로 포함되는 ⑦에서 가장 오차가 많다고 볼 수 있다.

토목기사 (2021년 8월 14일 시행)

1. 하천의 심천(측심)측량에 관한 설명으로 틀린 것은?
① 심천측량은 하천의 수면으로부터 하저까지 깊이를 구하는 측량으로 횡단측량과 같이 행한다.
② 측심간(rod)에 의한 심천측량은 보통 수심 5m 정도의 얕은 곳에 사용한다.
③ 측심추(lead)로 관측이 불가능한 깊은 곳은 음향측심기를 사용한다.
④ 심천측량은 수위가 높은 장마철에 하는 것이 효과적이다.

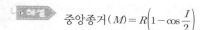 심천측량은 수위가 일정한 때 하는 것이 좋으며, 장마철에 하는 것은 비효과적이다.

2. 곡선반지름 R, 교각 I인 단곡선을 설치할 때 각 요소의 계산공식으로 틀린 것은?
① $M = R\left(1 - \sin\dfrac{I}{2}\right)$
② $T.L = R\tan\dfrac{I}{2}$
③ $C.L = \dfrac{\pi}{180°}RI$
④ $E = R\left(\sec\dfrac{I}{2} - 1\right)$

해설 중앙종거$(M) = R\left(1 - \cos\dfrac{I}{2}\right)$

3. 수준측량과 관련된 용어에 대한 설명으로 틀린 것은?
① 수준면(level surface)은 각 점들이 중력방향에 직각으로 이루어진 곡면이다.
② 어느 지점의 표고(elevation)라 함은 그 지역 기준 타원체로부터의 수직거리를 말한다.
③ 지구곡률을 고려하지 않는 범위에서는 수준면(level surface)을 평면으로 간주한다.
④ 지구의 중심을 포함한 평면과 수준면이 교차하는 선이 수준선(level line)이다.

해설 어느 지점의 표고(elevation)라 함은 그 지역 기준면(지오이드)으로부터의 수직거리를 말한다.

4. A, B 두 점에서 교호수준측량을 실시하여 다음의 결과를 얻었다. A점의 표고가 67.104m일 때 B점의 표고는?
(단, $a_1 = 3.756$m, $a_2 = 1.572$m, $b_1 = 4.995$m, $b_2 = 3.209$m)

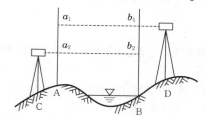

① 64.668m
② 65.666m
③ 68.542m
④ 69.089m

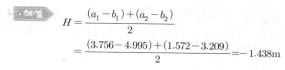

$$H = \frac{(a_1 - b_1) + (a_2 - b_2)}{2}$$
$$= \frac{(3.756 - 4.995) + (1.572 - 3.209)}{2} = -1.438\text{m}$$
$$\therefore H_B = H_A + H = 67.104 - 1.438 = 65.666\text{m}$$

5. 완화곡선에 대한 설명으로 옳지 않은 것은?
① 완화곡선의 곡선반지름은 시점에서 무한대, 종점에서 원곡선의 반지름 R로 된다.
② 클로소이드의 형식에는 S형, 복합형, 기본형 등이 있다.
③ 완화곡선의 접선은 시점에서 원호에, 종점에서 직선에 접한다.
④ 모든 클로소이드는 닮은꼴이며, 클로소이드요소에는 길이의 단위를 가진 것과 단위가 없는 것이 있다.

해설 완화곡선의 성질
㉮ 곡선반지름은 완화곡선의 시점에서 무한대, 종점에서 원곡선의 반지름으로 된다.
㉯ 완화곡선의 접선은 시점에서 직선에, 종점에서 원호에 접한다.
㉰ 완화곡선에 연한 곡선반지름의 감소율은 캔트의 증가율과 같다.
㉱ 완화곡선의 종점의 캔트와 원곡선의 시점의 캔트는 같다.

6. 토털스테이션으로 각을 측정할 때 기계의 중심과 측점이 일치하지 않아 0.5mm의 오차가 발생하였다면 각관측오차를 2″ 이하로 하기 위한 관측변의 최소 길이는?

① 82.51m
② 51.57m
③ 8.25m
④ 5.16m

해설

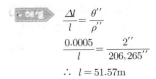

$$\frac{\Delta l}{l} = \frac{\theta''}{\rho''}$$

$$\frac{0.0005}{l} = \frac{2''}{206,265''}$$

$$\therefore \ l = 51.57\text{m}$$

7. 일반적으로 단열삼각망으로 구성하기에 가장 적합한 것은?

① 시가지와 같이 정밀을 요하는 골조측량
② 복잡한 지형의 골조측량
③ 광대한 지역의 지형측량
④ 하천조사를 위한 골조측량

해설 단열삼각망(삼각쇄)은 폭이 좁고 길이가 긴 도로, 하천, 철도 등의 측량을 시행할 경우에 주로 사용한다.

8. 트래버스측량의 각관측방법 중 방위각법에 대한 설명으로 틀린 것은?

① 진북을 기준으로 어느 측선까지 시계방향으로 측정하는 방법이다.
② 방위각법에는 반전법과 부전법이 있다.
③ 각이 독립적으로 관측되므로 오차 발생 시 개별 각의 오차는 이후의 측량에 영향이 없다.
④ 각관측값의 계산과 제도가 편리하고 신속히 관측할 수 있다.

해설 교각법
⑦ 서로 이웃하는 측선이 이루는 각이다.
㉯ 각 측선이 그 전측선과 이루는 각이다.
㉰ 내각, 외각, 우측각, 좌측각, 우회각, 좌회각이 있다.
㉱ 각각 독립적으로 관측하므로 오차 발생 시 다른 각에 영향을 주지 않는다.
㉲ 각의 순서와 관계없이 관측이 가능하다.
㉳ 배각법에 의해서 정밀도를 높일 수 있다.
㉴ 계산이 복잡한 단점이 있다.
㉵ 우측각(−), 좌측각(+)이다.

9. 지형의 표시법에서 자연적 도법에 해당하는 것은?

① 점고법
② 등고선법
③ 영선법
④ 채색법

해설 지형의 표시법
⑦ 자연적인 도법
㉠ 우모법 : 선의 굵기와 길이로 지형을 표시하는 방법으로 경사가 급하면 굵고 짧게, 경사가 완만하면 가늘고 길게 표시한다.
㉡ 영선법 : 태양광선이 서북쪽에서 45°로 비친다고 가정하고, 지표의 기복에 대해서 그 명암을 도상에 2~3색 이상으로 지형의 기복을 표시하는 방법이다.
㉯ 부호적 도법
㉠ 점고법 : 지표면상에 있는 임의점의 표고를 도상에서 숫자로 표시해 지표를 나타내는 방법으로 하천, 항만, 해양 등의 심천을 나타내는 경우에 사용한다.
㉡ 등고선법 : 등고선에 의하여 지표면의 형태를 표시하는 방법으로 비교적 지형을 쉽게 표현할 수 있어 가장 널리 쓰이는 방법이다.
㉢ 채색법 : 지형도에 채색을 하여 지형을 표시하는 방법으로 높은 곳은 진하게, 낮은 곳은 연하게 표시하며, 지리관계의 지도나 소축척지도에 사용된다.

10. 축척 1 : 5,000인 지형도에서 AB 사이의 수평거리가 2cm이면 AB의 경사는?

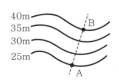

① 10%
② 15%
③ 20%
④ 25%

해설 ⑦ 수평거리(D) = 5,000 × 0.02 = 100m
㉯ 경사도(i) = $\frac{H}{D} = \frac{15}{100} = 0.15 = 15\%$

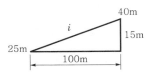

11. 대단위 신도시를 건설하기 위한 넓은 지형의 정지공사에서 토량을 계산하고자 할 때 가장 적합한 방법은?

① 점고법

② 비례 중앙법

③ 양단면 평균법

④ 각주공식에 의한 방법

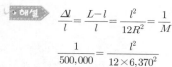 점고법은 운동장이나 비행장과 같은 시설을 건설하기 위한 넓은 지형의 정지공사에서 토량을 계산할 때 적합한 방법이다.

$$V = \frac{A}{4}(\sum h_1 + 2\sum h_2 + 3\sum h_3 + 4\sum h_4)$$

12. 평면측량에서 거리의 허용오차를 1/500,000까지 허용한다면 지구를 평면으로 볼 수 있는 한계는 몇 km인가? (단, 지구의 곡률반지름은 6,370km이다.)

① 22.07km

② 31.2km

③ 2,207km

④ 3,121km

해설

$$\frac{\Delta l}{l} = \frac{L-l}{l} = \frac{l^2}{12R^2} = \frac{1}{M}$$

$$\frac{1}{500,000} = \frac{l^2}{12 \times 6,370^2}$$

$$\therefore\ l = 31.2km(직경)$$

13. 상차라고도 하며 그 크기와 방향(부호)이 불규칙적으로 발생하고 확률론에 의해 추정할 수 있는 오차는?

① 착오

② 정오차

③ 개인오차

④ 우연오차

해설 성질에 따른 분류

㉮ 정오차(계통오차)

　㉠ 오차 발생원인이 분명하다.

　㉡ 오차의 방향이 일정하여 제거할 수 있다.

　㉢ 측정횟수에 비례한다.

　㉣ $E = \delta n$

㉯ 우연오차(부정오차)

　㉠ 오차 발생원인이 불분명하다.

　㉡ 최소 제곱법에 의하여 소거한다.

　㉢ ±서로 상쇄되어 없어진다.

　㉣ 측정횟수의 제곱근에 비례한다.

　㉤ $E = \pm\delta\sqrt{n}$

㉰ 착오(과실) : 관측자의 기술 미흡, 심리상태의 혼란, 부주의 등으로 발생한다.

14. 측점 A에 토털스테이션을 정치하고 B점에 설치한 프리즘을 관측하였다. 이때 기계고 1.7m, 고저각 +15°, 시준고 3.5m, 경사거리가 2,000m이었다면 두 측점의 고저차는?

① 512.438m

② 515.838m

③ 522.838m

④ 534.098m

해설 고저차 $= i + l\sin\theta - f$

$$= 1.7 + 2,000 \times \sin 15° - 3.5$$

$$= 515.838m$$

15. 종단 및 횡단수준측량에서 중간점이 많은 경우에 가장 편리한 야장기입법은?

① 고차식

② 승강식

③ 기고식

④ 간접식

해설 야장기입법

㉮ 고차식 : 전시와 후시만 있을 때 사용하며 2점 간의 고저차를 구할 경우 사용한다.

㉯ 기고식 : 중간점이 많을 때 적당하나 완전한 검산을 할 수 없는 단점이 있다.

㉰ 승강식 : 중간점이 많을 때 불편하나 완전한 검산을 할 수 있다.

16. 축척 1 : 500 도상에서 3변의 길이가 각각 20.5cm, 32.4cm, 28.5cm인 삼각형 지형의 실제 면적은?

① 40.70m²

② 288.53m²

③ 6,924.15m²

④ 7,213.26m²

해설 ㉮ $S = \frac{1}{2}(a + b + c)$

$$= \frac{1}{2} \times (20.5 + 32.4 + 28.5) = 40.7cm$$

㉯ 도상면적(A)

$$A = \sqrt{S(S-a)(S-b)(S-c)}$$

$$= \sqrt{40.7(40.7 - 20.5) \times (40.7 - 32.4) \times (40.7 - 28.5)}$$

$$= 288.53cm^2$$

㉰ $\left(\frac{1}{m}\right)^2 = \frac{도상면적}{실제\ 면적}$

$$\left(\frac{1}{500}\right)^2 = \frac{288.53}{실제\ 면적}$$

$$\therefore\ 실제\ 면적 = 7,213.26m^2$$

17. GNSS측량에 대한 설명으로 옳지 않은 것은?

① 상대측위기법을 이용하면 절대측위보다 높은 측위 정확도의 확보가 가능하다.

② GNSS측량을 위해서는 최소 4개의 가시위성(visible satellite)이 필요하다.

③ GNSS측량을 통해 수신기의 좌표뿐만 아니라 시계 오차도 계산할 수 있다.

④ 위성의 고도각(elevation angle)이 낮은 경우 상대적으로 높은 측위 정확도의 확보가 가능하다.

 위성의 고도각이 높은 경우 상대적으로 높은 측위 정확도의 확보가 가능하다.

18. 축척 1 : 20,000인 항공사진에서 굴뚝의 변위가 2.0mm이고, 연직점에서 10cm 떨어져 나타났다면 굴뚝의 높이는? (단, 촬영카메라의 초점거리=15cm)

① 15m   ② 30m

③ 60m   ④ 80m

$$\Delta r = \frac{f}{H}\frac{h}{f}r = \frac{h}{H}r$$
$$\therefore\ h = \frac{\Delta r\, H}{r} = \frac{0.002 \times (20,000 \times 0.15)}{0.1} = 60\text{m}$$

〔참고〕 대상물에 기복이 있는 경우 연직으로 촬영하여도 축척은 동일하지 않으며 사진면에서 연직점을 중심으로 방사상의 변위가 발생하는데, 이를 기복변위라 한다.

19. 폐합트래버스에서 위거오차의 합이 −0.17m, 경거오차의 합이 0.22m이고, 전 측선의 거리의 합이 252m일 때 폐합비는?

① 1/900   ② 1/1,000

③ 1/1,100   ④ 1/1,200

$$\text{폐합오차}(E) = \sqrt{\text{위거오차}^2 + \text{경거오차}^2}$$
$$= \sqrt{(-0.17)^2 + 0.22^2} = 0.278\text{m}$$
$$\therefore\ \text{폐합비} = \frac{E}{\sum L} = \frac{0.278}{252} = \frac{1}{900}$$

20. 곡선반지름이 500m인 단곡선의 종단현이 15.343m라면 종단현에 대한 편각은?

① 0°31′37″   ② 0°43′19″

③ 0°52′45″   ④ 1°04′26″

$$\delta_1 = \frac{l_1}{R}\frac{90°}{\pi} = \frac{15.343}{500} \times \frac{90°}{\pi} = 0°52′45″$$

1. 노선거리 2km의 결합트래버스측량에서 폐합비를 1/5,000로 제한한다면 허용폐합오차는?

① 0.1m ② 0.4m
③ 0.8m ④ 1.2m

 해설

$$폐합비 = \frac{폐합오차}{총길이}$$

$$\frac{1}{5,000} = \frac{폐합오차}{2,000}$$

$$∴ \ 폐합오차 = 0.4m$$

2. 다음 설명 중 옳지 않은 것은?

① 측지선은 지표상 두 점 간의 최단거리선이다.
② 라플라스점은 중력측정을 실시하기 위한 점이다.
③ 항정선은 자오선과 항상 일정한 각도를 유지하는 지표의 선이다.
④ 지표면의 요철을 무시하고 적도반지름과 극반지름으로 지구의 형상을 나타내는 가상의 타원체를 지구타원체라고 한다.

해설 라플라스점은 삼각망의 비틀림을 방지하기 위해 설치한 점이다.

3. 다음 그림과 같은 반지름=50m인 원곡선에서 $\overline{HC}$의 거리는? (단, 교각=60°, α=20°, ∠AHC=90°)

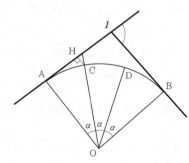

① 0.19m ② 1.98m
③ 3.02m ④ 3.24m

해설

$$\cos\alpha = \frac{AO}{OC'}$$

$$∴ \ OC' = \frac{AO}{\cos\alpha} = \frac{50}{\cos 20°}$$

$$= 53.21m$$

$$CC' = 53.21 - 50 = 3.21m$$

$$∴ \ HC = 3.21 × \cos 20°$$

$$= 3.02m$$

4. GNSS 상대측위방법에 대한 설명으로 옳은 것은?

① 수신기 1대만을 사용하여 측위를 실시한다.
② 위성과 수신기 간의 거리는 전파의 파장개수를 이용하여 계산할 수 있다.
③ 위상차의 계산은 단순차, 2중차, 3중차와 같은 차분기법으로는 해결하기 어렵다.
④ 전파의 위상차를 관측하는 방식이나 절대측위방법보다 정확도가 떨어진다.

해설 상대측위

GNSS측량기를 관측지점에 일정 시간 동안 고정(수신기 2대)하여 연속적으로 위성데이터를 취득한 후 기선해석 및 조정계산을 수행하는 측량방법을 말한다.
㉮ VLBI의 보완 또는 대체 가능
㉯ 수신 완료 후 컴퓨터로 각 수신기의 위치 및 거리계산
㉰ 계산된 위치 및 거리의 정확도가 높음
㉱ 정확도가 높아 주로 기준점측량에 이용

5. 지형측량에서 등고선의 성질에 대한 설명으로 옳지 않은 것은?

① 등고선의 간격은 경사가 급한 곳에서는 넓어지고, 완만한 곳에는 좁아진다.
② 등고선은 지표의 최대 경사선방향과 직교한다.
③ 동일 등고선상에 있는 모든 점은 같은 높이이다.
④ 등고선 간의 최단거리방향은 그 지표면의 최대 경사방향을 가리킨다.

해설 등고선의 성질

㉮ 동일 등고선상에 있는 모든 점은 같은 높이이다.

㉯ 등고선은 도면 안이나 밖에서 폐합하는 폐합곡선이다.

㉰ 도면 내에서 등고선이 폐합하는 경우 폐합된 등고선 내부에는 산꼭대기(산정) 또는 분지가 있다.

㉱ 2쌍의 등고선 볼록부가 마주하고, 다른 한 쌍의 등고선이 바깥쪽으로 향할 때 그곳은 고개(안부)이다.

㉲ 높이가 다른 두 등고선은 동굴이나 절벽의 지형이 아닌 곳에서는 교차하지 않는다. 즉 동굴이나 절벽은 반드시 두 점에서 교차한다.

㉳ 동등한 경사의 지표에서 양 등고선의 수평거리는 같다.

㉴ 최대 경사의 방향은 등고선과 직각으로 교차한다.

㉵ 등고선은 경사가 급한 곳에서는 간격이 좁고, 완만한 경사에서는 넓다.

6. 지형의 표시법에 대한 설명으로 틀린 것은?

① 영선법은 짧고 거의 평행한 선을 이용하여 경사가 급하면 가늘고 길게, 경사가 완만하면 굵고 짧게 표시하는 방법이다.

② 음영법은 태양광선이 서북쪽에서 45도 각도로 비친다고 가정하고 지표의 기복에 대하여 그 명암을 2~3색 이상으로 채색하여 기복의 모양을 표시하는 방법이다.

③ 채색법은 등고선의 사이를 색으로 채색, 색채의 농도를 변화시켜 표고를 구분하는 방법이다.

④ 점고법은 하천, 항만, 해양측량 등에서 수심을 나타낼 때 측점에 숫자를 기입하여 수심 등을 나타내는 방법이다.

해설 우모법(영선법, 게바법)

㉮ 선의 굵기, 길이 및 방향 등으로 땅의 모양을 표시하는 방법으로 경사가 급하면 선이 굵고, 완만하면 선이 가늘고 길게 새털모양으로 지형을 표시한다.

㉯ 고저가 숫자로 표시되지 않아 토목공사에 사용할 수 없다.

7. 동일한 정확도로 3변을 관측한 직육면체의 체적을 계산한 결과가 1,200m³이었다. 거리의 정확도를 1/10,000까지 허용한다면 체적의 허용오차는?

① 0.08m³

② 0.12m³

③ 0.24m³

④ 0.36m³

해설

$$\frac{\Delta V}{V} = 3\frac{\Delta l}{l}$$

$$\frac{\Delta V}{1,200} = 3 \times \frac{1}{10,000}$$

$$\therefore \Delta V = 0.36\text{m}^3$$

8. △ABC의 꼭짓점에 대한 좌표값이 (30, 50), (20, 90), (60, 100)일 때 삼각형 토지의 면적은? (단, 좌표의 단위 : m)

① 500m²

② 750m²

③ 850m²

④ 960m²

해설

측점	X	Y	$(X_{i-1} - X_{i+1})Y_i$
A	30	50	$(60-20) \times 50 = 2,000$
B	20	90	$(30-20) \times 90 = 900$
C	60	100	$(20-30) \times 100 = -1,000$
			$\Sigma = 1,900 (=2A)$
			$\therefore A = 850\text{m}^2$

9. 교각 $I=90°$, 곡선반지름 $R=150$m인 단곡선에서 교점(I.P)의 추가거리가 1139.250m일 때 곡선종점(E.C)까지의 추가거리는?

① 875.375m

② 989.250m

③ 1224.869m

④ 1374.825m

해설

㉮ $\text{B.C} = \text{I.P} - \text{T.L} = 1139.250 - 150 \times \tan\frac{90°}{2}$

$= 989.250$m

㉯ $\text{E.C} = \text{B.C} + \text{C.L} = 989.250 + 150 \times 90 \times \frac{\pi}{180}$

$= 1224.869$m

10. 수준측량의 부정오차에 해당되는 것은?

① 기포의 순간이동에 의한 오차

② 기계의 불완전조정에 의한 오차

③ 지구곡률에 의한 오차

④ 표척의 눈금오차

해설 ②, ③, ④는 정오차에 해당한다.

11. 어떤 노선을 수준측량하여 작성된 기고식 야장의 일부 중 지반고값이 틀린 측점은? (단, 단위 : m)

측점	B.S	F.S T.P	F.S I.P	기계고	지반고
0	3.121				123.567
1			2.586		124.102
2	2.428	4.065			122.623
3			-0.664		124.387
4		2.321			122.730

① 측점 1 　　　　　② 측점 2
③ 측점 3 　　　　　④ 측점 4

해설

측점	B.S	F.S T.P	F.S I.P	I.H	G.H
0	3.121			$123.567+3.121$ $=126.688$	123.567
1			2.586		$126.688-2.586$ $=124.102$
2	2.428	4.065		$122.623+2.428$ $=125.051$	$122.688-4.065$ $=122.623$
3			-0.664		$125.051+0.664$ $=125.715$
4		2.321			$125.051-2.321$ $=122.730$

12. 노선측량에서 실시설계측량에 해당하지 않는 것은?

① 중심선 설치 　　　　② 지형도 작성
③ 다각측량 　　　　　④ 용지측량

해설 용지측량은 공사측량에 속하며 실측의 횡단면도를 이용하여 노선의 용지폭을 결정하고, 경계측량을 할 때에는 토지소유자를 입회시켜 실시하며 그 수용면적을 산출하여 토지보상을 한다.

13. 트래버스측량에서 측점 A의 좌표가 (100m, 100m)이고 측선 AB의 길이가 50m일 때 B점의 좌표는? (단, AB측선의 방위각은 195°이다)

① (51.7m, 87.1m) 　　　② (51.7m, 112.9m)
③ (148.3m, 87.1m) 　　　④ (148.3m, 112.9m)

해설 $X_B = 100 + 50 \times \cos 195° = 51.7\text{m}$
$Y_B = 100 + 50 \times \sin 195° = 87.1\text{m}$

14. 수심 H인 하천의 유속측정에서 수면으로부터 깊이 $0.2H$, $0.4H$, $0.6H$, $0.8H$인 지점의 유속이 각각 0.663m/s, 0.556m/s, 0.532m/s, 0.466m/s이었다면 3점법에 의한 평균유속은?

① 0.543m/s
② 0.548m/s
③ 0.559m/s
④ 0.560m/s

해설
$$V_m = \frac{V_{0.2} + 2V_{0.6} + V_{0.8}}{4}$$
$$= \frac{0.663 + 2 \times 0.532 + 0.466}{4} = 0.548\text{m/s}$$

15. L₁과 L₂의 두 개 주파수 수신이 가능한 2주파 GNSS수신기에 의하여 제거가 가능한 오차는?

① 위성의 기하학적 위치에 따른 오차
② 다중경로오차
③ 수신기오차
④ 전리층오차

해설 2주파(L_1, L_2) 이상의 관측데이터를 이용하여 처리할 경우에는 전리층 보정을 할 수 있다.

16. 줄자로 거리를 관측할 때 한 구간 20m의 거리에 비례하는 정오차가 +2mm라면 전 구간 200m를 관측했을 때 정오차는?

① +0.2mm 　　　　② +0.63mm
③ +6.3mm 　　　　④ +20mm

해설 $e = mn = 2 \times 10 = 20mn$

17. 삼변측량에 대한 설명으로 틀린 것은?

① 전자파거리측량기(EDM)의 출현으로 그 이용이 활성화되었다.
② 관측값의 수에 비해 조건식이 많은 것이 장점이다.
③ 코사인 제2법칙과 반각공식을 이용하여 각을 구한다.
④ 조정방법에는 조건방정식에 의한 조정과 관측방정식에 의한 조건방법이 있다.

해설 삼변측량은 관측값의 수에 비해 조건식이 적다.

18. 트래버스측량의 종류와 그 특징으로 옳지 않은 것은?

① 결합트래버스는 삼각점과 삼각점을 연결시킨 것으로 조정계산의 정확도가 가장 좋다.

② 폐합트래버스는 한 측점에서 시작하여 다시 그 측점에 돌아오는 관측형태이다.

③ 폐합트래버스는 오차의 계산 및 조정이 가능하나, 정확도는 개방트래버스보다 좋지 못한다.

④ 개방트래버스는 임의의 한 측점에서 시작하여 다른 임의의 한 점에서 끝나는 관측형태이다.

해설 폐합트래버스는 기지점에서 출발하여 신설된 점을 순차적으로 연결하여 출발점으로 다시 돌아오는 형태로 소규모 지역에 적합하며, 결합트래버스보다는 정도가 낮지만 개방트래버스보다는 정밀도가 높다.

19. 도로노선의 곡률반지름 $R = 2,000m$, 곡선길이 $L = 245m$일 때 클로소이드의 매개변수 A는?

① 500m   ② 600m

③ 700m   ④ 800m

해설 $A = \sqrt{RL} = \sqrt{2,000 \times 245} = 700m$

20. 수준점 A, B, C에서 P점까지 수준측량을 한 결과가 다음 표와 같다. 관측거리에 대한 경중률을 고려한 P점의 표고는?

측량경로	거리	P점의 표고
A→P	1km	135.487m
B→P	2km	135.563m
C→P	3km	135.603m

① 135.529m   ② 135.551m

③ 135.563m   ④ 135.570m

해설 ㉮ 경중률계산

$$P_A : P_B : P_C = \frac{1}{1} : \frac{1}{2} : \frac{1}{3} = 6 : 3 : 2$$

㉯ 최확값계산

$$H_P = 135 + \frac{6 \times 0.487 + 3 \times 0.563 + 2 \times 0.603}{6 + 3 + 2}$$

$$= 135.529m$$

토목기사 (2022년 4월 24일 시행)

1. 다음 중 완화곡선의 종류가 아닌 것은?

① 렘니스케이트곡선 ② 클로소이드곡선

③ 3차 포물선 ④ 배향곡선

> **해설** ㉮ 완화곡선 : 클로소이드곡선, 3차 포물선, 렘니스케이트
> ㉯ 수평곡선 : 단곡선, 복심곡선, 반향곡선, 배향곡선

2. 다음 그림과 같이 교호수준측량을 실시한 결과가 $a_1=0.63m$, $a_2=1.25m$, $b_1=1.15m$, $b_2=1.73m$이었다면 B점의 표고는? (단, A의 표고$=50.00m$)

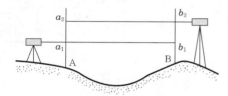

① 49.50m ② 50.00m

③ 50.50m ④ 51.00m

> **해설**
> $$h=\frac{(a_1-b_1)+(a_2-b_2)}{2}$$
> $$=\frac{(0.63-1.15)+(1.25-1.73)}{2}=-0.5m$$
> $$\therefore H_B=50-0.5=49.5m$$

3. 수심 h인 하천의 수면으로부터 0.2h, 0.4h, 0.6h, 0.8h인 곳에서 각각의 유속을 측정하여 0.562m/s, 0.521m/s, 0.497m/s, 0.364m/s의 결과를 얻었다면 3점법을 이용한 평균유속은?

① 0.474m/s ② 0.480m/s

③ 0.486m/s ④ 0.492m/s

> **해설**
> $$V_m=\frac{V_{0.2}+2V_{0.6}+V_{0.8}}{4}$$
> $$=\frac{0.562+2\times0.497+0.364}{4}=0.480m/s$$

4. GNSS가 다중주파수(multi-frequency)를 채택하고 있는 가장 큰 이유는?

① 데이터 취득속도의 향상을 위해

② 대류권 지연효과를 제거하기 위해

③ 다중경로오차를 제거하기 위해

④ 전리층 지연효과의 제거를 위해

> **해설** GNSS가 다중주파수를 채택하고 있는 가장 큰 이유는 전리층의 지연효과를 제거하기 위함이다.

5. 측점 간의 시통이 불필요하고 24시간 상시 높은 정밀도로 3차원 위치측정이 가능하며 실시간 측정이 가능하여 항법용으로도 활용되는 측량방법은?

① NNSS측량

② GNSS측량

③ VLBI측량

④ 토털스테이션측량

> **해설** GNSS(Global Navigation Satellite System)는 인공위성을 이용하여 정확하게 위치를 알고 있는 위성에서 발사한 전파를 수신하여 관측점까지의 소요시간을 관측함으로써 정확하게 지상의 대상물의 위치를 결정해주는 위치결정시스템이다.

6. 어떤 측선의 길이를 관측하여 다음 표와 같은 결과를 얻었다면 최확값은?

관측군	관측값(m)	관측횟수
1	40.532	5
2	40.537	4
3	40.529	6

① 40.530m ② 40.531m

③ 40.532m ④ 40.533m

> **해설**
> $$H_P=40+\frac{5\times0.532+4\times0.537+6\times0.529}{5+4+6}$$
> $$=40.532m$$

7. 다음 그림과 같은 구역을 심프슨 제1법칙으로 구한 면적은? (단, 각 구간의 지거는 1m로 동일하다.)

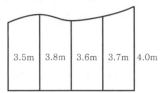

① 14.20m^2
② 14.90m^2
③ 15.50m^2
④ 16.00m^2

 해설
$$A = \frac{d}{3}[y_1 + y_5 + 4(y_2 + y_4) + 2y_3]$$
$$= \frac{1}{3} \times [3.5 + 4.0 + 4 \times (3.8 + 3.7) + 2 \times 3.6]$$
$$= 14.90\text{m}^2$$

8. 단곡선을 설치할 때 곡선반지름이 250m, 교각이 116°23′, 곡선시점까지의 추가거리가 1,146m일 때 시단현의 편각은? (단, 중심말뚝간격=20m)

① 0°41′15″
② 1°15′36″
③ 1°36′15″
④ 2°54′51″

 해설
$$\delta_1 = \frac{l_1}{R} \frac{90}{\pi} = \frac{14}{250} \times \frac{90}{\pi} = 1°36′15″$$

9. 다음 그림과 같은 트래버스에서 AL의 방위각이 29°40′15″, BM의 방위각이 320°27′12″, 교각의 총합이 1190°47′32″일 때 각관측오차는?

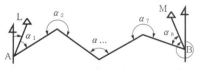

① 45″
② 35″
③ 25″
④ 15″

 해설
e=AL방위각+Σ관측값$-108°(n-1)$-BM방위각
$=29°40′15″+1190°47′32″-180°\times(5-1)-320°27′12″$
$=35″$

10. 지형측량을 할 때 기본삼각점만으로는 기준점이 부족하여 추가로 설치하는 기준점은?

① 방향전환점
② 도근점
③ 이기점
④ 중간점

 해설 지형측량을 실시할 때 기본삼각점이 부족할 경우 도근점을 추가로 설치하여 측량한다.

11. 지구반지름이 6,370km이고 거리의 허용오차가 1/10^{5}이면 평면측량으로 볼 수 있는 범위의 지름은?

① 약 69km
② 약 64km
③ 약 36km
④ 약 22km

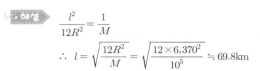 해설
$$\frac{l^2}{12R^2} = \frac{1}{M}$$
$$\therefore l = \sqrt{\frac{12R^2}{M}} = \sqrt{\frac{12 \times 6,370^2}{10^5}} \doteqdot 69.8\text{km}$$

12. 다음 그림과 같은 수준망을 각각의 환에 따라 폐합오차를 구한 결과가 표와 같고 폐합오차의 한계가 $\pm 1.0\sqrt{S}$[cm]일 때 우선적으로 재관측할 필요가 있는 노선은? (단, S : 거리(km))

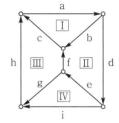

환	노선	거리(km)	폐합오차(m)
I	abc	8.7	−0.017
II	bdef	15.8	0.048
III	efgh	10.9	−0.026
IV	eig	9.3	−0.083
외주	adih	15.9	−0.031

① e노선
② f노선
③ g노선
④ h노선

 해설 노선 bdef의 폐합오차가 0.048m, 노선 eig의 폐합오차가 −0.083m이다 두 노선에서 중복되는 e 부분을 다시 관측하여야 한다.

13. 수준측량에서 발생하는 오차에 대한 설명으로 틀린 것은?

① 기계의 조정에 의해 발생하는 오차는 전시와 후시의 거리를 같게 하여 소거할 수 있다.
② 삼각수준측량은 대지역을 대상으로 하기 때문에 곡률오차와 굴절오차는 그 양이 상쇄되어 고려하지 않는다.
③ 표척의 영눈금오차는 출발점의 표척을 도착점에서 사용하여 소거할 수 있다.
④ 기포의 수평조정이나 표척면의 읽기는 육안으로 한계가 있으나, 이로 인한 오차는 일반적으로 허용오차범위 안에 들 수 있다.

 해설 삼각수준측량 시 지구의 곡률오차(구차)와 굴절오차(기차)의 영향을 고려해 두 지점에서 평균관측하여 이를 소거한다.

14. 다음 그림과 같은 관측결과 $\theta = 30°11'00''$, $S =$ 1,000m일 때 C점의 X좌표는? (단, AB의 방위각= 89°49′00″, A점의 X좌표=1,200m)

① 700.00m

② 1203.20m

③ 2064.42m

④ 2066.03m

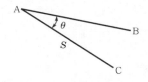

> **해설** ㉮ AC방위각=89°49′00″+30°11′00″=120°
> ㉯ $X_C = 1,200 + 100 \times \cos 120° = 700$m

15. 다음 그림과 같은 복곡선에서 $t_1 + t_2$의 값은?

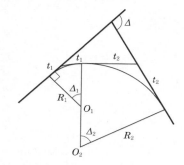

① $R_1(\tan\Delta_1 + \tan\Delta_2)$

② $R_2(\tan\Delta_1 + \tan\Delta_2)$

③ $R_1\tan\Delta_1 + R_2\tan\Delta_2$

④ $R_1\tan\dfrac{\Delta_1}{2} + R_2\tan\dfrac{\Delta_2}{2}$

> **해설** $t_1 + t_2 = R\tan\dfrac{\Delta_1}{2} + R\tan\dfrac{\Delta_2}{2}$

16. 노선 설치방법 중 좌표법에 의한 설치방법에 대한 설명으로 틀린 것은?

① 토털스테이션, GPS 등과 같은 장비를 이용하여 측점을 위치시킬 수 있다.

② 좌표법에 의한 노선의 설치는 다른 방법보다 지형의 굴곡이나 시통 등의 문제가 적다.

③ 좌표법은 평면곡선 및 종단곡선의 설치요소를 동시에 위치시킬 수 있다.

④ 평면적인 위치의 측설을 수행하고 지형표고를 관측하여 종단면도를 작성할 수 있다.

> **해설** 좌표를 이용하여 평면곡선의 설치는 가능하나, 종단곡선의 설치는 불가능하다.

17. 다각측량에서 각 측량의 기계적 오차 중 시준축과 수평축이 직교하지 않아 발생하는 오차를 처리하는 방법으로 옳은 것은?

① 망원경을 정위와 반위로 측정하여 평균값을 취한다.

② 배각법으로 관측을 한다.

③ 방향각법으로 관측을 한다.

④ 편심관측을 하여 귀심계산을 한다.

> **해설** 시준축오차는 시준선이 수평축에 수직하지 않기 때문에 일어나는 오차로 망원경을 정위 및 반위로 하여 관측값을 평균하면 소거된다.

18. 30m당 0.03m가 짧은 줄자를 사용하여 정사각형 토지의 한 변을 측정한 결과 150m이었다면 면적에 대한 오차는?

① 41m²

② 43m²

③ 45m²

④ 47m²

> **해설**
> $$\dfrac{\Delta A}{A} = 2\dfrac{\Delta l}{l}$$
> $$\dfrac{\Delta A}{22,500} = 2 \times \dfrac{0.03}{30}$$
> $$\therefore \Delta A = 45\text{m}^2$$

19. 다음 그림과 같은 지형에서 각 등고선에 쌓인 부분의 면적이 표와 같을 때 각주공식에 의한 토량은? (단, 윗면은 평평한 것으로 가정한다.)

등고선 (m)	면적 (m²)
15	3,800
20	2,900
25	1,800
30	900
35	200

① 11,400m³

② 22,800m³

③ 33,800m³

④ 38,000m³

> **해설**
> $$V = \dfrac{h}{3}[A_1 + A_5 + 4(A_2 + A_4) + 2A_3]$$
> $$= \dfrac{5}{3} \times [3,800 + 200 + 4 \times (2,900 + 900) + 2 \times 1,800]$$
> $$= 38,000\text{m}^3$$

20. 지성선에 관한 설명으로 옳지 않은 것은?

① 철(凸)선은 능선 또는 분수선이라고 한다.

② 경사변환선이란 동일 방향의 경사면에서 경사의 크기가 다른 두 면의 접합선이다.

③ 요(凹)선은 지표의 경사가 최대로 되는 방향을 표시한 선으로 유하선이라고 한다.

④ 지성선은 지표면이 다수의 평면으로 구성되었다고 할 때 평면 간 접합부, 즉 접선을 말하며 지세선이라고도 한다.

• 해설 지성선

구분	내용
능선 (凸선)	분수선이라고도 하며 정상을 향하여 가장 높은 점을 연결한 선으로 빗물이 갈라지는 분수선(V자형)이다.
곡선 (凹선)	합수선이라고도 하며 지표면이 낮은 점을 연결한 선으로 빗물이 합쳐지는 합수선(A자형)이다.
경사 변환선	동일 방향의 경사면에서 경사의 크기가 다른 두 면의 접합선이다.
최대 경사선 (유하선)	지표의 임의의 한 점에 있어서 그 경사가 최대로 되는 방향을 표시한 선으로 등고선에 직각으로 교차한다. 이 점을 기준으로 물이 흐르므로 유하선이라 부른다.

부록 II

CBT 대비 실전 모의고사

토목기사 실전 모의고사 1회

▶ 정답 및 해설 : p.131

1. 1,600m²의 정사각형 토지면적을 0.5m²까지 정확하게 구하기 위해서 필요한 변길이의 최대 허용오차는?

① 2mm
② 6mm
③ 10mm
④ 12mm

2. 삼각점 A에 기계를 설치하였으나 삼각점 B가 시준이 되지 않아 점 P를 관측하여 T'=68°32′15″를 얻었다. 보정각 T는? (단, S=2km, e=5m, ϕ=302°56′)

① 68°25′02″
② 68°20′09″
③ 68°15′02″
④ 68°10′09″

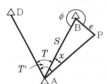

3. 수준측량에서 발생하는 오차에 대한 설명으로 틀린 것은?

① 기계의 조정에 의해 발생하는 오차는 전시와 후시의 거리를 같게 하여 소거할 수 있다.
② 표척의 영눈금오차는 출발점의 표척을 도착점에서 사용하여 소거할 수 있다.
③ 측지삼각수준측량에서 곡률오차와 굴절오차는 그 양이 미소하므로 무시할 수 있다.
④ 기포의 수평조정이나 표척면의 읽기는 육안으로 한계가 있으나, 이로 인한 오차는 일반적으로 허용오차범위 안에 들 수 있다.

4. 대상구역을 삼각형으로 분할하여 각 교점의 표고를 측량한 결과가 다음 그림과 같을 때 토공량은?

① 98m³
② 100m³
③ 102m³
④ 104m³

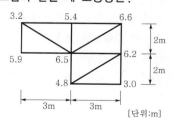

[단위:m]

5. 항공LiDAR자료의 특성에 대한 설명으로 옳은 것은?

① 시간, 계절 및 기상에 관계없이 언제든지 관측이 가능하다.
② 적외선파장은 물에 잘 흡수되므로 수면에 반사된 자료는 신뢰성이 매우 높다.
③ 사진촬영을 동시에 진행할 수 없으므로 자료 판독이 어렵다.
④ 산림지역에서 지표면의 관측이 가능하다.

6. 완화곡선에 대한 설명으로 옳지 않은 것은?

① 모든 클로소이드(clothoid)는 닮은꼴이며, 클로소이드 요소는 길이의 단위를 가진 것과 단위가 없는 것이 있다.
② 완화곡선의 접선은 시점에서 원호에, 종점에서 직선에 접한다.
③ 완화곡선의 반지름은 그 시점에서 무한대, 종점에서는 원곡선의 반지름과 같다.
④ 완화곡선에 연한 곡선반지름의 감소율은 캔트(cant)의 증가율과 같다.

7. 2,000m의 거리를 50m씩 끊어서 40회 관측하였다. 관측결과 오차가 ±0.14m이었고, 40회 관측의 정밀도가 동일하다면 50m 거리관측의 오차는?

① ±0.022m
② ±0.019m
③ ±0.016m
④ ±0.013m

8. 등고선의 성질에 대한 설명으로 옳지 않은 것은?

① 동일 등고선상의 모든 점은 기준면으로부터 같은 높이에 있다.
② 지표면의 경사가 같을 때는 등고선의 간격은 같고 평행하다.
③ 등고선은 도면 내 또는 밖에서 반드시 폐합한다.
④ 높이가 다른 두 등고선은 절대로 교차하지 않는다.

9. 트래버스측량에 관한 일반적인 사항에 대한 설명으로 옳지 않은 것은?

① 트래버스의 종류 중 결합트래버스는 가장 높은 정확도를 얻을 수 있다.

② 각관측방법 중 방위각법은 한번 오차가 발생하면 그 영향은 끝까지 미친다.

③ 폐합오차조정방법 중 컴퍼스법칙은 각관측의 정밀도가 거리관측의 정밀도보다 높을 때 실시한다.

④ 폐합트래버스에서 편각의 총합은 반드시 360°가 되어야 한다.

10. 수준측량에서 전·후시의 거리를 같게 취해도 제거되지 않는 오차는?

① 지구곡률오차

② 대기굴절오차

③ 시준선오차

④ 표척눈금오차

11. 하천의 유속측정결과 수면으로부터 깊이의 2/10, 4/10, 6/10, 8/10 되는 곳의 유속(m/s)이 각각 0.662, 0.552, 0.442, 0.332이었다면 3점법에 의한 평균유속은?

① 0.4603m/s

② 0.4695m/s

③ 0.5245m/s

④ 0.5337m/s

12. UTM좌표에 대한 설명으로 옳지 않은 것은?

① 중앙자오선의 축척계수는 0.9996이다.

② 좌표계는 경도 6°, 위도 8° 간격으로 나눈다.

③ 우리나라는 40구역(ZONE)과 43구역(ZONE)에 위치하고 있다.

④ 경도의 원점은 중앙자오선에 있으며, 위도의 원점은 적도상에 있다.

13. 측점 A에 각관측장비를 세우고 50m 떨어져 있는 측점 B를 시준하여 각을 관측할 때 측선 AB에 직각방향으로 3cm의 오차가 있었다면 이로 인한 각관측오차는?

① 0°1′13″

② 0°1′22″

③ 0°2′04″

④ 0°2′45″

14. 하천측량에 대한 설명으로 옳지 않은 것은?

① 수위관측소의 위치는 지천의 합류점 및 분류점으로서 수위의 변화가 일어나기 쉬운 곳이 적당하다.

② 하천측량에서 수준측량을 할 때의 거리표는 하천의 중심에 직각방향으로 설치한다.

③ 심천측량은 하천의 수심 및 유수 부분의 하저상황을 조사하고 횡단면도를 제작하는 측량을 말한다.

④ 하천측량 시 처음에 할 일은 도상조사로서 유로상황, 지역면적, 지형, 토지이용상황 등을 조사하여야 한다.

15. 다음은 폐합트래버스측량성과이다. 측선 CD의 배횡거는?

측선	위거(m)	경거(m)
AB	65.39	83.57
BC	−34.57	19.68
CD	−65.43	−40.60
DA	34.61	−62.65

① 60.25m

② 115.90m

③ 135.45m

④ 165.90m

16. 삼각망의 종류 중 유심삼각망에 대한 설명으로 옳은 것은?

① 삼각망 가운데 가장 간단한 형태이며 측량의 정확도를 얻기 위한 조건이 부족하므로 특수한 경우 외에는 사용하지 않는다.

② 가장 높은 정확도를 얻을 수 있으나 조정이 복잡하고 포함된 면적이 작으며, 특히 기선을 확대할 때 주로 사용한다.

③ 거리에 비하여 측점수가 가장 적으므로 측량이 간단하며 조건식의 수가 적어 정확도가 낮다.

④ 광대한 지역의 측량에 적합하며 정확도가 비교적 높은 편이다.

17. DGPS를 적용할 경우 기지점과 미지점에서 측정한 결과로부터 공통오차를 상쇄시킬 수 있기 때문에 측량의 정확도를 높일 수 있다. 이때 상쇄되는 오차요인이 아닌 것은?

① 위성의 궤도정보오차

② 다중경로오차

③ 전리층 신호지연

④ 대류권 신호지연

18. 다음 그림과 같이 $\overline{A_0B_0}$의 노선을 $e=$10m만큼 이동하여 내측으로 노선을 설치하고자 한다. 새로운 반지름 R_N은? (단, $R_o=$200m, $I=60°$)

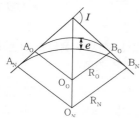

① 217.64m
② 238.26m
③ 250.50m
④ 264.64m

19. 100m의 측선을 20m 줄자로 관측하였다. 1회의 관측에 +4mm의 정오차와 ±3mm의 부정오차가 있었다면 측선의 거리는?

① 100.010 ± 0.007m
② 100.010 ± 0.015m
③ 100.020 ± 0.007m
④ 100.020 ± 0.015m

20. 다음 그림과 같은 수준망에서 높이차의 정확도가 가장 낮은 것으로 추정되는 노선은? (단, 수준환의 거리 Ⅰ=4km, Ⅱ=3km, Ⅲ=2.4km, Ⅳ(ⓛⓐⓜ)=6km)

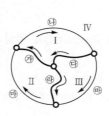

노선	높이차(m)
㉮	+3.600
㉯	+1.385
㉰	−5.023
㉱	+1.105
㉲	+2.523
㉳	−3.912

① ㉮
② ㉯
③ ㉰
④ ㉱

토목기사 실전 모의고사 2회

▶ 정답 및 해설 : p.132

1. 위성측량의 DOP(Dilution of Precision)에 관한 설명으로 옳지 않은 것은?

① DOP는 위성의 기하학적 분포에 따른 오차이다.
② 일반적으로 위성들 간의 공간이 더 크면 위치정밀도가 낮아진다.
③ DOP를 이용하여 실제 측량 전에 위성측량의 정확도를 예측할 수 있다.
④ DOP값이 클수록 정확도가 좋지 않은 상태이다.

2. 다음 그림과 같은 토지의 $\overline{BC}$에 평행한 $\overline{XY}$로 m : $n = 1 : 2.5$의 비율로 면적을 분할하고자 한다. $\overline{AB} = 35m$일 때 $\overline{AX}$는?

① 17.7m
② 18.1m
③ 18.7m
④ 19.1m

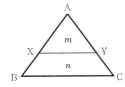

3. 다음 그림과 같이 곡선반지름 $R = 500m$인 단곡선을 설치할 때 교점에 장애물이 있어 ∠ACD=150°, ∠CDB=90°, CD=100m를 관측하였다. 이때 C점으로부터 곡선의 시점까지의 거리는?

① 530.27m
② 657.04m
③ 750.56m
④ 796.09m

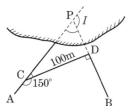

4. 교점(I.P)의 위치가 기점으로부터 200.12m, 곡선반지름 200m, 교각 45°00′인 단곡선의 시단현의 길이는? (단, 측점 간 거리는 20m로 한다.)

① 2.72m
② 2.84m
③ 17.16m
④ 17.28m

5. 다음 우리나라에서 사용되고 있는 좌표계에 대한 설명 중 옳지 않은 것은?

> 우리나라의 평면직각좌표는 ㉠ 4개의 평면직각좌표계(서부, 중부, 동부, 동해)를 사용하고 있다. 각 좌표계의 ㉡ 원점은 위도 38°선과 경도 125°, 127°, 129°, 131°선의 교점에 위치하며, ㉢ 투영법은 TM(Transverse Mercator)을 사용한다. 좌표의 음수표기를 방지하기 위해 ㉣ 횡좌표에 200,000m, 종좌표에 500,000m를 가산한 가좌표를 사용한다.

① ㉠
② ㉡
③ ㉢
④ ㉣

6. 교호수준측량에서 A점의 표고가 60.00m일 때 a_1 = 0.75m, b_1=0.55m, a_2=1.45m, b_2=1.24m이면 B점의 표고는?

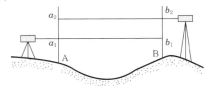

① 60.205m
② 60.210m
③ 60.215m
④ 60.200m

7. 도로의 노선측량에서 반지름(R) 200m인 원곡선을 설치할 때 도로의 기점으로부터 교점(I.P)까지의 추가거리가 423.26m, 교각(I)이 42°20′일 때 시단현의 편각은? (단, 중심말뚝간격은 20m이다.)

① 0°50′00″
② 2°01′52″
③ 2°03′11″
④ 2°51′47″

8. GNSS데이터의 교환 등에 필요한 공통적인 형식으로 원시데이터에서 측량에 필요한 데이터를 추출하여 보기 쉽게 표현한 것은?

① Bernese
② RINEX
③ Ambiguity
④ Binary

9. 원격탐사(remote sensing)의 정의로 옳은 것은?

① 지상에서 대상물체에 전파를 발생시켜 그 반사파를 이용하여 측정하는 방법

② 센서를 이용하여 지표의 대상물에서 반사 또는 방사된 전자스펙트럼을 측정하고, 이들의 자료를 이용하여 대상물이나 현상에 관한 정보를 얻는 기법

③ 우주에 산재해 있는 물체의 고유스펙트럼을 이용하여 각각의 구성성분을 지상의 레이더망으로 수집하여 처리하는 방법

④ 우주선에서 찍은 중복된 사진을 이용하여 지상에서 항공사진의 처리와 같은 방법으로 판독하는 작업

10. 동일 구간에 대해 3개의 관측군으로 나누어 거리관측을 실시한 결과가 다음 표와 같을 때 이 구간의 최확값은?

관측군	관측값(m)	관측횟수
1	50.362	5
2	50.348	2
3	50.359	3

① 50.354m ② 50.356m
③ 50.358m ④ 50.362m

11. 지오이드(Geoid)에 대한 설명으로 옳지 않은 것은?

① 평균해수면을 육지까지 연장하여 지구 전체를 둘러싼 곡면이다.

② 지오이드면은 등퍼텐셜면으로 중력방향은 이 면에 수직이다.

③ 지표 위 모든 점의 위치를 결정하기 위해 수학적으로 정의된 타원체이다.

④ 실제로 지오이드면은 굴곡이 심하므로 측지측량의 기준으로 채택하기 어렵다.

12. 측선 $\overline{AB}$의 관측거리가 100m일 때 다음 중 B점의 $X(N)$좌표값이 가장 큰 경우는? (단, A의 좌표 $X_A=$ 0m, $Y_A=$0m)

① $\overline{AB}$의 방위각$(\alpha)=30°$
② $\overline{AB}$의 방위각$(\alpha)=60°$
③ $\overline{AB}$의 방위각$(\alpha)=90°$
④ $\overline{AB}$의 방위각$(\alpha)=120°$

13. 하천의 심천(측심)측량에 관한 설명으로 틀린 것은?

① 심천측량은 하천의 수면으로부터 하저까지 깊이를 구하는 측량으로 횡단측량과 같이 행한다.

② 측심간(rod)에 의한 심천측량은 보통 수심 5m 정도의 얕은 곳에 사용한다.

③ 측심추(lead)로 관측이 불가능한 깊은 곳은 음향측심기를 사용한다.

④ 심천측량은 수위가 높은 장마철에 하는 것이 효과적이다.

14. 축척 1:500 도상에서 3변의 길이가 각각 20.5cm, 32.4cm, 28.5cm인 삼각형 지형의 실제 면적은?

① 40.70m^2
② 288.53m^2
③ 6,924.15m^2
④ 7,213.26m^2

15. GNSS측량에 대한 설명으로 옳지 않은 것은?

① 상대측위기법을 이용하면 절대측위보다 높은 측위정확도의 확보가 가능하다.

② GNSS측량을 위해서는 최소 4개의 가시위성(visible satellite)이 필요하다.

③ GNSS측량을 통해 수신기의 좌표뿐만 아니라 시계오차도 계산할 수 있다.

④ 위성의 고도각(elevation angle)이 낮은 경우 상대적으로 높은 측위정확도의 확보가 가능하다.

16. 폐합트래버스 ABCD에서 각 측선의 경거, 위거가 다음 표와 같을 때 $\overline{AD}$ 측선의 방위각은?

측선	위거		경거	
	+	−	+	−
AB	50		50	
BC		30	60	
CD		70		60
DA				

① 133° ② 135°
③ 137° ④ 145°

17. 각관측방법 중 배각법에 관한 설명으로 옳지 않은 것은?

① 방향각법에 비하여 읽기오차의 영향을 적게 받는다.

② 수평각관측법 중 가장 정확한 방법으로 정밀한 삼각측량에 주로 이용된다.

③ 시준할 때의 오차를 줄일 수 있고 최소 눈금 미만의 정밀한 관측값을 얻을 수 있다.

④ 1개의 각을 2회 이상 반복관측하여 관측한 각도의 평균을 구하는 방법이다.

18. 한 측선의 자오선(종축)과 이루는 각이 60°00′이고 계산된 측선의 위거가 −60m, −103.92m일 때 이 측선의 방위와 거리는?

① 방위=S 60°00′ E, 거리=130m

② 방위=N 60°00′ E, 거리=130m

③ 방위=N 60°00′ W, 거리=120m

④ 방위=S 60°00′ W, 거리=120m

19. 고속도로공사에서 각 측점의 단면적이 다음 표와 같을 때 측점 10에서 측점 12까지의 토량은? (단, 양단면평균법에 의해 계산한다.)

측점	단면적(m^2)	비고
No.10	318	
No.11	512	측점 간의 거리=20m
No.12	682	

① 15,120m^3 ② 20,160m^3

③ 20,240m^3 ④ 30,240m^3

20. 다음 그림의 다각망에서 C점의 좌표는? (단, $\overline{AB}=\overline{BC}=100$m이다.)

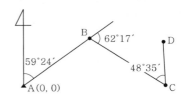

① $X_C=-5.31$m, $Y_C=160.45$m

② $X_C=-1.62$m, $Y_C=171.17$m

③ $X_C=-10.27$m, $Y_C=89.25$m

④ $X_C=50.90$m, $Y_C=86.07$m

토목기사 실전 모의고사 3회

▶ 정답 및 해설 : p.134

1. 폐합트래버스에서 위거오차의 합이 −0.17m, 경거오차의 합이 0.22m이고, 전 측선의 거리의 합이 252m일 때 폐합비는?

① 1/900
② 1/1,000
③ 1/1,100
④ 1/1,200

2. 완화곡선에 대한 설명으로 옳지 않은 것은?

① 완화곡선의 곡선반지름은 시점에서 무한대, 종점에서 원곡선의 반지름 R로 된다.
② 클로소이드의 형식에는 S형, 복합형, 기본형 등이 있다.
③ 완화곡선의 접선은 시점에서 원호에, 종점에서 직선에 접한다.
④ 모든 클로소이드는 닮은꼴이며, 클로소이드요소에는 길이의 단위를 가진 것과 단위가 없는 것이 있다.

3. 항공사진측량에서 사진상에 나타난 두 점 A, B의 거리를 측정하였더니 208mm이었으며, 지상좌표는 다음과 같았다면 사진축척(S)은? (단, $X_A = 205,346.39m$, $Y_A = 10,793.16m$, $X_B = 205,100.11m$, $Y_B = 11,587.87m$)

① $S = 1 : 3000$
② $S = 1 : 4000$
③ $S = 1 : 5000$
④ $S = 1 : 6000$

4. 평탄한 지역에서 9개 측선으로 구성된 다각측량에서 2′의 각관측오차가 발생되었다면 오차의 처리방법으로 옳은 것은? (단, 허용오차는 $60'' \sqrt{N}$으로 가정한다.)

① 오차가 크므로 다시 관측한다.
② 측선의 거리에 비례하여 배분한다.
③ 관측각의 크기에 역비례하여 배분한다.
④ 관측각에 같은 크기로 배분한다.

5. 교호수준측량의 결과가 다음과 같고 A점의 표고가 10m일 때 B점의 표고는?

- 레벨 P에서 A → B 관측표고차 : −1.256m
- 레벨 Q에서 B → A 관측표고차 : +1.238m

① 8.753m
② 9.753m
③ 11.238m
④ 11.247m

6. GPS위성측량에 대한 설명으로 옳은 것은?

① GPS를 이용하여 취득한 높이는 지반고이다.
② GPS에서 사용하고 있는 기준타원체는 GRS80타원체이다.
③ 대기 내 수증기는 GPS위성신호를 지연시킨다.
④ GPS측량은 별도의 후처리 없이 관측값을 직접 사용할 수 있다.

7. 구면삼각형의 성질에 대한 설명으로 틀린 것은?

① 구면삼각형 내각의 합은 180°보다 크다.
② 2점 간 거리가 구면상에서는 대원의 호길이가 된다.
③ 구면삼각형의 한 변은 다른 두 변의 합보다는 작고, 차보다는 크다.
④ 구과량은 구 반지름의 제곱에 비례하고, 구면삼각형의 면적에 반비례한다.

8. 노선측량에서 단곡선의 설치방법에 대한 설명으로 옳지 않은 것은?

① 중앙종거를 이용한 설치방법은 터널 속이나 삼림지대에서 벌목량이 많을 때 사용하면 편리하다.
② 편각설치법은 비교적 높은 정확도로 인해 고속도로나 철도에 사용할 수 있다.
③ 접선편거와 현편거에 의하여 설치하는 방법은 줄자만을 사용하여 원곡선을 설치할 수 있다.
④ 장현에 대한 종거와 횡거에 의하는 방법은 곡률반지름이 짧은 곡선일 때 편리하다.

9. 전자파거리측량기로 거리를 측량할 때 발생되는 관측오차에 대한 설명으로 옳은 것은?

① 모든 관측오차는 거리에 비례한다.

② 모든 관측오차는 거리에 비례하지 않는다.

③ 거리에 비례하는 오차와 비례하지 않는 오차가 있다.

④ 거리가 어떤 길이 이상으로 커지면 관측오차가 상쇄되어 길이에 대한 영향이 없어진다.

10. 다각측량에서 어떤 폐합다각망을 측량하여 위거 및 경거의 오차를 구하였다. 거리와 각을 유사한 정밀도로 관측하였다면 위거 및 경거의 폐합오차를 배분하는 방법으로 가장 적합한 것은?

① 측선의 길이에 비례하여 분배한다.

② 각각의 위거 및 경거에 등분배한다.

③ 위거 및 경거의 크기에 비례하여 배분한다.

④ 위거 및 경거 절대값의 총합에 대한 위거 및 경거 크기에 비례하여 배분한다.

11. 완화곡선 중 클로소이드에 대한 설명으로 옳지 않은 것은? (단, R : 곡선반지름, L : 곡선길이)

① 클로소이드는 곡률이 곡선길이에 비례하여 증가하는 곡선이다.

② 클로소이드는 나선의 일종이며 모든 클로소이드는 닮은꼴이다.

③ 클로소이드의 종점좌표 x, y는 그 점의 접선각의 함수로 표시된다.

④ 클로소이드에서 접선각 τ를 라디안으로 표시하면 $\tau = \dfrac{R}{2L}$ 이 된다.

12. 삼각점 C에 기계를 세울 수 없어서 2.5m를 편심하여 B에 기계를 설치하고 $T'=31°15'40''$를 얻었다면 T는? (단, $\phi=300°20'$, $S_1=2km$, $S_2=3km$)

① $31°14'49''$

② $31°15'18''$

③ $31°15'29''$

④ $31°15'41''$

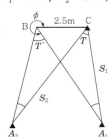

13. 조정계산이 완료된 조정각 및 기선으로부터 처음 신설하는 삼각점의 위치를 구하는 계산순서로 가장 적합한 것은?

① 편심조정계산 → 삼각형계산(변, 방향각) → 경위도 결정 → 좌표조정계산 → 표고계산

② 편심조정계산 → 삼각형계산(변, 방향각) → 좌표조정계산 → 표고계산 → 경위도 결정

③ 삼각형계산(변, 방향각) → 편심조정계산 → 표고계산 → 경위도 결정 → 좌표조정계산

④ 삼각형계산(변, 방향각) → 편심조정계산 → 표고계산 → 좌표조정계산 → 경위도 결정

14. 트래버스측량(다각측량)의 종류와 그 특징으로 옳지 않은 것은?

① 결합트래버스는 삼각점과 삼각점을 연결시킨 것으로 조정계산의 정확도가 가장 높다.

② 폐합트래버스는 한 측점에서 시작하여 다시 그 측점에 돌아오는 관측형태이다.

③ 폐합트래버스는 오차의 계산 및 조정이 가능하나, 정확도는 개방트래버스보다 낮다.

④ 개방트래버스는 임의의 한 측점에서 시작하여 다른 임의의 한 점에서 끝나는 관측형태이다.

15. 수준점 A, B, C에서 P점까지 수준측량을 한 결과가 다음 표와 같다. 관측거리에 대한 경중률을 고려한 P점의 표고는?

측량경로	거리	P점의 표고
A → P	1km	135.487m
B → P	2km	135.563m
C → P	3km	135.603m

① 135.529m

② 135.551m

③ 135.563m

④ 135.570m

16. 철도의 궤도간격 $b=1.067m$, 곡선반지름 $R=600m$인 원곡선상을 열차가 100km/h로 주행하려고 할 때 캔트는?

① 100mm

② 140mm

③ 180mm

④ 220mm

17. 지상 1km^{2}의 면적을 지도상에서 4cm^{2}로 표시하기 위한 축척으로 옳은 것은?

① 1 : 5,000
② 1 : 50,000
③ 1 : 25,000
④ 1 : 250,000

18. 위성측량의 DOP(Dilution of Precision)에 관한 설명 중 옳지 않은 것은?

① 기하학적 DOP(GDOP), 3차원 위치 DOP(PDOP), 수직위치 DOP(VDOP), 평면위치 DOP(HDOP), 시간 DOP(TDOP) 등이 있다.
② DOP는 측량할 때 수신 가능한 위성의 궤도정보를 항법메세지에서 받아 계산할 수 있다.
③ 위성측량에서 DOP가 작으면 클 때보다 위성의 배치상태가 좋은 것이다.
④ 3차원 위치 DOP(PDOP)는 평면위치 DOP(HDOP)와 수직위치 DOP(VDOP)의 합으로 나타난다.

19. 직사각형의 가로, 세로의 거리가 다음 그림과 같다. 면적 A의 표현으로 가장 적절한 것은?

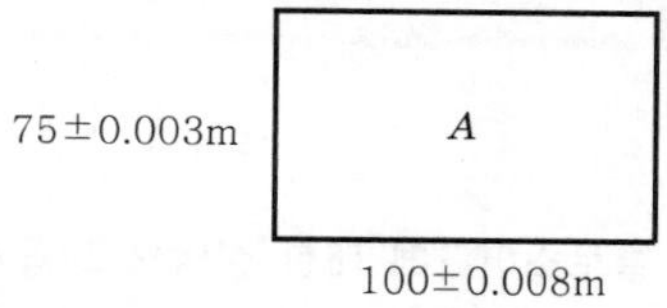

75±0.003m A

100±0.008m

① 7,500±0.67m^2
② 7,500±0.41m^2
③ 7,500.9±0.67m^2
④ 7,500.9±0.41m^2

20. 지오이드(geoid)에 대한 설명 중 옳지 않은 것은?

① 평균해수면을 육지까지 연장한 가상적인 곡면을 지오이드라 하며, 이것은 지구타원체와 일치한다.
② 지오이드는 중력장의 등퍼텐셜면으로 볼 수 있다.
③ 실제로 지오이드면은 굴곡이 심하므로 측지측량의 기준으로 채택하기 어렵다.
④ 지구타원체의 법선과 지오이드의 법선 간의 차이를 연직선편차라 한다.

토목기사 실전 모의고사 4회

▶ 정답 및 해설 : p.135

1. 완화곡선 중 클로소이드에 대한 설명으로 옳지 않은 것은? (단, R : 곡선반지름, L : 곡선길이)

① 클로소이드는 곡률이 곡선길이에 비례하여 증가하는 곡선이다.

② 클로소이드는 나선의 일종이며 모든 클로소이드는 닮은 꼴이다.

③ 클로소이드의 종점좌표 x, y는 그 점의 접선각의 함수로 표시된다.

④ 클로소이드에서 접선각 τ을 라디안으로 표시하면 $\tau = \dfrac{R}{2L}$가 된다.

2. 지형측량에서 등고선의 성질에 대한 설명으로 옳지 않은 것은?

① 등고선은 절대 교차하지 않는다.

② 등고선은 지표의 최대경사선방향과 직교한다.

③ 동일 등고선상에 있는 모든 점은 같은 높이이다.

④ 등고선 간의 최단거리의 방향은 그 지표면의 최대 경사의 방향을 가리킨다.

3. 촬영고도 800m의 연직사진에서 높이 20m에 대한 시차차의 크기는? (단, 초점거리는 21cm, 사진크기는 23×23cm, 종중복도는 60%이다.)

① 0.8mm

② 1.3mm

③ 1.8mm

④ 2.3mm

4. 표고가 350m인 산 위에서 키가 1.80m인 사람이 볼 수 있는 수평거리의 한계는? (단, 지구곡률반지름 = 6,370km)

① 47.34km

② 55.22km

③ 66.95km

④ 3,778.22km

5. 하천측량에 대한 설명으로 옳지 않은 것은?

① 평균유속계산식은 $V_m = V_{0.6}$, $V_m = \dfrac{1}{2}(V_{0.2} + V_{0.8})$, $V_m = \dfrac{1}{4}(V_{0.2} + 2V_{0.6} + V_{0.8})$ 등이 있다.

② 하천기울기(I)를 이용한 유량을 구하기 위한 유속은 $V_m = C\sqrt{RI}$, $V_m = \dfrac{1}{n}R^{\frac{2}{3}}I^{\frac{1}{2}}$ 공식을 이용하여 구한다.

③ 유량관측에 이용되는 부자는 표면부자, 2중부자, 봉부자 등이 있다.

④ 하천측량의 일반적인 작업순서는 도상조사, 현지조사, 자료조사, 유량측량, 지형측량, 기타의 측량 순으로 한다.

6. 하천이나 항만 등에서 심천측량을 한 결과의 지형을 표시하는 방법으로 적당한 것은?

① 점고법

② 우모법

③ 채색법

④ 음영법

7. 100m의 거리를 20m의 줄자로 관측하였다. 1회의 관측에 +5mm의 누적오차와 ±5mm의 우연오차가 있을 때 정확한 거리는?

① 100.015±0.011m

② 100.025±0.011m

③ 100.015±0.022m

④ 100.025±0.022m

8. B.C의 위치가 No.12+16.404m이고 E.C의 위치가 No.19+13.520m일 때 시단현과 종단현에 대한 편각은? (단, 곡선반지름 = 200m, 중심말뚝의 간격 = 20m, 시단현에 대한 편각 = δ_1, 종단현에 대한 편각 = δ_2)

① $\delta_1 = 1°22'28''$, $\delta_2 = 1°56'12''$

② $\delta_1 = 1°56'12''$, $\delta_2 = 0°30'54''$

③ $\delta_1 = 0°30'54''$, $\delta_2 = 1°56'12''$

④ $\delta_1 = 1°56'12''$, $\delta_2 = 1°22'28''$

9. 수준점 A, B, C에서 수준측량을 하여 P점의 표고를 얻었다. P점 표고의 최확값은?

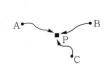

노선	P점 표고값	노선거리
A → P	57.583m	2km
B → P	57.700m	3km
C → P	57.680m	4km

① 57.641m　　　　② 57.649m
③ 57.654m　　　　④ 57.706m

10. 철도의 궤도간격 $b=1.067$m, 곡선반지름 $R=600$m인 원곡선상을 열차가 100km/h로 주행하려고 할 때 캔트는?

① 100mm　　　　② 140mm
③ 180mm　　　　④ 220mm

11. 10,000m²의 정사각형 토지의 면적을 측정한 결과, 오차가 ±0.4m²이었다. 두 변의 길이가 동일한 정밀도로 측정되었다면 거리측정의 오차는?

① ±0.000008m　　　　② ±0.00008m
③ ±0.0028m　　　　④ ±0.063m

12. 허용정밀도(폐합비)가 1:1,000인 평탄지에서 전진법으로 평판측량을 할 때 현장에서의 전체 측선길이의 합이 400m이었다. 이 경우 폐합오차는 최대 얼마 이내로 하여야 하는가?

① 10cm　　　　② 20cm
③ 30cm　　　　④ 40cm

13. 다음 그림과 같은 편심측량에서 ∠ABC는? (단, $\overline{AB}=2.0$km, $\overline{BC}=1.5$km, $e=0.5$m, $t=54°30'$, $\phi=300°30'$)

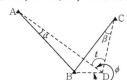

① 54°28′45″
② 54°30′19″
③ 54°31′58″
④ 54°33′14″

14. 다음 그림과 같은 결합트래버스에서 측점 2의 조정량은?

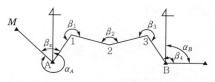

측점	측각(β)	평균방위각
A	68°26′54″	$\alpha_A=325°14′16″$
1	239°58′42″	
2	149°49′18″	
3	269°30′15″	
B	118°36′36″	$\alpha_B=91°35′46″$
합계	846°21′45″	

① −2″　　　　② −3″
③ −5″　　　　④ −15″

15. 갑, 을, 병 3사람이 동일 조건에서 A, B 두 지점의 거리를 관측하여 다음과 같은 결과를 획득하였다. 최확값을 계산하기 위한 경중률로 옳은 것은?

관측자	관측값	경중률
갑	100.521m±0.030m	P_1
을	100.526m±0.015m	P_2
병	100.523m±0.045m	P_3

① $P_1:P_2:P_3=2:1:3$
② $P_1:P_2:P_3=3:1:6$
③ $P_1:P_2:P_3=9:36:4$
④ $P_1:P_2:P_3=4:1:9$

16. 고속도로공사에서 측점 10의 단면적은 318m², 측점 11의 단면적은 512m², 측점 12의 단면적은 682m²일 때 측점 10에서 측점 12까지의 토량은? (단, 양단면평균법에 의하며 측점 간의 거리=20m)

① 15,120m³
② 20,160m³
③ 20,240m³
④ 30,240m³

17. 삼변측량에서 △ABC에서 세 변의 길이가 $a=$ 1,200.00m, $b=$ 1,600.00m, $c=$ 1,442.22m라면 변 c의 대각인 ∠C는?

① 45°   ② 60°

③ 75°   ④ 90°

18. 수준측량에서 전·후시 거리를 같게 함으로써 제거되는 오차가 아닌 것은?

① 빛의 굴절오차

② 지구의 곡률오차

③ 시준선이 기포관축과 평행하지 않아 생기는 오차

④ 표척눈금의 부정확에서 오는 오차

19. 어떤 횡단면의 도상면적이 40.5cm²이었다. 가로축척이 1 : 20, 세로축척이 1 : 60이었다면 실제 면적은?

① 48.6m²

② 33.75m²

③ 4.86m²

④ 3.375m²

20. GNSS관측성과로 틀린 것은?

① 지오이드모델

② 경도와 위도

③ 지구중심좌표

④ 타원체고

토목기사 실전 모의고사 5회

▶ 정답 및 해설 : p.137

1. 터널 내의 천장에 측점 A, B를 정하여 A점에서 B점으로 수준측량을 한 결과로 고저차 +20.42m, A점에서의 기계고 −2.5m, B점에서의 표척관측값 −2.25m를 얻었다. A점에 세운 망원경 중심에서 표척관측점(B)까지의 사거리 100.25m에 대한 망원경의 연직각은?

① 10°14′12″
② 10°53′56″
③ 11°53′56″
④ 23°14′12″

2. 다음 그림과 같은 트래버스에서 CD측선의 방위는? (단, $\overline{AB}$의 방위 = N82°10′E, ∠ABC = 98°39′, ∠BCD = 67°14′이다.)

① S6°17′W
② S83°43′W
③ N6°17′W
④ N83°43′W

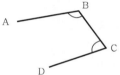

3. 다음 중 지구의 형상에 대한 설명으로 틀린 것은?

① 회전타원체는 지구의 형상을 수학적으로 정의한 것이고, 어느 하나의 국가에 기준으로 채택한 타원체를 준거타원체라 한다.
② 지오이드는 물리적인 형상을 고려하여 만든 불규칙한 곡면이며 높이측정의 기준이 된다.
③ 임의지점에서 회전타원체에 내린 법선이 적도면과 만나는 각도를 측지위도라 한다.
④ 지오이드상에서 중력퍼텐셜의 크기는 중력 이상에 의하여 달라진다.

4. 교각(I) 60°, 외선길이(E) 15m인 단곡선을 설치할 때 곡선길이는?

① 85.2m
② 91.3m
③ 97.0m
④ 101.5m

5. 평판측량의 전진법으로 측량하여 축척 1 : 300 도면을 작성하였다. 측점 A를 출발하여 B, C, D, E, F를 지나 A점에 폐합시켰을 때 도상오차가 0.6mm이었다면 측점 E의 오차배분량은? (단, 실제 거리는 AB=40m, BC=50m, CD=55m, DE=35m, EF=45m, FA=55m)

① 0.1mm
② 0.2mm
③ 0.4mm
④ 0.6mm

6. 지구상의 △ABC를 측량한 결과 두 변의 거리가 $a = 30$km, $b = 20$km이었고, 그 사잇각이 80°이었다면 이때 발생하는 구과량은? (단, 지구의 곡선반지름은 6,400km로 가정한다.)

① 1.49″
② 1.62″
③ 2.04″
④ 2.24″

7. 다음 그림과 같은 유심삼각망에서 만족하여야 할 조건이 아닌 것은?

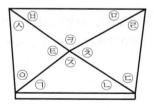

① (㉠+㉡+㉨) − 180° = 0
② (㉠+㉡) − (㉢+㉣) = 0
③ (㉨+㉧+㉩+㉪) − 360° = 0
④ (㉠+㉡+㉦+㉥+㉤+㉣+㉢+㉧) − 360° = 0

8. 캔트(cant)의 크기가 C인 노선을 곡선의 반지름만 2배로 증가시키면 새로운 캔트(C)의 크기는?

① $0.5C$
② C
③ $2C$
④ $4C$

9. 수준측량에서 발생하는 오차에 대한 설명으로 틀린 것은?

① 기계의 조정에 의해 발생하는 오차는 전시와 후시의 거리를 같게 하여 소거할 수 있다.

② 표척의 영눈금오차는 출발점의 표척을 도착점에서 사용하여 소거할 수 있다.

③ 측지삼각수준측량에서 곡률오차와 굴절오차는 그 양이 미소하므로 무시할 수 있다.

④ 기포의 수평조정이나 표척면의 읽기는 육안으로 한계가 있으나, 이로 인한 오차는 일반적으로 허용오차범위 안에 들 수 있다.

10. 다음 중 도형이 곡선으로 둘러싸인 지역의 면적 계산방법으로 가장 적합한 것은?

① 좌표에 의한 계산법

② 방안지에 의한 방법

③ 배횡거(D.M.D)에 의한 방법

④ 두 변과 그 협각에 의한 방법

11. $100m^2$의 정사각형 토지면적을 $0.2m^2$까지 정확하게 구하기 위한 한 변의 최대허용오차는?

① 2mm

② 4mm

③ 5mm

④ 10mm

12. 축적 1 : 50,000 지형도상에서 주곡선 간의 도상길이가 1cm이었다면 이 지형의 경사는?

① 4%

② 5%

③ 6%

④ 10%

13. 지형도상에 나타나는 해안선의 표시기준은?

① 평균해면

② 평균고조면

③ 약최저저조면

④ 약최고고조면

14. 삼각측량에서 삼각점을 선점할 때 주의사항으로 틀린 것은?

① 삼각형은 정삼각형에 가까울수록 좋다.

② 가능한 한 측점의 수를 많게 하고 거리가 짧을수록 유리하다.

③ 미지점은 최소 3개, 최대 5개의 기지점에서 정, 반 양방향으로 시통이 되도록 한다.

④ 삼각점의 위치는 다른 삼각점과 시준이 잘 되어야 한다.

15. 폐합트래버스 ABCD에서 각 측선의 경거, 위거가 다음 표와 같을 때 AD측선의 방위각은?

측선	위거		경거	
	+	−	+	−
AB	50		50	
BC		30	60	
CD		70		60
DA				

① 133°

② 135°

③ 137°

④ 145°

16. 초점거리가 200mm 카메라로 촬영고도 1,000m에서 촬영한 연직사진이 있다. 지상 연직점으로부터 200m 떨어진 곳의 비고 400m인 산정에 대한 사진상의 기복변위는?

① 16mm

② 18mm

③ 81mm

④ 82mm

17. 두 점 간의 고저차를 정밀하게 측정하기 위하여 A, B 두 사람이 각각 다른 레벨과 표척을 사용하여 왕복관측한 결과가 다음과 같다. 두 점 간 고저차의 최확값은?

- A의 결과값 : 25.447m±0.006m
- B의 결과값 : 25.606m±0.003m

① 25.621m

② 25.577m

③ 25.498m

④ 25.449m

18. 노선측량에 관한 설명 중 옳은 것은?

① 일반적으로 단곡선 설치 시 가장 많이 이용하는 방법은 지거법이다.

② 곡률이 곡선길이에 비례하는 곡선을 클로소이드 곡선이라 한다.

③ 완화곡선의 접선은 시점에서 원호에, 종점에서 직선에 접한다.

④ 완화곡선의 반지름은 종점에서 무한대이고, 시점에서는 원곡선의 반지름이 된다.

19. GNSS 상대측위방법에 대한 설명으로 옳은 것은?

① 수신기 1대만을 사용하여 측위를 실시한다.

② 위성과 수신기 간의 거리는 전파의 파장개수를 이용하여 계산할 수 있다.

③ 위상차의 계산은 단순차, 2중차, 3중차와 같은 차분기법으로는 해결하기 어렵다.

④ 전파의 위상차를 관측하는 방식이 절대측위방법보다 정확도가 낮다.

20. 부자(float)에 의해 유속을 측정하고자 한다. 측정지점 제1단면과 제2단면 간의 거리로 가장 적합한 것은? (단, 큰 하천의 경우)

① 1~5m

② 20~50m

③ 100~200m

④ 500~1,000m

토목기사 실전 모의고사 6회

▶ 정답 및 해설 : p.138

1. 조정계산이 완료된 조정각 및 기선으로부터 처음 신설하는 삼각점의 위치를 구하는 계산순서로 가장 적합한 것은?

① 편심조정계산 → 삼각형계산(변, 방향각) → 경위도계산 → 좌표조정계산 → 표고계산

② 편심조정계산 → 삼각형계산(변, 방향각) → 좌표조정계산 → 표고계산 → 경위도계산

③ 삼각형계산(변, 방향각) → 편심조정계산 → 표고계산 → 경위도계산 → 좌표조정계산

④ 삼각형계산(변, 방향각) → 편심조정계산 → 표고계산 → 좌표조정계산 → 경위도계산

2. 토량계산공식 중 양단면의 면적차가 클 때 산출된 토량의 일반적인 대소관계로 옳은 것은? (단, 중앙단면법 : A, 양단면평균법 : B, 각주공식 : C)

① $A = C < B$
② $A < C = B$
③ $A < C < B$
④ $A > C > B$

3. 축척 1 : 1,000의 지형측량에서 등고선을 그리기 위한 측점에 높이의 오차가 50cm이었다. 그 지점의 경사각이 1°일 때 그 지점을 지나는 등고선의 도상오차는?

① 2.86cm
② 3.86cm
③ 4.86cm
④ 5.86cm

4. 완화곡선에 대한 설명으로 옳지 않은 것은?

① 모든 클로소이드(clothoid)는 닮은 꼴이며, 클로소이드요소는 길이의 단위를 가진 것과 단위가 없는 것이 있다.

② 완화곡선의 접선은 시점에서 원호에, 종점에서 직선에 접한다.

③ 완화곡선의 반지름은 그 시점에서 무한대, 종점에서는 원곡선의 반지름과 같다.

④ 완화곡선에 연한 곡선반지름의 감소율은 캔트(cant)의 증가율과 같다.

5. 노선측량에서 단곡선의 설치방법에 대한 설명으로 옳지 않은 것은?

① 중앙종거를 이용한 설치방법은 터널 속이나 삼림지대에서 벌목량이 많을 때 사용하면 편리하다.

② 편각 설치법은 비교적 높은 정확도로 인해 고속도로나 철도에 사용할 수 있다.

③ 접선편거와 현편거에 의하여 설치하는 방법은 줄자만을 사용하여 원곡선을 설치할 수 있다.

④ 장현에 대한 종거와 횡거에 의하는 방법은 곡률반지름이 짧은 곡선일 때 편리하다.

6. 세부도화 시 한 모델을 이루는 좌우사진에서 나오는 광속이 촬영면상에 이루는 종시차를 소거하여 목표지형지물의 상대위치를 맞추는 작업을 무엇이라 하는가?

① 접합표정
② 상호표정
③ 절대표정
④ 내부표정

7. 거리측량의 정확도가 $\dfrac{1}{10,000}$일 때 같은 정확도를 가지는 각관측오차는?

① 18.6″
② 19.6″
③ 20.6″
④ 21.6″

8. 다음 그림과 같은 삼각형을 직선 AP로 분할하여 $m : n = 3 : 7$의 면적비율로 나누기 위한 BP의 거리는? (단, BC의 거리=500m)

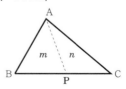

① 100m
② 150m
③ 200m
④ 250m

9. 다각측량에서 어떤 폐합다각망을 측량하여 위거 및 경거의 오차를 구하였다. 거리와 각을 유사한 정밀도로 관측하였다면 위거 및 경거의 폐합오차를 배분하는 방법으로 가장 적당한 것은?

① 각 위거 및 경거에 등분배한다.

② 위거 및 경거의 크기에 비례하여 배분한다.

③ 측선의 길이에 비례하여 분배한다.

④ 위거 및 경거의 절대값의 총합에 대한 위거 및 경거의 크기에 비례하여 배분한다.

10. 기선 D = 30m, 수평각 α = 80°, β = 70°, 연직각 V = 40°를 측정하였다. 높이 H는? (단, A, B, C점은 동일한 평면이다.)

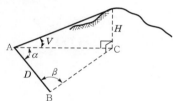

① 31.54m   ② 32.42m

③ 47.31m   ④ 55.32m

11. GPS측량에서 이용하지 않는 위성신호는?

① L_1 반송파

② L_2 반송파

③ L_4 반송파

④ L_5 반송파

12. 삼변측량에 관한 설명 중 틀린 것은?

① 관측요소는 변의 길이뿐이다.

② 관측값에 비하여 조건식이 적은 단점이 있다.

③ 삼각형의 내각을 구하기 위해서 cosine 제2법칙을 이용한다.

④ 반각공식을 이용하여 각으로부터 변을 구하여 수직위치를 구한다.

13. A점에서 관측을 시작하여 A점으로 폐합시킨 폐합트래버스측량에서 다음과 같은 측량결과를 얻었다. 이때 측선 AB의 배횡거는?

측선	위거(m)	경거(m)
AB	15.5	25.6
BC	−35.8	32.2
CA	20.3	−57.8

① 0m   ② 25.6m

③ 57.8m   ④ 83.4m

14. GNSS관측오차 중 주변의 구조물에 위성신호가 반사되어 수신되는 오차를 무엇이라고 하는가?

① 다중경로오차   ② 사이클슬립오차

③ 수신기시계오차   ④ 대류권오차

15. GIS 기반의 지능형 교통정보시스템(ITS)에 관한 설명으로 가장 거리가 먼 것은?

① 고도의 정보처리기술을 이용하여 교통운용에 적용한 것으로 운전자, 차량, 신호체계 등 매 순간의 교통상황에 따른 대응책을 제시하는 것

② 도심 및 교통수요의 통제와 조정을 통하여 교통량을 노선별로 적절히 분산시키고 지체시간을 줄여 도로의 효율성을 증대시키는 것

③ 버스, 지하철, 자전거 등 대중교통을 효율적으로 운행관리하며 운행상태를 파악하여 대중교통의 운영과 운영사의 수익을 목적으로 하는 체계

④ 운전자의 운전행위를 도와주는 것으로 주행 중 차량간격, 차선위반 여부 등의 안전운행에 관한 체계

16. 평균표고 730m인 지형에서 $\overline{AB}$측선의 수평거리를 측정한 결과 5,000m이었다면 평균해수면에서의 환산거리는? (단, 지구의 반지름은 6,370km이다.)

① 5000.57m   ② 5000.66m

③ 4999.34m   ④ 4999.43m

17. 하천의 수위관측소 설치를 위한 장소로 적합하지 않은 것은?

① 상하류 길이가 약 100m 정도는 직선인 곳

② 홍수 시 관측소가 유실 및 파손될 염려가 없는 곳

③ 수위표를 쉽게 읽을 수 있는 곳

④ 합류나 분류에 의해 수위가 민감하게 변화하여 다양한 수위의 관측이 가능한 곳

18. 등고선에 관한 설명으로 옳지 않은 것은?

① 높이가 다른 등고선은 절대 교차하지 않는다.

② 등고선 간의 최단거리방향은 최급경사방향을 나타
낸다.

③ 지도의 도면 내에서 폐합되는 경우 등고선의 내부
에는 산꼭대기 또는 분지가 있다.

④ 동일한 경사의 지표에서 등고선 간의 수평거리는
같다.

19. 평야지대에서 어느 한 측점에서 중간 장애물이
없는 26km 떨어진 어떤 측점을 시준할 때 어떤 측점에
세울 표척의 최소높이는? (단, 기차상수는 0.14이고,
지구곡률반지름은 6,370km이다.)

① 16m   ② 26m

③ 36m   ④ 46m

20. 캔트(cant)의 계산에서 속도 및 반지름을 2배로
하면 캔트는 몇 배가 되는가?

① 2배   ② 4배

③ 8배   ④ 16배

1. 1,600m²의 정사각형 토지면적을 0.5m²까지 정확하게 구하기 위해서 필요한 변길이의 최대 허용오차는?

① 2.25mm
② 6.25mm
③ 10.25mm
④ 12.25mm

2. 다음 설명 중 틀린 것은?

① 측지학이란 지구 내부의 특성, 지구의 형상 및 운동을 결정하는 측량과 지구표면상 모든 점들 간의 상호위치관계를 산정하는 측량을 위한 학문이다.
② 측지측량은 지구의 곡률을 고려한 정밀측량이다.
③ 지각변동의 관측, 항로 등의 측량은 평면측량으로 한다.
④ 측지학의 구분은 물리측지학과 기하측지학으로 크게 나눌 수 있다.

3. 표고 $h=326.42$m인 지대에 설치한 기선의 길이가 $L=500$m일 때 평균해면상의 보정량은? (단, 지구반지름 $R=6,370$km이다.)

① -0.0156m
② -0.0256m
③ -0.0356m
④ -0.0456m

4. GPS구성부문 중 위성의 신호상태를 점검하고 궤도위치에 대한 정보를 모니터링하는 임무를 수행하는 부문은?

① 우주부문
② 제어부문
③ 사용자부문
④ 개발부문

5. 지오이드(geoid)에 대한 설명으로 옳은 것은?

① 육지와 해양의 지형면을 말한다.
② 육지 및 해저의 요철(凹凸)을 평균한 매끈한 곡면이다.
③ 회전타원체와 같은 것으로 지구의 형상이 되는 곡면이다.
④ 평균해수면을 육지 내부까지 연장했을 때의 가상적인 곡면이다.

6. GNSS 위성측량시스템으로 틀린 것은?

① GPS
② GSIS
③ GZSS
④ GALILEO

7. 삼각측량에서 시간과 경비가 많이 소요되나 가장 정밀한 측량성과를 얻을 수 있는 삼각망은?

① 유심망
② 단삼각형
③ 단열삼각망
④ 사변형망

8. 수평 및 수직거리를 동일한 정확도로 관측하여 육면체의 체적을 3,000m³으로 구하였다. 체적계산의 오차를 0.6m³ 이하로 하기 위한 수평 및 수직거리 관측의 최대 허용정확도는?

① $\dfrac{1}{15,000}$
② $\dfrac{1}{20,000}$
③ $\dfrac{1}{25,000}$
④ $\dfrac{1}{30,000}$

9. 축척 1 : 5,000의 지형도 제작에서 등고선위치오차가 ±0.3mm, 높이관측오차가 ±0.2mm로 하면 등고선간격은 최소한 얼마 이상으로 하여야 하는가?

① 1.5m
② 2.0m
③ 2.5m
④ 3.0m

10. 클로소이드곡선에 관한 설명으로 옳은 것은?

① 곡선반지름 R, 곡선길이 L, 매개변수 A와의 관계식은 $RL=A$이다.
② 곡선반지름에 비례하여 곡선길이가 증가하는 곡선이다.
③ 곡선길이가 일정할 때 곡선반지름이 커지면 접선각은 작아진다.
④ 곡선반지름과 곡선길이가 매개변수 A의 1/2인 점 ($R=L=A/2$)을 클로소이드 특성점이라 한다.

11. 지형도의 이용법에 해당되지 않는 것은?
① 저수량 및 토공량 산정　② 유역면적의 도상 측정
③ 간접적인 지적도 작성　④ 등경사선 관측

12. 수면으로부터 수심(H)의 $0.2H$, $0.4H$, $0.6H$, $0.8H$인 지점의 유속($V_{0.2}$, $V_{0.4}$, $V_{0.6}$, $V_{0.8}$)을 관측하여 평균유속을 구하는 공식으로 옳지 않은 것은?
① $V = V_{0.6}$
② $V = \dfrac{1}{2}(V_{0.2} + V_{0.8})$
③ $V = \dfrac{1}{3}(V_{0.2} + V_{0.6} + V_{0.8})$
④ $V = \dfrac{1}{4}(V_{0.2} + V_{0.6} + V_{0.8})$

13. 직사각형 토지를 줄자로 측정한 결과가 가로 37.8m, 세로 28.9m이었다. 이 줄자는 표준 길이 30m당 4.7cm가 늘어있었다면 이 토지의 면적 최대 오차는?
① 0.03m^2
② 0.36m^2
③ 3.42m^2
④ 3.53m^2

14. 다음 그림과 같이 2회 관측한 ∠AOB의 크기는 21°36′28″, 3회 관측한 ∠BOC는 63°18′45″, 6회 관측한 ∠AOC는 84°54′37″일 때 ∠AOC의 최확값은?
① 84°54′25″
② 84°54′31″
③ 84°54′43″
④ 84°54′49″

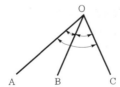

15. UTM좌표에 대한 설명으로 옳지 않은 것은?
① 중앙자오선의 축척계수는 0.9996이다.
② 좌표계는 경도 6°, 위도 8° 간격으로 나눈다.
③ 우리나라는 40구역과 43구역에 위치하고 있다.
④ 경도의 원점은 중앙자오선에 있으며, 위도의 원점은 적도상에 있다.

16. 다음 그림과 같은 반지름=50m인 원곡선을 설치하고자 할 때 접선거리 $\overline{\text{AI}}$상에 있는 $\overline{\text{HC}}$의 거리는? (단, 교각=60°, α=20°, ∠AHC=90°)

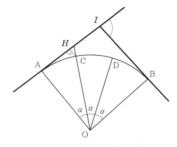

① 0.19m
② 1.98m
③ 3.02m
④ 3.24m

17. 수준측량에서 전·후시의 거리를 같게 취해도 제거되지 않는 오차는?
① 지구곡률오차
② 대기굴절오차
③ 시준선오차
④ 표척눈금오차

18. 노선에 곡선반지름 $R = 600$m인 곡선을 설치할 때 현의 길이 $L = 20$m에 대한 편각은?
① 54′18″
② 55′18″
③ 56′18″
④ 57′18″

19. 거리 2.0km에 대한 양차는? (단, 굴절계수 K는 0.14, 지구의 반지름은 6,370km이다.)
① 0.27m
② 0.29m
③ 0.31m
④ 0.33m

20. 다각측량에서 토털스테이션의 구심오차에 관한 설명으로 옳은 것은?
① 도상의 측점과 지상의 측점이 동일 연직선상에 있지 않음으로써 발생한다.
② 시준선이 수평분도원의 중심을 통과하지 않음으로써 발생한다.
③ 편심량의 크기에 반비례한다.
④ 정반관측으로 소거된다.

토목기사 실전 모의고사 8회

▶ 정답 및 해설 : p.141

1. 종단면도에 표기하여야 하는 사항으로 거리가 먼 것은?

① 흙깎기 토량과 흙쌓기 토량
② 거리 및 누가거리
③ 지반고 및 계획고
④ 경사도

2. 다음 그림과 같은 복곡선(compound curve)에서 관계식으로 틀린 것은?

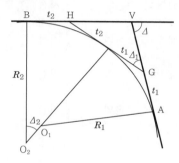

① $\Delta_1 = \Delta - \Delta_2$
② $t_2 = R_2 \tan\dfrac{\Delta_2}{2}$
③ $VG = \sin\Delta_2\left(\dfrac{GH}{\sin\Delta}\right)$
④ $VB = \sin\Delta_2\left(\dfrac{GH}{\sin\Delta}\right) + t_2$

3. 지구의 곡률에 의하여 발생하는 오차를 $1/10^6$까지 허용한다면 평면으로 가정할 수 있는 최대 반지름은? (단, 지구곡률반지름 $R = 6,370$km)

① 약 5km
② 약 11km
③ 약 22km
④ 약 110km

4. 노선측량에서 교각이 $32°15'00''$, 곡선반지름이 600m일 때의 곡선장(C.L)은?

① 355.52m
② 337.72m
③ 328.75m
④ 315.35m

5. 다음 그림과 같은 유토곡선(mass curve)에서 하향구간이 의미하는 것은?

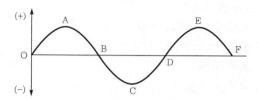

① 성토구간
② 절토구간
③ 운반토량
④ 운반거리

6. 높이 2,774m인 산의 정상에 위치한 저수지의 가장 긴 변의 거리를 관측한 결과 1,950m이었다면 평균해수면으로 환산한 거리는? (단, 지구반지름 $R = 6,370$km)

① 1,949.152m
② 1,950.849m
③ -0.848m
④ $+0.848$m

7. 다음 그림과 같이 수준측량을 실시하였다. A점의 표고는 300m이고, B와 C구간은 교호수준측량을 실시하였다면 D점의 표고는? (표고차 : A → B : +1.233m, B → C : +0.726m, C → B : −0.720m, C → D : −0.926m)

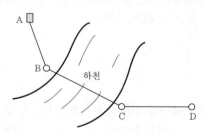

① 300.310m
② 301.030m
③ 302.153m
④ 302.882m

8. 축척 1 : 2,000 도면상의 면적을 축척 1 : 1,000으로 잘못 알고 면적을 관측하여 24,000m²를 얻었다면 실제 면적은?

① 6,000m² ② 12,000m²
③ 48,000m² ④ 96,000m²

9. 토적곡선(mass curve)을 작성하는 목적으로 가장 거리가 먼 것은?

① 토량의 운반거리 산출
② 토공기계의 선정
③ 토량의 배분
④ 교통량 산정

10. 지표면상의 A, B 간의 거리가 7.1km라고 하면 B점에서 A점을 시준할 때 필요한 측표(표척)의 최소 높이로 옳은 것은? (단, 지구의 반지름은 6,370km이고, 대기의 굴절에 의한 요인은 무시한다.)

① 1m ② 2m
③ 3m ④ 4m

11. 삼각측량을 위한 삼각망 중에서 유심다각망에 대한 설명으로 틀린 것은?

① 농지측량에 많이 사용된다.
② 방대한 지역의 측량에 적합하다.
③ 삼각망 중에서 정확도가 가장 높다.
④ 동일 측점수에 비하여 포함면적이 가장 넓다.

12. 확폭량이 S인 노선에서 노선의 곡선반지름(R)을 두 배로 하면 확폭량(S')은?

① $S' = \dfrac{1}{4}S$ ② $S' = \dfrac{1}{2}S$
③ $S' = 2S$ ④ $S' = 4S$

13. 다각측량을 위한 수평각측정방법 중 어느 측선의 바로 앞 측선의 연장선과 이루는 각을 측정하여 각을 측정하는 방법은?

① 편각법 ② 교각법
③ 방위각법 ④ 전진법

14. 수준측량과 관련된 용어에 대한 설명으로 틀린 것은?

① 수준면(level surface)은 각 점들이 중력방향에 직각으로 이루어진 곡면이다.
② 지구곡률을 고려하지 않는 범위에서는 수준면(level surface)을 평면으로 간주한다.
③ 지구의 중심을 포함한 평면과 수준면이 교차하는 선이 수준선(level line)이다.
④ 어느 지점의 표고(elevation)라 함은 그 지역 기준 타원체로부터의 수직거리를 말한다.

15. 하천에서 2점법으로 평균유속을 구할 경우 관측하여야 할 두 지점의 위치는?

① 수면으로부터 수심의 $\dfrac{1}{5}$, $\dfrac{3}{5}$ 지점

② 수면으로부터 수심의 $\dfrac{1}{5}$, $\dfrac{4}{5}$ 지점

③ 수면으로부터 수심의 $\dfrac{2}{5}$, $\dfrac{3}{5}$ 지점

④ 수면으로부터 수심의 $\dfrac{2}{5}$, $\dfrac{4}{5}$ 지점

16. 직사각형의 두 변의 길이를 $\dfrac{1}{100}$ 정밀도로 관측하여 면적을 산출할 경우 산출된 면적의 정밀도는?

① $\dfrac{1}{50}$ ② $\dfrac{1}{100}$
③ $\dfrac{1}{200}$ ④ $\dfrac{1}{300}$

17. 다음 그림과 같이 △P₁P₂C는 동일 평면상에서 $\alpha_1 = 62°8'$, $\alpha_2 = 56°27'$, $B = 60.00$m이고 연직각 $\nu_1 = 20°46'$일 때 C로부터 P까지의 높이 H는?

① 24.23m
② 22.90m
③ 21.59m
④ 20.58m

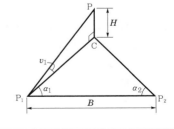

18. 다음 설명 중 옳지 않은 것은?

① 측지학적 3차원 위치결정이란 경도, 위도 및 높이를 산정하는 것이다.

② 측지학에서 면적이란 일반적으로 지표면의 경계선을 어떤 기준면에 투영하였을 때의 면적을 말한다.

③ 해양측지는 해양상의 위치 및 수심의 결정, 해저지질조사 등을 목적으로 한다.

④ 원격탐사는 피사체와의 직접 접촉에 의해 획득한 정보를 이용하여 정량적 해석을 하는 기법이다.

19. 등경사인 지성선상에 있는 A, B의 표고가 각각 43m, 63m이고, AB의 수평거리는 80m이다. 45m, 50m, 등고선과 지성선 AB의 교점을 각각 C, D라고 할 때 AC의 도상길이는? (단, 도상 축척은 1 : 100이다.)

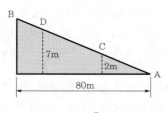

① 2cm

② 4cm

③ 8cm

④ 12cm

20. 트래버스측량에 관한 일반적인 사항에 대한 설명으로 옳지 않은 것은?

① 트래버스의 종류 중 결합트래버스는 가장 높은 정확도를 얻을 수 있다.

② 각관측방법 중 방위각법은 한번 오차가 발생하면 그 영향은 끝까지 미친다.

③ 폐합오차조정방법 중 컴퍼스법칙은 각관측의 정밀도가 거리관측의 정밀도보다 높을 때 실시한다.

④ 폐합트래버스에서 편각의 총합은 반드시 360°가 되어야 한다.

토목기사 실전 모의고사 9회

▶ 정답 및 해설 : p.142

1. 수평각관측방법에서 다음 그림과 같이 각을 관측하는 방법은?

① 방향각관측법

② 반복관측법

③ 배각관측법

④ 조합각관측법

2. 하천측량에 대한 설명 중 옳지 않은 것은?

① 하천측량 시 처음에 할 일은 도상조사로서 유로상황, 지역면적, 지형지물, 토지이용상황 등을 조사하여야 한다.

② 심천측량은 하천의 수심 및 유수 부분의 하저사항을 조사하고 횡단면도를 제작하는 측량을 말한다.

③ 하천측량에서 수준측량을 할 때의 거리표는 하천의 중심에 직각방향으로 설치한다.

④ 수위관측소의 위치는 지천의 합류점 및 분류점으로서 수위의 변화가 뚜렷한 곳이 적당하다.

3. 등고선의 성질에 대한 설명으로 옳지 않은 것은?

① 동일 등고선상의 모든 점은 기준면으로부터 같은 높이에 있다.

② 지표면의 경사가 같을 때는 등고선의 간격은 같고 평행하다.

③ 등고선은 도면 내 또는 밖에서 반드시 폐합한다.

④ 높이가 다른 두 등고선은 절대로 교차하지 않는다.

4. 수준측량에 관한 설명으로 옳은 것은?

① 수준측량에서는 빛의 굴절에 의하여 물체가 실제로 위치하고 있는 곳보다 더욱 낮게 보인다.

② 삼각수준측량은 토털스테이션을 사용하여 연직각과 거리를 동시에 관측하므로 레벨측량보다 정확도가 높다.

③ 수평한 시준선을 얻기 위해서는 시준선과 기포관축은 서로 나란하여야 한다.

④ 수준측량의 시준오차를 줄이기 위하여 기준점과의 구심작업에 신중을 기하여야 한다.

5. 수준측량에서 발생할 수 있는 정오차에 해당하는 것은?

① 표척을 잘못 뽑아 발생되는 읽음오차

② 광선의 굴절에 의한 오차

③ 관측자의 시력 불완전에 의한 오차

④ 태양의 광선, 바람, 습도 및 온도의 순간변화에 의해 발생되는 오차

6. 완화곡선에 대한 설명으로 틀린 것은?

① 단위 클로소이드란 매개변수 A가 1인, 즉 $RL = 1$의 관계에 있는 클로소이드이다.

② 완화곡선의 접선은 시점에서 직선에, 종점에서 원호에 접한다.

③ 클로소이드의 형식 중 S형은 복심곡선 사이에 클로소이드를 삽입한 것이다.

④ 캔트(cant)는 원심력 때문에 발생하는 불리한 점을 제거하기 위해 두는 편경사이다.

7. 다음 그림과 같은 도로 횡단면도의 단면적은? (단, 0을 원점으로 하는 좌표(x, y)의 단위 : m)

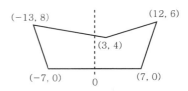

① 94m²

② 98m²

③ 102m²

④ 106m²

8. 지리정보시스템(GIS) 데이터의 형식 중에서 벡터 형식의 객체자료유형이 아닌 것은?

① 격자(cell)　　　　② 점(point)
③ 선(line)　　　　　④ 면(polygon)

9. 평탄지를 1 : 25,000으로 촬영한 수직사진이 있다. 이때의 초점거리 10cm, 사진의 크기 23cm×23cm, 종중복도 60%, 횡중복도 30%일 때 기선고도비는?

① 0.92　　　　　　② 1.09
③ 1.21　　　　　　④ 1.43

10. 대단위 신도시를 건설하기 위한 넓은 지형의 정지공사에서 토량을 계산하고자 할 때 가장 적당한 방법은?

① 점고법
② 비례중앙법
③ 양단면평균법
④ 각주공식에 의한 방법

11. 표준 길이보다 5mm가 늘어나 있는 50m 강철줄자로 250m×250m인 정사각형 토지를 측량하였다면 이 토지의 실제 면적은?

① 62,487.50m^2　　② 62,493.75m^2
③ 62,506.25m^2　　④ 62,512.52m^2

12. 정확도 1/5,000을 요구하는 50m 거리측량에서 경사거리를 측정하여도 허용되는 두 점 간의 최대 높이차는?

① 1.0m　　　　　　② 1.5m
③ 2.0m　　　　　　④ 2.5m

13. A와 B의 좌표가 다음과 같을 때 측선 AB의 방위각은?

| A점의 좌표 = (179,847.1m, 76,614.3m) |
| B점의 좌표 = (179,964.5m, 76,625.1m) |

① 5°23′15″　　　　② 185°15′23″
③ 185°23′15″　　　④ 5°15′22″

14. 어느 각을 관측한 결과가 다음과 같을 때 최확값은? (단, 괄호 안의 숫자는 경중률)

73°40′12″(2), 73°40′10″(1), 73°40′15″(3), 73°40′18″(1),
73°40′09″(1), 73°40′16″(2), 73°40′14″(4), 73°40′13″(3)

① 73°40′10.2″
② 73°40′11.6″
③ 73°40′13.7″
④ 73°40′15.1″

15. 단곡선 설치에 있어서 교각 $l = 60°$, 반지름 $R = 200$m, 곡선의 시점 B.C = No.8 + 15m일 때 종단현에 대한 편각은? (단, 중심말뚝의 간격은 20m이다.)

① 0°38′10″　　　　② 0°42′58″
③ 1°16′20″　　　　④ 2°51′53″

16. 지형을 표시하는 방법 중에서 짧은 선으로 지표의 기복을 나타내는 방법은?

① 점고법　　　　　② 영선법
③ 단채법　　　　　④ 등고선법

17. 수심이 H인 하천의 유속을 3점법에 의해 관측할 때 관측위치로 옳은 것은?

① 수면에서 $0.1H$, $0.5H$, $0.9H$가 되는 지점
② 수면에서 $0.2H$, $0.6H$, $0.8H$가 되는 지점
③ 수면에서 $0.3H$, $0.5H$, $0.7H$가 되는 지점
④ 수면에서 $0.4H$, $0.5H$, $0.6H$가 되는 지점

18. GNSS측량에 대한 설명으로 옳지 않은 것은?

① 3차원 공간계측이 가능하다.
② 기상의 영향을 거의 받지 않으며 야간에도 측량이 가능하다.
③ Bessel타원체를 기준으로 경위도좌표를 수집하기 때문에 좌표정밀도가 높다.
④ 기선결정의 경우 두 측점 간의 시통에 관계가 없다.

19. 완화곡선 중 클로소이드에 대한 설명으로 틀린 것은?

① 클로소이드는 나선의 일종이다.

② 매개변수를 바꾸면 다른 무수한 클로소이드를 만들 수 있다.

③ 모든 클로소이드는 닮은꼴이다.

④ 클로소이드 요소는 모두 길이의 단위를 갖는다.

20. 삼각측량을 위한 기준점성과표에 기록되는 내용이 아닌 것은?

① 점번호

② 천문경위도

③ 평면직각좌표 및 표고

④ 도엽명칭

토목산업기사 실전 모의고사 1회

▶ 정답 및 해설 : p.143

1. 2점 간의 거리를 관측한 결과가 다음 표와 같을 때 최확값은?

구분	관측값	측정횟수
A	150.18m	3
B	150.25m	3
C	150.22m	5
D	150.20m	4

① 150.18m   ② 150.21m
③ 150.23m   ④ 150.25m

2. 각 점의 좌표가 다음 표와 같을 때 △ABC의 면적은?

점명	X[m]	Y[m]
A	7	5
B	8	10
C	3	3

① $9m^2$ ② $12m^2$
③ $15m^2$ ④ $18m^2$

3. 노선측량, 하천측량, 철도측량 등에 많이 사용하며 동일한 도달거리에 대하여 측점 수가 가장 적으므로 측량이 간단하고 경제적이나 정확도가 낮은 삼각망은?

① 사변형삼각망   ② 유심삼각망
③ 기선삼각망   ④ 단열삼각망

4. 수준측량에서 담장 PQ가 있어 P점에서 표척을 QP방향으로 거꾸로 세워 다음 그림과 같은 결과를 얻었다. A점의 표고 $H_A = 51.25$m일 때 B점의 표고는?

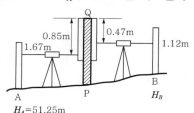

① 50.32m   ② 52.18m
③ 53.30m   ④ 55.36m

5. 하천측량에서 평균유속을 구하기 위한 방법에 대한 설명으로 옳지 않은 것은? (단, 수면에서 수심의 20%, 40%, 60%, 80% 되는 곳의 유속을 각각 $V_{0.2}$, $V_{0.4}$, $V_{0.6}$, $V_{0.8}$이라 한다.)

① 1점법은 $V_{0.8}$을 평균유속으로 취하는 방법이다.
② 2점법은 $V_{0.2}$, $V_{0.8}$을 산술평균하여 평균유속으로 취하는 방법이다.
③ 3점법은 $\frac{1}{4}(V_{0.2} + V_{0.6} + V_{0.8})$로 계산하여 평균유속으로 취하는 방법이다.
④ 4점법은 $\frac{1}{5}\left[(V_{0.2} + V_{0.4} + V_{0.6} + V_{0.8}) + \frac{1}{2}\left(V_{0.2} + \frac{V_{0.8}}{2}\right)\right]$로 계산하여 평균유속으로 취하는 방법이다.

6. 타원체에 관한 설명으로 옳은 것은?

① 어느 지역의 측량좌표계의 기준이 되는 지구타원체를 준거타원체(또는 기준타원체)라 한다.
② 실제 지구와 가장 가까운 회전타원체를 지구타원체라 하며, 실제 지구의 모양과 같이 굴곡이 있는 곡면이다.
③ 타원의 주축을 중심으로 회전하여 생긴 지구물리학적 형상을 회전타원체라 한다.
④ 준거타원체는 지오이드와 일치한다.

7. 수준측량에서 전시와 후시의 거리를 같게 하여도 제거되지 않는 오차는?

① 시준선과 기포관축이 평행하지 않을 때 생기는 오차
② 표척눈금의 읽음오차
③ 광선의 굴절오차
④ 지구곡률오차

8. 삼각측량에서 B점의 좌표 $X_B = 50,000\text{m}$, $Y_B = 200,000\text{m}$, BC의 길이 25.478m, BC의 방위각 77°11′56″일 때 C점의 좌표는?

① $X_C = 55.645\text{m}$, $Y_C = 175.155\text{m}$

② $X_C = 55.645\text{m}$, $Y_C = 224.845\text{m}$

③ $X_C = 74.845\text{m}$, $Y_C = 194.355\text{m}$

④ $X_C = 74.845\text{m}$, $Y_C = 205.645\text{m}$

9. 도로의 단곡선계산에서 노선기점으로부터 교점까지의 추가거리와 교각을 알고 있을 때 곡선시점의 위치를 구하기 위해서 계산되어야 하는 요소는?

① 접선장(T.L)　　② 곡선장(C.L)

③ 중앙종거(M)　　④ 접선에 대한 지거(Y)

10. 원곡선 설치에 이용되는 식으로 틀린 것은? (단, R : 곡선반지름, I : 교각, 단위 : 도(°))

① 접선길이 $\text{T.L} = R\tan\dfrac{I}{2}$

② 곡선길이 $\text{C.L} = \dfrac{\pi}{180°}RI$

③ 중앙종거 $M = R\left(\cos\dfrac{I}{2} - 1\right)$

④ 외할 $E = R\left(\sec\dfrac{I}{2} - 1\right)$

1. 완화곡선에 대한 설명 중 옳지 않은 것은?

① 완화곡선의 접선은 시점에서 원호에, 종점에서 직선에 접한다.

② 곡선의 반지름은 완화곡선의 시점에서 무한대, 종점에서 원곡선의 반지름으로 된다.

③ 완화곡선에 연한 곡선반경의 감소율은 캔트의 증가율과 같다.

④ 종점의 캔트는 원곡선의 캔트와 같다.

2. 다음 그림과 같이 0점에서 같은 정확도로 각을 관측하여 오차를 계산한 결과 $x_3-(x_1+x_2)=-36''$의 식을 얻었을 때 관측값 x_1, x_2, x_3에 대한 보정값 V_1, V_2, V_3는?

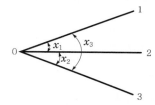

① $V_1=-9''$, $V_2=-9''$, $V_3=+18''$

② $V_1=-12''$, $V_2=-12''$, $V_3=+12''$

③ $V_1=+9''$, $V_2=+9''$, $V_3=-18''$

④ $V_1=+12''$, $V_2=+12''$, $V_3=-12''$

3. 직각좌표상에서 각 점의 (x, y)좌표가 A(-4, 0), B(-8, 6), C(9, 8), D(4, 0)인 4점으로 둘러싸인 다각형의 면적은? (단, 좌표의 단위는 m이다.)

① $87m^2$

② $100m^2$

③ $174m^2$

④ $192m^2$

4. 1 : 25,000 지형도상에서 산정에서 산자락의 어느 지점까지의 수평거리를 측정하니 48mm이었다. 산정의 표고는 492m, 측정지점의 표고는 12m일 때 두 지점 간의 경사는?

① $\dfrac{1}{2.5}$

② $\dfrac{1}{4}$

③ $\dfrac{1}{9.2}$

④ $\dfrac{1}{10}$

5. 유속측량장소의 선정 시 고려하여야 할 사항으로 옳지 않은 것은?

① 가급적 수위의 변화가 뚜렷한 곳이어야 한다.

② 직류부로서 흐름과 하상경사가 일정하여야 한다.

③ 수위변화에 횡단형상이 급변하지 않아야 한다.

④ 관측장소의 상·하류의 유로가 일정한 단면을 갖고 있으며 관측이 편리하여야 한다.

6. 다음 그림은 편각법에 의한 트래버스측량결과이다. DE측선의 방위각은? (단, ∠A=48°50′40″, ∠B=43°30′30″, ∠C=46°50′00″, ∠D=60°12′45″)

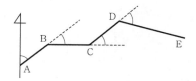

① 139°11′10″

② 96°31′10″

③ 92°21′10″

④ 105°43′55″

7. 다음 그림에서 A, B 사이에 단곡선을 설치하기 위하여 ∠ADB의 2등분선상의 C점을 곡선의 중점으로 선택하였다면 곡선의 접선길이는? (단, DC=20m, I=80°20′)

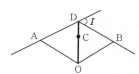

① 64.80m

② 54.70m

③ 32.40m

④ 27.34m

8. 폐합다각형의 관측결과 위거오차 −0.005m, 경거오차 −0.042m, 관측길이 327m의 성과를 얻었다면 폐합비는?

① $\dfrac{1}{20}$ ② $\dfrac{1}{330}$

③ $\dfrac{1}{770}$ ④ $\dfrac{1}{7,730}$

9. 등고선의 성질에 대한 설명으로 옳지 않은 것은?
① 어느 지점의 최대경사방향은 등고선과 평행한 방향이다.
② 경사가 급한 지역은 등고선간격이 좁다.
③ 동일 등고선 위의 지점들은 높이가 같다.
④ 계곡선(합수선)은 등고선과 직교한다.

10. P점의 좌표가 $X_P = -1,000$m, $Y_P = 2,000$m이고 PQ의 거리가 1,500m, PQ의 방위각이 120°일 때 Q점의 좌표는?

① $X_Q = -1,750$m, $Y_Q = +3,299$m
② $X_Q = +1,750$m, $Y_Q = +3,299$m
③ $X_Q = +1,750$m, $Y_Q = -3,299$m
④ $X_Q = -1,750$m, $Y_Q = -3,299$m

토목산업기사 실전 모의고사 3회

▶ 정답 및 해설 : p.144

1. 1 : 25,000 지형도에서 표고 621.5m와 417.5m 사이에 주곡선간격의 등고선 수는?

① 5
② 11
③ 15
④ 21

2. 다음 표와 같은 횡단수준측량성과에서 우측 12m 지점의 지반고는? (단, 측점 No.10의 지반고는 100.00m 이다.)

좌(m)		No.	우(m)	
2.50	3.40	No.10	2.40	1.50
12.00	6.00		6.00	12.00

① 101.50m
② 102.40m
③ 102.50m
④ 103.40m

3. 완화곡선에 대한 설명으로 틀린 것은?

① 곡률반지름이 큰 곡선에서 작은 곡선으로의 완화구간 확보를 위하여 설치한다.
② 완화곡선에 연한 곡선반지름의 감소율은 캔트의 증가율과 동일하다.
③ 캔트를 완화곡선의 횡거에 비례하여 증가시킨 완화곡선은 클로소이드이다.
④ 완화곡선의 반지름은 시점에서 무한대이고, 종점에서 원곡선의 반지름과 같아진다.

4. 축척 1 : 5,000인 도면상에서 택지개발지구의 면적을 구하였더니 $34.98cm^2$이었다면 실제 면적은?

① $1,749m^2$
② $87,450m^2$
③ $174,900m^2$
④ $8,745,000m^2$

5. 우리나라의 축척 1 : 50,000 지형도에서 주곡선의 간격은?

① 5m
② 10m
③ 20m
④ 25m

6. 어떤 거리를 같은 조건으로 5회 관측한 결과가 다음과 같다면 최확값은?

> 121.573m, 121.575m, 121.572m, 121.574m, 121.571m

① 121.572m
② 121.573m
③ 121.574m
④ 121.575m

7. 반지름 150m의 단곡선을 설치하기 위하여 교각을 측정한 값이 57°36′일 때 접선장과 곡선장은?

① 접선장=82.46m, 곡선장=150.80m
② 접선장=82.46m, 곡선장=75.40m
③ 접선장=236.36m, 곡선장=75.40m
④ 접선장=236.36m, 곡선장=150.80m

8. 축척 1 : 1,200 지형도상의 지역을 축척 1 : 1,000으로 잘못 보고 면적을 계산하여 $10.0m^2$를 얻었다면 실제 면적은?

① $12.5m^2$
② $13.3m^2$
③ $13.8m^2$
④ $14.4m^2$

9. $\overline{AB}$측선의 방위각이 50°30′이고 다음 그림과 같이 각관측을 실시하였다. $\overline{CD}$측선의 방위각은?

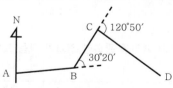

① 139°00′
② 141°00′
③ 151°40′
④ 201°40′

10. GNSS관측오차 중 주변의 구조물에 위성신호가 반사되어 수신되는 오차를 무엇이라고 하는가?

① 다중경로오차
② 사이클슬립오차
③ 수신기시계오차
④ 대류권오차

토목산업기사 실전 모의고사 4회

▶ 정답 및 해설 : p.145

1. 거리측량의 오차를 $\frac{1}{10^5}$까지 허용한다면 지구상에 평면으로 간주할 수 있는 거리는? (단, 지구의 곡률반지름은 6,300km로 가정)

① 약 22km
② 약 44km
③ 약 59km
④ 약 69km

2. 다음 그림과 같은 삼각망에서 각방정식의 수는?

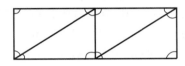

① 2
② 4
③ 6
④ 9

3. 각 점의 좌표가 다음 표와 같을 때 △ABC의 면적은?

점명	X[m]	Y[m]
A	7	5
B	8	10
C	3	3

① 9m^2
② 12m^2
③ 15m^2
④ 18m^2

4. 2점 간의 거리를 관측한 결과가 다음 표와 같을 때 최확값은?

구분	관측값	측정횟수
A	150.18m	3
B	150.25m	3
C	150.22m	5
D	150.20m	4

① 150.18m
② 150.21m
③ 150.23m
④ 150.25m

5. 곡선 설치에서 교각이 35°, 원곡선반지름이 500m일 때 도로기점으로부터 곡선시점까지의 거리가 315.45m이면 도로기점으로부터 곡선종점까지의 거리는?

① 593.38m
② 596.88m
③ 620.88m
④ 625.36m

6. 도로의 단곡선계산에서 노선기점으로부터 교점까지의 추가거리와 교각을 알고 있을 때 곡선시점의 위치를 구하기 위해서 계산되어야 하는 요소는?

① 접선장(T.L)
② 곡선장(C.L)
③ 중앙종거(M)
④ 접선에 대한 지거(Y)

7. 축척 1 : 25,000 지형도에서 어느 산정으로부터 산 밑까지의 수평거리가 5.6cm이고, 산정의 표고가 335.75m, 산 밑의 표고가 102.50m이었다면 경사는?

① $\frac{1}{3}$
② $\frac{1}{4}$
③ $\frac{1}{6}$
④ $\frac{1}{7}$

8. 평면직각좌표에서 삼각점의 좌표가 $X(N) = $ −4,500.36m, $Y(E) = $ −654.25m일 때 좌표원점을 중심으로 한 삼각점의 방위각은?

① 8°16′30″
② 81°44′12″
③ 188°16′18″
④ 261°44′26″

9. 면적 1km^{2}인 지역이 도상면적 16cm^{2}의 도면으로 제작되었을 경우 이 도면의 축척은?

① $\frac{1}{2,500}$
② $\frac{1}{6,250}$
③ $\frac{1}{25,000}$
④ $\frac{1}{62,500}$

16. 노선측량의 완화곡선에 대한 설명 중 옳지 않은 것은?

① 완화곡선의 접선은 시점에서 원호에, 종점에서 직선에 접한다.

② 완화곡선의 반지름은 시점에서 무한대, 종점에서 원곡선 R로 된다.

③ 클로소이드의 조합형식에는 S형, 복합형, 기본형 등이 있다.

④ 모든 클로소이드는 닮은 꼴이며, 클로소이드요소는 길이의 단위를 가진 것과 단위가 없는 것이 있다.

1. 측선 AB를 기선으로 삼각측량을 실시한 결과가 다음과 같을 때 측선 AC의 방위각은?

- A의 좌표(200.000m, 224.210m)
- B의 좌표(100.000m, 100.000m)
- ∠A=37°51′41″, ∠B=41°41′38″, ∠C=100°26′41″

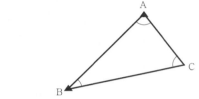

① 0°58′33″
② 76°41′55″
③ 180°58′33″
④ 193°18′05″

2. GPS위성의 기하학적 배치상태에 따른 정밀도 저하율을 뜻하는 것은?

① 다중경로(multipath)
② DOP
③ A/S
④ 사이클슬립(cycle slip)

3. 50m의 줄자를 이용하여 관측한 거리가 165m이었다. 관측 후 표준 줄자와 비교하니 2cm 늘어난 줄자였다면 실제 거리는?

① 164.934m
② 165.006m
③ 165.066m
④ 165.122m

4. 축척 1 : 1,000에서의 면적을 관측하였더니 도상면적이 $3cm^2$이었다. 그런데 이 도면 전체가 가로, 세로 모두 1%씩 수축되어 있었다면 실제 면적은?

① $29.4m^2$
② $30.6m^2$
③ $294m^2$
④ $306m^2$

5. 도로기점으로부터 교점까지의 거리가 850.15m이고, 접선장이 125.15m일 때 시단현의 길이는? (단, 중심말뚝간격은 20m이다.)

① 5.15m
② 10.15m
③ 15.00m
④ 20.00m

6. 다음 그림과 같은 지형도에서 저수지(빗금 친 부분)의 집수면적을 나타내는 경계선으로 가장 적합한 것은?

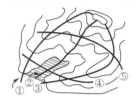

① ①과 ③ 사이
② ①과 ② 사이
③ ②와 ③ 사이
④ ④와 ⑤ 사이

7. 종단면도를 이용하여 유토곡선(mass curve)을 작성하는 목적과 가장 거리가 먼 것은?

① 토량의 배분
② 교통로 확보
③ 토공장비의 선정
④ 토량의 운반거리 산출

8. 다각측량에서 경·위거를 계산해야 하는 이유로서 거리가 먼 것은?

① 오차 및 정밀도계산
② 좌표계산
③ 오차 배분
④ 표고계산

9. 1 : 50,000 지형도에서 표고 521.6m인 A점과 표고 317.3m인 B점 사이에 주곡선의 개수는?

① 7개
② 11개
③ 21개
④ 41개

10. 트래버스측량에서 각관측결과가 허용오차 이내일 경우 오차처리방법으로 옳은 것은?

① 각관측 정확도가 같을 때는 각의 크기에 관계없이 등분배한다.
② 각관측 경중률에 관계없이 등분배한다.
③ 변길이에 비례하여 배분한다.
④ 각의 크기에 비례하여 배분한다.

토목산업기사 실전 모의고사 6회

▶ 정답 및 해설 : p.147

1. 어떤 노선을 수준측량하여 기고식 야장을 작성하였다. 측점 1, 2, 3, 4의 지반고 값으로 틀린 것은?

(단위 : m)

측점	후시	전시		기계고	지반고
		이기점	중간점		
0	3.121			126.688	123.567
1			2.586		
2	2.428	4.065			
3			0.664		
4		2.321			

① 측점 1 : 124.102m

② 측점 2 : 122.623m

③ 측점 3 : 124.384m

④ 측점 4 : 122.730m

2. 수준측량에서 담장 PQ가 있어, P점에서 표척을 QP방향으로 거꾸로 세워 다음 그림과 같은 결과를 얻었다. A점의 표고 H_A =51.25m일 때 B점의 표고는?

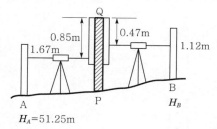

① 50.32m ② 52.18m

③ 53.30m ④ 55.36m

3. 시변형삼각망은 보통 어느 측량에 사용되는가?

① 하천조사측량을 하기 위한 골조측량

② 광대한 지역의 지형도를 작성하기 위한 골조측량

③ 복잡한 지형측량을 하기 위한 골조측량

④ 시가지와 같은 정밀을 필요로 하는 골조측량

4. 축적이 1 : 25,000인 지형도 1매를 1 : 5,000 축척으로 재편집할 때 제작되는 지형도의 매수는?

① 25매 ② 20매

③ 15매 ④ 10매

5. 한 변이 36m인 정삼각형(△ABC)의 면적을 BC변에 평행한 선($\overline{de}$)으로 면적비 $m : n$ =1 : 1로 분할하기 위한 $\overline{Ad}$의 거리는?

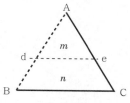

① 18.0m ② 21.0m

③ 25.5m ④ 27.5m

6. 트래버스측량을 한 전체 연장이 2.5km이고 위거오차가 +0.48m, 경거오차가 −0.36m이었다면 폐합비는?

① 1/1,167 ② 1/2,167

③ 1/3,167 ④ 1/4,167

7. 반지름 35km 이내 지역을 평면으로 가정하여 측량했을 경우 거리관측값의 정밀도는? (단, 지구반지름은 6,370km이다.)

① 약 $\dfrac{1}{10^4}$ ② 약 $\dfrac{1}{10^5}$

③ 약 $\dfrac{1}{10^6}$ ④ 약 $\dfrac{1}{10^7}$

8. 방대한 지역의 측량에 적합하며 동일 측점수에 대하여 포괄면적이 가장 넓은 삼각망은?

① 유심삼각망 ② 사변형삼각망

③ 단열삼각망 ④ 복합삼각망

9. 하천측량에서 평균유속을 구하기 위한 방법에 대한 설명으로 옳지 않은 것은? (단, 수면에서 수심의 20%, 40%, 60%, 80% 되는 곳의 유속을 각각 $V_{0.2}$, $V_{0.4}$, $V_{0.6}$, $V_{0.8}$이라 한다.)

① 1점법은 $V_{0.8}$을 평균유속으로 취하는 방법이다.

② 2점법은 $V_{0.2}$, $V_{0.8}$을 산술평균하여 평균유속으로 취하는 방법이다.

③ 3점법은 $\frac{1}{4}(V_{0.2}+V_{0.6}+V_{0.8})$로 계산하여 평균유속으로 취하는 방법이다.

④ 4점법은 $\frac{1}{5}\left[(V_{0.2}+V_{0.4}+V_{0.6}+V_{0.8})+\frac{1}{2}\left(V_{0.2}+\frac{V_{0.8}}{2}\right)\right]$로 계산하여 평균유속으로 취하는 방법이다.

10. 교점(I.P)의 위치가 기점으로부터 추가거리 325.18m 이고, 곡선반지름(R) 200m, 교각(I) 41°00′인 단곡선을 편각법으로 설치하고자 할 때 곡선시점(B.C)의 위치는? (단, 중심말뚝간격은 20m이다.)

① No.3+14.777m
② No.4+5.223m
③ No.12+10.403m
④ No.13+9.596m

토목산업기사 실전 모의고사 7회

▶ 정답 및 해설 : p.147

1. GPS측량으로 측점의 표고를 구하였더니 89.123m 이었다. 이 지점의 지오이드높이가 40.150m라면 실제 표고(정표고)는?

① 129.273m
② 48.973m
③ 69.048m
④ 89.123m

2. 교호수준측량을 실시하여 A점 근처에 레벨을 세우고 A점을 관측하여 1.57m, 강 건너편 B점을 관측하여 2.15m 를 얻고, B점 근처에 레벨을 세워 B점의 관측값 1.25m, A점의 관측값 0.69m를 얻었다. A점의 지반고가 100m라면 B점의 지반고는?

① 98.86m
② 99.43m
③ 100.57m
④ 101.14m

3. 다음 그림과 같은 지역의 면적은?

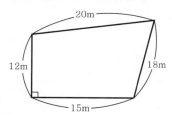

① 246.5m²
② 268.4m²
③ 275.2m²
④ 288.9m²

4. 축척 1 : 50,000 지형도의 도곽 구성은?

① 경위도 10′차의 경위선에 의하여 구획되는 지역으로 한다.
② 경위도 15′차의 경위선에 의하여 구획되는 지역으로 한다.
③ 경도 15′, 위도 10′차의 경위선에 의하여 구획되는 지역으로 한다.
④ 경도 10′, 위도 15′차의 경위선에 의하여 구획되는 지역으로 한다.

5. 한 변이 36m인 정삼각형(△ABC)의 면적을 BC변에 평행한 선($\overline{\text{de}}$)으로 면적비 $m : n = 1 : 1$로 분할하기 위한 $\overline{\text{Ad}}$의 거리는?

① 18.0m
② 21.0m
③ 25.5m
④ 27.5m

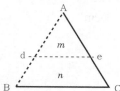

6. 촬영고도 3,000m에서 초점거리 15cm의 카메라로 평지를 촬영한 밀착사진의 크기가 23cm×23cm이고 종중복도가 57%, 횡중복도가 30%일 때 이 연직사진의 유효모델면적은?

① 5.4km²
② 6.4km²
③ 7.4km²
④ 8.4km²

7. 체적계산에 있어서 양단면의 면적이 $A_1 = 80m^2$, $A_2 = 40m^2$, 중간 단면적 $A_m = 70m^2$이다. A_1, A_2 단면 사이의 거리가 30m이면 체적은? (단, 각주공식 사용)

① 2,000m³
② 2,060m³
③ 2,460m³
④ 2,640m³

8. 50m의 줄자를 이용하여 관측한 거리가 165m이었다. 관측 후 표준 줄자와 비교하니 2cm 늘어난 줄자였다면 실제 거리는?

① 164.934m
② 165.006m
③ 165.066m
④ 165.122m

9. 지구 전체를 경도 6°씩 60개의 횡대로 나누고, 위도 8°씩 20개(남위 80°~북위 84°)의 횡대로 나타나는 좌표계는?

① UPS좌표계
② 평면직각좌표계
③ UTM좌표계
④ WGS84좌표계

16. 다음 그림과 같은 지역의 토공량은?

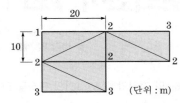

(단위 : m)

① 600m³

② 1,200m³

③ 1,300m³

④ 2,600m³

토목산업기사 실전 모의고사 8회

▶ 정답 및 해설 : p.148

1. 갑, 을 두 사람이 A, B 두 점 간의 고저차를 구하기 위하여 서로 다른 표척으로 왕복측량한 결과가 갑은 38.994m±0.008m, 을은 39.003m±0.004m일 때 두 점 간 고저차의 최확값은?

① 38.995m
② 38.999m
③ 39.001m
④ 39.003m

2. 도로 설계에 있어서 캔트(cant)의 크기가 C인 곡선의 반지름과 설계속도를 모두 2배로 증가시키면 새로운 캔트의 크기는?

① $2C$
② $4C$
③ $C/2$
④ $C/4$

3. 삼각점 C에 기계를 세울 수 없어 B에 기계를 설치하여 $T'=31°15'40''$를 얻었다면 T는? (단, $e=2.5m$, $\Psi=295°20'$, $S_1=1.5km$, $S_2=2.0km$)

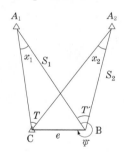

① $31°14'45''$
② $31°13'54''$
③ $30°14'45''$
④ $30°07'42''$

4. 우리나라의 노선측량에서 고속도로에 주로 이용되는 완화곡선은?

① 클로소이드곡선
② 렘니스케이트곡선
③ 2차 포물선
④ 3차 포물선

5. 수준측량에서 전시와 후시의 시준거리를 같게 하여 소거할 수 있는 기계오차로 가장 적합한 것은?

① 거리의 부등에서 생기는 시준선의 대기 중 굴절에서 생긴 오차
② 기포관축과 시준선이 평행하지 않기 때문에 생긴 오차
③ 온도변화에 따른 기포관의 수축팽창에 의한 오차
④ 지구의 곡률에 의해서 생긴 오차

6. 터널의 양 끝단의 기준점 A, B를 포함해서 트래버스측량 및 수준측량을 실시한 결과가 다음과 같을 때 AB 간의 경사거리는?

- 기준점 A의 (X, Y, H)
  = (330,123.45m, 250,243.89m, 100.12m)
- 기준점 B의 (X, Y, H)
  = (330,342.12m, 250,567.34m, 120.08m)

① 290.94m
② 390.94m
③ 490.94m
④ 590.94m

7. 기준면으로부터 촬영고도 4,000m에서 종중복도 60%로 촬영한 사진 2장의 기선장이 99mm, 철탑의 최상단과 최하단의 시차차가 2mm이었다면 철탑의 높이는? (단, 카메라 초점거리=150mm)

① 80.8m
② 82.5m
③ 89.2m
④ 92.4m

8. 항공삼각측량에 대한 설명으로 옳은 것은?

① 항공연직사진으로 세부측량이 기준이 될 사진망을 짜는 것을 말한다.
② 항공사진측량 중 정밀도가 높은 사진측량을 말한다.
③ 정밀도화기로 사진모델을 연결시켜 도화작업을 하는 것을 말한다.
④ 지상기준점을 기준으로 사진좌표나 모델좌표를 측정하여 측지좌표로 환산하는 측량이다.

9. 수준측량에서 사용되는 기고식 야장기입방법에 대한 설명으로 틀린 것은?

① 종·횡단수준측량과 같이 후시보다 전시가 많을 때 편리하다.

② 승강식보다 기입사항이 많고 상세하여 중간점이 많을 때에는 시간이 많이 걸린다.

③ 중간시가 많은 경우 편리한 방법이나 그 점에 대한 검산을 할 수가 없다.

④ 지반고에 후시를 더하여 기계고를 얻고 다른 점의 전시를 빼면 그 지점에 지반고를 얻는다.

10. 항공사진의 중복도에 대한 설명으로 옳지 않은 것은?

① 종중복도는 동일 촬영경로에서 30% 이하로 동일할 경우 허용될 수 있다.

② 중복도는 입체시를 위하여 촬영진행방향으로 60%를 표준으로 한다.

③ 촬영경로 사이의 인접코스 간 중복도는 30%를 표준으로 한다.

④ 필요에 따라 촬영진행방향으로 80%, 인접코스중복을 50%까지 중복하여 촬영할 수 있다.

▶ 정답 및 해설 : p.149

1. 거리관측의 정밀도와 각관측의 정밀도가 같다고 할 때 거리관측의 허용오차를 1/3,000으로 하면 각관측의 허용오차는?

① 4″   ② 41″

③ 1′9″   ④ 1′23″

2. 다음 그림과 같이 O점에서 같은 정확도로 각 x_1, x_2, x_3를 관측하여 $x_3 - (x_1 + x_2) = +45″$ 의 결과를 얻었다면 보정값으로 옳은 것은?

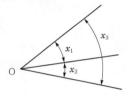

① $x_1 = +15″$, $x_2 = +15″$, $x_3 = +15″$

② $x_1 = -15″$, $x_2 = -15″$, $x_3 = +15″$

③ $x_1 = +15″$, $x_2 = +15″$, $x_3 = -15″$

④ $x_1 = -10″$, $x_2 = -10″$, $x_3 = -10″$

3. 평면직교좌표계에서 P점의 좌표가 $x = 500m$, $y = 1,000m$이다. P점에서 Q점까지의 거리가 1,500m이고 PQ측선의 방위각이 240°라면 Q점의 좌표는?

① $x = -750m$, $y = -1,299m$

② $x = -750m$, $y = -299m$

③ $x = -250m$, $y = -1,299m$

④ $x = -250m$, $y = -299m$

4. 하천의 수위표 설치장소로 적당하지 않은 곳은?

① 수위가 교각 등의 영향을 받지 않는 곳

② 홍수 시 쉽게 양수표가 유실되지 않는 곳

③ 상·하류가 곡선으로 연결되어 유속이 크지 않은 곳

④ 하상과 하안이 세굴이나 퇴적이 되지 않는 곳

5. 원격탐사(Remote sensing)의 정의로 가장 적합한 것은?

① 지상에서 대상물체의 전파를 발생시켜 그 반사파를 이용하여 관측하는 것

② 센서를 이용하여 지표의 대상물에서 반사 또는 방사된 전자스펙트럼을 관측하고, 이들의 자료를 이용하여 대상물이나 현상에 관한 정보를 얻는 기법

③ 물체의 고유스펙트럼을 이용하여 각각의 구성성분을 지상의 레이더망으로 수집하여 처리하는 방법

④ 지상에서 찍은 중복사진을 이용하여 항공사진측량의 처리와 같은 방법으로 판독하는 작업

6. 삼각형의 면적을 계산하기 위해 변길이를 관측한 결과가 다음 그림과 같을 때 이 삼각형의 면적은?

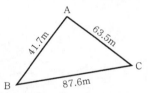

① $1,072.7m^2$ ② $1,235.6m^2$

③ $1,357.9m^2$ ④ $1,435.6m^2$

7. 어떤 노선을 수준측량한 결과가 다음 표와 같을 때 측점 1, 2, 3, 4의 지반고값으로 틀린 것은?

〔단위 : m〕

측점	후시	전시		기계고	지반고
		이기점	중간점		
0	3.121			126.688	123.567
1			2.586		
2	2.428	4.065			
3			0.664		
4		2.321			

① 측점 1 : 124.102m   ② 측점 2 : 122.623m

③ 측점 3 : 124.374m   ④ 측점 4 : 122.730m

8. 측량지역의 대소에 의한 측량의 분류에 있어서 지구의 곡률로부터 거리오차에 따른 정확도를 $1/10^7$까지 허용한다면 반지름 몇 km 이내를 평면으로 간주하여 측량할 수 있는가? (단, 지구의 곡률반지름은 6,370km이다.)

① 3.49km

② 6.98km

③ 11.03km

④ 22.07km

9. 폐합트래버스측량을 실시하여 각 측선의 경거, 위거를 계산한 결과 측선 34의 자료가 없었다. 측선 34의 방위각은? (단, 폐합오차는 없는 것으로 가정한다.)

측선	위거(m)		경거(m)	
	N	S	E	W
12		2.33		8.55
23	17.87			7.03
34				
41		30.19	5.97	

① 64°10′44″

② 33°15′50″

③ 244°10′44″

④ 115°49′14″

10. 산지에서 동일한 각관측의 정확도로 폐합트래버스를 관측한 결과 관측점수(n)가 11개, 각관측오차가 1′15″이었다면 오차의 배분방법으로 옳은 것은? (단, 산지의 오차한계는 $\pm 90'' \sqrt{n}$을 적용한다.)

① 오차가 오차한계보다 크므로 재관측하여야 한다.

② 각의 크기에 상관없이 등분하여 배분한다.

③ 각의 크기에 반비례하여 배분한다.

④ 각의 크기에 비례하여 배분한다.

정답 및 해설

01	02	03	04	05	06	07	08	09	10
②	①	③	②	④	②	①	④	③	④
11	12	13	14	15	16	17	18	19	20
②	③	③	①	④	④	②	④	③	①

1
$$\frac{\Delta A}{A} = 2\frac{\Delta l}{l}$$
$$\frac{0.5}{1,600} = 2 \times \frac{\Delta l}{40}$$
$$\therefore \ \Delta l = 0.006\text{m} = 6\text{mm}$$

2 ㉮ x 계산
$$\frac{e}{\sin x} = \frac{S}{\sin(360° - \phi)}$$
$$\therefore \ x = \sin^{-1}\left[\frac{e\sin(360° - \phi)}{S}\right]$$
$$= \sin^{-1}\left[\frac{5 \times \sin(360° - 302°56')}{2,000}\right]$$
$$= 0°7'12.8''$$
㉯ $T = T' - x = 68°32'15'' - 0°7'12.8'' = 68°25'02.2''$

3 삼각수준측량 시 구차와 기차에 의한 영향을 고려하여야 한다.

4
$$V = \frac{2 \times 3}{6} \times [(5.9 + 3.0)$$
$$+ 2 \times (3.2 + 5.4 + 6.6 + 4.8) + 3 \times 6.2 + 5 \times 6.5]$$
$$= 100\text{m}^3$$

5 LiDAR은 항공기에 탑재된 고정밀도 레이저측량장비로 지표면을 스캔하고 대상의 공간좌표를 찾아서 도면화하는 측량으로 산림 및 수목, 늪지대의 지형도제작에 유용하다.

6 완화곡선의 접선은 시점에서 직선에, 종점에서 원호에 접한다.

7
$$e = \pm m\sqrt{n}$$
$$0.14 = \pm m \times \sqrt{40}$$
$$\therefore \ m = \pm 0.022\text{m}$$

8 등고선의 경우 동굴이나 절벽에서는 교차한다.

9 컴퍼스법칙은 각과 거리의 정밀도가 같은 경우 사용된다.

10 표척의 0눈금오차는 레벨을 세우는 횟수를 짝수로 해서 관측하여 소거한다.

11
$$V_m = \frac{V_{0.2} + 2V_{0.6} + V_{0.8}}{4} = \frac{0.662 + 2 \times 0.442 + 0.332}{4}$$
$$= 0.4695\text{m/s}$$

12 UTM좌표계상의 우리나라의 위치는 51구역과 52구역에 위치하고 있다.

13
$$\frac{\Delta l}{l} = \frac{\theta''}{\rho''}$$
$$\frac{0.03}{50} = \frac{\theta''}{206,265}$$
$$\therefore \ \theta'' = 124'' = 0°2'04''$$

14 수위관측소의 위치는 지천의 합류점 및 분류점으로서 수위의 변화가 일어나기 쉬운 곳은 피한다.

15 ㉮ AB측선의 배횡거 = 첫 측선의 경거 = 83.57m
㉯ BC측선의 배횡거 = 83.57 + 83.57 + 19.68 = 186.82m
㉰ CD측선의 배횡거 = 186.82 + 19.68 - 40.60 = 165.90m

16 유심삼각망의 경우 평탄한 지역 또는 광대한 지역의 측량에 적합하며 정확도가 비교적 높다.

17 DGPS방식으로는 다중경로오차를 제거할 수 없다.

18 ㉮ 구곡선의 외할

$$외할(E) = R\left(\sec\frac{I}{2} - 1\right) = 200 \times \left(\sec\frac{60°}{2} - 1\right)$$
$$= 30.94\text{m}$$

㉯ 신곡선의 반지름

$$외할(E+e) = R_N\left(\sec\frac{I}{2} - 1\right)$$

$$30.94 + 10 = R_N \times \left(\sec\frac{60°}{2} - 1\right)$$

$$\therefore R_N = 264.64\text{m}$$

19 ㉮ 정오차 $= 0.004 \times 5 = 0.02\text{m}$

㉯ 우연오차 $= \pm 0.003 \times \sqrt{5} = \pm 0.007\text{m}$

㉰ 측선의 거리 $= 100.02 \pm 0.007\text{m}$

20 오차계산

- Ⅰ = ㉮ + ㉯ + ㉰ $= 3.600 + 1.285 - 5.023$
  $= -0.038\text{m}$

- Ⅱ = ㉮ + ㉰ + ㉱ $= 3.600 - 2.523 - 1.105$
  $= -0.028\text{m}$

- Ⅲ = ㉰ + ㉱ + ㉲ $= -5.023 + 1.105 + 3.912$
  $= -0.006\text{m}$

따라서 오차가 Ⅰ구간과 Ⅱ구간에서 많이 발생하므로 두 구간에 공통으로 포함되는 ㉮에서 가장 오차가 많다고 볼 수 있다.

토목기사 실전 모의고사 제2회 정답 및 해설

01	02	03	04	05	06	07	08	09	10
②	③	③	①	④	①	②	②	②	③
11	12	13	14	15	16	17	18	19	20
③	①	④	④	④	②	②	④	③	②

1 위성배치형태에 따른 오차
  ㉮ 의의 : 위성과 수신기들 간의 기하학적 배치에 따른 오차로서 측위정확도의 영향을 표시하는 계수로 정밀도 저하율(DOP)이 사용된다.
  ㉯ 특징
    ㉠ DOP는 위성의 기하학적 배치상태가 정확도에 어떻게 영향을 주는가를 추정할 수 있는 척도이다.
    ㉡ 정확도를 나타내는 계수로서 수치로 표시된다.
    ㉢ 수치가 작을수록 정밀하다.
    ㉣ 지표에서 가장 배치상태가 좋을 때의 DOP수치는 1이다.
    ㉤ 위성의 위치, 높이, 시간에 대한 함수관계가 있다.

2 $\overline{AX} = \overline{AB}\sqrt{\dfrac{m}{n+m}} = 35 \times \sqrt{\dfrac{1}{2.5+1}} = 18.7\text{m}$

3 ㉮ 교각(I) $= 30° + 90° = 120°$
  ㉯ $\dfrac{100}{\sin 60°} = \dfrac{CP}{\sin 90°}$
     $\therefore CP = 115.47\text{m}$
  ㉰ T.L $= 500 \times \tan\dfrac{120°}{2} = 866.03\text{m}$

㉱ C점에서 BC까지의 거리 $= 866.03 - 115.47 = 750.56\text{m}$

4 ㉮ T.L $= R\tan\dfrac{I}{2} = 200 \times \tan\dfrac{45°}{2} = 82.84\text{m}$
  ㉯ B.C $=$ I.P $-$ T.L $= 200.12 - 82.84 = 117.28\text{m}$
  ㉰ $l_1 = 120 - 117.28 = 2.72\text{m}$

5 우리나라의 평면직각좌표는 4개의 평면직각좌표계 (서부, 중부, 동부, 동해)를 사용하고 있다. 각 좌표계의 원점은 위도 38°선과 경도 125°, 127°, 129°, 131° 선의 교점에 위치하며, 투영법은 TM(Transverse Mercator)을 사용한다. 좌표의 음수표기를 방지하기 위해 횡좌표에 200,000m, 종좌표에 600,000m를 가산한 가좌표를 사용한다.

6 $H = \dfrac{(a_1 - b_1) + (a_2 - b_2)}{2}$

  $= \dfrac{(0.75 - 0.55) + (1.45 - 1.24)}{2} = 0.205\text{m}$

  (B점이 높다.)
  $\therefore H_B = H_A + H = 60 + 0.205 = 60.205\text{m}$

7
㉮ $T.L = R\tan\dfrac{I}{2} = 200\times\tan\dfrac{42°20'}{2} = 77.44\text{m}$

㉯ $B.C = I.P - T.L = 423.26 - 77.44 = 345.82\text{m}$

㉰ $l_1 = 360 - 345.82 = 14.18\text{m}$

㉱ $\delta_1 = \dfrac{l_1}{R}\dfrac{90°}{\pi} = \dfrac{14.18}{200}\times\dfrac{90°}{\pi} = 2°01'52''$

8 RINEX : 정지측량 시 기종이 서로 다른 GPS수신기를 혼합하여 사용하였을 경우 어떤 종류의 후처리 소프트웨어를 사용하더라도 수집된 GPS데이터의 기선해석이 용이하도록 고안된 세계표준의 GPS데이터포맷

9 원격탐사 : 지상이나 항공기 및 인공위성 등의 탑재기(Platform)에 설치된 탐측기(Sensor)를 이용하여 지표, 지상, 지하, 대기권 및 우주공간의 대상들에서 반사 혹은 방사되는 전자기파를 탐지하고, 이들 자료로부터 토지, 환경 및 자원에 대한 정보를 얻어 이를 해석하는 기법

10 $L_0 = 50 + \dfrac{5\times0.362 + 2\times0.348 + 3\times0.359}{5+2+3} = 50.358\text{m}$

11 지오이드는 평균해수면으로 전 지구를 덮었다고 생각할 때 가상적인 곡면으로 타원체와 거의 일치한다.

12 좌표의 계산
① $\alpha = 30° \rightarrow X_B = 0 + 100\times\cos30° = 86.60\text{m}$
② $\alpha = 60° \rightarrow X_B = 0 + 100\times\cos60° = 50.00\text{m}$
③ $\alpha = 90° \rightarrow X_B = 0 + 100\times\cos90° = 0.00\text{m}$
④ $\alpha = 120° \rightarrow X_B = 0 + 100\times\cos120° = -50.00\text{m}$
∴ B점의 $X(N)$좌표값이 가장 큰 경우는 방위각이 30°일 경우이다.

13 심천측량은 수위가 일정한 때 하는 것이 좋으며, 장마철에 하는 것은 비효과적이다.

14
㉮ $S = \dfrac{1}{2}(a+b+c) = \dfrac{1}{2}\times(20.5+32.4+28.5) = 40.7\text{cm}$

㉯ 도상면적(A)
$A = \sqrt{S(S-a)(S-b)(S-c)}$
$= \sqrt{40.7\times(40.7-20.5)\times(40.7-32.4)\times(40.7-28.5)}$
$= 288.53\text{cm}^2$

㉰ $\left(\dfrac{1}{m}\right)^2 = \dfrac{\text{도상면적}}{\text{실제 면적}}$
$\left(\dfrac{1}{500}\right)^2 = \dfrac{288.53}{\text{실제 면적}}$
∴ 실제 면적 $= 7,213.26\text{m}^2$

15 위성의 고도각이 높은 경우 상대적으로 높은 측위정확도의 확보가 가능하다.

16

측선	위거 +	위거 −	경거 +	경거 −
AB	50		50	
BC		30	60	
CD		70		60
DA	50			50

폐합트래버스에서는 위거의 합이 0, 경거의 합이 0이 되어야 하므로 DA측선의 위거는 50, 경거는 −50이다.

㉮ $\overline{DA}$ 방위각 $= \tan^{-1}\dfrac{-50}{50} = 45°$(4상한)
∴ $\overline{DA}$ 방위각 $= 360° - 45° = 315°$

㉯ $\overline{AD}$ 방위각 $= 315° - 180° = 135°$

17 배각법
㉮ 방향관측법에 비해 읽기오차의 영향을 적게 받는다.
㉯ 눈금을 측정할 수 없는 작은 양의 값을 누적하여 반복횟수로 나누면 세밀한 값을 얻을 수 있다.
㉰ 눈금의 불량에 의한 오차를 최소로 하기 위해 n회의 반복결과가 360°에 가깝도록 한다.
㉱ 방향수가 적은 경우에 편리하며 삼각측량과 같이 많은 방향이 있는 경우에는 적합하지 않다.

18 ㉮ 방위 : 위거의 부호가 −이고, 경거의 부호가 −이므로 이는 3상한에 해당한다. 따라서 방위는 S 60°00′ W이다.
㉯ 거리 $= \sqrt{(-60)^2 + (-103.92)^2} = 120\text{m}$

19 ㉮ No.10~No.11구간의 토량
$V_1 = \dfrac{318+512}{2}\times20 = 8,300\text{m}^3$

㉯ No.11~No.12구간의 토량
$V_2 = \dfrac{512+682}{2}\times20 = 11,940\text{m}^3$

∴ $V = V_1 + V_2 = 8,300 + 11,940 = 20,240\text{m}^3$

20 ㉮ 방위각계산
㉠ $\overline{AB}$측선의 방위각 $= 59°24'$
㉡ $\overline{BC}$측선의 방위각 $= 59°24' + 62°17' = 121°41'$
㉯ 좌표계산
㉠ B점의 좌표
$X_B = 0 + 100\times\cos59°24' = 50.90\text{m}$
$Y_B = 0 + 100\times\sin59°24' = 86.07\text{m}$
㉡ C점의 좌표
$X_C = 50.90 + 100\times\cos121°41' = -1.62\text{m}$
$Y_C = 86.07 + 100\times\sin121°41' = 171.17\text{m}$

토목기사 실전 모의고사 제3회 정답 및 해설

01	02	03	04	05	06	07	08	09	10
①	③	②	④	①	③	④	①	③	①
11	12	13	14	15	16	17	18	19	20
④	①	②	③	①	②	②	④	①	①

1 폐합오차$(E) = \sqrt{위거오차^2 + 경거오차^2}$

$= \sqrt{(-0.17)^2 + 0.22^2} = 0.278\text{m}$

$\therefore$ 폐합비$= \dfrac{E}{\sum L} = \dfrac{0.278}{252} = \dfrac{1}{900}$

2 완화곡선의 성질

㉮ 곡선반지름은 완화곡선의 시점에서 무한대, 종점에서 원곡선의 반지름으로 된다.

㉯ 완화곡선의 접선은 시점에서 직선에, 종점에서 원호에 접한다.

㉰ 완화곡선에 연한 곡선반지름의 감소율은 캔트의 증가율과 같다.

㉱ 완화곡선의 종점의 캔트와 원곡선의 시점의 캔트는 같다.

3 ㉮ 실제 거리계산

$\overline{\text{AB}} = \sqrt{(X_B - X_A)^2 + (Y_B - Y_A)^2}$

$= \sqrt{(205,100.11 - 205,346.39)^2 + (11,587.87 - 10,793.16)^2}$

$= 831.996\text{m}$

㉯ 축척계산

$\dfrac{1}{m} = \dfrac{도상거리}{실제 거리} = \dfrac{0.208}{831.996} = \dfrac{1}{4,000}$

4 측각오차의 허용범위가 $60'' \sqrt{N}$이므로

$60'' \sqrt{9} = 180'' = 3'$

$\therefore$ 오차가 $2'$이므로 허용범위 이내이다. 따라서 각의 크기와 상관없이 등배분한다.

5 $H_B = 10 + \dfrac{-1.256 - 1.238}{2} = 8.753\text{m}$

6 ① GPS를 이용하여 취득한 높이는 타원체고이다.

② GPS에서 사용되는 기준타원체는 WGS84이다.

④ GPS측량은 관측한 데이터를 후처리과정을 거쳐 위치를 결정한다.

7 구과량

㉮ 구과량은 구면삼각형의 면적(F)에 비례하고, 구의 반지름(R)의 제곱에 반비례한다.

㉯ 세 변이 대원의 호로 된 삼각형을 구면삼각형이라 한다.

㉰ 일반측량에서는 구과량이 미소하므로 구면삼각형 대신에 평면삼각형의 면적을 사용해도 상관없다.

㉱ 측량대상지역이 넓은 경우에는 곡면각의 성질이 필요하다.

㉲ 구면삼각형의 세 변의 길이는 대원호의 중심각과 같은 각거리이다.

8 산림지에서 벌채량을 줄일 목적으로 사용되는 곡선 설치법은 접선에서 지거를 이용하는 방법이다.

9 전자파거리측정기의 오차

㉮ 거리에 비례하는 오차 : 광속도오차, 광변조주파수오차, 굴절률오차

㉯ 거리에 반비례하는 오차 : 위상차관측오차, 영점오차(기계정수, 반사경정수), 편심오차

10 폐합오차의 배분(종선오차, 횡선오차의 배분)

㉮ 트랜싯법칙 : 거리의 정밀도보다 각의 정밀도가 높은 경우 위거, 경거에 비례배분

$\dfrac{\Delta l}{l} < \dfrac{\theta''}{\rho''}$

㉯ 컴퍼스법칙 : 각의 정밀도와 각의 정밀도가 같은 경우 측선장에 비례배분

$\dfrac{\Delta l}{l} = \dfrac{\theta''}{\rho''}$

11 클로소이드에서 접선각 τ를 라디안으로 표시하면

$\tau = \dfrac{L}{2R}$이 된다.

12 ㉮ x계산

$\dfrac{2,000}{\sin(360° - 300°20')} = \dfrac{2.5}{\sin x}$

$\therefore x = \sin^{-1}\left(\dfrac{\sin(360° - 300°20') \times 2.5}{2,000}\right) = 0°3'43''$

④ y계산

$$\frac{3,000}{\sin(360° - 300°20' + 31°15'40'')} = \frac{2.5}{\sin y}$$

$$\therefore y = \sin^{-1}\left(\frac{\sin(360° - 300°20' + 31°15'40'') \times 2.5}{3,000}\right)$$

$$= 0°2'52''$$

㉰ T계산

$$T + x = T' + y$$

$$\therefore T = T' + y - x = 31°15'40'' + 0°2'52'' - 0°3'43''$$

$$= 31°14'50''$$

13 삼각점계산순서 : 편심조정계산 → 삼각형계산(변, 방향각) → 좌표조정계산 → 표고계산 → 경위도 결정

14 폐합트래버스는 오차의 계산 및 조정이 가능하며 개 방트래버스보다 정확도가 높다.

15 경중률은 노선거리에 반비례한다.

㉮ $P_A : P_B : P_C = \dfrac{1}{1} : \dfrac{1}{2} : \dfrac{1}{3} = 6 : 3 : 2$

④ $H_0 = \dfrac{6 \times 135.487 + 3 \times 135.563 + 2 \times 135.603}{6 + 3 + 2}$

$$= 135.529\text{m}$$

16 $C = \dfrac{SV^2}{Rg} = \dfrac{1.067 \times \left(\dfrac{100 \times 1,000}{3,600}\right)^2}{600 \times 9.8} = 0.14\text{m} = 140\text{mm}$

17 $\left(\dfrac{1}{m}\right)^2 = \dfrac{\text{도상면적}}{\text{실제 면적}} = \dfrac{0.02 \times 0.02}{1,000 \times 1,000} = \dfrac{1}{50,000}$

18 3차원 위치 DOP(PDOP)는 $\sqrt{{\sigma_x}^2 + {\sigma_y}^2 + {\sigma_z}^2}$ 으로 나 타낸다.

19 ㉮ $A = ab = 75 \times 100 = 7,500\text{m}^2$

④ $\Delta A = \pm\sqrt{(75 \times 0.008)^2 + (100 \times 0.003)^2} = \pm 0.67\text{m}^2$

20 지오이드와 준거타원체는 거의 일치한다. 따라서 일 치한다라는 표현은 틀리다.

토목기사 실전 모의고사 제4회 정답 및 해설

01	02	03	04	05	06	07	08	09	10
④	①	④	③	④	①	②	③	①	②
11	12	13	14	15	16	17	18	19	20
③	④	②	②	③	③	②	④	③	②

1 접선각(τ) $= \dfrac{L}{2R}$

2 등고선은 절벽, 통로 이외의 지역에서는 교차하지 않는다.

3 $\Delta P = \dfrac{h}{H}b_o = \dfrac{20}{800} \times 0.23 \times \left(1 - \dfrac{60}{100}\right)$

$$= 0.0023\text{m} = 2.3\text{mm}$$

4 구차 $= \dfrac{D^2}{2R}$

$$350 + 1.8 = \dfrac{D^2}{2 \times 6,370}$$

$$\therefore D = 66.95\text{km}$$

5 하천측량의 순서 : 도상조사 → 자료조사 → 현지조사 → 평면측량 → 수준측량 → 유량측량

6 점고법 : 지표면상에 있는 임의점의 표고를 도상에 숫자로 표시해 지표를 나타내는 방법으로, 하천, 항만, 해양 등의 심천을 나타내는 경우에 주로 이 용된다.

7 ㉮ 정오차(e) $= m \cdot m = 5 \times 5 = 25\text{mm}$

④ 우연오차(e) $= \pm m\sqrt{n} = \pm 5\sqrt{5} = \pm 11\text{mm}$

$$\therefore L_o = 100.025 \pm 0.011\text{m}$$

8 ㉮ $l_1 = 260 - 256.404 = 3.596\text{m}$

④ $l_2 = 393.520 - 380 = 13.520\text{m}$

㉰ $\delta_1 = \dfrac{l_1}{R}\dfrac{90°}{\pi} = \dfrac{3.596}{200} \times \dfrac{90°}{\pi} = 0°30'54''$

㉱ $\delta_2 = \dfrac{l_2}{R}\dfrac{90°}{\pi} = \dfrac{13.520}{200} \times \dfrac{90°}{\pi} = 1°56'12''$

9 ㉮ $P_A : P_B : P_C = \dfrac{1}{S_A} : \dfrac{1}{S_B} : \dfrac{1}{S_C}$

$$= \dfrac{1}{2} : \dfrac{1}{3} : \dfrac{1}{4} = 6 : 4 : 3$$

㉯ $H_o = \dfrac{P_A H_A + P_B H_B + P_C H_C}{P_A + P_B + P_C}$

$$= 57 + \dfrac{6 \times 0.583 + 4 \times 0.7 + 3 \times 0.68}{6 + 4 + 3}$$

$$= 57.641\text{m}$$

10 $C = \dfrac{SV^2}{Rg} = \dfrac{1.067 \times \left(100 \times \dfrac{1,000}{3,600}\right)^2}{600 \times 9.8}$

$$= 0.14\text{m} = 140\text{mm}$$

11 $\dfrac{\Delta A}{A} = 2\dfrac{\Delta l}{l}$

$$\dfrac{0.4}{10,000} = 2 \times \dfrac{\Delta l}{100}$$

$$\therefore \ \Delta l = \pm 0.002\text{m}$$

12 $\dfrac{1}{m} = \dfrac{\Delta l}{l}$

$$\dfrac{1}{1,000} = \dfrac{\Delta l}{400}$$

$$\therefore \ \Delta l = 0.4\text{m} = 40\text{cm}$$

13 ㉮ $\dfrac{2,000}{\sin(360° - 300°30')} = \dfrac{0.5}{\sin\alpha}$

$$\therefore \ \alpha = 0°0'44.43''$$

㉯ $\dfrac{1,500}{\sin(360° - 300°30' + 54°30')} = \dfrac{0.5}{\sin\beta}$

$$\therefore \ \beta = 0°1'2.81''$$

㉰ $\angle ABC = t + \beta - \alpha$

$$= 54°30' + 0°1'2.81'' - 0°0'44.43''$$

$$= 54°30'19''$$

14 ㉮ 측각오차$(E) = \alpha_A + \sum\beta - 180°(n+1) - \alpha_B$

$$= 325°14'16'' + 846°21'45''$$

$$- 180° \times (5+1) - 91°35'46''$$

$$= 15''$$

㉯ 측점 2의 조정량 $= \dfrac{15}{5} = -3''$

15 경중률은 오차(m)의 제곱에 반비례한다.

$$P_1 : P_2 : P_3 = \dfrac{1}{30^2} : \dfrac{1}{15^2} : \dfrac{1}{45^2}$$

$$= 9 : 36 : 4$$

16 토량$(V) = \dfrac{318 + 512}{2} \times 20 + \dfrac{512 + 682}{2} \times 20$

$$= 20,240\text{m}^3$$

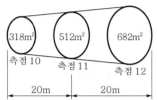

17 $\cos\text{C} = \dfrac{a^2 + b^2 - c^2}{2ab}$

$$\therefore \ \angle\text{C} = \cos^{-1}\left(\dfrac{a^2 + b^2 - c^2}{2ab}\right)$$

$$= \cos^{-1}\left(\dfrac{1,200^2 + 1,600^2 - 1,422.22^2}{2 \times 1,200 \times 1,600}\right) = 60°$$

18 전시와 후시의 거리를 같게 취하는 이유
  ㉮ 지구곡률오차(구차) 소거
  ㉯ 빛의 굴절오차(기차) 소거
  ㉰ 시준축오차 소거

19 $\left(\dfrac{1}{m}\right)^2 = \dfrac{\text{도상면적}}{\text{실제 면적}}$

$$\left(\dfrac{1}{20 \times 60}\right) = \dfrac{40.5}{\text{실제 면적}}$$

$$\therefore \ \text{실제 면적} = 4.86\text{m}^2$$

20 GNSS측위를 이용할 경우 경도와 위도는 알 수 없다.

토목기사 실전 모의고사 제5회 정답 및 해설

01	02	03	04	05	06	07	08	09	10
③	④	④	④	③	①	②	①	③	④
11	12	13	14	15	16	17	18	19	20
④	①	④	②	②	①	②	②	②	③

1 $20.42 + 2.25 = 2.25 + 100.25 \times \sin\theta$

∴ $\sin\theta = 11°53'56''$

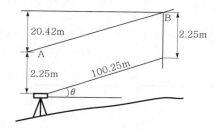

2 ㉮ BC측선의 방위각$=82°10'+180°-98°39'=163°31'$

㉯ CD측선의 방위각$=163°31'+180°-67°14'$
$=276°17'(4상한)$

㉰ CD측선의 방위$=360°-276°17'=N83°43'W$

3 지오이드상에서 중력퍼텐셜의 크기는 같다.

4 외할$(E) = R\left(\sec\dfrac{I}{2}-1\right)$

$15 = R \times \left(\sec\dfrac{60°}{2}-1\right)$

∴ $R = 101.5\text{m}$

5 $280 : 0.6 = 180 : x$

∴ $x = 0.40\text{mm}$

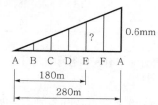

6 구과량$(\varepsilon) = \dfrac{\sigma}{R^2}\rho''$

$= \dfrac{\frac{1}{2}\times 30\times 20\times \sin 80°}{6,400^2}\times 206,265''$

$= 1.49''$

7 ① $(㉠+㉡+㉦)-180°=0$ [각조건]

③ $(㉦+㉧+㉨+㉤)-360°=0$ [점조건]

④ $(㉠+㉡+㉢+㉣+㉤+㉥+㉦+㉧)-360°$
$=0$ [각조건]

8 캔트$(C) = \dfrac{SV^2}{Rg}$ 에서 곡선반지름(R)을 2배로 하면

새로운 캔트$(C) = \dfrac{1}{2}C$ 가 된다.

9 삼각수준측량 시 구차와 기차에 의한 영향을 고려하여야 한다.

10 면적계산방법

경계선이 곡선인 경우	경계선이 직선인 경우
• 방안지에 의한 방법 • 심프슨 제1법칙 • 심프슨 제2법칙 • 구적기에 의한 방법	• 좌표법 • 배횡거법 • 삼사법 • 삼변법 • 이변법

11 $\dfrac{\Delta A}{A} = 2\dfrac{\Delta l}{l}$

$\dfrac{0.2}{100} = 2\times \dfrac{\Delta l}{10}$

∴ $\Delta l = 10\text{mm}$

12 $i = \dfrac{H}{D}\times 100 = \dfrac{20}{50,000\times 0.01}\times 100 = 4\%$

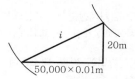

13 지형도상에 나타나는 해안선은 약최고고조면으로 표시된다.

14 삼각점 선정 시 측점수는 되도록 적게 한다.

15

측선	위거		경거	
	+	−	+	−
AB	50		50	
BC		30	60	
CD		70		60
DA				

㉮ DA측선의 위거와 경거

  ㉠ DA측선의 위거=50−30−70+DA측선의 위거=0

    ∴ 위거=50m

  ㉡ DA측선의 경거=50+60−60+DA측선의 경거=0

    ∴ 경거=−50m

㉯ AD측선의 방위각

$$\overline{AD}방위각 = \tan\theta = \frac{AD측선의\ 경거}{AD측선의\ 위거}$$

$$= \frac{+50}{-50} = 45°(2상한)$$

∴ $\overline{AD}$ 방위각 $= 180° - 45° = 135°$

16 ㉮ $\dfrac{1}{m} = \dfrac{5}{H} = \dfrac{0.02}{1,000} = \dfrac{1}{5,000}$

㉯ $\Delta r = \dfrac{h}{H}r = \dfrac{400}{1,000} \times \dfrac{200}{5,000}$

    $= 0.016\text{m} = 16\text{mm}$

17 ㉮ $P_A : P_B = \dfrac{1}{6^2} : \dfrac{1}{3^2} = 1 : 4$

㉯ $H_0 = \dfrac{1 \times 25,447 + 4 \times 25,609}{1+4} = 25,577\text{m}$

18 ① 일반적으로 단곡선 설치 시 가장 많이 이용되는 방법은 편각 설치법이다.

③ 완화곡선의 접선은 시점에서 직선에, 종점에서는 원호에 접한다.

④ 완화곡선의 반지름은 시점에서 무한대이고, 종점에서는 원곡선의 반지름이 된다.

19 ① 수신기 2대를 이용하여 측위를 실시한다.

③ 위상차의 계산은 단순차, 2중차, 3중차와 같은 차분기법으로 해결할 수 있다.

④ 전파의 위상차를 관측하는 방식이 절대관측보다 정확도가 높다.

20

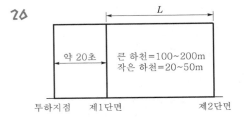

01	02	03	04	05	06	07	08	09	10
②	③	①	②	①	②	③	②	③	③

11	12	13	14	15	16	17	18	19	20
③	④	②	①	③	④	④	①	④	①

1 삼각점의 위치계산순서 : 편심조정계산 → 삼각형계산 → 좌표조정계산 → 표고계산 → 경위도계산

2 체적 산정방법에 따른 대소관계 : 양단면평균법 > 각주공식 > 중앙단면법

3 등고선오차 $= \dfrac{높이의\ 오차}{\tan\theta} = \dfrac{0.5}{\tan 1°} = 28.64\text{m}$

그러므로 1/1,000에서의 등고선오차는 2.86cm이다.

4 완화곡선의 접선은 시점에서 직선에, 종점에서 원호에 접한다.

5 곡선 설치법 중 중앙종거법은 기설곡선의 검사 시 주로 이용하며, 산림지대에서 벌채량을 줄일 목적으로 사용되는 곡선 설치법은 접선에서 지거를 이용하는 방법이다.

6 상호표정 : 좌우사진에서 나오는 광속이 촬영면상에 이루는 종시차를 소거하여 목표 지형지물의 상대위치를 맞추는 작업

7
$$\frac{\Delta l}{l} = \frac{\theta''}{\rho''}$$
$$\frac{1}{10,000} = \frac{\theta''}{206,265}$$
$$\therefore \theta'' = 20.6''$$

8
$BC : BP = m+n : m$
$500 : BP = 10 : 3$
$\therefore BP = 150m$

9 다각측량에서 각과 거리의 정밀도가 같은 경우 폐합 오차 배부는 컴퍼스법칙을 적용한다. 이 방법은 측선 의 길이에 비례하여 폐합오차를 배분한다.

10 ㉮
$$\frac{30}{\sin 30°} = \frac{AD}{\sin 70°}$$
$$\therefore AD = 56.38m$$
㉯ $H = 56.38 \times \tan 40° = 47.31m$

11 GPS에서 사용하는 신호 : L_1, L_2, L_5 반송파

12 삼변측량은 변의 길이를 이용하여 반각공식, 면적조 건, cosin 제2법칙 등을 이용하여 각을 구하여 위치 를 결정하는 방법이다.

13 첫 측선의 배횡거는 첫 측선의 경거와 같다. 따라서 AB측선의 배횡거는 25.6m이다.

14 다중경로오차 : GPS위성으로부터 직접 수신된 전파 이외에 부가적으로 주위의 지형·지물에 의해 반사 된(reflected) 전파로 인해 발생하는 오차

15 교통정보시스템은 고도의 정보처리기술을 이용하여 교통운용에 적용하는 것으로 운전자, 차량, 신호체계 등 매 순간의 교통상황에 따른 대응책을 제시하는 시 스템으로 운영사의 수입을 목적으로 하기보다는 공 공의 편리함을 목적으로 한다.

16 $C_g = -\dfrac{LH}{R}$ 이므로
$$\therefore 평균해수면 환산거리 = 5,000 - \frac{5,000 \times 730}{6,370,000}$$
$$= 4999.43m$$

17 수위관측소 설치 시 합류나 분류에 의해 수위가 민감 하게 변화하는 곳은 피하는 것이 좋다.

18 높이가 다른 등고선은 절벽, 동굴에서는 교차하며, 다른 지역에서는 교차하지 않는다.

19 $h = -\dfrac{D^2}{2R}(1-K)$
$$= -\frac{26^2}{2 \times 6,370} \times (1 - 0.14) = 46m$$

20 캔트에서 속도와 반지름을 2배로 하면 새로운 캔트는 2배가 된다. 속도의 제곱에 비례하고, 반지름에 반비 례하기 때문이다.

토목기사 실전 모의고사 제7회 정답 및 해설

01	02	03	04	05	06	07	08	09	10
②	③	②	②	④	②	④	①	①	③
11	12	13	14	15	16	17	18	19	20
③	③	③	③	③	③	④	④	①	①

1
$$\frac{\Delta A}{A} = 2\frac{\Delta l}{l}$$
$$\frac{0.5}{1,600} = 2 \times \frac{\Delta l}{40}$$
$$\therefore \Delta l = 6.25mm$$

2 지각변동의 관측, 항로 등의 측량은 측지측량으로 한다.

3 $C_h = -\dfrac{L}{R}H = -\dfrac{500}{6,370,000} \times 326.42 = -0.0256m$

4 GPS의 구성요소
   ⑦ 우주부문 : 전파신호 발사
   ④ 사용자부문 : 전파신호 수신, 사용자위치 결정
   ⑤ 제어부문 : 궤도와 시각결정을 위한 위성의 추적
       및 작동상태 점검

5 지오이드란 평균해수면으로 전 지구를 덮었다고 가
정할 때 가상적인 곡면이다.

6 GSIS는 위성을 이용한 위치결정시스템이 아니며 국
토계획, 지역계획, 자원개발계획, 공사계획 등의 계
획은 성공적으로 수행하기 위해 그에 필요한 각종 정
보를 컴퓨터에 의해 종합적, 연계적으로 처리하는 정
보처리체계이다.

7 사변형 삼각망은 조건식의 수가 많아 시간과 비용이
많이 소요되나 가장 정밀한 측량성과를 얻을 수 있다.

8
$$\frac{\Delta V}{V} = 3\frac{\Delta L}{L}$$

$$\frac{0.6}{3,000} = 3 \times \frac{\Delta L}{L}$$

$$\therefore \frac{\Delta L}{L} = \frac{1}{15,000}$$

9
$$H = 2(dh + dL\tan\alpha)$$
$$= 2 \times (0.2 + 0.3 \times \tan 60°) = 1.5\text{m}$$

10 ① 곡률반지름 R, 곡선길이 L, 매개변수 A와의 관
계식은 $RL = A^2$이다.
   ② 곡률이 곡선장에 비례하는 곡선이다.
   ④ 곡선반지름과 곡선길이와 매개변수가 같은 점
       $(R = L = A)$을 클로소이드 특성점이라고 한다.

11 지형도의 이용법
   ⑦ 종·횡단면도 제작
   ④ 저수량 및 토공량 산정
   ⑤ 유역면적의 도상 측정
   ⑭ 등경사선 관측
   ⑯ 터널의 도상 선정
   ⑭ 노선의 도상 선정

12 평균유속 산정방법
   ⑦ 1점법$(V_m) = V_{0.6}$

   ④ 2점법$(V_m) = \frac{1}{2}(V_{0.2} + V_{0.8})$

   ⑤ 3점법$(V_m) = \frac{1}{4}(V_{0.2} + 2V_{0.6} + V_{0.8})$

13 ⑦ 면적 $= 37.8 \times 28.9 = 1,092.42\text{m}^2$

   ④ $L_o(\text{가로}) = 37.8 \times \left(1 + \frac{0.047}{30}\right) = 37.859\text{m}$

       $L_o(\text{세로}) = 28.9 \times \left(1 + \frac{0.047}{30}\right) = 28.945\text{m}$

       $\therefore A_o = 37.859 \times 28.945 = 1,095.83\text{m}^2$

   ⑤ 면적 최대 오차 $= 1,095.83 - 1,092.42 = 3.40\text{m}^2$

14 ⑦ $\angle AOB + \angle BOC - \angle AOC = 0$이어야 한다.
       $21°36'28'' + 63°18'45'' - 84°54'3'' = +37''$
       이므로 $\angle AOB$, $\angle BOC$에는 $(-)$보정을 $\angle AOC$
       에는 $(+)$보정을 한다.
   ④ 경중률 계산

$$P_1 : P_2 : P_3 = \frac{1}{N_1} : \frac{1}{N_2} : \frac{1}{N_3}$$
$$= \frac{1}{2} : \frac{1}{3} : \frac{1}{6} = 15 : 10 : 5$$

   ⑤ $\angle AOC$의 최확값

$$\angle AOC = 84°54'37'' + \frac{5}{15 + 10 + 5} \times 36 = 84°54'43''$$

15 UTM좌표계상 우리나라는 51구역과 52구역에 위치
하고 있다.

16 $\overline{HC} = \frac{50}{\cos 20°} \times (53.21 - 50) \times \cos 20° = 3.02\text{m}$

17 표척의 영눈금오차는 레벨을 세우는 횟수를 짝수로
해서 관측하여 소거한다.

18 편각$(\delta) = \frac{L}{R}\left(\frac{90°}{\pi}\right)$
$$= \frac{20}{600} \times \frac{90°}{\pi} = 57'18''$$

19 양차 $= \frac{D^2}{2R}(1 - K)$
$$= \frac{2^2}{2 \times 6,370} \times (1 - 0.14) = 0.27\text{m}$$

20 구심오차는 도상의 측점과 지상의 측점이 동일 연직
선상에 있지 않음으로써 발생한다.

토목기사 실전 모의고사 제8회 정답 및 해설

01	02	03	04	05	06	07	08	09	10
①	④	②	②	①	①	②	④	④	④
11	12	13	14	15	16	17	18	19	20
③	②	①	④	②	①	③	④	③	③

1 종단면도 기재사항 : 측점, 추가거리, 지반고, 계획
고, 성토고, 절토고, 구배

2 $VB = \left(\dfrac{GH}{\sin\Delta}\right)\sin\Delta_1 + t_2$

3 $\dfrac{1}{m} = \dfrac{L^2}{12R^2}$

$\dfrac{1}{1,000,000} = \dfrac{L^2}{12 \times 6,370^2}$

$L^2 = 22 \text{km}$ (직경)

∴ 반경 = 11km

4 $\text{C.L} = RI\dfrac{\pi}{180°} = 600 \times 32°15'00'' \times \dfrac{\pi}{180°} = 337.72\text{m}$

5 유토곡선에서 상향구간은 절토구간이며, 하향구간은
성토구간이다.

6 ㉮ 평균해수면 보정
$$C_h = -\dfrac{L}{R}H = -\dfrac{1,950}{6,370,000} \times 2,774 = -0.848\text{m}$$
   ㉯ 환산거리
$$L_o = 1,950 - 0.848 = 1,949.152\text{m}$$

7 $H_D = 300 + 1.233 + \left(\dfrac{0.726 + 0.720}{2}\right) - 0.926 = 301.03\text{m}$

8 $a_2 = \left(\dfrac{m_2}{m_1}\right)^2 a_1 = \left(\dfrac{2,000}{1,000}\right)^2 \times 24,000 = 96,000\text{m}^2$

9 토적곡선을 작성하는 목적
   ㉮ 토량의 운반거리 산출
   ㉯ 토공기계의 선정
   ㉰ 토량의 배분

10 최소 높이 $= \dfrac{D^2}{2R} = \dfrac{7.1^2}{2 \times 6,370} = 0.004\text{km} = 4\text{m}$

11 삼각망 중 가장 정확도가 높은 것은 사변형 삼각망이다.

12 확폭 $= \dfrac{L^2}{2R}$ 이므로 반지름(R)을 2배로 하면 확폭량은
$\dfrac{1}{2}$ 배가 된다.

13 ㉮ 편각 : 어느 측선의 바로 앞 측선의 연장선과 이루
   는 각
   ㉯ 교각 : 서로 이웃하는 측선이 이루는 각
   ㉰ 방위각 : 진북을 기준으로 시계방향으로 잰 각

14 표고라 함은 기준면(평균해수면)으로부터 어느 지점
까지의 연직거리를 말한다.

15 2점법에 의한 평균유속은 수면으로부터 $\dfrac{1}{5}$, $\dfrac{4}{5}$ 지점
의 유속을 평균하여 계산한다.

16 $\dfrac{\Delta A}{A} = 2\dfrac{\Delta L}{L} = 2 \times \dfrac{1}{100} = \dfrac{1}{50}$

17 ㉮ $\overline{CP_1}$ 계산

$$\dfrac{\overline{CP_1}}{\sin 56°27'} = \dfrac{60}{\sin 61°25'}$$

$∴ \overline{CP_1} = 56.94\text{m}$

   ㉯ H 계산
$H = 56.94 \times \tan 20°46' = 21.59\text{m}$

18 원격탐사는 피사체와의 직접 접촉에 의해 획득한 정
보를 이용하여 정성적 해석을 하는 기법이다.

19 ㉮ AC의 실제 거리
$80 : 20 = AC : 2$
$∴ AC = 8\text{m}$
   ㉯ AC의 도상거리
$$\dfrac{1}{100} = \dfrac{\text{도상거리}}{8}$$
$∴ \text{도상거리} = 8\text{cm}$

20 컴퍼스법칙은 각과 거리의 정밀도가 같은 경우 사용된다.

토목기사 실전 모의고사 제9회 정답 및 해설

01	02	03	04	05	06	07	08	09	10
④	④	④	③	②	③	③	①	①	①
11	12	13	14	15	16	17	18	19	20
④	①	④	③	①	②	②	③	④	②

1 조합각관측법은 수평각관측법 중 가장 정밀도가 높으며 여러 개의 방향선의 각을 차례로 방향각법으로 관측하여 얻어진 여러 개의 각을 최소 제곱법에 의하여 최확값을 산정하는 방법이다.

2 수위관측소의 위치를 선정할 경우 지천의 합류점이나 분류점 등 수위가 변하는 곳은 가급적 피해야 한다.

3 등고선의 경우 동굴이나 절벽에서는 교차한다.

4 ① 수준측량에서는 빛의 굴절에 의하여 물체가 실제로 위치하고 있는 곳보다 더 높게 보인다.
② 토털스테이션보다는 레벨이 더 정확도가 높다.
④ 수준측량 시 시준오차를 줄이기 위해서는 전시와 후시를 같게 취하여야 한다.

5 ① 표척을 잘못 뽑아 발생되는 읽음오차 : 착오
③ 관측자의 시력 불안전에 의한 오차 : 우연오차
④ 태양의 광선, 바람, 습도 및 온도의 순간변화에 의해 발생되는 오차 : 우연오차

6 클로소이드의 형식 중 S형은 반향곡선 사이에 설치한다.

7

측점	X	Y	$(X_{i-1}-X_{i+1})Y_i$
A	-7	0	$(7-(-13))\times 0=0$
B	-13	8	$(-7-3)\times 8=-80$
C	3	4	$(-13-12)\times 4=-100$
D	12	6	$(3-7)\times 6=-24$
E	7	0	$(12-(-7))\times 0=0$
			$\Sigma=204(=2A)$
			$\therefore A=102\text{m}^2$

8 벡터자료구조는 현실 세계를 점, 선, 면으로 표현된다.

9 기선고도비 $=\dfrac{B}{H}=\dfrac{25,000\times 0.23\times\left(1-\dfrac{60}{100}\right)}{25,000\times 0.10}=0.92$

10 대단위 신도시를 건설하기 위한 넓은 지형의 정지공사에서 토량을 산정할 때에는 점고법이 적합하다.

11 ㉮ 표준척 보정
$$L_0=250\times\left(1+\frac{0.005}{50}\right)=250.025\text{m}$$
㉯ 정확한 면적
$$A_0=250.025^2=62,512.50\text{m}^2$$

12 $e=L-l=\dfrac{h^2}{2L}$

정확도$=\dfrac{e}{L}=\dfrac{\dfrac{h^2}{2L}}{L}=\dfrac{h^2}{2L^2}$

$\dfrac{h^2}{2L^2}=\dfrac{1}{5,000}$

$\therefore h=\sqrt{\dfrac{2L^2}{5,000}}=\sqrt{\dfrac{2\times 50^2}{5,000}}=1\text{m}$

13 $\theta=\tan^{-1}\left(\dfrac{76,625.1-76,614.3}{179,964.5-179,847.1}\right)=5°12'22''$

14 $\alpha_0=\dfrac{\begin{matrix}2\times 12''+1\times 10''+3\times 15''+1\times 18''\\+1\times 9''+2\times 16''+2\times 14''+3\times 13''\end{matrix}}{2+1+3+1+1+2+2+3}=13.7$

$\therefore$ 최확값 $=73°40'13.7''$

15 ㉮ 곡선장(C.L)
$$\text{C.L}=200\times 60\times\frac{\pi}{180}=209.44\text{m}$$
㉯ 곡선의 종점(E.C)
$$\text{E.C}=\text{B.C}+\text{C.L}=175+209.44=384.44\text{m}$$
㉰ 종단현의 길이 $l=384.4-380=4.44\text{m}$
㉱ 종단편각 $\delta=\dfrac{4.44}{200}\times\dfrac{90}{\pi}=0°38'10''$

16 지형의 표시법 중 선의 굵기와 길이로 지형을 표시하는 방법을 영선법(우모법)이라 하며, 급경사는 굵고 짧게, 완경사는 가늘고 길게 표시된다.

17 하천측량에서 평균유속을 구하는 방법 중 3점법은 $0.2H$, $0.6H$, $0.8H$의 지점에서 유속을 관측하여 이를 이용하여 평균유속을 계산한다.

18 GPS에서 사용되는 좌표계는 WGS84이다.

19 클로소이드 곡선은 단위가 있는 것도 있고, 없는 것도 있다.

20 삼각측량을 위한 기준점성과표에는 측지경위도가 기록되며, 천문경위도는 기록되지 않는다.

토목산업기사 실전 모의고사 제1회 정답 및 해설

01	02	03	04	05	06	07	08	09	10
②	①	④	②	②	①	②	②	①	③

1
$$L_0 = \frac{P_A L_A + P_B L_B + P_C L_C + P_D L_D}{P_A + P_B + P_C + P_D}$$
$$= \frac{3 \times 150.18 + 3 \times 150.25 + 5 \times 150.22 + 4 \times 150.20}{3+3+5+4}$$
$$= 150.21\text{m}$$

2

측점	X	Y	$(X_{i-1} - X_{i+1})Y_i$
A	7	5	$(3-8) \times 5 = -25$
B	8	10	$(7-3) \times 10 = 40$
C	3	3	$(8-7) \times 3 = 3$
			$\Sigma = 2A = 18$
			$\therefore A = 9\text{m}^2$

3 폭이 좁고 긴 지역, 즉 노선, 하천, 철로 등에 적합한 삼각망으로 도달거리에 대하여 측점 수가 적어 측량이 간단하고 경제적이나 정확도가 낮은 삼각망은 단열삼각망이다.

4 $H_B = 51.25 + 1.67 + 0.85 - 0.47 - 1.12 = 52.18\text{m}$

5 2점법은 $V_{0.2}$와 $V_{0.8}$을 산술평균하여 평균유속을 구한다.

6 ② 실제 지구와 가장 가까운 회전타원체를 지구타원체라 하며, 굴곡이 없고 매끈한 면을 가지고 있다.
③ 타원의 주축을 중심으로 회전하여 생긴 기하학적 형상을 회전타원체라 한다.
④ 준거타원체는 지오이드와 거의 일치한다.

7 전시와 후시의 거리를 같게 하는 이유
㉮ 시준축오차 소거
㉯ 광선의 굴절오차 소거
㉰ 지구곡률오차 소거

8 ㉮ $X_C = 50 + 25.478 \times \cos 77°11'56''$
$= 55.645\text{m}$
㉯ $Y_C = 200 + 25.478 \times \sin 77°11'56''$
$= 224.845\text{m}$

9 곡선의 시점(B.C) = I.P − T.L
여기서, I.P : 기점에서 교점까지의 거리
T.L : 접선장

10 중앙종거$(M) = R\left(1 - \cos\dfrac{I}{2}\right)$

토목산업기사 실전 모의고사 제2회 정답 및 해설

01	02	03	04	05	06	07	08	09	10
①	②	①	①	①	④	②	④	①	①

1 완화곡선의 접선은 시점에서 직선에, 종점에서는 원호에 접한다.

2 ㉮ 오차 $= x_3 - (x_1 + x_2) = -36''$

㉯ 배부량 $= \dfrac{36}{3} = 12''$

㉰ 큰 각에는 (−), 작은 각에는 (+)보정을 하여야 하므로 x_3는 $+12''$, x_1과 x_2는 $-12''$를 배부하여야 한다.

3

측점	X	Y	$(X_{i-1} - X_{i+1})Y_i$
A	−4	0	$(4-(-8)) \times 0 = 0$
B	−8	6	$(-4-9) \times 6 = -78$
C	9	8	$(-8-4) \times 8 = -96$
D	4	0	$(9-(-4)) \times 0 = 0$
			$\Sigma = 174 (=2A)$ $\therefore A = 87\text{m}^2$

4 ㉮ 수평거리(L) $= 25,000 \times 0.048 = 1,200$m

㉯ 경사도 $= \dfrac{492-12}{1,200} = \dfrac{1}{2.5}$

5 유속관측 시 수위의 변화가 일어나기 쉬운 곳은 피한다.

6 ㉮ AB측선의 방위각 $= 48°50'40''$

㉯ BC측선의 방위각 $= 48°50'40'' + 43°30'30''$
$= 92°21'10''$

㉰ CD측선의 방위각 $= 92°21'10'' - 46°50'00''$
$= 45°31'10''$

㉱ DE측선의 방위각 $= 45°31'10'' + 60°12'45''$
$= 105°43'55''$

7 ㉮ $E = R\left(\sec \dfrac{I}{2} - 1\right)$

$20 = R \times \left(\sec \dfrac{80°20'}{2} - 1\right)$

$\therefore R = 64.81$m

㉯ T.L $= 64.81 \times \tan \dfrac{80°20'}{2} = 54.70$m

8 $\dfrac{1}{m} = \dfrac{\sqrt{0.005^2 + 0.042^2}}{327} = \dfrac{1}{7,730}$

9 최대경사방향은 등고선과 직교한다.

10 ㉮ $X_Q = -1,000 + 1,500 \times \cos 120° = -1,750$m

㉯ $Y_Q = 2,000 + 1,500 \times \sin 120° = 3,299$m

토목산업기사 실전 모의고사 제3회 정답 및 해설

01	02	03	04	05	06	07	08	09	10
④	①	③	②	③	②	①	④	②	①

1 1 : 25,000 지형도에서 주곡선의 간격은 10m이므로 621.5m와 417.5m 사이에 들어갈 등고선의 개수는 21개이다.

$\therefore$ 등고선의 개수 $= \dfrac{620-420}{10} + 1 = 21$개

2 우측 12m 지점의 지반고 $= 100 + 1.5 = 101.50$m

3 곡률이 곡선장에 비례하는 곡선을 클로소이드곡선이라 한다.

4 $\left(\dfrac{1}{5,000}\right)^2 = \dfrac{34.98}{\text{실제 면적}}$

$\therefore$ 실제 면적 $= 87,450\text{m}^2$

5 등고선의 간격

구분	표시	등고선의 간격(m)			
		$\dfrac{1}{5,000}$	$\dfrac{1}{10,000}$	$\dfrac{1}{25,000}$	$\dfrac{1}{50,000}$
주곡선	가는 실선	5	5	10	20
간곡선	가는 파선	2.5	2.5	5	10
조곡선	가는 점선	1.25	1.25	2.5	5
계곡선	굵은 실선	25	25	50	100

6
$$L_0 = 121.57 + \frac{0.003 + 0.005 + 0.002 + 0.004 + 0.001}{5}$$
$$= 121.573\text{m}$$

7 ㉮ 접선장$(T.L) = R\tan\dfrac{I}{2} = 150 \times \tan\dfrac{57°36'}{2}$
$$= 82.46\text{m}$$
㉯ 곡선장$(C.L) = RI\dfrac{\pi}{180} = 150 \times 57°36' \times \dfrac{\pi}{180}$
$$= 150.80\text{m}$$

8 $a_2 = \left(\dfrac{m_2}{m_1}\right)^2 a_1 = \left(\dfrac{1,200}{1,000}\right)^2 \times 10 = 14.4\text{m}^2$

9 ㉮ $\overline{AB}$방위각$=50°30'$
㉯ $\overline{BC}$방위각$=50°30'-30°20'=20°10'$
㉰ $\overline{CD}$방위각$=20°10'+120°50'=141°00'$

10 구조적 요인에 의한 거리오차

구분	내용
전리층오차	약 350km 고도상에 집중적으로 분포되어 있는 자유전자(free electron)와 GPS위성 신호와의 간섭(interference)현상에 의해 발생한다.
대류층오차	고도 50km까지의 대류층에 의한 GPS위성신호의 굴절(refraction)현상으로 인해 발생하며, 코드측정치 및 반송파 위상측정치 모두에서 지연형태로 나타난다.
위성궤도오차	위성위치를 구하는데 필요한 위성궤도 정보의 부정확성으로 인해 발생한다. 위성궤도오차의 크기는 1m 내외이다.
위성시계오차	GPS위성에 내장되어 있는 시계의 부정확성으로 인해 발생한다.
다중경로오차	GPS위성으로부터 직접 수신된 전파 이외에 부가적으로 주위의 지형·지물에 의해 반사된(reflected) 전파로 인해 발생하는 오차이다.

토목산업기사 실전 모의고사 제4회 정답 및 해설

01	02	03	04	05	06	07	08	09	10
④	②	①	②	③	①	③	③	③	①

1
$$\frac{\Delta l}{l} = \frac{l^2}{12R^2}$$
$$\frac{1}{100,000} = \frac{l^2}{12 \times 6,300^2}$$
$$\therefore l \fallingdotseq 69\text{km}$$

2 각조건식의 수$= S - P + 1 = 9 - 6 + 1 = 4$개

3

점명	X	Y	$(X_{i-1} - X_{i+1})Y_i$
A	7	5	$(3-8) \times 5 = -25$
B	8	10	$(7-3) \times 10 = 40$
C	3	3	$(8-7) \times 3 = 3$

$\Sigma = 2A = 18 \quad \therefore A = 9\text{m}^2$

4
$$L_0 = \frac{P_A L_A + P_B L_B + P_C L_C + P_D L_D}{P_A + P_B + P_C + P_D}$$
$$= \frac{3 \times 150.18 + 3 \times 150.25 + 5 \times 150.22 + 4 \times 150.20}{3+3+5+4}$$
$$= 150.21\text{m}$$

5 $E.C = B.C + C.L$
$$= 315.45 + 500 \times 35° \times \frac{\pi}{180°}$$
$$= 620.88\text{m}$$

6 곡선의 시점(B.C)=I.P−T.L이므로 접선장(T.L)을 구해야 곡선의 시점(B.C)을 알 수 있다.

7

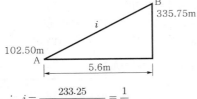

$$\therefore \ i = \frac{233.25}{25,000 \times 0.056} = \frac{1}{6}$$

8
$$\theta = \tan^{-1}\left(\frac{Y_B - Y_A}{X_B - X_A}\right)$$
$$= \tan^{-1}\left(\frac{-654.25 - 0}{-4,500.36 - 0}\right)$$
$$= 8°16'18''\,(3상단)$$
$$\therefore \ 방위각 = 180° + 8°16'18'' = 188°16'18''$$

9
$$\left(\frac{1}{m}\right)^2 = \frac{도상면적}{실제\ 면적} = \frac{16cm^2}{1km^2}$$
$$= \frac{0.04 \times 0.04}{1,000 \times 1,000} = \left(\frac{0.04}{1,000}\right)^2$$
$$\therefore \ \frac{1}{m} = \frac{1}{25,000}$$

10 완화곡선의 접선은 시점에서 무한대이며, 종점에서 원호에 접한다.

토목산업기사 실전 모의고사 제5회 정답 및 해설

01	02	03	04	05	06	07	08	09	10
④	②	③	④	③	①	②	④	②	①

1 ㉮ $\overline{AB}$방위각 $= \tan^{-1}\left(\frac{100 - 224.210}{100 - 200}\right) = 51°9'46''(3상한)$

$\therefore \ \overline{AB}$방위각 $= 180° + 51°9'46'' = 231°9'46''$

㉯ $\overline{AC}$방위각 $= 231°9'46'' - 37°51'41'' = 193°18'05''$

2 위성과 수신기들 간의 기하학적 배치에 따른 오차로서 측위정확도의 영향을 표시하는 계수로 정밀도 저하율(DOP)이 사용된다.

3 $L_o = L\left(1 \pm \frac{\Delta l}{l}\right) = 165 \times \left(1 + \frac{0.002}{50}\right) = 165.066m$

4 ㉮ $\left(\frac{1}{m}\right)^2 = \frac{도상면적}{실제\ 면적}$

$\left(\frac{1}{1,000}\right)^2 = \frac{3cm^2}{실제\ 면적}$

$\therefore$ 실제 면적 $= 300m^2$

㉯ 가로, 세로 1%씩 수축되어 있었다면

실제 면적 $= 300 + 300 \times 0.02 = 306m^2$

5 ㉮ B.C=I.P-T.L=850.15-125.15=725.00m

㉯ $l_1 = 740 - 725 = 15.00m$

6 합수선은 빗물이 합쳐지는 선으로 ①과 ③ 사이에 있는 ② 합수선이다. 저수지의 집수면적을 나타내는 경계선은 분수선(능선)이므로 ①과 ③ 사이가 된다.

7 유토곡선(mass curve)를 작성하는 목적
㉮ 토량 배분
㉯ 토량의 운반거리 산출
㉲ 토공장비의 선정

8 경거와 위거를 이용하여 측점의 표고계산을 할 수 없다.

9 주곡선의 개수 $= \frac{520 - 320}{20} + 1 = 11개$

10 트래버스측량에서 각관측결과의 오차가 허용범위 이내인 경우에는 각의 크기에 관계없이 등배분한다.

토목산업기사 실전 모의고사 제6회 정답 및 해설

01	02	03	04	05	06	07	08	09	10
③	②	④	①	③	④	②	①	②	③

1

측점	후시	전시		기계고	지반고
		이기점	중간점		
0	3.121			126.688	123.567
1			2.586		$126.688-2.586$ $=124.102$
2	2.428	4.065		125.051	$126.688-4.065$ $=122.623$
3			0.664		$125.051-0.664$ $=124.387$
4		2.321			$125.051-2.321$ $=122.730$

2 $H_B = 51.25 + 1.67 + 0.85 - 0.47 - 1.12 = 52.18\text{m}$

3 사변형삼각망은 조건식의 수가 많아 조정에 시간과 비용이 많이 드나 정밀도가 가장 좋아 시가지와 같은 정밀을 필요로 하는 골조측량에 주로 이용된다.

4 지형도 매수$= \left(\dfrac{25,000}{5,000}\right)^2 = 25$매

5 $\overline{\text{Ad}} = \overline{\text{AB}}\sqrt{\dfrac{m}{n+m}} = 36\sqrt{\dfrac{1}{1+1}} = 25.5\text{m}$

6 $\dfrac{1}{m} = \dfrac{\sqrt{0.48^2 + 0.36^2}}{2,500} = \dfrac{1}{4,167}$

7 $\dfrac{1}{m} = \dfrac{70^2}{12 \times 6,370^2} = \dfrac{1}{100,000}$

8 방대한 지역의 측량에 적합하며 동일 측점수에 대하여 포괄면적이 가장 넓은 삼각망은 유심삼각망이다.

9 2점법은 $V_{0.2}$와 $V_{0.8}$을 산술평균하여 평균유속을 구한다.

10 ㉮ $\text{B.C} = 325.18 - 200 \times \tan\dfrac{41°}{2} = 250.403\text{m}$

㉯ B.C의 측점번호$= \text{No.12} + 10.403\text{m}$

토목산업기사 실전 모의고사 제7회 정답 및 해설

01	02	03	04	05	06	07	08	09	10
②	②	①	②	③	②	①	③	③	③

1

정표고 =타원체고-지오이드고
$= 89.123 - 40.150$
$= 48.973\text{m}$

2

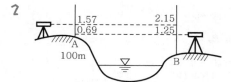

$H_B = 100 + \dfrac{(1.57-2.15)+(0.69-1.25)}{2} = 99.43\text{m}$

3

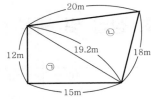

㉮ ㉠면적

$$A = \frac{1}{2} \times 12 \times 15 = 90\text{m}^2$$

㉯ ㉡면적

$$S = \frac{1}{2} \times (20 + 19.2 + 18) = 28.6\text{m}$$

$$\therefore A = \sqrt{28.6 \times (28.6 - 20) \times (28.6 - 19.2) \times (28.6 - 18)}$$
$$= 156.55\text{m}^2$$

$\therefore$ 전체 면적 = ㉠ + ㉡ = 90 + 156.55 = 246.5m²

4 1/50,000의 지형도는 경위도 15′차의 경위선에 의하여 구획된다.

5
$$\overline{\text{Ad}} = \overline{\text{AB}}\sqrt{\frac{m}{n+m}}$$
$$= 36 \times \sqrt{\frac{1}{1+1}} = 25.5\text{m}$$

6
$$A_o = (ma)^2 \left(1 - \frac{p}{100}\right)\left(1 - \frac{q}{100}\right)$$
$$= (20,000 \times 0.23)^2 \times \left(1 - \frac{57}{100}\right) \times \left(1 - \frac{30}{100}\right)$$
$$= 6.4\text{km}^2$$

7
$$V = \frac{30}{6} \times (80 + 4 \times 70 + 40) = 2,000\text{m}^3$$

8
$$L_o = L\left(1 \pm \frac{\Delta l}{l}\right) = 165 \times \left(1 + \frac{0.002}{50}\right)$$
$$= 165.066\text{m}$$

9 UTM좌표계는 UTM투영법에 의하여 표현되는 좌표계로서 적도를 횡축, 자오선을 종축으로 한다. 이 방법은 지구를 회전타원체로 보고 지구 전체를 경도 6°씩 60개 구역(종대, column)으로 나누고 그 각 종대의 중앙자오선과 적도의 교점을 원점으로 하여 원통도법인 횡Mercator(TM)투영법으로 등각투영한다. 종대에서 위도는 남·북에 80까지만 포함시키며 8° 간격으로 20구역(row)으로 나누어 C(80°S~72°S)에서 X(72°N~80°N)까지(단, I와 O는 제외) 알파벳 문자로 표시한다. 따라서 종대 및 횡대는 결국 경도 6°× 위도 8°의 직사각형 구역으로 구분된다.

10
$$V = \frac{A}{3}(\sum h_1 + 2\sum h_2 + \cdots + 8\sum h_8)$$
$$= \frac{\frac{1}{2} \times 10 \times 20}{3} \times [(1+3+3)$$
$$+ 2 \times (3+2) + 3 \times 2 + 4 \times 4]$$
$$= 1,300\text{m}^3$$

토목산업기사 실전 모의고사 제8회 정답 및 해설

01	02	03	04	05	06	07	08	09	10
③	①	①	①	②	②	①	④	②	①

1 ㉮ 경중률 계산
$$P_A : P_B = \frac{1}{8^2} : \frac{1}{4^2} = 1 : 4$$
㉯ 최확값 계산
$$H_0 = \frac{1 \times 38.994 + 4 \times 39.003}{1+4} = 39.001\text{m}$$

2 $C = \dfrac{SV^2}{Rg}$ 이므로 반지름(R)과 속도(V)를 2배로 하면 새로운 캔트(C')는 2배가 된다.

3 ㉮
$$\frac{2.5}{\sin x_1} = \frac{1,500}{\sin(360° - 295°20')}$$
$$\therefore x_1 = 0°5'10.72''$$
㉯
$$\frac{2.5}{\sin x_2} = \frac{2,000}{\sin(360° - 295°20' + 31°15'40'')}$$
$$\therefore x_2 = 0°4'16.45''$$
㉰ $T = 31°15'40'' + 0°4'16.45'' - 0°5'10.72$
$$= 31°14'45''$$

4 고속도로에서 사용하는 완화곡선은 클로소이드곡선이며, 철도에 사용되는 완화곡선은 3차 포물선이다.

5 전시와 후시를 같게 함으로써 소거되는 오차
  ㉮ 시준축오차 : 기포관축과 시준선이 평행하지 않기 때문에 생기는 오차
  ㉯ 구차(곡률오차)
  ㉰ 기차(굴절오차)

6 ㉮ $\overline{AB} = \sqrt{(330,342.12-330,123)^2+(250,567-250,243.89)^2}$
  $= 390.43\text{m}$
  ㉯ $\overline{AB}(경사거리) = \sqrt{390.43^2+(120.08-100.12)^2}$
  $= 390.94\text{m}$

7 $h = \dfrac{H}{b_0}\Delta p = \dfrac{4,000}{99}\times 2 = 80.8\text{m}$

8 항공삼각측량은 지상기준점을 기준으로 사진좌표나 모델좌표를 측정하여 측지좌표로 환산하는 측량이다.

9 기고식 야장기입법은 승강식보다 기입사항이 적다.

10 종중복도는 일반적으로 60% 이상 최소 50% 이상으로 중복해야 한다.

토목산업기사 실전 모의고사 제9회 정답 및 해설

01	02	03	04	05	06	07	08	09	10
③	③	④	③	②	②	③	①	②	②

1 $\dfrac{\Delta l}{l} = \dfrac{\theta''}{\rho''}$
  $\dfrac{1}{3,000} = \dfrac{\theta''}{206,265''}$
  $\therefore \theta = 69'' = 1'9''$

2 $e = x_3-(x_1+x_2) = +45''$이므로 보정량 $= \dfrac{45}{3} = 15''$씩 보정하되 $x_1 = +15''$, $x_2 = +15''$, $x_3 = -15''$로 보정한다.

3 ㉮ $x = 500+1,500\times\cos 240° = -250\text{m}$
  ㉯ $y = 1,000+1,500\times\sin 240° = -299\text{m}$

4 양수표 설치장소 선정 시 주의사항
  ㉮ 상·하류 약 100m 정도의 직선인 장소
  ㉯ 잔류, 역류가 적은 장소
  ㉰ 수위가 교각이나 기타 구조물에 의한 영향을 받지 않는 장소
  ㉱ 지천의 합류점에서는 불규칙한 수위의 변화가 없는 장소
  ㉲ 홍수 시 유실이나 이동 또는 파손되지 않는 장소
  ㉳ 어떤 갈수 시에도 양수표가 노출되지 않는 장소

5 원격탐사 : 센서를 이용하여 지표의 대상물에서 반사 또는 방사된 전자스펙트럼을 관측하고, 이들의 자료를 이용하여 대상물이나 현상에 관한 정보를 얻는 기법

6 ㉮ $S = \dfrac{1}{2}(a+b+c) = \dfrac{1}{2}\times(87.6+63.5+41.7) = 96.4$
  ㉯ $A = \sqrt{S(S-A)(S-B)(S-C)}$
  $= \sqrt{96.4\times(96.4-87.6)\times(96.4-63.5)\times(96.4-41.7)}$
  $= 1,235.6\text{m}^2$

7

측점	후시	전시		기계고	지반고
		이기점	중간점		
0	3.121			126.688	123.567
1			2.586		$126.688-2.568$ $=124.102$
2	2.428	4.065		$122.623+2.428$ $=125.051$	$126.688-4.065$ $=122.623$
3			0.664		$125.051-0.664$ $=124.378$
4		2.321			$125.051-2.321$ $=122.730$

8 $\dfrac{\Delta l}{l} = \dfrac{l^2}{12R^2}$
  $\dfrac{1}{10^7} = \dfrac{l^2}{12\times 6,370^2}$
  $l(지름) = 6.98\text{km}$
  $\therefore$ 반지름 $= 3.49\text{km}$

9

측선	위거(m)		경거(m)	
	N	S	E	W
12		2.33		8.55
23	17.87			7.03
34	14.65		9.61	
41		30.19	5.97	

㉮ 34측선의 위거의 경우 위거의 합이 0이 나와야 하므로 14.65m

㉯ 34측선의 경거의 경우 경거의 합이 0이 나와야 하므로 9.61m

㉰ 방위각 $= \tan^{-1}\dfrac{9.61}{14.65} = 33°15'50''$(1상한)

∴ 34측선의 방위각은 33°15′50″이다.

10 산지의 허용오차 $= \pm 90''\sqrt{n} = 90''\sqrt{11} = 298'' = 4'58''$

∴ 오차가 1′15″이므로 허용오차범위 이내이다. 따라서 각의 크기에 상관없이 등분하여 배분한다.

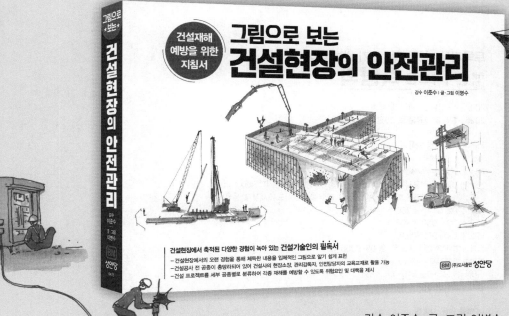

토목기사 · 산업기사 필기 완벽 대비

핵심시리즈❷ 측량학

2002. 1. 10. 초 판 1쇄 발행
2025. 1. 8. 개정증보 29판 1쇄 발행

지은이 │ 송낙원, 송용희
펴낸이 │ 이종춘
펴낸곳 │ BM ㈜도서출판 **성안당**

주소 │ 04032 서울시 마포구 양화로 127 첨단빌딩 3층(출판기획 R&D 센터)
　　 │ 10881 경기도 파주시 문발로 112 파주 출판 문화도시(제작 및 물류)

전화 │ 02) 3142-0036
　　 │ 031) 950-6300

팩스 │ 031) 955-0510
등록 │ 1973. 2. 1. 제406-2005-000046호
출판사 홈페이지 │ www.cyber.co.kr
ISBN │ 978-89-315-1162-8 (13530)
정가 │ 24,000원

이 책을 만든 사람들
책임 │ 최옥현
진행 │ 이희영
교정 · 교열 │ 문 황
전산편집 │ 이다혜
표지 디자인 │ 박원석
홍보 │ 김계향, 임진성, 김주승, 최정민
국제부 │ 이선민, 조혜란
마케팅 │ 구본철, 차정욱, 오영일, 나진호, 강호묵
마케팅 지원 │ 장상범
제작 │ 김유석